Unity3D高级编程

主程手记

Professional Unity3D
Leader Notes

陆泽西 著

机械工业出版社
China Machine Press

图书在版编目（CIP）数据

Unity3D 高级编程：主程手记 / 陆泽西著 . -- 北京：机械工业出版社，2022.1（2025.1 重印）
（游戏开发与设计技术丛书）
ISBN 978-7-111-69819-7

Ⅰ. ① U… Ⅱ. ①陆… Ⅲ. ①游戏程序 - 程序设计 Ⅳ. ① TP311.5

中国版本图书馆 CIP 数据核字（2021）第 252175 号

Unity3D 高级编程：主程手记

出版发行：机械工业出版社（北京市西城区百万庄大街 22 号 邮政编码：100037）
责任编辑：杨绣国 责任校对：殷 虹
印 刷：固安县铭成印刷有限公司 版 次：2025 年 1 月第 1 版第 6 次印刷
开 本：186mm × 240mm 1/16 印 张：24.25
书 号：ISBN 978-7-111-69819-7 定 价：99.00 元

客服电话：（010）88361066 68326294

Preface 前　言

为什么要写这本书

编写本书的来龙去脉要从很多年前说起。2009 年毕业的我自视甚高，错过了很多好的学习机会，待我清醒过来时已经是 2011 年，周围的人已经走了很远。一天晚上，我幡然醒悟，告诉自己不能再浑浑噩噩下去，我得学些可以傍身的技能。非常幸运的是，我赶上了 Unity3D 引擎的大潮，它让我有机会入门游戏开发领域，跨过前人需要数年甚至数十年才能跨过的技术难关。那时，Unity3D 刚发布 2.4 版本，我边学理论边实践，从此与其结下了不解之缘。

2013 年，我开始担任 Unity3D 主程一职，虽然现在回头来看，那时的我仍是个“菜鸟”，但当时的我可并不这么认为，我认为自己的技术已经强大到可以驾驭整个客户端，并且能扎实地完成游戏项目从开发到上线的整个过程，年轻人敢闯敢拼的劲头在那时的我的身上体现得淋漓尽致。虽然当时是第一次当主程，却敢承诺老板 3 个月内开发出对方想要的游戏。事实上，到最后，3 个月又 3 个月，半年之后该游戏才完成开发。

2014 年手机游戏开始火遍全球，游戏主程突然成了一个热门职业，我也陆续在各公司里担任主程，曾为日企交接过畅销项目，也为动视暴雪 Activision 开发过“使命召唤”系列手游，还在历史悠久的盛大游戏里工作了一段时间。就这样跌跌撞撞地，6 年过去了，2020 年，我到了一家新公司，这里的技术让我大开眼界，也让我对技术有了更高层次的理解，我如饥似渴地学习着，学习的不只是技术，还有生活。

回过头来看，我比较幸运，搭上了 Unity3D 的便车，搭上了手机游戏的便车，但不可否认的是，我的学习热情与拼命三郎般的努力，是让自己在浪潮中牢牢抓住机会的主因。说到努力，古今中外，不少先贤和前辈都是长期努力拼搏的典范，远如孔孟与管仲、唐太宗与成吉思汗、富兰克林与林肯等，近到游戏业界的 UWA 张鑫、云风（吴云洋的笔名）、吴军等，他们为自己的事业倾注了大量的心血和汗水。前面的路还很长，我告诉自己要学习他们十年如一日的自律精神，并保持饱满的精力不断前进。

2016 年，我有了写一本关于自己是如何理解 Unity3D 和游戏开发的书的想法，但一直未付诸行动，直到 2018 年年初才着手写了些草稿。行动是最好的开始，也是自信的良药，我试着把所写的文章发到网上，虽然当时的文字功底不足，文句时有不通，结构也存在不合理的情况，但许多网友看了之后仍给我点赞和鼓励，实在让我感激不尽、感动不已。从此之后，我喜欢上了写作的感觉，一发不可收拾，一篇又一篇，一章又一章。在写作过程中，我发现自己的知识面存在诸多不足，甚至对有些知识点的理解是错误的，于是我拼命查看各类技术书籍和资料，以完善自己的知识体系。

可是，知识的吸收是一个渐进的过程，不可能一下子就融会贯通，虽然短期内我写文章的进步不大，但最大的安慰是，在我的努力下，书有了比较明确的框架，我对技术面的理解也到了一个新的高度。

为了弥补我的短板，在写书期间我除了阅读各类技术书以外，还开始阅读一些人文类的图书，并尝试在博客上写一些故事，训练自己的写作能力。渐渐地，我的博客上有了很多非技术类的文章，我把它们称为我的学习之路，这些文章包括我对人和事的理解、自我反省和一些阅读感想。让我惊喜的是，这些非技术性的内容竟然让我对技术的理解达到了更高的层次，我突然发现生活和工作是可以融合在一起的，这是多么奇妙的一件事！

在努力加强自己的文字功底，完善自己的知识体系的同时，我也在项目中不断地实践所学的知识，日积月累，我的写作素材越来越丰富，最终完成了本书的创作。

在写作过程中，我对本书进行了 3 次重构，为的就是能更好地表达技术原理，更全面和准确地讲解技术要点。本书包括架构、C# 技术知识、数据表与程序、UI、3D 模型与动画、网络通信、人工智能、地图与寻路、渲染管线与图形学等，覆盖了 Unity3D 游戏项目几乎所有的技术要点，确保读者能看到 Unity3D 游戏项目的技术全貌，进而对各项技术与知识点有更深层次的理解。书中不仅关注了项目中比较大的解决方案，还讲解了具体的技术细节，让读者不仅有更宏观的视野去审视自己的项目，还能在书中找到最接地气的技术细节，从而更深入地理解技术原理。

感谢读者阅读前言，本人在阅览图书时最爱看前言，前言是最能体现作者心境的地方，它可以让你了解创作的起因和过程，以及其间发生的故事和感悟，让你对所读之书有更深的了解。

读者对象

从行业用户角度来看，本书适合以下读者阅读：

- ❑ Unity3D 程序员和爱好者
- ❑ 游戏开发者和游戏前端主程
- ❑ 虚拟现实项目的开发者
- ❑ 技术美术工程师和爱好者
- ❑ 致力于图形图像和引擎架构的程序员
- ❑ 开设相关课程的院校

如何阅读本书

本书共 10 章，每章都是一个独立的知识领域，读者可以按照章节顺序阅读本书，也可以根据喜好挑选自己感兴趣的章节学习。如果你是一名经验丰富的程序员，能够理解游戏编程的相关基础知识，那么你可以直接阅读你感兴趣的章节。如果你是一名初学者，建议尽量从第 1 章开始学习。

第 1 章讲了架构的意义、架构的原理以及如何实现架构。第 2 章对 C# 技术的基础知识做了详细的讲解。第 3 章主要针对客户端中的表格数据、程序的协作与应用进行讲解。第 4 章介绍的是用户界面（UI）的工作原理与优化手段。第 5 章针对 3D 模型的原理、动画的原理以及两者的优化做了详细的讲解。第 6 章介绍的是网络层的业务与底层原理。第 7 章针对各种 AI 类型进行了解析。第 8 章主要介绍场景构建与优化、地图构建以及寻路算法优化的相关知识。第 9 章则给出了图形数学、图形学常用算法、渲染管线的相关知识。最后一章（第 10 章）针对客户端各类渲染技术的渲染原理进行了详细的解析。

勘误和支持

由于笔者的水平有限，写书的时间也很紧张，书中难免会出现一些错误或者不准确的地方，恳请读者批评指正。我在 Github 上开了个仓库做问题集记录：https://github.com/luzexi/Unity3dToBeLeader/issues，如果你发现书中的错误，可以将其发布到这个网页地址的问题列表中，我将会及时反馈。本书内容基于我的个人博客（http://www.luzexi.com）整理而成，此系列后续还会更新，本书涉及的参考资料也会发布到此博客上。如果你有更多的宝贵意见，也欢迎发送邮件至邮箱 jesse_luzexi@163.com，很期待听到你们的真挚反馈。

致谢

感谢同事以及网友的支持和点赞，感谢《 Unity3D 网络游戏实战》的作者罗培羽给予的帮助，感谢机械工业出版社杨绣国老师细致缜密的审阅。特别要感谢我的妻子余胜男，为了支持我安心地写书和工作，她不仅承担了所有家务，辛苦万分，还不忘开导我，当我的心理医生，为我排忧，这本书实在是应该作为礼物献给她。感谢我的两个女儿陆秀恩（Sharon）与陆安妮（Anne），她们是世界上最好的女儿，知道该如何说出自己的诉求，并懂得遵守规则的重要性，时常还能“曲线救国”，她们经常鼓励我“爸爸加油！”，很感激孩子们能和我一起努力，学习的路上又多了两个知己，真开心！

陆泽西

中国，深圳

Contents 目 录

前 言

第1章 软件架构……1

1.1 架构的意义……1

1.2 软件架构的思维方式……5

1.3 如何构建 Unity3D 项目……9

第2章 C# 技术要点……14

2.1 Unity3D 中 C# 的底层原理……14

2.2 List 底层源码剖析……17

2.3 Dictionary 底层源码剖析……27

2.4 浮点数的精度问题……39

2.5 委托、事件、装箱、拆箱……44

2.5.1 委托与事件……44

2.5.2 装箱和拆箱……45

2.6 排序算法……48

2.6.1 快速排序算法……48

2.6.2 最大最小堆……50

2.6.3 其他排序算法概述……51

2.7 各类搜索算法……51

2.7.1 搜索算法概述……52

2.7.2 二分查找算法……52

2.7.3 二叉树、二叉查找树、平衡二叉树、红黑树和 B 树……52

2.7.4 四叉树搜索算法……53

2.7.5 八叉树搜索算法……54

2.8 业务逻辑优化技巧……54

2.8.1 使用 List 和 Dictionary 时提高效率……55

2.8.2 巧用 struct……55

2.8.3 尽可能地使用对象池……57

2.8.4 字符串导致的性能问题……61

2.8.5 字符串的隐藏问题……64

2.8.6 程序运行原理……65

第3章 数据表与程序……68

3.1 数据表的种类……68

3.1.1 大部分数据都是在 Excel 里生成的……68

3.1.2 最原始的数据方式——代码数据……69

3.1.3 文本数据……69

3.1.4 比特流数据……70

3.2 数据表的制作方式……71

3.2.1 制作方式简介 …… 71
3.2.2 让数据使用起来更加方便 …… 72
3.3 多语言的实现 …… 75

第4章 用户界面 …… 78

4.1 用户界面系统的比较 …… 78
4.2 UGUI系统的原理及其组件使用 …… 79
4.2.1 UGUI系统的运行原理 …… 79
4.2.2 UGUI系统的组件 …… 80
4.3 UGUI事件模块剖析 …… 82
4.3.1 UGUI事件系统源码剖析 …… 82
4.3.2 输入事件源码 …… 82
4.3.3 事件数据模块 …… 83
4.3.4 输入事件捕获模块源码 …… 84
4.3.5 射线碰撞检测模块源码 …… 89
4.3.6 事件逻辑处理模块 …… 91
4.4 UGUI核心源码剖析 …… 91
4.4.1 UGUI核心源码结构 …… 91
4.4.2 Culling模块 …… 91
4.4.3 Layout模块 …… 93
4.4.4 MaterialModifiers、SpecializedCollections和Utility …… 94
4.4.5 VertexModifiers …… 95
4.4.6 核心渲染类 …… 96
4.5 快速构建一个简单易用的UI框架 …… 101
4.6 UI优化 …… 107
4.6.1 UI动静分离 …… 108
4.6.2 拆分过重的UI …… 108
4.6.3 UI预加载 …… 109
4.6.4 UI图集Alpha分离 …… 110
4.6.5 UI字体拆分 …… 111
4.6.6 Scroll View优化 …… 112
4.6.7 网格重构的优化 …… 113
4.6.8 UI展示与关闭的优化 …… 114
4.6.9 对象池的运用 …… 114
4.6.10 UI贴图设置的优化 …… 115
4.6.11 内存泄漏 …… 117
4.6.12 针对高低端机型的优化 …… 123
4.6.13 UI图集拼接的优化 …… 126
4.6.14 GC的优化 …… 127

第5章 3D模型与动画 …… 134

5.1 美术资源规范 …… 134
5.2 合并3D模型 …… 141
5.2.1 网格模型的基础知识 …… 141
5.2.2 动态批处理 …… 143
5.2.3 静态批处理 …… 144
5.2.4 自己编写合并3D模型的程序 …… 145
5.3 状态机 …… 147
5.3.1 如何用状态机模拟人物行为动作 …… 147
5.3.2 在游戏的人物行为动作中使用状态机 …… 148
5.3.3 在游戏项目中使用状态机的地方 …… 148
5.4 3D模型的变与换 …… 152
5.4.1 切割模型 …… 154
5.4.2 扭曲模型 …… 156
5.4.3 简化模型 …… 157

5.4.4 蒙皮骨骼动画 ······159
5.4.5 人物3D模型动画换皮换装 ···165
5.4.6 捏脸 ······167
5.4.7 动画优化 ······169
5.5 资源的加载与释放 ······176

第6章 网络通信 ······183

6.1 TCP与UDP ······183
6.1.1 TCP和UDP简介 ······183
6.1.2 UDP的特点 ······185
6.1.3 是用TCP还是用UDP ······186
6.2 C#实现TCP ······187
6.2.1 程序实现TCP长连接 ······187
6.2.2 TCP的API库 ······187
6.2.3 线程锁 ······188
6.2.4 缓冲队列 ······188
6.2.5 双队列结构 ······190
6.2.6 发送数据 ······191
6.2.7 协议数据定义标准 ······192
6.2.8 断线检测 ······195
6.3 C#实现UDP ······196
6.3.1 实现UDP ······196
6.3.2 连接确认机制 ······196
6.3.3 数据包校验与重发机制 ······199
6.3.4 丢包问题分析 ······201
6.4 封装HTTP ······202
6.4.1 HTTP协议原理 ······202
6.4.2 HTTP1.0、HTTP1.1、HTTP2.0 简述 ······204
6.4.3 在Unity3D中的HTTP 封装 ······206
6.4.4 多次请求时连续发送HTTP请求引起的问题 ······209
6.5 网络数据协议原理 ······222
6.5.1 协议包的格式 ······222
6.5.2 JSON ······223
6.5.3 自定义二进制数据流协议格式 ······224
6.5.4 MessagePack ······226
6.5.5 Protobuf ······229
6.5.6 限定符的规则 ······231
6.5.7 Protobuf的原理：序列化和反序列化 ······232
6.5.8 Protobuf更改数据结构后的兼容问题 ······235
6.5.9 Protobuf的优点 ······236
6.5.10 Protobuf的不足 ······237
6.6 网络同步解决方案 ······237
6.6.1 状态同步法 ······237
6.6.2 实时广播同步法 ······239
6.6.3 帧同步 ······240
6.6.4 同步快进 ······242
6.6.5 精度问题 ······243
6.6.6 同步锁机制 ······244

第7章 游戏中的AI ······245

7.1 用状态机构建AI ······245
7.2 用行为树构建AI ······251
7.2.1 复合节点 ······252
7.2.2 修饰节点 ······253
7.2.3 条件节点 ······253
7.2.4 行为节点 ······253

7.3 非典型性 AI ······ 255
7.3.1 可演算式 AI ······ 255
7.3.2 博弈式 AI ······ 257

第 8 章 地图与寻路 ······ 259

8.1 A 星算法及其优化 ······ 259
8.1.1 长距离导航 ······ 262
8.1.2 A 星排序算法优化 ······ 264
8.1.3 寻路期望值优化 ······ 265
8.1.4 通过权重引导寻路方向 ······ 267
8.1.5 拆分寻路区域 ······ 268
8.1.6 A 星算法细节优化 ······ 270
8.1.7 寻路规则优化 JPS ······ 271
8.2 寻路网格的构建 ······ 275
8.2.1 数组构建网格 ······ 275
8.2.2 路点网格 ······ 277
8.2.3 平面三角形网格 ······ 279
8.2.4 多层级网格 ······ 282
8.2.5 三角形网格中的 A 星算法 ······ 283
8.2.6 体素化寻路网格 ······ 286
8.2.7 RecastNavigation Navmesh ······ 288
8.3 地图编辑器 ······ 290
8.3.1 地图编辑器的基本功能 ······ 290
8.3.2 数据协议格式在编辑器中的选择 ······ 292
8.3.3 地图加载方式 ······ 293
8.3.4 地图九宫格 ······ 294
8.4 地图的制作与优化 ······ 296
8.4.1 地图的制作方式 ······ 296
8.4.2 常规场景的性能优化 ······ 299

第 9 章 渲染管线与图形学 ······ 306

9.1 图形学基础 ······ 306
9.1.1 向量的意义 ······ 307
9.1.2 点积的几何意义 ······ 307
9.1.3 叉乘的几何意义 ······ 308
9.1.4 向量之间的投影 ······ 309
9.1.5 矩阵的意义 ······ 310
9.1.6 矩阵旋转、缩放、投影、镜像和仿射 ······ 312
9.1.7 齐次坐标的平移矩阵 ······ 320
9.1.8 如何理解四元数 ······ 321
9.2 渲染管线 ······ 324
9.2.1 OpenGL、DirectX 图形接口 ······ 324
9.2.2 渲染管线是什么 ······ 325
9.2.3 混合 ······ 337
9.2.4 渲染管线总结 ······ 341

第 10 章 渲染原理与知识 ······ 343

10.1 渲染顺序 ······ 343
10.2 Alpha Test ······ 345
10.3 Early-Z GPU 硬件优化技术 ······ 347
10.4 Mipmap 的原理 ······ 348
10.5 显存的工作原理 ······ 350
10.6 Filter 滤波方式 ······ 351
10.7 实时阴影是如何生成的 ······ 354
10.8 光照纹理烘焙原理 ······ 357
10.9 GPU Instancing 的来龙去脉 ······ 362
10.10 着色器编译过程 ······ 369
10.11 Projector 投影原理 ······ 372

第1章 Chapter 1

软件架构

1.1 架构的意义

什么是架构？对于架构，每天都有人在耳边提起。但架构到底是什么，却很少有人说清楚。

网络上的解释包括：软件架构是一个系统的草图，软件架构是构建计算机软件实践的基础，以及软件架构是一系列相关的抽象模式，用于指导大型软件系统各个方面的设计等。这些说法都对，但是阐述得还是有些模糊，懂的人本来就懂，不用看，而不懂的人看了还是一头雾水。

"架构"这个词太抽象，难以准确定义，而现在的大部分图书和文章讨论的"架构"都是服务器端的部署图，所以大部分人一提到架构就觉得是几台服务器放这里或那里，用不同的软件连接合作，用各式的框架开发扩展等。

希望这一章可引导读者认识到，架构无处不在，它实质上是解决生活和工作中问题的一种方案。除了自己着手寻找解决问题的方案外，还可通过其他方法，比如直接购买现成的，或者以外包及部分外包的形式，或者以合作模式等来解决问题，这些都是切实可行的方案，都是值得考虑的方案。我们所求的不是最贵的，也不是最高级的，而是最好用的。

在软件系统中，架构的重要性不言而喻，项目从研发到上线运营，我们要在不同的方案中选择合适的架构，例如，前端渲染引擎是自己研发，还是使用商业引擎？商业引擎是使用Unity3D，还是Unreal或其他？具体到怎么用，则要考虑是使用UGUI，还是使用NGUI？ UI里的事件系统如何进行统一处理？ AI行为算法是选择行为树，还是状态机，抑或是选择事件型决策树？数据如何获取和存储？场景如何拆分？是否需要将资源分离出去？是使用长连接还是短连接？是选择 TCP 还是 UDP ？服务器端是用 C++，还是用 Java 或 Python ？是全部使用关系型数据库，还是加入 Cache 机制？网络协议是用 Protocol Buff，还是用 JSON 或 XML，抑或是使用完全自定义格式等。

这些项目中的每个子系统都要有自己的方向，把子系统的决策方向合起来再加入它们之间的关联调用就构成了一个完整的架构，即每个系统、模块、组件都是软件系统架构中的一部分。

优秀的架构师不仅需要对每个子系统的决策方向进行深思熟虑，还要结合其他系统以及整体系统需求的方向进行设计。

在架构设计中，为了能够更好地整理、思考、描述、表达，我们最好使用架构图。架构师把架构中抽象的系统、模块、组件画在图上，用圆圈、方块和文字表示，让自己和大家能够更加系统地认识架构的意图、结构，以及子系统的简要设计。

一个完整的架构图通常会伴随些许子系统的细节，或者说子模块的架构图。UML 对象关系图就是一种架构图，它描述了数据类之间的关系，可把系统中的对象用文字和连接图的方式描述清楚。部署图也是其中一种架构图，它把需要多少种服务器、它们分别起到什么作用，以及它们相互之间的关系描述清楚了，而时序图则把系统程序调用的次序与流程描述清楚了。这些不同角度的架构图合起来就构成了一个完整的项目架构图。如果把子系统架构细节略去，在不关心细节的情况下，描述各系统的合作方式，展现给人们的是整体的解决方案，从宏观的角度看整个项目的布局，会让人一目了然。

为了让更多人理解软件架构，我想把软件架构形容得更贴近实际生活一些。

可以把软件架构理解为软件程序的架子，与现实中的书架有异曲同工之妙，这个架子上有很多大大小小的格子，每个格子里都可以放置固定种类的程序。架子有大有小，大的需要花费点时间去定制，小的则轻便快捷。

架子的大小是由设计师决定的，设计师根据客户的需求设计，假如放置的空间大，且需要承载的东西多，那么就往容量大的方向设计，让它能容纳更多的东西，能放置各种不同类型的程序，反之则做得简约些，这样更容易理解，又轻又快。

架子完成后要拿出去用，如果一出现异常情况就倒了或散架了，就不算是一个好的架子，架子的好坏可从以下几个方面进行评估。

1. 承载力

书架上能放多少东西，能放多重的东西，是使用者（这里使用者可以为客户、玩家或程序员）比较关注的问题。

从软件架构的程序意义来说，一个架构能承载多少个逻辑系统，当代码行数扩展到 100 万行时是否依然能够有序且规范地运行，以及程序员彼此工作的模块耦合度是否依然能保持原来的设计要求，能够承载多少个程序员共同开发，共同开发的效率又如何，这是对软件架构承载力的评定指标。

从架构的目标上来看，对于服务器来说，当前架构能承受多少人同时访问，能承载的日均访问量是多少，这就是它承载力的体现。而对于客户端来说，能显示多少UI元素，可渲染多少模型（包括同屏渲染和非同屏渲染），则是它的承载力的体现。

若访问量承载力太低，访问量一上来就都卡在加载上，大家就不会再有这个耐心来看你的产品了，运营和宣传部门在导入流量时，效果就会大打折扣。同样，如果客户端渲染承载不了多少元素，帧速率过低，画面卡顿现象严重，产品就不会得到认同。

承载力是重要因素，但也并非是唯一因素，综合因素才是评定好坏的关键，一个点的好坏并不能决定全盘的好坏，木桶效应里最短的那块木板才是产品好坏的关键。

2. 可扩展性

如果书架上只能放书，这个书架的用途就太单一了，花瓶不能放、箱子不能放、鞋子不能放、袋子不能放、衣服不能放，客户八成不买单。

架子能适应不同类型的需求，可添加不同类型的系统、不同功能的子系统，是非常必要的。软件架构也是同样的，但要具备更多功能就必须有更高的可扩展性。

可扩展性的关键在于，是否能在添加新的子系统后不影响或者尽可能少影响其他子系统的运作。假设添加了子系统后，所有系统都需要根据新的子系统重写或者重构，那就是灾难，前面花费的时间、人力、物力和财力全都白费了，这是我们不想看到的，因此可扩展性也是衡量架构的非常重要的指标。

3. 易用性

易用性是架构师比较容易忽视的一个点。如果架构师设计了完整的架构，但具体执行时被程序员认为不好用，这时架构师还是执着地推动它的使用，那么团队间就会加深矛盾，这样开发效率就会下降。

这就好比在书架上取东西，如果需要先输入密码，再打开门，剥去袋子，拿出来，把袋子放进箱子，关上门，当把东西放回书架上时，再来一遍以上所有步骤，这实在是太烦琐，即使功能再多，承载力再好，使用者也会感到备受煎熬，这样，开发效率下降是自然的事。甚至有些是机械重复的工作，精力和注意力都耗在了没有意义的地方，这种情况下，架构师应该适时地改进架构和流程。

易用性决定了架构的整体开发效率，程序员容易上手，子系统容易对接，开发效率自然就高，各模块、各部件的编写只需要花一点点精力来关注架构的融合即可，其他精力和注意力都可以集中在子系统的设计和编码上，这才能让各系统各尽其职，将效率发挥到极致。

4. 可伸缩性

还是用书架比喻，假设现在没有这么多书和东西要放，房子也不够大，那么书架如果可以折叠缩小到我需要的大小则会更受用户欢迎，这就是可伸缩性的体现。

若软件架构能像我们制造的书架一样可随时放大或随时折叠缩小，那就太好了。当需要的承载量没有这么大时，可以不使用不需要的功能，化繁为简，只启用需要的部分功能，这样就可以随时简化开发流程。

例如，从服务器端的角度，当需要急速导入大量用户，做到能承载几百万人同时在线时，服务器可随时扩展到几百上千台服务器来提高承载量，而在访问量骤减，或者平时访问量比较少，甚至低到只有几十个人访问时，服务器可缩减到几台机子运作，这样就大大缩减了服务器费用的开销，可以根据需要随时变更架构的承载力来节省成本。

从客户端的角度，伸缩力体现在是否既能适应大型项目上，如上百人协同开发一个复杂系统，也能适应小项目上，如 1 ～ 3 人小团队的快速开发环境，即小成本小作品的快速迭代。

在实际项目中，有时可伸缩性看起来并不是关键的因素，很多人误认为伸缩性是程序员的负担，甚至有的项目在某些时期根本不需要可伸缩性，只需要适应当前特定时间的需求即可。这里不得不再次强调可伸缩性在架构中的作用，它是深入理解、设计架构的关键因素，是做出优秀的完整架构的重要因素。

5. 容错性以及错误的感知力

书架也会有磕磕碰碰的时候，同样也会出现因某处做工不精导致使用时歪歪斜斜的情况，如果我们保证不了完全没有问题，至少需要保证它不会因为一点小小的毛病而彻底散架。

软件架构也是同样的，软件中的异常、Bug 常有，我们无法预估设备何时损坏。容错性起到了防止产品在使用中出现错误而彻底不能使用的作用，它需要有备份方案自动启用功能，同时也能够让开发人员及时得知问题已经发生，以及问题的所在位置，最好能通过 Email 或者短信、电话等方式自动通知维护者，并记录错误信息。

从服务器端角度，容错性包括数据库容错性、应用服务器容错性、缓存服务器容错性，以及中心服务器容错性，每个环节出现问题都会通知相关中心服务器改变策略，或者监控服务器检测得知该服务器出现故障，自动更换成备用服务器或者更换链路。

从客户端角度，容错性包括当程序发生错误时，是否同样能够继续保持运行而不崩溃；当这个页面程序出错时，是否依然能够运行其他程序而不闪退或崩溃。同时所有出现的程序错误，都能及时地记录下来并发送到后台，存储为错误日志，便于开发人员及时得到详细的错误信息，能够根据错误信息快速找出问题所在。

在架构中，以上这五项能力缺一不可，某项能力特别突出并不能决定整个架构的好坏，要考虑综合因素。倘若哪一项比较弱，随着时间的推移，问题会不断地向该方向聚集，直到最终出现大的问题，甚至崩溃。我们需要一个牢固的、多样化的、好用的、可伸缩的、有韧性的书架，这也是我们在设计架构时所追求的目标。

万物相通，木桶原理也适用于架构设计，木桶上仅有一块或几块板比较长没有用，其他短板照样撑不住多少水。这契合架构理论，好的架构本来就是由其所有子系统的架构来支撑的，整体架构虽然比其他子系统的架构更具宏观性，但起不到决定性作用。综合因素决定成败，架构也同样如此。如何让所有因素都朝着好的方向发展，是架构师最终要思考和解决的问题。

1.2　软件架构的思维方式

前面对软件架构进行了一个深入的解释，对什么是软件架构、为什么需要软件架构、怎样才算是优秀的软件架构进行了详细的分析。

本节我们介绍在构建软件架构的过程中需要使用的几种思维方式。我们在生活和学习中常常有思维方式的转换，构建软件架构也同样需要不同的思维方式。

对于软件架构设计来说，我们应从思维方式入手，先学习如何建立抽象构建架构的思维方式。

架构既承载了我们对这个项目的抽象思维，也帮助我们厘清了业务体系的方向。如果要问软件研发、架构设计中最重要的能力是什么，我会毫不犹豫回答是抽象能力。

抽象能力是一个比较重要的能力，它不仅在生活中很重要，在进行软件架构设计时尤其重要。一个项目在最初的设计中是没有可见实体的，需要我们凭空创造出一个能看到或想象的目标实体，这个目标实体大概率会指向软件形成的最终形态，不会偏离很多。抽象能力在这个特殊时期发挥了重要作用，它可以帮助我们在没有形成任何可见、可幻想的实际目标之前，为目标描绘出一个大致的轮廓，这样我们在实现架构的途中就有了一个可见的标准和目标。因此，实际工作中抽象能力的强弱，直接决定我们所能解决问题的复杂度和规模大小。

软件架构设计和小朋友搭积木无本质差异，只是解决的问题域和规模不同罢了。架构师先要在大脑中形成抽象概念，然后以模块的形式进行拆分，设计子模块之间的沟通方式，再依次实现子模块，最后将子模块组合起来，形成最终的系统。我们常说编程和架构设计就是搭积木，优秀的架构师受职业习惯的影响，眼睛里看到的世界都是模块化组合方式。

可以这样认为，我们生存的世界都是在抽象的基础上构建起来的，离开抽象，人类在对事物进行构建时寸步难行。

一篇名为《优秀架构师必须掌握的架构思维》[㊀]的文章就很好地对抽象能力进行了分析，以下三种抽象能力源自这篇文章。

第一种：分层思维

分层是我们应对和管理复杂性的基本思维武器。

面对一个复杂的系统，我们一开始总是无从下手，就好比一下子在我们面前摆了很多的问题，杂乱无章。这很大程度上会导致我们慌张、焦急、惶恐。分层思维，能很好地帮助我们抽象一个复杂系统的架构层次，从而清晰地描述有多少层面的事务需要我们解决，以及解决层级的先后次序。

㊀ 见 https://www.infoq.cn/article/architecture-thought。

构建一套复杂系统时，我们把整个系统划分成若干个层次，每一层专注解决某个领域的问题，并向上提供服务。这样的抽象做法，让复杂的事务变得更加清晰、有序。有些层次并不一定是横向的，也可以是纵向的，纵向的层次贯穿其他横向层次，称为共享层，如图 1-1 所示。

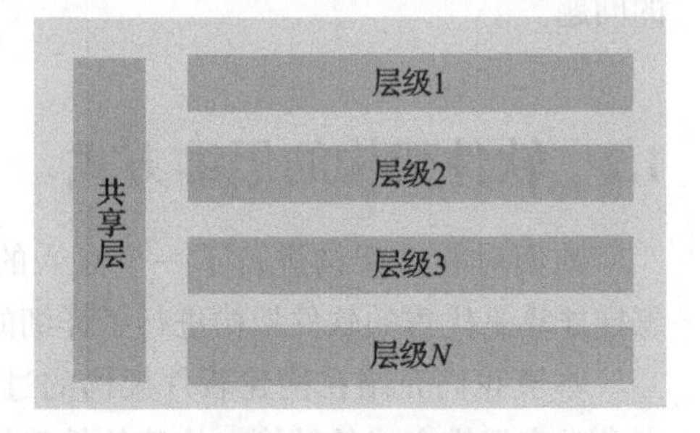

图 1-1 分层抽象设计

下面介绍几个用分层思维作为抽象方法的架构案例。

对于一个中小型的 Spring Web 应用程序，我们一般会设计成三层架构，如图 1-2 所示。

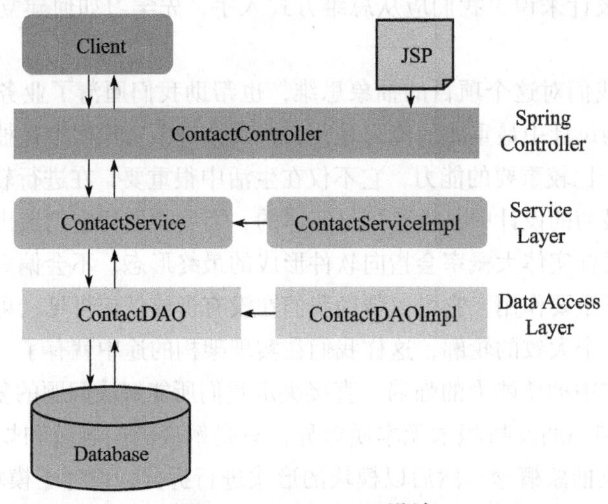

图 1-2 Spring Web 设计

Linux 操作系统是经典的分层架构，如图 1-3 所示。TCP/IP 协议栈也是经典的分层架构，如图 1-4 所示。

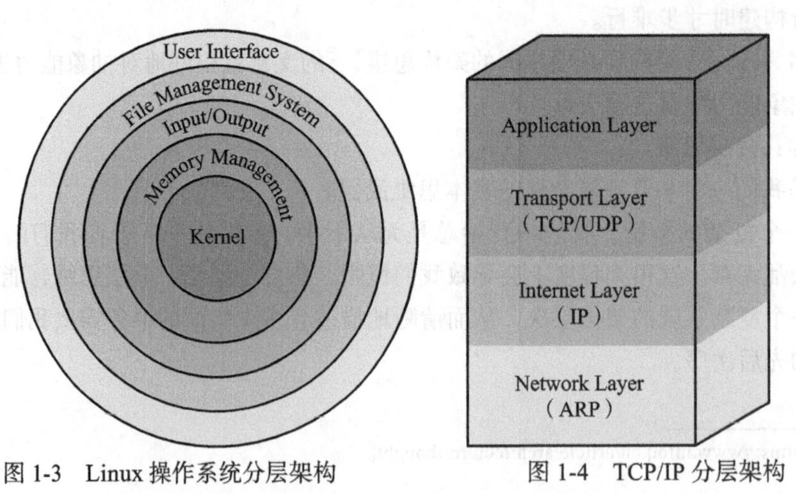

图 1-3 Linux 操作系统分层架构

图 1-4 TCP/IP 分层架构

如果你关注人类文明进化史，你会发现，今天的人类世界也是以分层方式一层一层搭建和演化出来的。今天的互联网系统可以认为是现代文明的一个层次，其上是基于互联网的现代商业，其下是现代电子工业基础设施，诸如此类。

第二种：分治思维

分而治之也是应对和管理复杂性的一般性方法，图1-5展示的是一个分治的思维流程。

2015年我在思考Unity3D手游项目发布流程时，用分治法对发布流程进行抽象分解，首先把code（编码）作为主中心，再把除了code以外的事项拆分成打包发布、资源部署到外网、检测、版本控制、设置项目管理平台等部分。最后将拆分出来的大块问题进行细化，分解成具体的某个小问题，如图1-6所示。

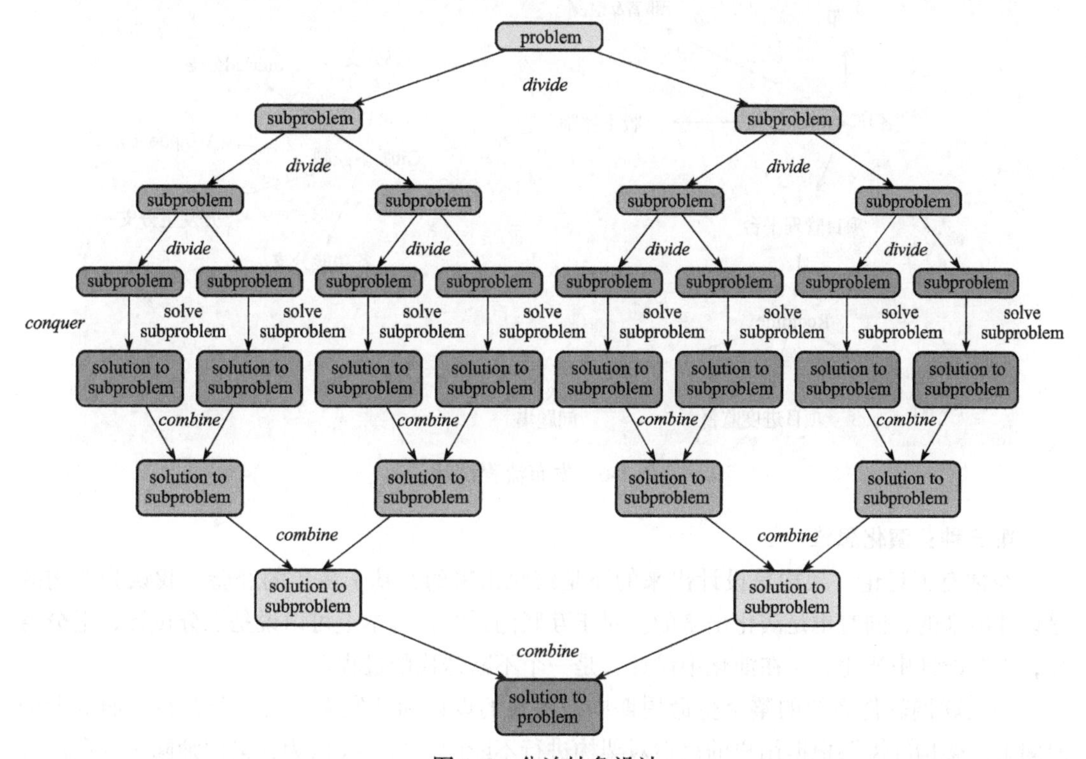

图1-5　分治抽象设计

对于一个无法一次解决的大问题，我们先把大问题分解成若干个子问题，如果子问题还无法解决，则继续分解成子子问题，直到可以直接解决为止，这就是分解（divide）的过程；然后将子子问题的解组合成子问题的解，再将子问题的解组合成原问题的解，这就是组合（combine）的过程。

在生活中分治思维可解决大问题、复杂问题。特别是当你遇到那些从未处理过的问题，或者特别复杂以至于超出你能力范围的问题时，把它进行分解、拆分、解剖、撕裂。把大问题先分成几大块的问题，再从这几大块问题入手，对每个大块问题再分解，拆分成小块问题。倘若小块问题仍然无法解决，或者还是没有思路，则再拆分，再解剖，再分解，直到分解到你能开始着手解决为止。这样一步步、一点点，把小问题解决了，就是把大问题解决了。随着时间的推移，不断解决细分的小问题，大问题便可迎刃而解。

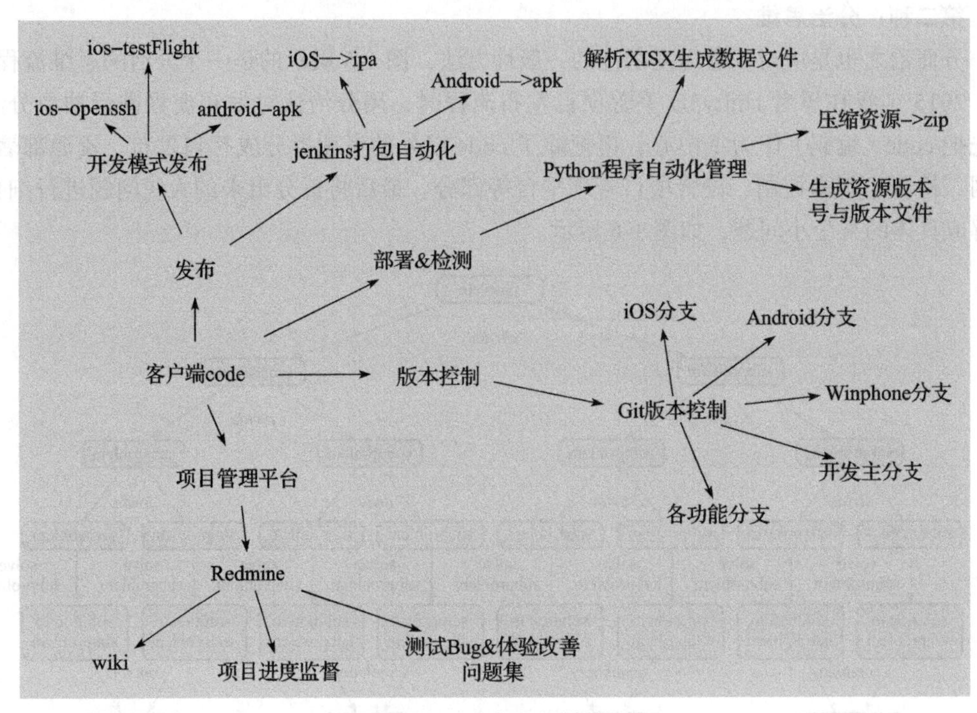

图 1-6 发布流程设计

第三种：演化思维

经常有人讨论：架构是设计出来的还是演化出来的？基于多年的经验，我认为架构既是设计出来的，同时也是演化出来的。对于互联网系统，基本上可以说是三分设计，七分演化，既在设计中演化，又在演化中设计，是一个不断迭代的过程。

在互联网软件系统的整个生命周期中，前期的设计和开发大致占三分，在后面的七分时间里，架构师需要根据用户的反馈对架构进行不断的调整。我认为，架构师除了要利用自身的架构设计能力外，也要学会借助用户的反馈和进化的力量，推动架构的持续演进，这就是演化式架构思维。

当然，一开始的架构设计非常重要，架构确定，系统基本就成型了。同时，优秀的架构师深知，能够不断应对环境变化的系统才是有生命力的系统，架构的好坏很大部分取决于它应对变化的灵活性。所以具有演化式思维的架构师，能够在一开始设计时就考虑到后续架构的演化特性，并且将灵活应对变化的能力作为架构设计的主要考量。

从单块架构开始，随着架构师对业务域理解的不断深入，也随着业务和团队规模的不断扩大，渐进式地把单块架构拆分成微服务架构的思路，就是演化式架构的思维。如果你观察现实世界中一些互联网公司（如 eBay、阿里、Netflix 等）的系统架构，就知道它们大部分走的是演化式架构的路线。

图 1-7 所示的是建筑的演化史，在每个阶段，你可以看到设计的影子，但如果时间线拉得足够长，演化的特性就出来了。

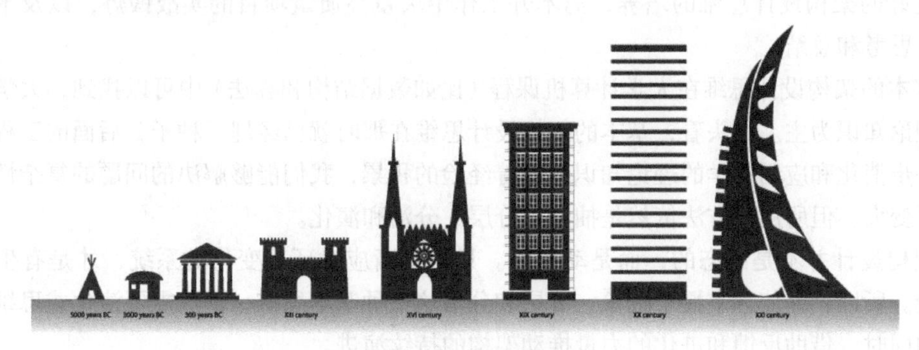

图 1-7 建筑的演化史

综上所述，我们强调了抽象思维在架构设计中的重要性，以及抽象思维的几种用法，包括分层思维、分治思维及演化思维，它们在抽象的架构设计中起到了很好的作用。

1.3 如何构建 Unity3D 项目

前面我们对软件架构进行了解释，并且对软件架构抽象的思维方式进行了详细介绍，包括分层、分治、演化。本书将具体介绍架构中的误区，以及如何做前端架构，并且了解如何构建 Unity3D 项目。

1. 前端与后端架构之间的共性

前后端架构的目标都是高性能、高可用、可扩展、安全、可容错。对于前端来说，除了这些目标特性外，还需要加入更多的用户体验，包括视觉效果和操作灵敏度。

作为前端工程师，用户体验是比较重要的，这种体验涉及很多方面，包括性能、视觉效果，以及操作上的人性化等。例如，如何让游戏加载速度更流畅、如何制作更绚丽的特效、如何减少电量的消耗、如何最快地响应用户操作等。

前端技术与后端技术都是在同一个系统层面上建立起来的，都是建立在 Linux、Windows、Android、iOS 操作系统之上的，两者最后都需要开发者了解操作系统的接口以及底层运作原理。它们的区别在于，后端在操作系统上构建了一套服务端框架，而前端在操作系统上构建了一个渲染引擎，它们需要在此之上做业务架构。我们自己构建或选择某个商业渲染引擎后，再在渲染引擎之上建立游戏应用的业务架构。因此，我们其实有两套架构要学习，一套是渲染引擎架构，一套是游戏业务架构。

对渲染引擎架构的探讨偏离了本书的范围，这里不做详细阐述。游戏业务架构中有很多需要我们搭建的框架，可以以模块形式来命名它们，包括网络框架、UI 框架、数据框架、核心战斗框架、AI 框架等，后面将进行讨论。

2. 培养架构设计思维

良好的架构设计思维的培养，离不开工作中大量高质量项目的实战锻炼，以及平时的学习、思考和总结。

基本的架构设计思维在大学计算机课程（比如数据结构和算法）中可以找到，大学里以学习理论知识为主。回头看，基本的架构设计思维在那时就已经埋下种子，后面的工程实践会进一步消化和应用所学的理论知识，随着经验的积累，我们能够解决的问题的复杂性和规模逐渐变大，但所用的方法依然是抽象、分层、分治和演化。

架构设计并不是静态的，而是动态的。只有不断应对环境变化的系统，才是有生命力的系统。所以，即使你掌握了抽象、分层和分治这三种基本思维，仍然需要演化式思维，在设计的同时，借助反馈和进化的力量推动架构的持续演进。

架构师在关注技术、开发应用的同时，需要定期梳理自己的架构设计思维，积累的时间长了，看待世界事物的方式会发生根本性的变化，你会发现我们生活的世界，其实也是在抽象、分层、分治和演化的基础上构建起来的。架构设计思维的形成会对你的系统架构设计能力产生重大影响。可以说，对抽象、分层、分治和演化掌握的深度和灵活应用的水平，直接决定架构师解决问题域的复杂性和规模大小，是区分普通应用型架构师和平台型 / 系统型架构师的一个分水岭。

3. 试着构建 Unity3D 项目

我们可以使用以上方法来试着构建 Unity3D 项目。下面采用分层的思维方式先确定架构的层级，如图 1-8 所示。

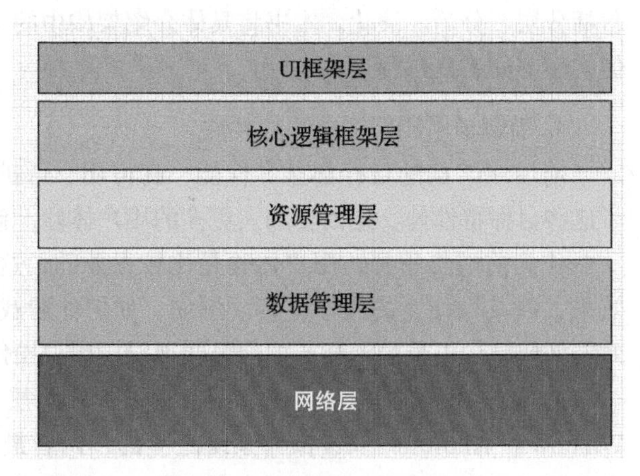

图 1-8 Unity3D 分层设计

把整个项目分成五大层级，即网络层、数据管理层、资源管理层、核心逻辑框架层、UI 框架层。

这样一分就清晰地知道了我们需要做哪几大类的东西。只是这样拆分太笼统，特别是核心逻辑框架层，完全是概括性的层级，无法表达具体的系统。所以我们要再次拆分层级，把太过于笼统的层级进行分层，如图 1-9 所示。

经过分层后再采用分治的方法，把核心逻辑框架层拆成为工具编辑器、角色行为框架、AI 框架、地图场景与寻路框架、着色器与特效、设备平台等。这些子层都在核心逻辑框架层中，它们有自己的框架，也可以互相调用，它们一起构成核心逻辑部分，也就是核心玩法或核心战斗的主要部分。

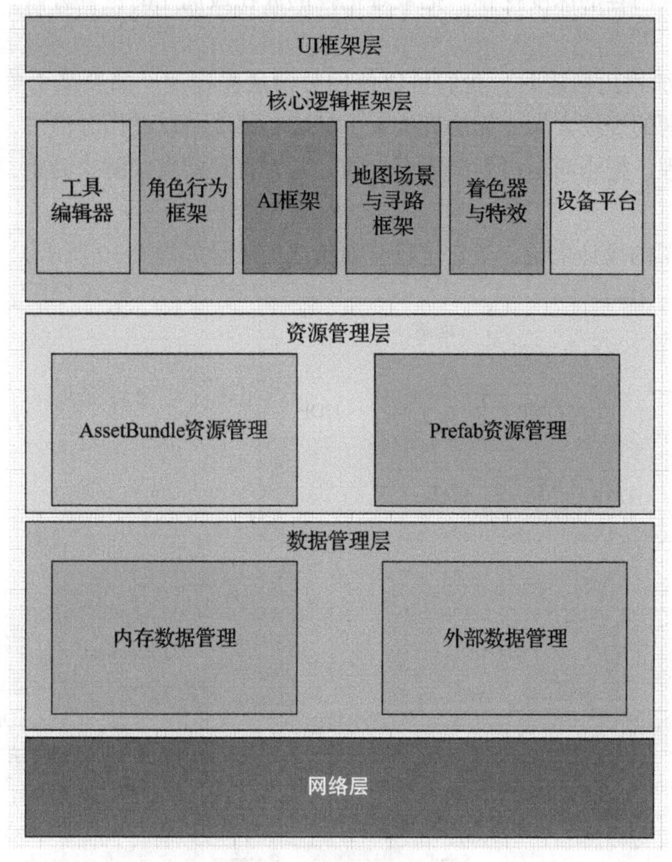

图 1-9　分层后再分治

我们再将资源管理层和数据管理层进行拆分，分为 AssetBundle 资源管理和 Prefab 资源管理，以及内存数据管理和外部数据管理，这样更清晰地分工了各层的职能。其实还有很多其他的层级这里没有提到，包括常用库、工具库、动画控制等，这里暂不一一提出。

在游戏项目中，最常用的是数据表、网络层、UI 层、常用库这几个模块。我们可以使用这种层级的方式来试着搭建一个完整的项目，只是做抽象的编写，就可以清晰地知道这个项目需要哪些模块和层级。

比如，如果项目是单机的策略类游戏，可能就没有很多角色上的东西，而多了很多 2D 动画行为控制上的需求。这时在进行层级划分时，就可以把注意力重点放在 2D 动画行为控制、UI 框架、数据管理、资源管理及 AI 上。

如果项目是以 3D 人物角色为主的网络游戏，则应有地形地图、角色行为控制等内容，此外，还需要一套角色技能、特效、动画编辑工具等。网络游戏项目前期我们会对网络这块内容进行决策，确定是TCP-Socket、UDP还是Web形式的HTTP。3D MMRPG的难度主要集中在了解角色技能动画、AI、地图、物理模拟上。我们可以把重点提取出来，让擅长的同事专门做这块内容的深度挖掘，把最难把控的放在最优先的位置去做，再对这些层级进行细致化构建。

对模块进行细致化构建时，我们可以使用分治法去构建。如果某个要解决的问题已经确定，且这个问题的规模太大，无法直接下手解决，那么可以使用分治法，把一个问题分成几个小问题来处理，把小问题再划分成更小的问题，直到能直接解决为止，再依次对它们进行处理。

下面拿网络层的设计来说，对它进行分而治之的设计如图1-10所示。

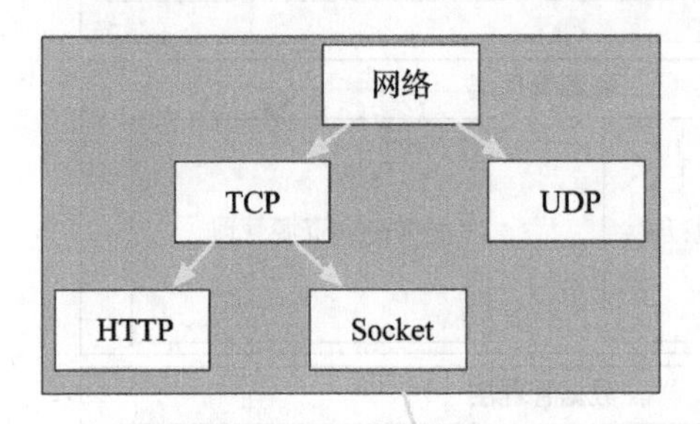

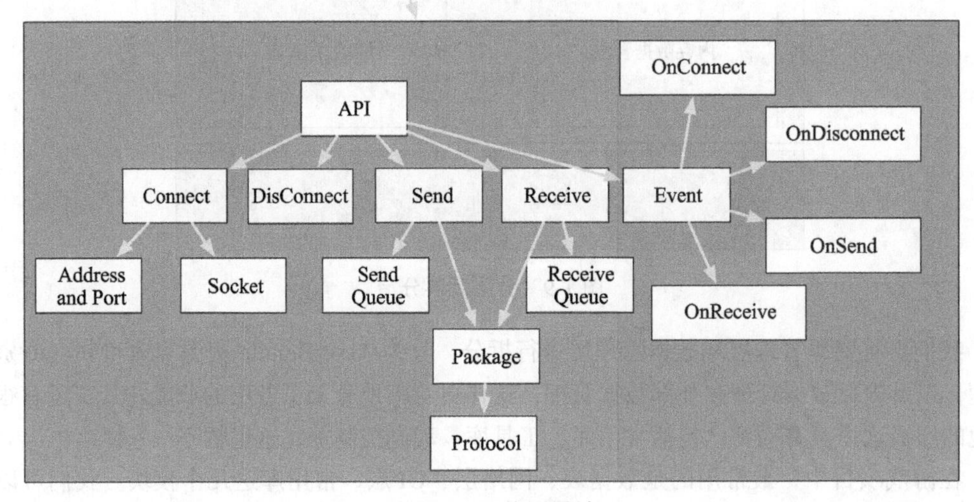

图1-10 网络层设计

图1-10中，我们把网络层拆分成HTTP、TCP-Socket、UDP这三种类型的形式，再对每个类型的具体接口进行拆分，对于拆分出来的每个接口，如果还不能直接使用，则再进行细致的拆分，直到拆分到可以具体实施为止。在图1-10中，我们以接口的形式进行拆分，先将接口拆分成连接、断开连接、发送数据、收到数据，以及（断开、连接、终结）网络事件，然后再对每个接口进行拆分，把接口需要处理的问题拆分出来各个击破。

除了我们列举的网络层外，其他层级部分的框架也可以用同样的方式进行分解，即用分而治之的方法逐个击破每个模块。下面描述了各个模块的拆分原则。

- 数据表：Excel 导为二进制文件、JSON 或其他格式，读取接口和解析接口的定义。
- UI 层：确定是使用 NGUI 还是 UGUI，并针对界面基类、界面管理、输入事件封装进行选择，且自定义通用组件基类和各类通用组件。
- 外部资源管理：确定是否使用 AssetBundle，是否对 AssetBundle 资源进行分类，是否依赖 AssetBundle 资源间的关系，是否加载与释放 AssetBundle 的管理，是否加密 AssetBundle。
- AI 层：确定是使用状态机还是行为树或者其他，以及状态机或行为树接口的实现、AI 可视化工具、AI 扩展接口。
- 地形地图：包括地图是 2D 的还是 3D 的，场景编辑器的结构是否需要网格合并，场景内的大小物件区别对待，大地形在游戏里如何显示，是否要划分区块。
- 寻路与网格：确定是使用 A 星算法还是跳点算法或者其他算法；是使用网格栅格还是三角网格；是使用长距离寻路的解决方案还是地图数据管理。
- 常用库：包括时间函数、数学函数、数字变量加密封装、坐标转换函数、Debug 调试工具、各大逻辑系统通用工具等。
- 角色行为控制：包括人物移动处理方案、摄像机的碰撞检测、动画特效编辑器、技能编辑器、行为流的建立。
- 2D 动画控制：包括动画组件封装、2D 动画的制作流程、2D 图合并为图集。

实际工作中，我们对层级和模块逐个攻破的同时，也进入了架构演化模式。在一开始构建的架构中，某部分的设计可能并不十分合适，在后面的工作中我们需要对其逐步修复、完善甚至替换，这些都是演化的重要步骤。

在不断完善架构的过程中，原本简单抽象的架构开始复杂化。每个模块都在有条不紊地演进，也会不断冒出各种各样不适应或者不符合实际需求的问题，我们需要及时跟进演化内容，包括剔除、重构、改善、修补前面由于各种原因而导致的错误。

最后应该注意架构设计的文档要及时跟进完善，在抽象的过程中，我们需要整理和记录整个过程，以便在今后完善架构时有途径获得前面在做决策时所考虑的各方面问题。

Chapter 2 第2章

C# 技术要点

2.1 Unity3D 中 C# 的底层原理

Unity 底层在运行 C# 程序时有两种机制，一种是 Mono，另一种是 IL2CPP。这两种机制到底有什么区别？又是如何运作的呢？下面来简单介绍一下。

我们知道，在 Unity 中使用 C# 语言的一个重要好处就是编译快且开发效率高。但是 .NET 虽好却只能运行在 Windows 上（不过现在 NetCore 可以实现多平台了，只是还不够完善），主要是因为微软没有考虑跨平台而且没有将其开源。后来微软公司向 ECMA 申请将 C# 作为一种标准。C# 在 2003 年成为一个 ISO 标准（ISO/IEC 23270）。这意味着只要是遵守 CLI（Common Language Infrastructure）的第三方就可以将任何一种语言实现到 .NET 平台上。Mono 就是在这种环境下诞生的，Mono 的目标就是达成跨平台 .NET 4.0 的完整功能支持。

与微软的 .NET Framework（共通语言运行平台）不同，Mono 项目不仅可以运行于 Windows 系统上，还可以运行于 Linux、FreeBSD、Unix、OS X 和 Solaris 上，甚至是一些游戏平台上，例如：Playstation 3、Wii 或 XBox 360。Mono 使得 C# 这门语言有了很好的跨平台能力。

这里要引出一个很重要的概念“IL”。IL 的全称是 Intermediate Language，但很多时候我们看到的是 CIL（Common Intermediate Language，特指在 .NET 平台下的 IL 标准），其实大部分文章中提到的 IL 和 CIL 表示的是同一个东西，即中间语言。

IL 是一种低阶（lowest-level）的人类可读的编程语言。我们可以将通用语言翻译成 IL，然后汇编成字节码，最后运行在虚拟机上；也可以把 IL 看作一个面向对象的汇编语言，只是它必须运行在虚拟机上，而且是完全基于堆栈的语言。也就是说，C#、VB、J#这种遵循CLI规范的高级语言，会被各自的编译器编译成中间语言IL（CIL），当需要运行它们时就会被实时地加载到运行时库中，由虚拟机动态地编译成汇编代码（JIT）并执行。

值得注意的是，在Unity中，其他两门脚本语言Boo和Unity Script也同样是被各自的编译器编译成遵循CLI规范的IL后，再由Mono虚拟机解释并执行。

其实IL有三种转译模式。

- Just-in-time（JIT）编译：在程序运行过程中将CIL转译为机器码。
- Ahead-of-Time（AOT）编译：将IL转译成机器码并存储在文件中，此文件并不能完全独立运行。通常此种模式可产生出绝大部分JIT模式所产生的机器码，只是有部分例外，例如trampolines或是控管监督相关的代码仍旧需要JIT来运行。
- 完全静态编译：这个模式只支持少数平台，它基于AOT编译模式更进一步产生所有的机器码。完全静态编译模式可以让程序在运行期完全不需要用到JIT，这个做法适用于iOS操作系统、PlayStation 3以及XBox 360等不允许使用JIT的操作系统。

Unity在打包iOS操作系统的时候就使用了第三种方式，而在Android和Windows上则使用JIT实时编译来运行代码。

Mono内包含三类组件，分别是核心组件、Mono/Linux/GNOME开发堆栈、微软兼容堆栈。下面简单介绍一下它们：

- 核心组件包含C#编译器、Common Language Infrastructure虚拟机，以及核心类别程序库。
- Mono/Linux/GNOME开发堆栈提供了工具用于开发应用软件。这些工具使用了既有的GNOME以及自由且开放源代码的程序库，它们包含了针对图形用户界面开发的Gtk#、可套用Gecko rendering engine的Mozilla程序库、Unix集成程序库（Mono.Posix）、安全堆栈，以及XML schema语言RelaxNG。
- 微软兼容堆栈提供了一种方式以使Windows .NET应用程序可以被移植到GNU/Linux上，堆栈包含了ADO.NET、ASP.NET以及Windows Forms等。

Mono使用垃圾回收机制来管理内存，应用程序向垃圾回收器申请内存，最终由垃圾回收器决定是否回收。当我们向垃圾回收器申请内存时，如果发现内存不足，就会自动触发垃圾回收，或者也可以主动触发垃圾回收，垃圾回收器此时会遍历内存中所有对象的引用关系，如果没有被任务对象引用则会释放内存。

在3.1.1版之后Mono正式将Simple Generational GC（SGen-GC）设置为默认的垃圾回收器，它比前面几代的垃圾回收器要好用得多。SGen-GC的主要思想是将对象分为两个内存池，一个较新，一个较老，那些存活时间长的对象都会被转移到较老的内存池中去。这种设计是基于这样的一个事实：程序经常会申请一些小的临时对象，用完了马上就释放。而如果某个对象一段时间没被释放，往往很长时间都不会释放。

前面说到 IL 编码，其实 C# 代码生成的 IL 编码我们称为托管代码，由虚拟机的 JIT 编译执行，其中的对象无须手动释放，它们由 GC 管理。C/C++ 或 C# 中以不安全类型写的代码我们称为非托管代码，虚拟机无法跟踪到这类代码对象，因此在 Unity 中有托管代码和非托管代码之分。

一般情况下，我们使用托管代码来编写游戏逻辑，非托管代码通常用于更底层的架构、第三方库或者操作系统相关接口，非托管代码使用这部分的内存必须由程序员自己来管理，否则会造成运行时错误或者内存泄漏。这就像 Android 中的 Java 和 Native code 的区别一样，Java 的 bytecode 是跑在虚拟机上的，而 Native code 则直接跑在 bare metal 上。为了访问底层资源，Java 中的部分接口最终还是要通过 JNI 调到 Native code 中来。Mono 的框架其实也是类似的，IL 代码要实现与平台相关的调用或是调用已有的 Native library，最终还是要通过一套类似于 JNI 的接口实现，同时 Mono 自己也有一套可以使用非托管代码的方法。

Unity 的 Mono 用得好好的，为什么要加入 IL2CPP 机制呢？ Unity 官方解释的原因有以下几个：

1）维护成本过大。Unity 的 Mono 虚拟机有自己的修改方案，需要自己维护独有的虚拟机程序。这导致 Unity 在各个平台完成移植工作时，工作量巨大，有时甚至不可能完成。在这种情况下，每新增一个平台，Unity 的项目组就要把虚拟机移植一遍，同时要解决不同平台虚拟机里的问题。而像 WebGL 这样基于浏览器的平台的移植工作甚至不太可能完成。

2）Mono 版本授权受限。Mono 版本无法升级，这也是 Unity 社区开发者抱怨最多的一条，很多 C# 的新特性无法使用。如果换成 IL2CPP，则可以通过 IL2CPP 自己开发一套组件来解决这个问题。

3）提高运行效率。根据官方的实验数据，换成 IL2CPP 以后，程序的运行效率有了 1.5 ～ 2.0 倍的提升。

那么 IL2CPP 的编译和运行过程是怎么样的呢？

首先还是由 Mono 将 C# 语言翻译成 IL，IL2CPP 在得到中间语言 IL 后，将它们重新变回 C++ 代码，再由各个平台的 C++ 编译器直接编译成能执行的机器码。

这里要注意的是，虽然 C# 代码被翻译成了 C++ 代码，但 IL2CPP 也有自己的虚拟机，IL2CPP 的虚拟机并不执行 JIT 或者翻译任何代码，它主要是用于内存管理，其内存管理仍然采用类似 Mono 的方式，因此程序员在使用 IL2CPP 时无须关心 Mono 与 IL2CPP 之间的内存差异。

前面已提到，Unity 在 iOS 平台中使用基于 AOT 的完全静态编译绕过了 JIT，使得 Mono 能在这些不支持 JIT 的操作系统中使用。对于 IL2CPP 来说，其实就相当于静态编译了 C# 代码，只是这次编译成了 C++ 代码，最后翻译成二进制机器码绕过了 JIT，所以也可以说 IL2CPP 实现了另一种 AOT 完全静态编译。

2.2 List底层源码剖析

部分编程多年的程序员在看到C#基础知识时总想跳过，因为看了太多次，次次都是一样的语法，都是由继承展开的特性，再加上一些高级属性，确实有点枯燥。但这里还是要强调基础的重要性，没有扎实的基础，所有编写的程序很有可能会随着软件规模和使用规模的扩大，或者使用途径的扩大而遇到越来越多的问题，这些程序最后大部分会被遗弃，或者需要重新进行编写。

也是深知基础的重要性，很多资深的程序员从这里出发，最终又回到了这里，他们一遍又一遍地看着这部分内容，希望从中得到新的启发或者纠正自己以前的错误观念。

我一方面想把基础的知识告知大家，另一方面又不想让大家觉得枯燥，所以想写些不一样的内容。在我看来，能读本书的，基本上都能做到基础语法部分已经滚瓜烂熟，所以本章在基础语法之上讲些进阶的内容会更有趣，如算法设计、常用组件的底层代码分析、设计模式、程序逻辑优化等。

首先讲解我们在日常工作中常会用到的C#组件底层的原理，从本章的知识中，我们可以充分了解到日常编程代码中这些组件在底层是如何运作的，当我们再次编写代码时，能有意识地理解背后的执行步骤，从而能更好地提升代码的质量。

1. List底层代码剖析

List是C#中一个最常见的可伸缩数组组件，我们常用它来替代数组。因为它是可伸缩的，所以我们在编写程序的时候不用手动去分配数组的大小，甚至有时会拿它当链表使用。那么到底它的底层是怎么编写的呢？每次增加和减少以及赋值，内部是如何执行和运作的呢？接下来进行详细讲解。

我们先来看看List的构造部分，源码如下：

```
public class List<T> : IList<T>, System.Collections.IList, IReadOnlyList<T>
{
    private const int _defaultCapacity = 4;

    private T[] _items;
    private int _size;
    private int _version;
    private Object _syncRoot;

    static readonly T[] _emptyArray = new T[0];

    //构建一个列表，该列表最初是空的，容量为零
    //将第一个元素添加到列表后，容量将增加到16，然后根据需要以2的倍数增加
    public List() {
        _items = _emptyArray;
    }

    //构造具有给定初始容量的List。该列表最初是空的。但是在需要重新分配之前，会为给定数量的元
      素留出空间。
```

```
    //
    public List(int capacity) {
        if (capacity < 0) ThrowHelper.ThrowArgumentOutOfRangeException(
        ExceptionArgument.capacity,
        ExceptionResource.ArgumentOutOfRange_NeedNonNegNum);
        Contract.EndContractBlock();

        if (capacity == 0)
            _items = _emptyArray;
        else
            _items = new T[capacity];
    }

    //...
    //其他内容
}
```

从以上源码可以知道，List继承于IList、IReadOnlyList。IList提供主要接口，IReadOnlyList提供迭代接口。

IList源码网址为：https://referencesource.microsoft.com/#mscorlib/system/collections/ilist.cs,5d74f6adfeaf6c7d。

IReadOnlyList源码网址为：https://referencesource.microsoft.com/#mscorlib/system/collections/generic/ireadonlylist.cs,b040fb780bdd59f4。

看构造部分，我们明确了List内部是用数组实现的，而不是链表，并且当没有给予指定容量时，初始的容量为0。

也就是说，我们可以大概率推测，List组件在被Add()、Remove()两个函数调用时，都是采用“在数组上对元素进行转移的操作，或者从原数组复制生成到新数组”的方式工作的。

下面看看我们的猜测是否正确。

2. Add接口剖析

Add接口源码如下：

```
// 将给定对象添加到此列表的末尾。列表的大小增加1
// 如果需要，在添加新元素之前，列表的容量会增加1倍
//
public void Add(T item) {
    if (_size == _items.Length) EnsureCapacity(_size + 1);
    _items[_size++] = item;
    _version++;
}

// 如果列表的当前容量小于min，则容量将增加到当前容量的两倍或min，以较大者为准
private void EnsureCapacity(int min) {
    if (_items.Length < min) {
        int newCapacity = _items.Length == 0? _defaultCapacity : _items.Length * 2;
```

```
        // 在遇到溢出之前，允许列表增长到最大可能的容量（约 2GB 元素）
        // 请注意，即使 _items.Length 由于 (uint) 强制转换而溢出，此检查仍然有效
        if ((uint)newCapacity > Array.MaxArrayLength) newCapacity =
            Array.MaxArrayLength;
        if (newCapacity < min) newCapacity = min;
        Capacity = newCapacity;
    }
}
```

上述 List 源码中的 Add() 函数，每次增加一个元素的数据，Add 接口都会首先检查容量是够还是不够，如果不够，则调用 EnsureCapacity() 函数来增加容量。

在 EnsureCapacity() 函数中，有这样一行代码：

```
int newCapacity = _items.Length == 0? _defaultCapacity : _items.Length * 2;
```

每次容量不够的时候，整个数组的容量都会扩充一倍，_defaultCapacity 表示容量的默认值为 4。因此，整个扩充的路线为 4、8、16、32、64、128、256、512、1024……以此类推。

List 使用数组形式作为底层数据结构，优点是使用索引方式提取元素很快。缺点是在扩容时会很糟糕，每次针对数组进行 new 操作都会造成内存垃圾，这给垃圾回收（GC）带来了很大负担。

这里按 2 的指数扩容的方式，可以为 GC 减轻负担。但是，如果数组被连续申请扩容，还是会造成 GC 的不小负担，特别是代码中的 List 频繁使用 Add 时，数组会不断被扩容。此外，如果数量使用不当，也会浪费大量内存空间，例如，当元素的数量为 520 时，List 就会扩容到 1024 个元素，如果不使用剩余的 504 个空间单位，就会造成大部分内存空间的浪费。具体该怎么做才是最佳的策略，我们将在后面讨论。

3. Remove 接口剖析

下面再来看 Remove 接口部分的源码：

```
// 删除给定索引处的元素。列表的大小减 1
//
public bool Remove(T item) {
    int index = IndexOf(item);
    if (index >= 0) {
        RemoveAt(index);
        return true;
    }

    return false;
}

// 返回此列表范围内给定值首次出现的索引
// 该列表从头到尾向前搜索
// 使用 Object.Equals 方法将列表中的元素与给定值进行比较
```

```
//
// 此方法使用 Array.IndexOf 方法执行搜索
//
public int IndexOf(T item) {
    Contract.Ensures(Contract.Result<int>() >= -1);
    Contract.Ensures(Contract.Result<int>() < Count);
    return Array.IndexOf(_items, item, 0, _size);
}

// 删除给定索引处的元素。列表的大小减 1
//
public void RemoveAt(int index) {
    if ((uint)index >= (uint)_size) {
        ThrowHelper.ThrowArgumentOutOfRangeException();
    }
    Contract.EndContractBlock();
    _size--;
    if (index < _size) {
        Array.Copy(_items, index + 1, _items, index, _size - index);
    }
    _items[_size] = default(T);
    _version++;
}
```

Remove() 函数中包含 IndexOf() 和 RemoveAt() 函数，其中使用 IndexOf() 函数是为了找到元素的索引位置，使用 RemoveAt() 可以删除指定位置的元素。

从源码中可以看到，元素删除的原理就是使用 Array.Copy 对数组进行覆盖。IndexOf() 是用 Array.IndexOf 接口来查找元素的索引位置，这个接口本身的内部实现就是按索引顺序从 0 到 *n* 对每个位置进行比较，复杂度为线性迭代 *O*(*n*)。

4. Insert 接口剖析

先别急着总结，下面再看 Insert 接口源码：

```
// 在给定索引处将元素插入此列表，列表的大小增加 1
// 如果需要，在插入新元素之前，列表的容量会增加一倍
//
public void Insert(int index, T item) {
    // 请注意，结尾处的插入是合法的
    if ((uint) index > (uint)_size) {
        ThrowHelper.ThrowArgumentOutOfRangeException(ExceptionArgument.index,
            ExceptionResource.ArgumentOutOfRange_ListInsert);
    }
    Contract.EndContractBlock();
    if (_size == _items.Length) EnsureCapacity(_size + 1);
    if (index < _size) {
        Array.Copy(_items, index, _items, index + 1, _size - index);
    }
    _items[index] = item;
    _size++;
```

```
        _version++;
    }
```

与Add接口一样，先检查容量是否足够，不足则扩容。从以上源码中获悉，Insert()函数插入元素时，使用的是复制数组的形式，将数组里指定元素后面的所有元素向后移动一个位置。

看到这里，我们就明白了List的Add、Insert、IndexOf、Remove接口都是没有做过任何形式优化的，使用的都是顺序迭代的方式，如果过于频繁使用，效率就会降低，也会造成不少内存的冗余，使得垃圾回收（GC）时要承担更多的压力。

其他相关接口，比如AddRange、RemoveRange的原理和Add与Remove的一样，区别只是多了几个元素，把单个元素变成以容器为单位的形式进行操作，其操作对象是数组对数组。它们都是先检查容量是否合适，不合适则扩容，或者当进行Remove操作时先得到索引位置，再整体覆盖掉后面的元素，容器本身大小不会变化，只是执行了数组覆盖的操作。

5. 其他接口剖析

其他接口也同样基于数组，并使用了类似的方式来对数据执行操作。下面来快速看看其他常用接口的源码是如何实现的。

（1）[]接口

示例代码如下：

```
// 设置或获取给定索引处的元素
//
public T this[int index] {
    get {
        // 跟随技巧可以将范围检查减少一半
        if ((uint) index >= (uint)_size) {
            ThrowHelper.ThrowArgumentOutOfRangeException();
        }
        Contract.EndContractBlock();
        return _items[index];
    }

    set {
        if ((uint) index >= (uint)_size) {
            ThrowHelper.ThrowArgumentOutOfRangeException();
        }
        Contract.EndContractBlock();
        _items[index] = value;
        _version++;
    }
}
```

[]接口的实现是直接使用数组的索引方式获取元素。

（2）Clear接口

示例代码如下：

```
//清除列表的内容
public void Clear() {
    if (_size > 0)
    {
        Array.Clear(_items, 0, _size); //无须对此进行记录，我们清除了元素，以便 gc 可以
                                       回收引用
        _size = 0;
    }
    _version++;
}
```

Clear 接口是清除数组的接口，在调用时并不会删除数组，而只是将数组中的元素设置为 0 或 NULL，并设置 _size 为 0 而已，用于虚拟地表明当前容量为 0。有时候你会认为对数组执行清零操作也是多余的，因为我们并不关心不使用的数组元素中的对象，但是，如果不清零，对象的引用会依然被标记，那么垃圾回收器会认为该元素依然是被引用的，这么看来对数组执行清零操作也是必要的。

（3）Contains 接口

Contains 接口用于确定某元素是否存在于 List 中，示例代码如下：

```
//如果指定的元素在 List 中，则 Contains 返回 true
//它执行线性 O(n) 搜索。平等是通过调用 item.Equals() 来确定的
//
public bool Contains(T item) {
    if ((Object) item == null) {
        for(int i=0; i<_size; i++)
            if ((Object) _items[i] == null)
                return true;
        return false;
    }
    else {
        EqualityComparer<T> c = EqualityComparer<T>.Default;
        for(int i=0; i<_size; i++) {
            if (c.Equals(_items[i], item)) return true;
        }
        return false;
    }
}
```

从以上源码中可以看到，Contains 接口是使用线性查找方式比较元素，对数组执行循环操作，比较每个元素与参数实例是否一致，如果一致则返回 true，全部比较结束后还没有找到，则认为查找失败。

（4）ToArray 接口

示例代码如下：

```
//ToArray 返回一个新的 Object 数组，其中包含 List 的内容
//这需要复制列表，这是一个 O(n) 操作
```

```
public T[] ToArray() {
    Contract.Ensures(Contract.Result<T[]>() != null);
    Contract.Ensures(Contract.Result<T[]>().Length == Count);

    T[] array = new T[_size];
    Array.Copy(_items, 0, array, 0, _size);
    return array;
}
```

ToArray接口是转化数组的接口，它重新创建了一个指定大小的数组，将本身数组上的内容复制到新数组上再返回，如果使用过多，就会造成大量内存的分配，在内存上留下很多无用的垃圾。

（5）Find接口

示例代码如下：

```
public T Find(Predicate<T> match) {
    if( match == null) {
        ThrowHelper.ThrowArgumentNullException(ExceptionArgument.match);
    }
    Contract.EndContractBlock();

    for(int i = 0 ; i < _size; i++) {
        if(match(_items[i])) {
            return _items[i];
        }
    }
    return default(T);
}
```

Find接口是查找接口，它使用的同样是线性查找方式，对每个元素进行循环比较，复杂度为$O(n)$。

（6）Enumerator接口

示例代码如下：

```
// 返回具有给定删除元素权限的此列表的枚举数
// 如果在进行枚举时对列表进行了修改，
// 则枚举器的 MoveNext 和 GetObject 方法将引发异常
//
public Enumerator GetEnumerator() {
    return new Enumerator(this);
}

/// 仅供内部使用
IEnumerator<T> IEnumerable<T>.GetEnumerator() {
    return new Enumerator(this);
}

System.Collections.IEnumerator System.Collections.IEnumerable.GetEnumerator() {
```

```
        return new Enumerator(this);
    }

    [Serializable]
    public struct Enumerator : IEnumerator<T>, System.Collections.IEnumerator
    {
        private List<T> list;
        private int index;
        private int version;
        private T current;

        internal Enumerator(List<T> list) {
            this.list = list;
            index = 0;
            version = list._version;
            current = default(T);
        }

        public void Dispose() {
        }

        public bool MoveNext() {

            List<T> localList = list;

            if (version == localList._version && ((uint)index < (uint)localList._size))
            {
                current = localList._items[index];
                index++;
                return true;
            }
            return MoveNextRare();
        }

        private bool MoveNextRare()
        {
            if (version != list._version) {
                ThrowHelper.ThrowInvalidOperationException(
                    ExceptionResource.InvalidOperation_EnumFailedVersion);
            }

            index = list._size + 1;
            current = default(T);
            return false;
        }

        public T Current {
            get {
                return current;
            }
        }
```

```
        Object System.Collections.IEnumerator.Current {
            get {
                if( index == 0 || index == list._size + 1) {
                    ThrowHelper.ThrowInvalidOperationException(
                        ExceptionResource.InvalidOperation_EnumOpCantHappen);
                }
                return Current;
            }
        }

        void System.Collections.IEnumerator.Reset() {
            if (version != list._version) {
                ThrowHelper.ThrowInvalidOperationException(
                    ExceptionResource.InvalidOperation_EnumFailedVersion);
            }

            index = 0;
            current = default(T);
        }

    }
```

Enumerator 接口是枚举迭代部分细节的接口，其中要注意 Enumerator 这个结构，每次获取迭代器时，Enumerator 都会被创建出来，如果大量使用迭代器，比如 foreach，就会产生大量的垃圾对象，这也是为什么我们常常告诫程序员尽量不要使用 foreach，因为 List 的 foreach 会增加新的 Enumerator 实例，最后由 GC 单元将垃圾回收掉。虽然 .NET 在 4.0 后已经修复了此问题，但仍然不建议大量使用 foreach。

（7）Sort 接口

示例代码如下：

```
// 对列表中一部分元素进行排序
// 排序使用给定的 IComparer 接口对元素进行比较
// 如果 comparer 为 null，则使用 IComparable 接口对元素进行比较
// 在这种情况下，该接口必须由列表中的所有元素实现
//
// 此方法使用 Array.Sort 方法对元素进行排序
//
public void Sort(int index, int count, IComparer<T> comparer) {
    if (index < 0) {
        ThrowHelper.ThrowArgumentOutOfRangeException(ExceptionArgument.index,
            ExceptionResource.ArgumentOutOfRange_NeedNonNegNum);
    }

    if (count < 0) {
        ThrowHelper.ThrowArgumentOutOfRangeException(ExceptionArgument.count,
            ExceptionResource.ArgumentOutOfRange_NeedNonNegNum);
    }
```

```
    if (_size - index < count)
        ThrowHelper.ThrowArgumentException(
            ExceptionResource.Argument_InvalidOffLen);
    Contract.EndContractBlock();

    Array.Sort<T>(_items, index, count, comparer);
    _version++;
}
```

Sort接口是排序接口，它使用了Array.Sort接口进行排序，其中Array.Sort的源码我们也把它找出来。以下为Array.Sort使用的算法源码：

```
internal static void DepthLimitedQuickSort(T[] keys, int left, int right,
    IComparer<T> comparer, int depthLimit)
{
    do
    {
        if (depthLimit == 0)
        {
            Heapsort(keys, left, right, comparer);
            return;
        }

        int i = left;
        int j = right;

        //先对低、中（枢轴）和高三种值进行预排序
        //面对已经排序的数据或由多个排序后的行程组成的数据，
        //这可以提高性能
        int middle = i + ((j - i) >> 1);
        SwapIfGreater(keys, comparer, i, middle);      //用中间点与低点交换
        SwapIfGreater(keys, comparer, i, j);           //用高点与低点交换
        SwapIfGreater(keys, comparer, middle, j);      //用中间点与高点交换

        T x = keys[middle];
        do
        {
            while (comparer.Compare(keys[i], x) < 0) i++;
            while (comparer.Compare(x, keys[j]) < 0) j--;
            Contract.Assert(i >= left && j <= right, "(i>=left && j<=right)
                Sort failed - Is your IComparer bogus?");
            if (i > j) break;
            if (i < j)
            {
                T key = keys[i];
                keys[i] = keys[j];
                keys[j] = key;
            }
            i++;
            j--;
```

```
            } while (i <= j);

            //while 循环的下一个迭代是"递归"对数组的较大部分进行排序，
            //随后的调用将会对较小的部分进行递归排序
            //因此，我们在此处对 depthLimit 自减一，以便两种排序都能看到新值
            depthLimit--;

            if (j - left <= right - i)
            {
                if (left < j) DepthLimitedQuickSort(keys, left, j, comparer, depthLimit);
                left = i;
            }
            else
            {
                if (i < right) DepthLimitedQuickSort(keys, i, right, comparer, depthLimit);
                right = j;
            }
        } while (left < right);
    }
```

Array.Sort 接口使用快速排序方式进行排序，从而使我们明白了 List 的 Sort 排序的效率为 *O*(*n*lg*n*)。

前面把大部分接口都列举出来了，差不多把所有源码都分析了一遍，可以看到，List 的效率并不高，只是通用性强而已，大部分算法使用的是线性复杂度的算法，当遇到规模比较大的计算量级时，这种线性算法会导致 CPU 的内存大量损耗。

我们可以自己改进它，比如不再使用有线性算法的接口，自己重写一套，但凡要优化 List 中线性算法的地方，都使用我们自己制作的容器类。

List 的内存分配方式也极为不合理，当 List 里的元素不断增加时，会多次重新分配数组，导致原来的数组被抛弃，最后当 GC 被调用时就会造成回收的压力。我们可以在创建 List 实例时提前告知 List 对象最多会有多少元素在里面，这样 List 就不会因为空间不够而抛弃原有的数组去重新申请数组了。

List 源码网址为：https://referencesource.microsoft.com/#mscorlib/system/collections/generic/list.cs。

另外也可以从源码中看出，代码是线程不安全的，它并没有对多线程做任何加锁或其他同步操作。由于并发情况下无法判断 _size++ 的执行顺序，因此当我们在多线程间使用 List 时应加上安全机制。

最后，List 并不是高效的组件，真实情况是，它比数组的效率还要差，它只是一个兼容性比较强的组件而已，好用但效率并不高。

2.3　Dictionary 底层源码剖析

前面剖析了 List 的源码，明白了 List 是基于数组构建而成的，增加、减少、插入的

操作都在数组中进行。我们还分析了大部分 List 的接口，包括 Add、Remove、Insert、IndexOf、Find、Sort、ToArray 等，并得出了一个结论：List 是一个兼容性比较好的组件，但 List 在效率方面没有做优化，线程也不安全，需要加锁机制来保证线程的安全性。

下面对另一个常用 Dictionary 组件进行底层源码的分析，看看常用的字典容器是如何构造的，它的优缺点如何。

1. Dictionary 底层代码剖析

我们知道，Dictionary 字典型数据结构是以关键字 Key 值和 Value 值进行一一映射的。Key 的类型并没有做任何的限制，可以是整数，也可以是字符串，甚至可以是实例对象。关键字 Key 是如何映射到实例的呢？

其实没有什么神秘的，这种映射关系可以用一个 Hash 函数来建立，Dictionary 也确实是这样做的。这个 Hash 函数并非神秘，我们可以简单地认为它只是做了一个模（Mod）的操作，Dictionary 会针对每个 Key 加入容器的元素都进行一次 Hash（哈希）运算操作，从而找到自己的位置。

Hash 函数可以有很多种算法，最简单的可以认为是余操作，比如当 Key 为整数 93 时，其源码如下：

```
hash_key = Key % 30 = 3
```

对于实例对象和字符串来说，它们没有直接的数字作为 Hash 标准，因此它们需要通过内存地址计算一个 Hash 值，计算这个内存对象的函数就叫 HashCode，它是基于内存地址计算得到的结果，编写类时可重载 HashCode() 来设计一个我们自己的 Hash 值计算方式，也可以使用原始的计算方式。实际算法没有我举的例子这么简单，我们将在下面的源码剖析中详细讲解。

对于不同的关键字 Key，在 Hash 计算时可能得到同一 Hash 地址，即当 key1 != key2 不相等，但 HashCode(key1) 与 HashCode(fey2) 相等时，这种现象称为 Hash 冲突，一般情况下，冲突只能尽可能地少，而不能完全避免。因为 Hash 函数是从关键字范围到索引范围的映射，通常关键字范围要远大于索引范围，它的元素包括多个可能的关键字。既然如此，如何处理冲突，则是构造 Hash 表不可不解决的一个问题。

在处理 Hash 冲突的方法中，通常有开放定址法、再 Hash 法、链地址法、建立一个公共溢出区等。Dictionary 使用的解决冲突方法是拉链法，又称链地址法。

拉链法的原理如下：

将所有关键字为同义词的节点链接在同一个单链表中。若选定的 Hash 表长度为 n，则可将 Hash 表定义为一个由 n 个头指针组成的指针数组 T[0...n – 1]。凡是 Hash 地址为 i 的节点，均插入以 T[i] 为头指针的单链表中。T 中各分量的初值均为空指针。

在 Hash 表上进行查找的过程与 Hash 表构建的过程基本一致。

给定Key值，根据造表时设定的Hash函数求得Hash地址，若表中此位置没有记录，则表示查找不成功；否则比较关键字，若给定值相等，则表示查找成功；否则，根据处理冲突的方法寻找“下一地址”，直到Hash表中某个位置为空或者表中所填记录的关键字等于给定值为止。

我们来看看更形象的结构图，如图2-1所示。

在图2-1的Hash冲突拉链法结构中，主要的宿主为数组指针，每个数组元素里存放着指向下一个节点的指针，如果没有元素在单元上，则为空指针。当多个元素都指向同一个单元格时，则以链表的形式依次存放并列的元素。

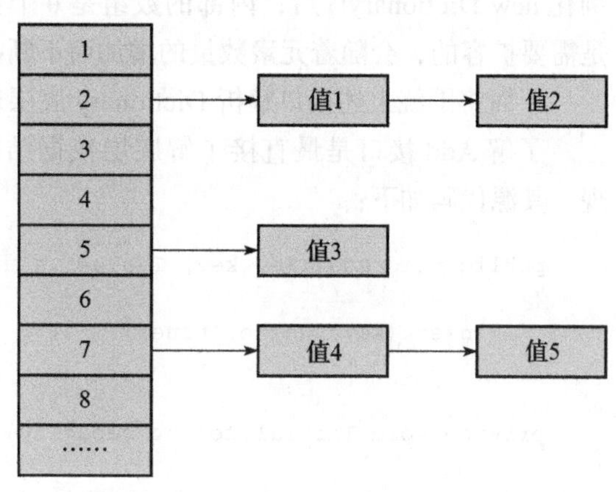

图2-1 Hash冲突拉链法

2. Dictionary的接口

Dictionary究竟是如何实现的呢？我们来剖析一下源码。

首先看看源码中Dictionary的变量定义部分，如下：

```
public class Dictionary<TKey,TValue>: IDictionary<TKey,TValue>, IDictionary,
    IReadOnlyDictionary<TKey, TValue>, ISerializable, IDeserializationCallback
{

    private struct Entry {
        public int hashCode;            //低31位为Hash值，如果未使用则为-1
        public int next;                //下一个实例索引，如果是最后一个则为-1
        public TKey key;                //实例的键值
        public TValue value;            //实例的值
    }

    private int[] buckets;
    private Entry[] entries;
    private int count;
    private int version;
    private int freeList;
    private int freeCount;
    private IEqualityComparer<TKey> comparer;
    private KeyCollection keys;
    private ValueCollection values;
    private Object _syncRoot;
}
```

从继承的类和接口看，Dictionary主要继承了IDictionary接口和ISerializable接口。IDictionary和ISerializable在使用过程中，主要的接口为Add、Remove、ContainsKey、Clear、TryGetValue、Keys、Values，以及以[]数组符号形式作为返回值的接口。也包括常

用库 Collection 中的接口 Count、Contains 等。

从 Dictionary 的定义变量中可以看出，Dictionary 是以数组为底层数据结构的类。当实例化 new Dictionary() 后，内部的数组是 0 个数组的状态。与 List 组件一样，Dictionary 也是需要扩容的，会随着元素数量的增加而不断扩容。具体来看看接口源码剖析。

下面将围绕上述接口解析 Dictionary 底层运作机制。

了解 Add 接口是最直接了解底层数据结构如何运作的途径。我们来看 Add 接口的实现，其源代码如下：

```
public void Add(TKey key, TValue value)
{
    Insert(key, value, true);
}

private void Initialize(int capacity)
{
    int size = HashHelpers.GetPrime(capacity);
    buckets = new int[size];
    for (int i = 0; i < buckets.Length; i++) buckets[i] = -1;
    entries = new Entry[size];
    freeList = -1;
}

private void Insert(TKey key, TValue value, bool add)
{
    if( key == null ) {
        ThrowHelper.ThrowArgumentNullException(ExceptionArgument.key);
    }

    if (buckets == null) Initialize(0);
    int hashCode = comparer.GetHashCode(key) & 0x7FFFFFFF;
    int targetBucket = hashCode % buckets.Length;

#if FEATURE_RANDOMIZED_STRING_HASHING
    int collisionCount = 0;
#endif

    for (int i = buckets[targetBucket]; i >= 0; i = entries[i].next) {
        if (entries[i].hashCode == hashCode && comparer.Equals(entries[i].key, key)) {
            if (add) {
                ThrowHelper.ThrowArgumentException(
                    ExceptionResource.Argument_AddingDuplicate);
            }
            entries[i].value = value;
            version++;
            return;
        }

#if FEATURE_RANDOMIZED_STRING_HASHING
```

```
            collisionCount++;
#endif
        }
        int index;
        if (freeCount > 0) {
            index = freeList;
            freeList = entries[index].next;
            freeCount--;
        }
        else {
            if (count == entries.Length)
            {
                Resize();
                targetBucket = hashCode % buckets.Length;
            }
            index = count;
            count++;
        }

        entries[index].hashCode = hashCode;
        entries[index].next = buckets[targetBucket];
        entries[index].key = key;
        entries[index].value = value;
        buckets[targetBucket] = index;
        version++;

#if FEATURE_RANDOMIZED_STRING_HASHING

#if FEATURE_CORECLR
        //如果我们触碰到阈值，则需要切换到使用随机字符串Hash的比较器上
        //在这种情况下，将是EqualityComparer<string>.Default
        //注意，默认情况下，coreclr上的随机字符串Hash是打开的，所以EqualityComparer<string>.
          Default将使用随机字符串Hash

        if (collisionCount > HashHelpers.HashCollisionThreshold && comparer ==
            NonRandomizedStringEqualityComparer.Default)
        {
            comparer = (IEqualityComparer<TKey>) EqualityComparer<string>.Default;
            Resize(entries.Length, true);
        }
#else
        if(collisionCount > HashHelpers.HashCollisionThreshold &&
            HashHelpers.IsWellKnownEqualityComparer(comparer))
        {
            comparer = (IEqualityComparer<TKey>)
                HashHelpers.GetRandomizedEqualityComparer(comparer);
            Resize(entries.Length, true);
        }
#endif // FEATURE_CORECLR
```

```
#endif

}
```

以上展示的代码稍稍多了点，我们摘出其中的要点，通过要点来了解重点，再通过重点了解全局。

其实 Add 接口就是 Insert() 的代理，它只有 Insert() 这一个函数调用，那么 Insert() 函数做了什么呢？

在加入数据前，首先需要对数据结构进行构造，其代码如下：

```
if (buckets == null) Initialize(0);
```

在构建 Dictionary 时，如果没有指定任何数量，buckets 就是一个空的数组，所以需要对 buckets 进行初始化，即 Initialize(0)，说明构建的数量级最少。

不过奥妙就在 Initialize() 函数里，如果传入的参数不是 0，而是 5、10、25 或其他更大的数，那么构造多大的数据结构才合适呢？

在 Initialize() 函数中给了我们答案，看下面代码：

```
int size = HashHelpers.GetPrime(capacity);
```

它们有专门的方法来计算到底该使用多大的数组，从 GetPrime 字面意思可以猜测到应该跟质数有关，我们找出源码 HashHelpers，primes 数值的定义如下：

```
public static readonly int[] primes = {
        3, 7, 11, 17, 23, 29, 37, 47, 59, 71, 89, 107, 131, 163, 197, 239,
            293, 353, 431, 521, 631, 761, 919,
        1103, 1327, 1597, 1931, 2333, 2801, 3371, 4049, 4861, 5839, 7013,
            8419, 10103, 12143, 14591,
        17519, 21023, 25229, 30293, 36353, 43627, 52361, 62851, 75431, 90523,
            108631, 130363, 156437,
        187751, 225307, 270371, 324449, 389357, 467237, 560689, 672827,
            807403, 968897, 1162687, 1395263,
        1674319, 2009191, 2411033, 2893249, 3471899, 4166287, 4999559, 5999471,
            7199369};

public static int GetPrime(int min)
{
    if (min < 0)
        throw new ArgumentException(
            Environment.GetResourceString("Arg_HTCapacityOverflow"));
    Contract.EndContractBlock();

    for (int i = 0; i < primes.Length; i++)
    {
        int prime = primes[i];
        if (prime >= min) return prime;
    }
```

```
        //如果在我们的预定义表之外，则做硬计算
        for (int i = (min | 1); i < Int32.MaxValue;i+=2)
        {
            if (IsPrime(i) && ((i - 1) % Hashtable.HashPrime != 0))
                return i;
        }
        return min;
    }

    //返回要增长到的Hash表的大小
    public static int ExpandPrime(int oldSize)
    {
        int newSize = 2 * oldSize;

        //在遇到容量溢出之前，允许Hash表增长到最大可能的大小(约2G个元素)
        //请注意，即使(item.Length)由于(uint)强制转换而溢出，此检查仍然有效
        if ((uint)newSize > MaxPrimeArrayLength && MaxPrimeArrayLength > oldSize)
        {
            Contract.Assert( MaxPrimeArrayLength == GetPrime(MaxPrimeArrayLength),
                "Invalid MaxPrimeArrayLength");
            return MaxPrimeArrayLength;
        }

        return GetPrime(newSize);
    }
```

上述代码为HashHelpers部分的源码，其中GetPrime()会返回一个需要的size最小的质数值，从GetPrime()函数的代码中可以知道这个size是数组primes里的值，与当前需要的数量大小有关，当需要的数量小于primes某个单元格的数字时返回该数字，而ExpandPrime()则更加简单粗暴，直接返回原来size的2倍作为扩展数量。

从Prime的定义看得出，首次定义size为3，每次扩大2倍，也就是3→7→17→37→…底层数据结构的大小是按照这个数值顺序来扩展的，而且每次都是质数。如果你在创建Dictionary时先定义了它的初始大小，指定的初始大小也会被GetPrime()计算为应该分配的质数数量，最终得到应该分配的数组大小。这与List组件的分配方式一模一样。

我们继续看初始化后的内容，对关键字Key做Hash操作，从而获得地址索引，其源码如下：

```
int hashCode = comparer.GetHashCode(key) & 0x7FFFFFFF;
int targetBucket = hashCode % buckets.Length;
```

当调用函数获得Hash值后，还需要对Hash地址执行余操作，以确保索引地址落在Dictionary数组长度范围内，而不会溢出。

接着对指定数组单元格内的链表元素执行遍历操作，找出空出来的位置将值填入，其源代码如下：

```
for (int i = buckets[targetBucket]; i >= 0; i = entries[i].next) {
```

```
        if (entries[i].hashCode == hashCode && comparer.Equals(entries[i].key, key)) {
            if (add) {
                ThrowHelper.ThrowArgumentException(
                    ExceptionResource.Argument_AddingDuplicate);
            }
            entries[i].value = value;
            version++;
            return;
        }

#if FEATURE_RANDOMIZED_STRING_HASHING
    collisionCount++;
#endif
}
```

这一步就是前面所说的拉链法的链表推入操作。在获得Hash值的数组索引后，我们知道了应该将数据存放在哪个数组位置上，如果该位置已经有元素被推入，则需要将其推入链表的尾部。从for循环开始，检查是否到达链表的末尾，最后将数据放入尾部，并结束函数。

如果数组的空间不够怎么办？源码中体现了这一点：

```
int index;
if (freeCount > 0) {
    index = freeList;
    freeList = entries[index].next;
    freeCount--;
}
else {
    if (count == entries.Length)
    {
        Resize();
        targetBucket = hashCode % buckets.Length;
    }
    index = count;
    count++;
}

entries[index].hashCode = hashCode;
entries[index].next = buckets[targetBucket];
entries[index].key = key;
entries[index].value = value;
buckets[targetBucket] = index;
```

当被用来记录剩余单元格数量的变量freeCount等于0时，则进行扩容，扩容后的大小就是前面提到的调用ExpandPrime后的数量，即通常情况下为原来的2倍，再根据这个空间大小数字调用GetPrime()来得到真正的新数组的大小。

了解了Add接口，再来看看Remove部分。

删除的过程和插入的过程类似，因为要查找Key元素所在的位置，所以再次将Key值执行Hash操作也是难免的，然后类似沿着拉链法的模式寻找与关键字匹配的元素。

Remove()使用关键字删除元素的接口源码如下：

```
public bool Remove(TKey key)
{
    if(key == null) {
        ThrowHelper.ThrowArgumentNullException(ExceptionArgument.key);
    }

    if (buckets != null) {
        int hashCode = comparer.GetHashCode(key) & 0x7FFFFFFF;
        int bucket = hashCode % buckets.Length;
        int last = -1;
        for (int i = buckets[bucket]; i >= 0; last = i, i = entries[i].next) {
            if (entries[i].hashCode == hashCode && comparer.Equals(entries[i].
                key, key)) {
                if (last < 0) {
                    buckets[bucket] = entries[i].next;
                }
                else {
                    entries[last].next = entries[i].next;
                }
                entries[i].hashCode = -1;
                entries[i].next = freeList;
                entries[i].key = default(TKey);
                entries[i].value = default(TValue);
                freeList = i;
                freeCount++;
                version++;
                return true;
            }
        }
    }
    return false;
}
```

我们注意到，Remove接口相对于Add接口简单得多，同样使用Hash函数comparer.GetHashCode()获得Hash值，再执行余操作，确定索引值落在数组范围内，从Hash索引地址开始查找链表中的值，查找冲突链表中元素的Key值是否与需要移除的Key值相同，若相同，则进行移除操作并退出。

注意源码中Remove()函数的移除操作并没有对内存进行删减，而只是将其单元格置空，这是为了减少内存的频繁操作。

继续剖析另一个重要的接口ContainsKey，即检测是否包含关键字的接口。其源码如下：

```
public bool ContainsKey(TKey key)
{
```

```
        return FindEntry(key) >= 0;
    }

    private int FindEntry(TKey key)
    {
        if( key == null) {
            ThrowHelper.ThrowArgumentNullException(ExceptionArgument.key);
        }

        if (buckets != null) {
            int hashCode = comparer.GetHashCode(key) & 0x7FFFFFFF;
            for (int i = buckets[hashCode % buckets.Length]; i >= 0; i =
                entries[i].next) {
                if (entries[i].hashCode ==
                    hashCode && comparer.Equals(entries[i].key,key)) return i;
            }
        }
        return -1;
    }
```

从以上源码可以看到，ContainsKey() 函数的运行是一个查找 Key 位置的过程。它调用了 FindEntry() 函数，FindEntry() 查找 Key 值位置的方法与前面提到的相同。从使用 Key 值得到的 Hash 值地址开始查找，查看所有冲突链表中是否有与 Key 值相同的值，若找到，即刻返回该索引地址。

有了对几个核心接口理解的基础，理解其他接口相对就简单多了，我们可快速地学习一下。

TryGetValue 接口是尝试获取值的接口，其源码如下：

```
public bool TryGetValue(TKey key, out TValue value)
{
    int i = FindEntry(key);
    if (i >= 0) {
        value = entries[i].value;
        return true;
    }
    value = default(TValue);
    return false;
}
```

与 ContainsKey() 函数类似，它调用的也是 FindEntry() 函数的接口，以此来获取 Key 对应的 Value 值，并对 [] 操作符重定义，其源码如下：

```
public TValue this[TKey key] {
    get {
        int i = FindEntry(key);
        if (i >= 0) return entries[i].value;
        ThrowHelper.ThrowKeyNotFoundException();
        return default(TValue);
```

```
        }
        set {
            Insert(key, value, false);
        }
    }
```

在重新定义 [] 符号的代码中，获取元素时同样也会使用 FindEntry() 函数，而 Set 设置元素时，则会使用与 Add 调用相同的 Insert() 函数，它们都是同一套方法，即 Hash 拉链冲突解决方案。

从源码剖析来看，Hash 冲突的拉链法贯穿了整个底层数据结构。因此 Hash 函数是关键，Hash 函数的好坏直接决定了效率的高低。

既然这么重要，我们来看看 Hash 函数的创建过程，函数创建的源码如下：

```
private static EqualityComparer<T> CreateComparer()
{
    Contract.Ensures(Contract.Result<EqualityComparer<T>>() != null);

    RuntimeType t = (RuntimeType)typeof(T);
    // 出于性能原因专门用字节类型
    if (t == typeof(byte)) {
        return (EqualityComparer<T>)(object)(new ByteEqualityComparer());
    }
    // 如果 T implements IEquatable<T> 返回一个 GenericEqualityComparer<T>
    if (typeof(IEquatable<T>).IsAssignableFrom(t)) {
        return (EqualityComparer<T>)
            RuntimeTypeHandle.CreateInstanceForAnotherGenericParameter(
            (RuntimeType)typeof(GenericEqualityComparer<int>), t);
    }
    // 如果 T 是一个 Nullable<U> 从 U implements IEquatable<U> 返回的 NullableEquality
        Comparer<U>
    if (t.IsGenericType && t.GetGenericTypeDefinition() == typeof(Nullable<>)) {
        RuntimeType u = (RuntimeType)t.GetGenericArguments()[0];
        if (typeof(IEquatable<>).MakeGenericType(u).IsAssignableFrom(u)) {
            return (EqualityComparer<T>)
                RuntimeTypeHandle.CreateInstanceForAnotherGenericParameter((
                RuntimeType)typeof(NullableEqualityComparer<int>), u);
        }
    }

    // 看这个 METHOD__JIT_HELPERS__UNSAFE_ENUM_CAST 和 METHOD__JIT_HELPERS__UNSAFE_
      ENUM_CAST_LONG 在 getILIntrinsicImplementation 中的例子
    if (t.IsEnum) {
        TypeCode underlyingTypeCode = Type.GetTypeCode(
            Enum.GetUnderlyingType(t));

        // 根据枚举类型，我们需要对比较器进行特殊区分，以免装箱
        // 注意，我们要对 Short 和 SByte 使用不同的比较器，因为对于这些类型，
        // 我们需要确保在实际的基础类型上调用 GetHashCode，其中，GetHashCode 的实现比其他类型更复杂
        switch (underlyingTypeCode) {
```

```
                case TypeCode.Int16:
                    return (EqualityComparer<T>)
                    RuntimeTypeHandle.CreateInstanceForAnotherGenericParameter((
                    RuntimeType)typeof(ShortEnumEqualityComparer<short>), t);
                case TypeCode.SByte:
                    return (EqualityComparer<T>)
                    RuntimeTypeHandle.CreateInstanceForAnotherGenericParameter((
                    RuntimeType)typeof(SByteEnumEqualityComparer<sbyte>), t);
                case TypeCode.Int32:
                case TypeCode.UInt32:
                case TypeCode.Byte:
                case TypeCode.UInt16:
                    return (EqualityComparer<T>)
                    RuntimeTypeHandle.CreateInstanceForAnotherGenericParameter((
                    RuntimeType)typeof(EnumEqualityComparer<int>), t);
                case TypeCode.Int64:
                case TypeCode.UInt64:
                    return (EqualityComparer<T>)
                        RuntimeTypeHandle.CreateInstanceForAnotherGenericParameter((
                        RuntimeType)typeof(LongEnumEqualityComparer<long>), t);
            }
        }
        //否则，返回一个 ObjectEqualityComparer<T>
        return new ObjectEqualityComparer<T>();
    }
```

我们看到，以上源码对数字、byte、有“比较”接口（IEquatable<T>）和没有“比较”接口（IEquatable）这四种方式进行了区分。前面说的实例对象的 Hash 值是通过 HashCode() 函数来计算获得的，它以内存地址为标准计算得到一个 Hash 值，我们也可以重写这个方法来计算自己的 Hash 值。

对于数字和 byte 类，比较容易对比，所以它们是一类。而有“比较”接口（IEquatable<T>）的实体，则直接使用 GenericEqualityComparer<T> 来获得 Hash 函数。最后那些没有“比较”接口（IEquatable）的实体，如果继承了 Nullable<U> 接口，则使用一个叫 NullableEqualityComparer() 的比较函数来代替。如果什么都不是，就只能使用 ObjectEqualityComparer<T> 默认的对象比较方式来做比较了。

在 C# 里，所有类都继承了 Object 类，因此，即使没有特别的重写 Equals() 函数，都会使用 Object 类的 Equals() 函数，其源码如下：

```
public virtual bool Equals(Object obj)
{
    return RuntimeHelpers.Equals(this, obj);
}

[System.Security.SecuritySafeCritical]
[ResourceExposure(ResourceScope.None)]
[MethodImplAttribute(MethodImplOptions.InternalCall)]
public new static extern bool Equals(Object o1, Object o2);
```

这个 Equals() 函数对两个对象进行比较，是以内存地址为基准的。

Dictionary 同 List 一样，并不是线程安全的组件，官方源码中进行了这样的解释：

```
** Hashtable has multiple reader/single writer (MR/SW) thread safety built into
** certain methods and properties, whereas Dictionary doesn't. If you're
** converting framework code that formerly used Hashtable to Dictionary, it's
** important to consider whether callers may have taken a dependence on MR/SW
** thread safety. If a reader writer lock is available, then that may be used
** with a Dictionary to get the same thread safety guarantee.
```

Hashtable 在多线程读 / 写中是线程安全的，而 Dictionary 不是。如果要在多个线程中共享 Dictionary 的读 / 写操作，就要自己写 lock，以保证线程安全。

到这里我们已经全面了解了 Dictionary 的内部构造和运作机制。它是由数组构成，并且由 Hash 函数完成地址构建，由拉链法冲突解决方式来解决冲突的。

从效率上看，同 List 一样，最好在实例化对象，即新建时，确定大致数量，这样会使得内存分配次数减少，另外，使用数值方式作为键值比使用类实例的方式更高效，因为类对象实例的 Hash 值通常都由内存地址再计算得到。

从内存操作上看，其大小以 3 → 7 → 17 → 37 →… 的速度（每次增加 2 倍多）增长，删除时，并不缩减内存。

如果想在多线程中共享 Dictionary，则需要我们自己进行 lock 操作。

Dictionary 源码网址为 https://referencesource.microsoft.com/#mscorlib/system/collections/generic/dictionary.cs。

2.4　浮点数的精度问题

很多人在项目中会用 double 类型替代 float 类型来提高精度，他们错误地认为 double 类型可以解决精度问题。我正好相反，在编程中极少使用 double 类型，由于浮点数在大多数项目中并没有使用到特别高的精度，所以 float 类型基本都够用。其实，即使使用 double 类型也同样有精度问题，因为浮点数本身就很容易导致不一致的问题。

我们不妨比较 float 与 double，来看看它们有什么不同。float 和 double 所占用的位数不同会导致精度不同，float 是 32 位占用 4 字节，而 double 是 64 位占用 8 字节，因此，它们在计算时也会引起计算效率的不同。

在实际工作中，我们很多时候想通过使用 double 替换 float 来解决精度问题，最后基本都会以失败告终。因此，我们要认清精度这个问题的根源，才能真正解决问题。我们先来看浮点数在内存中到底是如何存储的。

计算机只能识别 0 和 1，不管是整数还是小数，在计算机中都以二进制方式存储在内存中。那么浮点数是以怎样的方式来存储的呢？根据 IEEE 754 标准，任意一个二进制浮点数 F 均可表示为

$$F=(-1\wedge s)\times(1.M)\times(2\wedge e)$$

从上式可以看出，它被分为 3 个部分：符号部分即 s 部分、尾数部分即 M 部分、阶码部分即 e 部分。s 为符号位 0 或 1；M 为尾数，是指具体的小数，用二进制表示，它完整地表示为 1.xxx 中 1 后面的尾数部分，也是因此才称它为尾数；e 是比例因子的指数，是浮点数的指数。

图 2-2 所示的是 32 位和 64 位的浮点数存储结构，即 float 和 double 的存储结构。不论是 32 位浮点数还是 64 位浮点数，它们都由 s、M、e 三部分组成，并使用相同的公式来计算得到最终值。

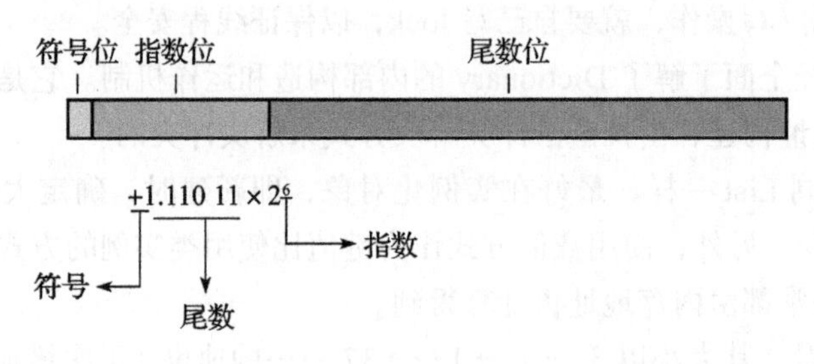

图 2-2　32 位和 64 位的浮点数存储结构

其中 e 的阶码采用隐含方式，即采用移码方法来表示正负指数。移码方法对两个指数大小的比较和对阶操作比较方便，因为阶码的值大时，其指向的数值也是大的，这样更容易计算和辨认。移码（又叫增码）是符号位取反的补码，例如，float 的 8 位阶码，应将指数 e 加上一个固定的偏移值 127（01 111 111），即 e 加上 127 才是存储在二进制中的数据。

尾数 M 则更简单，它只表示 1 后面的小数部分，而且是二进制直译的那种，然后再根据阶码来平移小数点，最后根据小数点的左右部分分别得出整数部分和小数部分的数据。

以 9.625 为例，将 $9.625_{(10)}$ 转换为二进制数 $1001.101_{(2)}$，也可以表达为 1.001 101 × (2^3)，因此，M 尾数部分为 00 110 100 000 000 000 000 000，去掉了小数点左侧的 1，并用 0 在右侧补齐。

其中，表示 9.625 的 1001.101 的小数部分为什么是“101”，因为整数部分采用“除 2 取余法”得到从十进制数转换到二进制数的数字，而小数部分则采用“乘 2 取整法”得到二进制数。因此这里的小数部分 0.625 乘以 2 为 1.25 取整得到 1，继续 0.25 乘以 2 为 0.5 取整得到 0，再继续 0.5 乘以 2 为 1 取整为 1，后面都是 0 不再计算，因此得到 0.101 这个小数点后面的二进制数。

再以 198 903.19 为例，先形象地转成二进制的数值，整数部分采用“除 2 取余法”，小数部分采用“乘 2 取整法”，并把整数和小数部分用点号隔开得到：

110 000 100 011 110 111.001 100 001 010 001 1（截取 16 位小数）

以 1 为首，平移小数点后得到 1.100 001 000 111 101 110 011 000 010 100 011 × (2 ^ 17)（平移 17 位）即

$198\ 903.19_{(10)} = (-1 \wedge 0) \times 1.100\ 001\ 000\ 111\ 101\ 110\ 011\ 000\ 010\ 100\ 011 \times (2 \wedge 17)$

从结果可以看出，小数部分0.19转为二进制数后，小数位数超过16位（已经手算到小数点后32位都还没算完，其实这个位数是无穷尽的），因此这里导致浮点数有诸多精度的问题，很多时候它无法准确地表示数字，甚至非常不准确。

浮点数的精度问题不只是小数点的精度问题，随着数值越来越大，即使是整数，也会出现相同的问题，因为浮点数本身是一个由 $1.M \times (2 \wedge e)$ 公式形式得到的数字。当数字放大时，M 的尾数的存储位数没有变化，能表达的位数有限，自然越来越难以准确表达，特别是数字的末尾部分越来越难以准确表达时。

人们总是觉得精度问题好像很难碰到，其实并非如此，实际开发中常常碰到而且确实很头疼，如果没有这部分的知识结构，则很容易在查看问题时陷入无尽的疑问。下面看看哪些情况会碰到这类问题。

（1）数值比较不相等

我们在编写程序时经常会遇到阈值触发某逻辑的情景，比如某个变量，需要从0开始加，每次加某个小于0.01的数，加到刚好0.23时做某事，到0.34时做另外一件事，到0.56时再做另外一件事。

在这种情况下，精确定位就会遇到麻烦。因为浮点数在加减乘除时无法准确定位到某个值，所以就会出现要么比0.23小，要么比0.23大，但永远不会出现刚刚与0.23相等的情况，这时我们不得不放弃“==”（等于号）而选择“>”（大于号）或者“<”（小于号）来解决这种问题的出现。

如果一定要用等于来做比较，则需要有一个微小的浮动区间，即 ABS $(X - Y) < 0.000\ 01$ 时认为 X 和 Y 是相等的。

（2）数值计算不确定

比如，$x = 1f$，$y = 2f$，$z = (1f/5555f) \times 11\ 110f$，如果 $x/y <= 0.5f$ 时做某事，那么理论上说 x/z 也能通过这个if，因为在我们看来，z 就等于2，和 y 是一样的，但实际上未必是这样的。浮点数在计算时由于位数的限制，无法得到精确的数值而是一个被截断的数值，因此 z 的计算结果可能是0.499 999 999 999 1，当 x/z 时，结果有可能大于0.5。

这让我们很头疼，在实际编码中，经常会遇到这样的情况，在外圈的if判断成立，理论上同样的结果只是公式不同，它们在内圈的if判断却可能不成立，使得程序出现异常行为，因为看起来应该是得到同样的数值，但结果却不一样。

（3）不同设备的计算结果不同

不同平台上的浮点数计算也有所偏差，由于设备上CPU寄存器和操作系统架构不同，因此会导致相同的公式在不同的设备上计算出来的结果略有偏差。

面对这些精度上的问题该怎么办？下面就来看看有哪些解决方案。

1）简单方法。

由一台机器决定计算结果，只计算一次，且认定这个值为准确值，把这个值传递给其他设备或模块，只用这个变量结果进行判断，也省去了多次计算浪费 CPU 内存空间。

不进行多次计算也就排除了因结果不同导致的问题。

看似相等的计算得到的结果却有可能不同，这使问题变得更复杂，比如上面所说的 1*f*/2*f* 的结果，使用 1*f*/(1*f*/5555*f* × 11 110*f*) 来表示得到的结果不一样将导致问题变得不可控。因此不如只使用一次计算，不再进行多次计算，认定这次结果的数值为准确数值，只将这个浮点数值当作判断的标准。

我在编程时也常用这种方法，这种方法简单实用，特别是在网络同步方面，使用某客户端的计算结果或由服务器决定计算结果，能很好地解决浮点数计算不一致的问题。

2）改用 int 或 long 类型来替代浮点数。

浮点数和整数的计算方式都是一样的，只是小数点部分不同而已。我们完全可以通过把浮点数乘以 10 的幂次得到更准确的整数，也就是把自己需要的精度用整数表示。比如保留 3 位精度，所有浮点数都乘以 10 000（因为第 4 位不是很准确），1.5 变成 15 000 的整数，9.9 变成 99 000 的整数存储。

这样，整数 15 000 乘以 99 000 得到的结果与整数 30 000 除以 2 再乘以 99 000 得到的结果是完全相等的。

再举例，原来 2.5/3.1 × 5.1 与 0.8064 × 5.1 都只是约等于 4.1126，用整数替代，2500/31 × 51 与 80 × 51，等于 4080，把 4080 看成 4.08，虽然精度出现问题，但是前两者结果不一致，而后两者结果完全相同，使用整数来代替小数，使得一致性得到了保证。

如果你觉得用整数做计算的精度问题比较大，则可以再扩大数值到 10 的幂次，扩大后如果是 250 000/31 × 51，就等于 411 290，是不是发现精度提高了？但问题又来了，若通过乘以 10 的幂次来提高精度，当浮点数值比较大时，就会超出整数的最大上限 2^32 – 1 或者 2^64 – 1。

如果你觉得精度可以接受，并且数值计算的范围肯定会被确定在 32 位或 64 位整数范围内，则可以用 int 和 long 类型的方式来代替浮点数。

3）用定点数保持一致性并缩小精度问题。

浮点数在计算机中是用 $V = (-1)^s \times (1.M) \times 2^(e)$ 公式表示的，也就是说，浮点数的表达其实是模糊的，它用了另一个数乘以 2 的幂次来表示当前的数。

定点数则不同，它把整数部分和小数部分拆分开来，都用整数的形式表示，这样计算和表达都使用整数的方式。由于整数的计算是确定的，因此就不会存在误差，缺点是由于拆分了整数和小数，两个部分都要占用空间，所以受到存储位数的限制，占用字节多了就会使用 64 位的 long 类型整数结构来存储定点数，这会导致计算的范围相对缩小。

与浮点数不同，使用定点数做计算能保证在各设备上计算结果的一致性。C# 有一种叫 decimal 的整数类型，它并非基础类型，是基础类型的补充类型，是 C# 额外构造出来的一种类型，可以认为是构造了一个类作为数字实例并重载了操作符，它拥有更高的精度，却比 float 范围小。它的内部实现就是定点数的实现方式，我们完全可以把它看成定点数。

C# 的 decimal 类型数值有几个特点需要我们重点关注，它占用 128 位的存储空间，即一个 decimal 变量占用 16 字节，相当于 4 个 int 型整数大小，或 2 个 long 型长整数大小，比 double 型还要大 1 倍。它的数值范围在 ±1.0×10^28 到 ±7.9×10^28 之间，这么大的占用空间却比 float 的取值范围还小。decimal 精度比较大，精度范围为 28 个有效位，另外任何与它一起计算的数值都必须先转化为 decimal 类型，否则就会编译报错，数值不会隐式地自动转换成 decimal。

看起来好用的 decimal 却不是大部分游戏开发者的首选。使用 C# 自带的 decimal 定点数存在诸多问题。最大问题在于无法与浮点数随意互相转换，因此在计算上需要进行一定的封装，要么提前对 float 处理，要么在 decimal 的基础上封装一层外壳（类）以适应所有数值的计算。精度过大导致 CPU 计算消耗量大，128 位的变量、28 位的精度范围，计算起来有比较大的负荷，如果大量用于程序内的逻辑计算，则 CPU 就会不堪重负。内存也是如此，大量使用会使得堆栈内存直线飙升，这也间接增大了 CPU 的消耗。因此它只适用于财务和金融领域的软件，对于游戏和其他普通应用来说不太合适，其根源是不需要这么高的精度，浪费了诸多设备资源。

实际上，大部分项目都会自己实现定点数，具体实现如前面所说的那样：把整数和小数拆开来存储，用两个 int 整数分别表示整数部分和小数部分，或者用 long 长整型存储（前 32 位存储整数，后 32 位存储浮点数），long 型存储会更好，它便于存储和计算。这样，无论是整数部分还是小数部分，都用整数表示，并封装在类中。因此我们需要重载（override）所有的基本计算和比较符号，包括 +、-、*、/、==、!=、>、<、>=、<=，这些符号都需要重载，重载范围包括 float（浮点数）、double（双精度）、int（整数）、long（长整数）等。除了以上这些，为了能更好地融合定点数与外部数据的逻辑计算，还需要为此编写额外的定点库，包括定点数坐标类、定点数 Quaternion 类等来扩展定点数。

这看起来比较困难，其实并不复杂，只要静下心来编写，就会发现不是难事。将定点数与其他类型数字的加减乘除做运算符重载，如果涉及更多的数学运算，则再建立一个定点数数学库，存放一些数学运算的函数，再用编写好的定点数类去写些用于扩展的逻辑类，仅此而已，都是只要花点时间就能搞定的事，Github 上也有很多定点数开源的代码，可以下载下来参考，或者把它从头到尾看一遍，将它改成适合自己项目的工具库。

4）用字符串代替浮点数。

如果想要精确度非常高，定点数和浮点数无法满足要求，那么就可以用字符串代替浮点数来计算。但它的缺点是 CPU 和内存的消耗特别大，只能做少量高精度的计算。

我在大学里做算法竞赛题目时，就遇到过这种检验程序员的逻辑能力和考虑问题全面性的题目，题目很简单，$A \times B$ 或 $A - B$ 或 $A + B$ 或 A/B 输出结果，精度要求在小数点后 100 位。我们把中小学算术的笔算方式写入程序里，把字符串转化为整数，并用整数计算当前位置，接着用字符串形式存储数字，这样的计算方式完全不需要担心越界问题，还能自由控制精度。

缺点是很消耗 CPU 和内存，比如对于 123 456.789 123 45 × 456 789.234 567 8 这种类型的计算，使用字符串代替浮点数，一次的计算量相当于计算好几万次的普通浮点数。所以，如果程序中对精度要求很高，且计算的次数不多，这种方式可以放在考虑范围内。

2.5 委托、事件、装箱、拆箱

2.5.1 委托与事件

使用过 C 或 C++ 的读者对指针是什么应该很清楚，指针是一个需要谨慎对待的东西，它不仅可以指向变量的地址，还可以指向函数的地址，本质上，它是指向内存的地址。

在 C# 中万物皆是类，我们使用 C# 的大部分时间里都没有指针的身影，最多也只是引用，因为指针被封装在内部函数中了。不过回调函数却依然存在，于是 C# 多了一个委托（delegate）的概念，所有函数指针功能都以委托的方式来完成。委托可以视为一个更高级的函数指针，它不仅能把地址指向另一个函数，而且还能传递参数、获得返回值等多个信息。系统还会为委托对象自动生成同步、异步的调用方式，开发人员使用 BeginInvoke()、EndInvoke() 方法就可以避开 Thread 类，从而直接使用多线程调用。

那么委托（delegate）在 C# 中是如何实现的呢？我们来一探究竟。

首先不要错误地认为委托是一个语言的基本类型，我们在创建委托时，其实就是创建一个 delegate 类实例，这个 delegate 委托类继承了 System.MulticastDelegate 类，类实例里有 BeginInvoke()、EndInvoke()、Invoke() 这三个函数，分别表示异步开始调用、结束异步调用及直接调用。

但我们不能直接写一个类来继承 System.MulticastDelegate 类，因为它不允许被继承，它的父类 Delegate 也同样有这个规则，官方文档中就是这么定的一个规则，相关表述翻译后如下：

MulticastDelegate 类是一个特殊的类，编译器或其他工具可以从它这里继承，但你不能直接继承它。Delegate 类也有同样的规则。

Delegate 类中有一个变量是用来存储函数地址的，当变量操作 =（等号）时，把函数地址赋值给变量保存起来。不过这个存储函数地址的变量是一个可变数组，你可以认为它是一个链表，每次直接赋值时会换一个链表。

Delegate 委托类还重写了 +=、-= 这两个操作符，其实就是对应 MulticastDelegate 类的 Combine() 和 Remove() 方法，当对函数进行 += 和 -= 操作时，相当于把函数地址推入链表尾部，或者移出链表。

当委托被调用时，委托实例会把所有链表里的函数依次用传进来的参数调用一遍。官方文档中的表述翻译后如下：

MulticastDelegate 类中有一个已经连接好的 delegate 列表，被称为调用列表，它由一个或者更多个元素组成。当一个multicast delegate被启动调用时，所有在调用列表里的delegate都会按照它们出现的顺序被调用。如果在执行列表期间遇到一个错误，就会立即抛出异常并停止调用。

看到这里我们彻底明白了，原来delegate关键字其实只是一个修饰用词，背后是由C#编译器来重写的代码，我们可以认为是编译时把delegate这一句换成了Delegate，从而变成一个class，它继承自System.MulticastDelegate类。

那么什么是event（事件），它和delegate又有什么关系？

event很简单，它在委托（delegate）上又做了一次封装，这次封装的意义是，限制用户直接操作delegate实例中变量的权限。

封装后，用户不能再直接用赋值（即使用=（等号）操作符）操作来改变委托变量，只能通过注册或者注销委托的方法来增减委托函数的数量。也就是说，被event声明的委托不再提供“=”操作符，但仍然有“+=”和“-=”操作符可供操作。

为什么要限制呢？因为在平时的编程中，项目太过庞大，经手的人员数量太多，导致我们无法得知其他人编写的代码是什么，以及有什么意图，这样公开的delegate会直接暴露在外，随时会被“=”赋值而清空前面累积起来的委托链表，委托的操作权限范围太大，导致问题会比较严重。声明event后，编译器内部重新封装了委托，让暴露在外面的委托不再担心有随时被清空和重置的危险。因为经过event封装后，不再提供赋值操作来清空前面的累加，只能一个个注册或者一个个注销委托（或者说函数地址），这样就保证了“谁注册就必须谁负责销毁”的目的，更好地维护了delegate的秩序。

2.5.2 装箱和拆箱

什么是装箱和拆箱？其实很简单，把值类型实例转换为引用类型实例，就是装箱。反之，把引用类型实例转换为值类型实例，就是拆箱。

针对这个解释，可能有读者还有疑问：什么是值类型？什么是引用类型？值类型的变量会直接存储数据，如byte、short、int、long、float、double、decimal、char、bool和struct，统称为值类型；而引用类型的变量持有的是数据的引用，其真实数据存储在数据堆中，如所有的class实例的变量、string和class，统称为引用类型。当声明一个类时，只在堆栈（堆或栈）中分配一小片内存用于容纳一个地址，而此时并没有为其分配堆上的内存空间，因此它是空的，为null，直到使用new创建一个类的实例，分配了一个堆上的空间，并把堆上空间的地址保存给这个引用变量，这时这个引用变量才真正指向内存空间。

我们解释得再通俗点，举个例子来说明：

```
int a = 5;

object obj = a;
```

这就是装箱，因为a是值类型，是直接有数据的变量，obj为引用类型，指针与内存拆分开来，把 a 赋值给 obj，实际上就是 obj 为自己创建了一个指针，并指向了 a 的数据空间。继续上面的代码：

```
a = (int)obj;
```

这就是拆箱，相当于把 obj 指向的内存空间复制一份交给了 a，因为 a 是值类型，所以它不允许指向某个内存空间，只能靠复制数据来传递数据。

为何需要装箱？

值类型是在声明时就初始化了的，因为它一旦声明，就有了自己的空间，因此它不可能为 null，也不能为 null。而引用类型在分配内存后，它其实只是一个空壳子，可以认为是指针，初始化后不指向任何空间，因此默认为 null。

值类型包括所有整数、浮点数、bool 和 Struct 声明的结构。这里要注意 Struct 部分，这是我们经常犯错误的地方，很多人会把它当作类来使用，这是错误的行为。因为它是值类型，在复制操作时是通过直接复制数据完成操作的，所以常常会有 a、b 同是结构的实例，a 赋值给了 b，在 b 更改了数据后，发现 a 的数据却没有同步的疑问出现，事实上，它们根本就是两个数据空间，在 a 赋值给 b 时，其实并不是引用复制，而是整个数据空间复制，相当于 a、b 为两个不同的西瓜，只是长得差不多而已。

引用类型包括类、接口、委托（委托也是类）、数组以及内置的 object 与 string。前面说了，delegate 也是类，类都是引用类型，虽然有点问题，也不妨碍它是一个比较好记的口号。虽然 int 等值类型也都是类，但它们是特殊的类，是值类型的类，因为在 C# 里万物皆是类。

这里稍微阐述一下堆内存和栈内存，因为很多人对堆栈内存有错误认知。

栈是用来存放对象的一种特殊的容器，它是最基本的数据结构之一，遵循先进后出的原则。它是一段连续的内存，所以对栈数据的定位比较快速；而堆则是随机分配的空间，处理的数据比较多，无论情况如何，都至少要两次才能定位。堆内存的创建和删除节点的时间复杂度是 $O(\lg n)$。栈创建和删除的时间复杂度则是 $O(1)$，栈速度更快。

既然栈速度这么快，全部用栈不就好了？这又涉及生命周期问题，由于栈中的生命周期必须确定，销毁时必须按次序销毁，即从最后分配的块部分开始销毁，创建后什么时候销毁必须是一个定量，所以在分配和销毁上不灵活，它基本都用于函数调用和递归调用这些生命周期比较确定的地方。相反，堆内存可以存放生命周期不确定的内存块，满足当需要删除时再删除的需求，所以堆内存相对于全局类型的内存块更适合，分配和销毁更灵活。

很多人把值类型与引用类型归为栈内存和堆内存分配的区别，这是错误的，栈内存主要为确定性生命周期的内存服务，堆内存则更多的是无序的随时可以释放的内存。因此值类型可以在堆内也可以在栈内，引用类型的指针部分也一样，可以在栈内和堆内，区别在于引用类型指向的内存块都在堆内，一般这些内存块都在委托堆内，这样便于内存回收和控制，我们平时所说的 GC 机制就会做些回收和整理的事。也有非委托堆内存不归委托堆管理的部分，它们是需要自行管理的，比如C++编写一个接口生成一个内存块，将指针返回给了C#程序，这个非委托堆内存就需要我们自行管理，C#也可以自己生成非委托堆内存块。

大部分时候，只有当程序、逻辑或接口需要更加通用的时候才需要装箱。比如调用一个含类型为object的参数的方法，该object可支持任意类型，以便通用。当你需要将一个值类型（如Int32）传入时，就需要装箱。又比如一个非泛型的容器为了保证通用，而将元素类型定义为object，当值类型数据加入容器时，就需要装箱。

下面我们来看看装箱的内部操作。

根据相应的值类型在堆中分配一个值类型内存块，再将数据复制给它，这要按三步进行。

第一步：在堆内存中新分配一个内存块（大小为值类型实例大小加上一个方法表指针和一个SyncBlockIndex类）。

第二步：将值类型的实例字段复制到新分配的内存块中。

第三步：返回内存堆中新分配对象的地址。这个地址就是一个指向对象的引用。

拆箱则更为简单，先检查对象实例，确保它是给定值类型的一个装箱值，再将该值从实例复制到值类型变量的内存块中。

装箱、拆箱对执行效率有什么影响，如何优化？

由于装箱、拆箱时生成的是全新的对象，不断地分配和销毁内存不但会大量消耗CPU，同时也会增加内存碎片，降低性能。那该如何做呢？

我们需要做的就是减少装箱、拆箱的操作。在编程规范中要牢记减少这种浪费CPU内存的操作，在平时编程时要特别注意。

整数、浮点数、布尔等值类型变量的变化手段很少，主要靠加强规范、减少装拆箱的情况来提高性能。Struct不一样，它既是值类型，又可以继承接口，用途多，转换的途径也多，但稍不留神，花样就变成了麻烦，所以这里讲讲Struct变化后的优化方法。

1）Struct通过重载函数来避免拆箱、装箱。

比如常用的ToString()、GetType()方法，如果Struct没有写重载ToString()和GetType()的方法，就会在Struct实例调用它们时先装箱再调用，导致内存块重新分配，性能损耗，所以对于那些需要调用的引用方法，必须重载。

2）通过泛型来避免拆箱、装箱。

Struct可以继承Interface接口，我们可以利用Interface做泛型接口，使用泛型来传递参数，这样就不用在装箱后再传递了。

比如B、C继承A，就有这个泛型方法void Test(T t) where T：A，以避免使用object引用类型形式来传递参数。

3）通过继承统一的接口提前拆箱、装箱，避免多次重复拆箱、装箱。

很多时候拆箱、装箱不可避免，这时可以让多种Struct继承某个统一的接口，不同的Struct可以有相同的接口。把Struct传递到其他方法里，就相当于提前进行了装箱操作，在方法中得到的是引用类型的值，并且有它需要的接口，避免了在方法中完成重复多次的拆箱、装箱操作。

比如 Struct A 和 Struct B 都继承了接口 I，我们调用的方法是 void Test(I i)。当调用 Test 方法时，传进去的 Struct A 或 Struct B 的实例相当于提前执行了装箱操作，Test 方法里拿到参数后就不用再担心内部再次出现装箱、拆箱的问题了。

最后依然要提醒大家，如果没有理解 Struct 值类型数据结构的原理，用起来可能会存在很多麻烦，不要盲目认为使用结构体会让性能提升，在没有完全彻底理解之前就贸然大量使用结构体可能会对你的程序性能带来重创。

2.6 排序算法

年龄越大，程序写得越多，时间越长，就越觉得算法重要。从长远看，基础能力决定了你到底能走多远。我们不是编写一两年程序就完事了，从毕业时算起，我们可能要编写 20 ～ 30 年的程序，在这段漫长的过程中，最终比的不是谁熟悉 API 多，也不是谁用插件用得有多熟练，更不是谁更熟悉某软件，而是比谁的基础能力强，谁的算法效率高，谁对底层原理更加熟知于心，谁能够解决更复杂的系统和需求问题。

在程序员的生涯中，算法能力是基础能力的一种，很多时候，程序的好坏，一方面是看编写程序的经验，另一方面是看对计算机原理的理解程度，还有一方面是看对算法的理解和运用熟练程度。

拥有算法能力不仅是指表面的算法熟知度，也是一种追求卓越的精神，即对自己经手的程序效率负责的精神。在平时的工作中，某一处的算法有可能运用得很好，其他地方却依然用了很烂的算法或者运用得不太妥当，对于整体程序的效率来说，这依然很糟糕。因此在平时的编程习惯中，做到时刻关注算法效率是区分中、高水平的一个关键点。

在平时的编程工作中，排序算法和搜索算法最常用。毫不夸张地说，一个项目中有 90% 的算法都是排序算法和搜索算法，如果我们把这 90% 的算法提升到一个很高效的程度，那么剩下 10% 的算法处理起来压力会小很多。本节将介绍排序的各种算法，以及算法运用到具体项目中的优劣情况。

2.6.1 快速排序算法

快速排序是一种最坏情况为 $O(n^2)$ 的排序算法，虽然这个最坏情况比较差，但快速排序通常是用于排序的最佳实用选择，这是因为它的平均性能比较好，其排序期望运行时间为 $O(n\lg n)$，且 $O(n\lg n)$ 记号中隐含的常数因子很小。另外，它还不消耗额外的内存空间，在嵌入式环境中也能很好工作，因此广受人们欢迎，是最常用、最好用的排序算法。

快速排序算法的排序步骤如下。

1）从序列中选一个元素作为基准元素。

2）把所有比基准元素小的元素移到基准元素的左边，把比基准元素大的移到右边。

3）对分开来的两个（一大一小）区块依次进行递归、筛选后，再对这两个区块进行前两个步骤的处理。

简单来说，就是选取一个区域里的数字，把这个区域按这个数字分成两半，一半小一半大，然后继续对这两部分执行同样的操作，直到所有筛选都完成，就完成了排序。

该排序算法最差的情况是，每次都选到一个最小的或最大的数字，这样每次筛选时都要充分移动，不过这种排列方式的相对概率低。快速排序是最常用的排序方法，所以我们要着重优化此算法。

下面就来看看如何优化快速排序算法。

1. 随机选择中轴数

在快速排序时，选择以哪个元素作为中轴数比较关键，因为这会影响算法的排序效率，如果选中的数字不是中间的数字，而是一个偏小或偏大的数字，那么排序的速度就会大大降低。如果选中的刚好是最大的或最小的数字，则更糟糕，左边或右边完全没有数字可以排，相当于一次完整的遍历只排序了一个元素。

因为我们查找区间那个准确的中轴数会花费很多精力，所以只能减小得到最坏情况的概率，随机获取列表中的元素作为基准元素。虽然随机是为了减小选到最大值和最小值的概率，但随机也会选到不好的基准元素，实际上，随机数并没有对排序提供多大的帮助。

2. 三数取中

为了让选择的中轴数更接近中位数，可以将头、中、尾 3 个数字先进行排序，最小的数字放在头部，中间的数字放在中部，最大的数字放在尾部，然后用 3 个数字去提高有效接近中位数的中轴元素。

在每个区间的头、中、尾排序前都先执行这个操作，也就是说，每次排序前，中轴数都不可能是最小的，起码是区间里第二小的或者第二大的，这样选出来的中轴数靠近中位数的概率就很大。

那么是否可以把 3 个数扩大到 4 个或 M 个数？其实过多数字的选择就相当于多出了一个排序算法，降低了二分排序的效果，实际效果不如 3 个数字来得快。虽然可以用随机选取 3 个数字的方式，但实际上这对中轴数的选择并没有什么帮助，况且伪随机数的计算和冲突的解决也是需要消耗 CPU 空间的，因此三数取中是选择接近中位数的元素比较有效的办法。

3. 小区间使用插入排序

排序算法有各自的使用量级，当量级不同时，排序效率可能不一样。插入排序就依赖于序列的有序性和排序元素的数量，即排序的效率由排序列表的有序程度决定，也与排序的元素数量有关，如果序列的排序刚好是反序的，则排序效率最低，反之，如果是有序序列，则效率最高。

插入排序的特点是排序序列越长，效率越差。短序列的排序效果很好，高效排序序列长度为8左右。于是我们可以用这个特点来改善快速排序中的效率，即当切分的区块小于或等于8个时，就采用插入排序来替代快速排序，因为8个以下的元素排序时，插入排序能达到更好的效率，因此我们可将它与快速排序混合使用，这样的排序效率更高，其他时候仍然采用快速排序算法。

4. 缩小分割范围，与中轴数相同的合并在一起

除了选择更加靠近中位数的数字作为中轴数，以及小范围使用更快的排序方式外，我们还可以通过缩小排序范围的方法来提高排序效率。

可以把与中轴数相同的数合并到中轴数左右的位置，这样分割后两边的范围就会缩小，范围越小，排序的速度就越快，刨去了更多不需要排序的元素。具体操作步骤为，在每次的分割比较中，当元素与中轴数相等时，直接将其移动到中轴数身边，移动完毕后划分范围从中轴数变为最边上相同元素的位置，使用这种方式来缩小范围，后续可减少排序元素。

快速排序是最常用也是使用范围最广的排序算法，铭记于心很有必要。

2.6.2 最大最小堆

除了快速排序，堆排序也相对比较常用。这里特别介绍最大最小堆，它其实就是堆排序的优先级队列。堆排序本身是由完全二叉树这样的结构支撑的，普通堆排序比快速排序更低效，但堆排序中的最大最小堆的优先级队列非常有用，即只关注最大值或最小值，在不断增加和删除根节点元素的情况下仍可获取最大值或最小值。优先级队列完成排序后，数据堆就成了一个头顶着一个最大值或最小值的数据结构，这种数据结构更有利于获取根节点的最大最小值节点，在后面的程序逻辑中，当需要插入新元素、修改旧元素及推出最大最小值时，效率比较高。优先级队列在实时获取最大最小值时高效的特点，导致它在寻路系统的A星算法中特别有用，因此最大最小堆排序常用于A星算法。

由于堆排序是一种完全二叉树结构，所以这种结构可以用一维数组表示，这样会让效率更高，因为内存是连续的。使用一维数组表示二叉树时，通常是以完全二叉树形式表示每个节点及其子节点，每个节点一一对应数组上的索引规则，即如果 i 为节点索引，$i2$ 和 $i2+1$ 就是它的两个子节点，而索引 i 的父节点位置可以用 $i/2$ 来表示，数组中的任何节点都应遵循这种规则。以此类推到子节点，即 $(i2)2$ 和 $(i2)2+1$ 就是 $i2$ 这个索引的两个子节点，所有子节点自身的索引直接除以2就是父节点的索引，即 $i2$ 和 $i\times2+1$ 各除以2后取整就是它们的父节点索引 i。

最大最小堆的优先级队列的操作分为插入元素、返回最大或最小值、返回并删除最大最小值、查找并修改某个元素，其中关键的算法在于插入新元素和删除最大最小元素。其基本思想是，利用完全二叉树的特性，将新元素放入二叉树的叶子节点上，然后比较它与父节点的大小，如果它比父节点大（最小堆的情况），则结束，否则就与父节点交换，继续比较，直到没有父节点或者父节点比它小为止。删除根节点则反过来，把最后一个叶子节点放入根节点，然后找到这个新根节点的实际位置，即比较它与两个子节点的大小，如果比它们小（最小堆的情况），则结束，否则取最小值（最小堆的情况）替换节点位置，然后再继续向下比较和替换，直到停止或者替换到叶子节点时再没有子节点可比较为止，这样就算完成了操作。

图 2-3 和图 2-4 能很好地理解插入与删除的步骤。

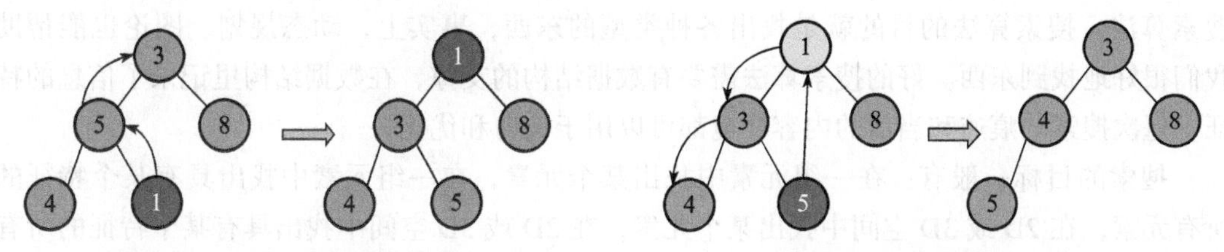

图 2-3 插入时的堆排序步骤　　　　图 2-4 删除根节点步骤

图 2-3 为插入时的堆排序步骤，在此过程中，不断与父节点比较并交换，直到到达根节点或者无法交换为止。图 2-4 为删除根节点的情况，此过程中把根节点与叶子节点交换后，叶子节点再从根部不断比较并下移到应有的位置。

2.6.3 其他排序算法概述

其他排序算法的使用频率虽然没有快速排序高，但会在很多特定的系统上出现。

桶排序是将所有元素按一定的大小分成 N 个组，再对每个组进行快速排序，最终得到有序的数组，并得到 N 个桶的记录，虽然第一次排序的速度不怎么样，但这 N 个桶记录下来的信息对后面的程序逻辑有非常大的帮助。比如，如果我们需要进行模糊排序或模糊搜索，桶信息就会有很大的帮助。

基数排序是针对元素的特性来实施的“分配式排序”，利用数字的特性，按个位数、十位数、百位数的性质将元素放入 0 ～ 9 个桶中，不用排序，几次合并后就有了序数组，利用元素特性排序的速度比任何其他排序方式都要快。这种算法思路教会我们，在运用算法时可以从元素的特性着手，找到它的特点就有可能找到更合适的算法。

对于基本的、常用的几种排序算法，我们必须了解，面对比较复杂、难解决的问题，我们需要更广阔的思路，算法在实际运用中并不是固定的，适合的才是最好的，我们应该随着问题环境的变化而变化，找到最佳突破口。

2.7 各类搜索算法

除了排序算法外，搜索算法也是最常用的，例如，在数组中查找一个字符串，查找一个实例对象，或者在地图中查找一个人物实例，查找范围内的某些人物角色实例对象，这些都要用到搜索算法。下面我们就对各类搜索算法进行简单讲解，以便大家在具体项目中使用时能有更多的思路。

2.7.1 搜索算法概述

广度优先搜索和深度优先搜索是最常见的搜索算法，但如果直接使用不加修饰的广度优先搜索和深度优先搜索算法，会消耗比较多的 CPU 空间，以至于整体效率比较差。

搜索算法不只有广度优先搜索和深度优先搜索算法，它们只是表面看上去比较直接的搜索算法。搜索算法的目的就是找出各种类型的东西，事实上，动态规划、图论也能帮助我们很好地找到东西。好的搜索算法需要有数据结构的支撑，在数据结构里记录了信息的特征，每次搜索的痕迹和当前的内容环境都可以用于枝剪和优化。

搜索的目标一般有：在一组元素中找出某个元素，在一组元素中找出具有某个特征的所有元素，在 2D 或 3D 空间中找出某个元素，在 2D 或 3D 空间中找出具有某个特征的所有元素，在一堆相互连接的结构中找出两点的最短路径等。

2.7.2 二分查找算法

二分查找算法是搜索算法中用得最多、最简单易用、效率较好的搜索算法。但它有一个前提条件，即查找所用的数组必须是有序的数组。也就是说，在使用二分查找算法前，必须对数组进行排序，而且在每次更改、插入、删除后都要进行排序以保证数组的有序状态。

二分查找算法的步骤如下。

1）将数组分为三块，即前半部分区域、中间位元素、后半部分区域。

2）将要查找的值与数组的中间位元素进行比较，若小于中间位，则在前半部分区域查找，若大于中间位，则在后半部分区域查找，如果等于中间位，则直接返回。

3）继续在选择的查找范围中查找，跳入步骤 1），依次进行递归操作，将当前选择的范围继续拆分成前半部分、后半部分和中间位元素这三部分，直到范围缩到最小，如果还是没有找到匹配的元素，则说明元素并不在数组里。

二分查找算法的平均时间复杂度为 $O(\lg N)$，它是一个效率比较高的查找算法，这也是它常被用到的原因，不过前提是数组为有序的，这对于一些情况下的搜索来说，门槛可能会比较高，它们可能需要不停地插入或删除元素，这种情况下，可以使用二分查找算法先查找到插入的位置，再执行插入操作，但是插入操作本身就是 $O(N)$ 的平均时间复杂度，导致查找速度无论多快都还是抵不过插入带来的消耗，删除也是同样的道理，数组的复制操作已经成为算法中的瓶颈。我们来看看其他搜索算法是怎么做的。

2.7.3 二叉树、二叉查找树、平衡二叉树、红黑树和 B 树

二叉树及其衍生的所有算法都是以“父节点有且只有至多两个子节点”为规则的。二叉查找树就是在二叉树上建立的查找树，主要目标是快速查找，它在构造时的特点为，左边的子节点一定比父节点小，右边的子节点一定比父节点大。算法的方式与二分查找算法类似，不同之处在于二分查找树构建出来的树形结构，由于原始数据的排列不同，有可能导致

深度很大的二叉树犹如直线连接的节点，因此它是一个不稳定的查找方式，搜索的速度由原始数据的排列方式决定，若排列的顺序不好，则速度就不快，因此二叉树的稳定性并不高。

平衡二叉树很好地解决了二叉查找树和二叉树的不平衡问题，它的规则是父节点的左、右两棵树的深度差的绝对值不能超过 1，所有节点都遵循这个规则，包括节点下的左、右两棵子树叶同样遵循这个规则。二叉树的深度问题解决了，在查找时的效率就更加稳定，如果能一直保持 $O(\lg N)$ 的时间复杂度，那将有很好的算法效率。

红黑树就是实现平衡二叉树的算法，它们是在插入和删除节点操作时通过特定的操作保持二叉查找树的平衡，从而使得二叉查找时获得较高的查找效率。它虽然复杂，但它的最坏情况运行时间也是良好的，并且在实践中是高效的，它能够在 $O(\lg N)$ 时间复杂度内执行查找、插入和删除操作，这里的 N 为二叉树中元素的数目。

红黑树的数据结构特点是在各节点上多了一个颜色值，颜色为红色或黑色。通过对任何一条从根到叶子路径上各节点着色方式的限制，红黑树确保没有一条路径会比其他路径长出两倍，因而是接近平衡的。红黑树的具体算法和程序步骤在此不介绍，有兴趣的读者可查阅相关资料。

红黑树虽然高效、稳定，但在实际项目中运用得较少。一方面，红黑树通常会封装在自定义的底层容器算法中，例如，我们通常会重新封装 Map、Dictionary 容器，将红黑树放入容器中，让编写业务逻辑的读者在不需要关心底层算法的情况下高效使用容器。另一方面，红黑树算法的复杂度高，一般程序员都要费点心思去研究，因此通常不会放在明显的位置上使用，这也是红黑树一般会放入容器里使用的原因之一，它更适合容器类外壳。再有一方面，查找可以用“快速排序”+“二分查找”代替，效率虽差但简单实用，使用优化后的快速排序效率，在查找效率上会优于红黑树，如果逻辑中查找的次数远大于插入与删除的次数，则可以考虑使用“快速排序”+“二分查找”代替这种方式进行查找。

B 树大家听得也比较多，它主要是为磁盘存储设备而设计的一种平衡查找树。它与红黑树的不同在于，B 树是建立在查找树上的多叉树，它的一个节点上有多个值且父节点可以拥有两个以上的节点，同时必须保持平衡树的层次结构，即树的深度值不得超过 $\lg N$ 的深度（N 为节点个数）。这种数据结构犹如在红黑树之上建立多叉的方式，其比较方式由单一值比较改为多值比较。在 B 树结构里，一个节点里的信息是一个数组，它们是有序的，因此可用二分查找算法查找数据，若没有找到准确值，则继续往下搜索子节点的数据。B 树在游戏项目中很少用到，但它在文件信息存储结构上能发挥巨大作用，这也是它被开发出来的原因之一，其他如 B+ 树和 B* 树都是从 B 树衍生而来的。

2.7.4 四叉树搜索算法

四叉树搜索算法类似二叉树的多维度版本，类似在一维数组上将数组分成 4 部分进行查找，但也仅限于此。四叉树的理念是空间划分，把一个二维空间划分成多个部分来存放，它的数据结构与二叉树一样，只是扩展了子节点的个数，每个节点有 4 个子节点，这 4 个子节点代表父节点的4个象限区块，4个子节点加起来代表完整的父节点，以此类推，每个节点可以有子节点，一旦有就得4个一起有，除非是末尾的叶子节点，这就相当于是一个完美二叉树的变形，即完美四叉树，我们可以用一个数组来表示完美四叉树的结构。

在实际运用中，四叉树主要运用在2D平面空间的搜索上，虽然其他领域也有用到，但平面上空间划分更适合它。我们可以把一个2D矩形平面想象成4个大小相等的矩形，共有4个子节点，就共有4个矩形方块，其中子节点即这4块中每块又再次分成相等大小的4块，直到分到定义的最小块为止，最小块大小可自定义，这样就将一个大的平面矩形划分成了都能用四叉树表示的结构，每一块都有自己的父节点和子节点。

使用这样的数据结构表示一个平面里的所有方块内容，好处是能牢牢掌控每个小平面里的内容变化。当有元素加入这个平面，即加入这个四叉树的数据结构中时，会先计算它的坐标在树中的索引，这就相当于在四叉树中搜索某个节点，从最大4块的 x、y 大小范围开始依次往下推导，直到推导到最小区块的节点上为止，这样就能得到该坐标所在的节点。

形成四叉树数据结构后，就可以根据这个数据结构查找节点上的元素了。比如在某个位置上可以查找到与它在相同块内的所有其他元素，即给出某个坐标后，就能根据四叉树以此类推，最终找到最小块的那个节点，这样就可以获取该块上所有其他元素的信息。我们可以想象，使用这种四叉树的方式把地图分成3级，每级4块矩形图上都保存着相关元素的信息，这样就可以快速从1、2、3级地图上得到某方块内所有元素的信息。

四叉树在游戏项目中的用法包括二维平面上的有效碰撞检测搜索范围、地形的有效展示范围、在地图上查找某方块上的人或事及二维平面的寻路网格构建等。

2.7.5 八叉树搜索算法

八叉树与四叉树类似，但在理念上更关注3D空间上的划分。八叉树是把一个立方体从纵向和横向各切一刀，分割成8个相同大小的立方体。每个小立方体都相当于子节点，再将小立方体分割成8个大小相同的更小的立方体，并使用树形结构表示，这样就形成了八叉树。通过树形结构构造八叉树可用于3D空间中的场景管理，它能很快地获取3D场景中的某范围物体，或者测试与其他物体是否有碰撞以及是否在可视范围内。八叉树运用于游戏中，包括渲染中的渲染裁切和物理引擎中的碰撞检测。

优秀的算法都是能找到事物特征并能利用好事物特征的算法，不同种类的算法有其自身的理念，混用或合用几个算法也是常有的事，理解和知晓是第一步，灵活运用不是一朝一夕的事。

2.8 业务逻辑优化技巧

说起优化，总是不免想到渲染、drawcall、Overdraw、引擎算法、底层组件，以及大型的整套解决方案等，却很少会关注普通业务逻辑中的问题。其实不只引擎、GPU、算法能大幅提高业务逻辑的效率，普通的业务代码也同样可以让性能优化有质的飞跃。

一行普通的代码，高手编写和普通人编写可能会不一样，优秀程序员常关注代码对性能的影响，普通程序员则只关注这行代码是否能实现功能，这样日积月累，代码质量就会形成差距。本节将介绍在我们平时的业务逻辑编程中，应该如何去优化这些不起眼却蕴含着巨大潜力的性能问题。

2.8.1　使用 List 和 Dictionary 时提高效率

前面几节讲解了 List、Dictionary 的源码，知道它们的实质都是数组。Dictionary 有两个数组，一个数组用于保存索引，一个数组用于保存数据，List 和 Dictionary 都是在遍历数组。

了解底层逻辑有助于我们更好地运用它们，比如，当使用 List 插入时，我们知道这是向数组中写入元素，并遍历其后面的数据依次向后移动的过程。了解了这些，每次使用 List 的 Insert 时都会更加注意。还有 Contains() 函数，它是一个以遍历形式来寻找结果的函数，每次使用它，都会从头到尾遍历一次，直到寻找到结果，Remove() 也一样，它也是以遍历的形式存在的。如果在代码中使用它们的频率比较高，就会带来不必要的性能消耗，这是大多数人不注意的。我们常常因为不了解或图方便来使用这些接口，而并没有考虑它们带来的性能损耗。

Dictionary 也有诸多问题。首先，它是一个使用 Hash 冲突方案来解决关键字的字典组件，因此 Hash 值与容器中数组的映射和获取 Hash 值的函数 GetHashCode() 比较关键。Hash 冲突与数组大小有很大关系，数组越大，Hash 冲突率就越小，因此我们在编写程序时应该注意设置 Dictionary 的初始大小，尽量设置一个合理的大小，而不是什么都不做，任由它自己扩容，这不但会让 Hash 冲突变得频繁，而且扩容时数组的回收也加重了 GC 单元的负担。除此之外，在 C# 中，所有类都继承自 Object 类，Dictionary 使用 Object 类的 GetHashCode() 来获取类实例的 Hash 值，而 GetHashCode() 是用算法将内存地址转化为哈希值的过程，因此，我们可以认为它只是一个算法，并没有对任何值做缓存，每次调用它都会计算一次 Hash 值，这是比较隐形的性能损耗。如果频繁使用 GetHasCode() 作为关键字来提取 Value，那么我们应该关注 GetHashCode() 的算力损耗，并确认是否可以用唯一 ID（标识）的方式来代替 GetHashCode() 算法。

2.8.2　巧用 struct

struct 和 class 的区别常常被人遗忘，struct 结构是值类型，它与 class 不同的是，struct 传递时并不是靠引用（指针）形式而是靠复制，我们可以通俗地认为，它是通过内存复制来实现传递的（真实的情况是通过字节对齐规则循环多次复制内存），也就是说，我们在传递 struct 时，其实是在不断地克隆数据，其源码如下：

```
struct A
```

```
{
    public int gold;
}
public void main()
{
    A a = new A();
    a.gold = 1;
    A b = a;
    b.gold = 2;
}
```

举一个简单的例子，上述 struct 中有一个整数变量 gold，实例 a 的 gold 值为 1，将 a 赋值给 b 后，b 的 gold 设置为 2，此时 a 中的 gold 依然为 1，因为 a 和 b 是两个不同的内存。

struct 这样的值类型对我们做性能优化有什么好处呢？首先，如果 struct 被定义为函数中的局部变量，则 struct 的值类型变量分配的内存是在栈上的，栈是连续内存，并且在函数调用结束后，栈的回收非常快速和简单，只要将尾指针置零就可以了（并非真正意义上的释放内存），这样既不会产生内存碎片，又不需要内存垃圾回收，CPU 读取数据对连续内存也非常友好、高效。

除了上述这些，struct 数组对提高内存访问速度也有所帮助。我们要明白，由于 struct 是值类型，所以它的内存与值类型都是连续的，而 class 数组则只是引用（指针）变量空间连续，这是大不相同的。在 CPU 读取数据时，连续内存可以帮助我们提高 CPU 的缓存命中率，因为 CPU 在读取内存时会把一个大块内容放入缓存，当下次读取时先从缓存中查找，如果命中，则不需要再向内存读取数据（缓存比内存快 100 倍），非连续内存的缓存命中率比较低，而 CPU 缓存命中率的高低很影响 CPU 的效率。

但也不是所有的 struct 都能提高缓存命中率，如果 struct 太大，超过了缓存复制的数据块，则缓存不再起作用，因为复制进去的数据只有 1 个甚至半个 struct。于是就有很多架构抛弃了 struct，彻底使用原值类型（int[]、bool[]、byte[]、float[] 等）连续空间的方式来提高 CPU 的缓存命中率，即把所有数值都集合起来用数组的形式存放，而在具体对象上则只存放一个索引值，当需要存取时都通过索引来操作数组。我们来看一个例子就知道是怎么回事了。

```
class A
{
    public int a;
    public float b;
    public bool c;
}

class B
{
    public int index;
}
```

```
class C
{
    private static C _instance;
    public static C instance
    {
        get
        {
            if(null == _instance)
            {
                _instance = new C();
                return _instance;
            }
            return _instance;
        }
    }

    public int[] a = new int{2, 3, 5, 6};
    public float[] b = new float{2.1f, 3.4f, 1.5f, 5.4f};
    public bool[] c = new bool{false, true, false, true};
}

public void main()
{
    A[] arrayA = new A[3]{new A(), new A(), new A()};

    print("A class this is a {0} b {1} c {3}",Aa.a, Aa.ba, Aa.c);

    B b = new B()
    b.index = 2;

    C c = C.instance;

    print("B class this is a {0} b {1} c {3}",c.a[b.index], c.b[b.index],
        c.c[b.index]);
}
```

上述代码中，A 类使用我们非常熟悉的面向对象编程方式把所有属性变量都放在了自己身上，数据的集合则以引用的方式存储在数组上，而 B 类则将数据集中存储在 C 类中。当两者都对数据进行存取时，A 类数据的内存是分散的，因为每次分配 A 类实例时都是从内存中寻找一块空地来分配，并不保证相邻，arrayA 中只是引用连续而非内存连续，而 B 类数据是内存连续的数组，因为它会将所有同类数据集中在值类型的数组中，值类型的数组分配内存一定是内存连续的，这样就能更好地利用缓存，提高 CPU 读取数据的命中率。缓存机制是将最近使用过的数据存入最近的空间中，离 CPU 最近的就是一级缓存和二级缓存，它们是珍贵的，我们应该充分利用它们。

2.8.3　尽可能地使用对象池

说到类实例，我们应该明白，内存分配和内存消耗会对我们的程序产生影响，这也是提高程序效率的关键所在，我们不但要减少内存分配次数和内存碎片，还要避免内存卸载带来的性能损耗。Unity3D 使用的是 C# 语言，因此它使用垃圾回收机制回收内存，即使 Unity3D 在发布后将 C# 转换为 C++，也依然会使用垃圾回收机制来执行分配和销毁内存。作为高级程序员，我们应该能感受到，在创建类实例时内存分配时的性能损耗以及垃圾回收时的艰难。

垃圾回收有多难呢？下面进行解释。我们在 C# 中可随意地新建类实例，由于不用管它们的死活，所以可丢弃或空置引用变量。类实例不断地被引用和间接引用，又不断地被抛弃，垃圾回收器就要负责仔仔细细地收拾我们的烂摊子。内存不可能永远被分配而不回收，于是垃圾回收只能在内存不够用的时候到处询问和检查（即遍历所有已分配的内存块），看看哪个类实例完全被遗弃就捡回来（意思是完全没有人引用了），并将内存回收。因此，当业务逻辑越大、数据量越多时，垃圾回收需要检查的内容也越多，如果回收后依然内存不足，就得向系统请求分配更多内存。

垃圾回收过程如此艰难，它每次回收时都会占用大量 CPU 算力，因此，我们应该尽可能地使用对象池来重复利用已经创建的对象，这有助于减少内存分配时的消耗，也减少了堆内存的内存块数量，最终减少了垃圾回收时带来的 CPU 损耗。

除了通过 new 操作创建某个类内存导致 GC 单元耗时增加外，以我的经验来看，很容易被忽略的还有 new List 这种类型的使用，我们在平时编程时会大量使用动态数组，并且随时将它抛弃。类似的 Dictionary<int,List> 也是众多被忽略的内存分配消耗之一，被装进 Dictionary 字典中的 List 常被随意地丢弃，且我们不会注意它是否能被再次利用。

C# 中一个简单的通用对象池就能解决这些问题，但我们常常嫌弃它，觉得麻烦。以我的编程经验来看，图方便、好用往往要付出性能损耗的代价性能高的代码通常都有点反人性，我们应该尽量找到一个平衡点，既有高的代码可读性，又尽量不要被人性所驱使而去做一些图方便的事情，这在任何时候都是很有价值的，对象池源码如下：

```
internal class ObjectPool<T> where T : new()
{
    private readonly Stack<T> m_Stack = new Stack<T>();
    private readonly UnityAction<T> m_ActionOnGet;
    private readonly UnityAction<T> m_ActionOnRelease;

    public int countAll { get; private set; }
    public int countActive { get { return countAll - countInactive; } }
    public int countInactive { get { return m_Stack.Count; } }

    public ObjectPool(UnityAction<T> actionOnGet, UnityAction<T> actionOnRelease)
    {
        m_ActionOnGet = actionOnGet;
        m_ActionOnRelease = actionOnRelease;
    }

    public T Get()
```

```
    {
        T element;
        if (m_Stack.Count == 0)
        {
            element = new T();
            countAll++;
        }
        else
        {
            element = m_Stack.Pop();
        }
        if (m_ActionOnGet != null)
            m_ActionOnGet(element);
        return element;
    }

    public void Release(T element)
    {
        if (m_Stack.Count > 0 && ReferenceEquals(m_Stack.Peek(), element))
            Debug.LogError("Internal error. Trying to destroy object that is already
                released to pool.");
        if (m_ActionOnRelease != null)
            m_ActionOnRelease(element);
        m_Stack.Push(element);
    }
}

internal static class ListPool<T>
{
    //避免分配对象池
    private static readonly ObjectPool<List<T>> s_ListPool =
        new ObjectPool<List<T>>(null, l => l.Clear());

    public static List<T> Get()
    {
        return s_ListPool.Get();
    }

    public static void Release(List<T> toRelease)
    {
        s_ListPool.Release(toRelease);
    }
}
```

这两个对象池的类都是从Unity的UI库中提取出来的，都是非常实用的对象池工具，我们应该尽可能地使用它们。上述对象池使用栈队列将废弃的对象存储起来，并在需要时从栈队列中推出实例交给使用者。对象池并不复杂，麻烦的是使用，程序中所有创建对象实例、销毁对象实例、移除对象实例的部分都需要用对象池去调用。

我们来举几个使用ObjectPool和ListPool对象池的例子，源码如下：

```
public class A
{
    public int a;
    public float b;
}



public void Main()
{
    Dictionary<int,A> dic2 = new Dictionary<int, A>(16);
    for(int i = 0 ; i<1000 ; i++)
    {
        A a = ObjectPool<A>.Get();              //从对象池中获取对象
        a.a = i;
        a.b = 3.5f;

        A item = null;
        if(dic.TryGetValue(a.a, out item))
        {
            ObjectPool<A>.Release(item);        //值会被覆盖，所以覆盖前收回对象
        }

        dic[a.a] = a;

        int removeKey = Random.RangeInt(0,10);
        if(dic.TryGetValue(removeKey, out item))
        {
            ObjectPool<A>.Release(item);        //移除时收回对象
            dic.Remove(removeKey);
        }
    }

    Dictionary<int,List<A>> dic2 = new Dictionary<int, List<A>>(1000);
    for(int i = 0 ; i<1000 ; i++)
    {
        List<A> arrayA = ListPool<A>.Get();     //从对象池中分配List内存空间

        dic2.Add(i,arrayA);

        List<A> item = null;
        int removeKey = Random.RangeInt(0,1000);
        if(dic.TryGetValue(removeKey, out item))
        {
            ListPool<A>.Release(item);          //移除时收回对象
            dic.Remove(removeKey);
        }
    }

}
```

上述代码中，A类和List需要创建1000次，每次创建都使用对象池，并在字典Dictionary移除时会将对象送回对象池。这样我们就可以不断利用被回收的对象池，自然也就不用总是创建新的对象了，所有被遗弃的对象都会被存储起来，并不会被垃圾回收程序回收，内存不断被重复利用，减少了内存分配和释放所带来的消耗。

减少内存分配除了使用对象池外，还可以在对象池上使用预加载来优化，在程序运行前让对象池中的对象分配得多一些，这样在我们需要实例对象时就不再需要临时分配内存了。此方法可以扩展到资源内存，类实例对象有对象池，资源也可以有对象池，在核心程序运行前，如果能提前知道后面要加载的内容，那么提前将资源内容加载到内存中可以让内存分配次数减少，甚至完全避免临时的加载和分配，因此很多优化技巧会围绕如何预测后面内容需要的实例对象和资源内容展开，例如，统计每个角色需要的资源和实例对象在下一个场景中的数量并提前加载，或者接近某个出口或入口时就开始预测即将进入的场景的资源内容等。

2.8.4 字符串导致的性能问题

本质上，字符串性能问题在大部分语言中都是比较难解决的，C# 中尤其如此。在 C# 中，string 是引用类型，每次动态创建一个 string，C# 都会在堆内存中分配一个内存用于存放字符串。我们来看看它到底有多么“恐怖”，其源码如下：

```
string strA = "test";
for(int i = 0 ; i<100 ; i++)
{
    string strB = strA + i.ToString();

    string[] strC = strB.Split('e');

    strB = strB + strC[0];

    string strD = string.Format("Hello {0}, this is {1} and {2}.",strB, strC[0],
        strC[1]);
}
```

这是一段“恐怖”的程序，循环中每次都会将 strA 字符串和 i 整数字符串连接，strB 所得到的值是从内存中新分配的字符串，然后将 strB 切割成两半，使其成为 strC，这两半又重新分配两段新的内存，再将 strB 与 strC[0] 连接起来，这又申请了一段内存，这段内存装上 strB 和 strC[0] 连接的内容，并赋值给 strB，strB 原来的内容因为没有变量指向就找不到了，最后用 string.Format 的形式将 4 个字符串串联起来，新分配的内存中装有 4 者的连接内容。

这里要注意一点，字符串常量是不会被丢弃的，比如这段程序中的 "test" 和 "Hello {0}, this is {1} and {2}." 这两个常量，它们常驻于内存，即使下次没有变量指向它们，它们也不会被回收，下次使用时也不需要重新分配内存。关于原因，我们放到计算机执行原理中介绍。

每次循环都向内存申请了 5 次内存，并且抛弃了一次 strA + i.ToString() 的字符串内容，这是因为没有变量指向这个字符串。这还不是最“恐怖”的，最“恐怖”的是，每次循环结束都会将前面所有分配的内存内容抛弃，再重新分配一次，就这样不断地抛弃和申请，总共向内存申请了 500 次内存段，并全部抛弃，内存被浪费得很厉害。

为什么会这样呢？究其原因是，C# 语言对字符串并没有任何缓存机制，每次使用都需要重新分配 string 内存，据我所知，很多语言都没有字符串的缓存机制，因此字符串连接、切割、组合等操作都会向内存申请新的内存，并且抛弃没有变量指向的字符串，等待 GC 单元回收。我们知道，GC 单元执行一次会消耗很多 CPU 空间，如果不注意字符串的问题，不断浪费内存，则将导致程序不定时卡顿，并且，随着程序运行时间的加长，各程序模块不良代码的运行积累，程序卡顿次数会逐步增加，运行效率也将越来越低。

解决字符串问题有两种方法。

第一种方法是自建缓存机制，可以用一些标志性的 Key 值来一一对应字符串，比如游戏项目中常用 ID 来构造某个字符串，伪代码如下：

```
int ID = 101;

ResData resData = GetDataById(ID);

string strName = "This is " + resData.Name;

return strName;
```

一个 ID 变量对应一个字符串，这种形式下可以建立一个字典容器将它缓存起来，下次用的时候就不需要重新申请内存了，伪代码如下：

```
Dictionary<int,string> strCache;

string strName = null;
if(!strCache.TryGetValue(id, out strName))
{
    ResData resData = GetDataById(ID);
    string strName = "This is " + resData.Name;
    strCache.Add(id, strName);
}

return strName;
```

我们用 Dictionary 字典容器将字符串缓存起来，每次先查询字典中的内容是否存在，若有，则直接使用，若没有，则创建一个并将其植入字典容器中，以便下次使用。

第二种方法需要用到 C# 中一些“不安全”的 native 方法，也就是类似 C++ 的指针方式来处理 string 类。

由于string类本身一定会申请新的内存，因此需要突破这个瓶颈，直接使用指针来改变string中字符串的值，这样就能重复利用string，而不需要重新分配内存。

C#虽然委托了大部分内存内容，但它也允许我们使用非委托的方式来访问和改变内存内容，这对C#来说是不安全的（C#中有unsafe关键字）。下面通过非委托的方式来改变string中的内容，使它能够被我们再利用，代码如下：

```
string strA = "aaa";

string strB = "bbb" + "b";

fixed(char* strA_ptr = strA)
{
    fixed(char* strB_ptr = strB)
    {
        memcopy((byte*)strB_ptr, (byte*)strA_ptr, 3*sizeof(char));
    }
}

print(strB); //此时strB的内容为“aaab”
```

注意，这里用“bbb”+“b”的方式生成新字符串，是因为我们不打算改变常量字符串内存块，所以新分配了内存来做实验。

我们把strB的前3个字符的内容变成了strA中的内容，但并没有增加其他内存，因为我们使用了不安全的非托管方法来控制内存。通过这样的方式再利用已经申请的字符串内存，可将已有的字符串缓存起来再利用。我们看看再利用的例子，其源码如下：

```
Dictionary<int,string> cacheStr;

public unsafe string Concat(string strA, string strB)
{
    int a_length = a.Length;

    int b_length = b.Length;

    int sum_length = a_Length + b_Length;

    string strResult = null;

    if(!cacheStr.TryGetValue(sum_length, out strResult))
    {
        //如果不存在sum_length长度的缓存字符串，那么直接连接后存入缓存
        strResult = strA + strB;

        cacheStr.Add(sum_length, strResult);

        return strResult;
    }
```

```
        //将缓存字符串再利用，用指针方式直接改变它的内容
        fixed(char* strA_ptr = strA)
        {
            fixed(char* strB_ptr = strB)
            {
                fixed(char* strResult_ptr = strResult)
                {
                    //将 strA 中的内容复制到 strResult 中
                    memcopy((byte*)strResult_ptr, (byte*)strA_ptr,
                        a_length*sizeof(char));

                    //将 strB 中的内容复制到 strResult 的 a_Length 长度后的内存中
                    memcopy((byte*)strResult_ptr+a_Length,
                        (byte*)strB_ptr, b_length*sizeof(char));
                }
            }
        }

        return strResult;
    }
```

当需要将多个字符串连接起来时，先看看缓存中是否有可用长度的字符串，如果没有，就直接连接并缓存，如果有，则取出来，使用指针的方式改变缓存字符串的值。其中memcopy并不是系统函数，因此需要自己编写，写法很简单，拿到两个指针根据长度遍历并赋值即可。源码如下：

```
public unsafe void memcopy(byte* dest, byte* src, int len)
{
    while((--len)>=0)
    {
        dest[len] = src[len];
    }
}
```

2.8.5 字符串的隐藏问题

字符串隐藏问题涉及 ToCharArray、Clone、Compare 等内容。其中，string.ToCharArray返回的char[] 数组是一个新创建的字符串数组，与原 string 无关，我们修改返回的字符串中的数据不会影响原来的 string 对象。至于 string.Clone、string.ToString() 接口，它们并不会重新构建一个 string，而是会直接返回当前的 string 对象，如果想要创建一个一模一样的string，需要我们自行新建一个 string 对象并传入原字符串。

字符串比较也会有隐藏问题，当两个字符串比较时，string 会先比较两个字符串的指针是否一致，一致则返回 true，如果指针不一致，则会遍历两者，并判断每个字符是否相等。我们来看看它究竟是怎么做的，源码如下：

```
public bool Equals(String value) {
    if (this == null)                    //这对于防止反向 pinvokes 和其他不使用
```

```
        throw new NullReferenceException(); //callvirt指令的调用者是必要的

    if (value == null)
        return false;

    if (Object.ReferenceEquals(this, value))
        return true;

    if (this.Length != value.Length)
        return false;

    return EqualsHelper(this, value);           //遍历两者的字符
}
```

以上代码是先判定两个 string 的引用是否相等，如果不相等，再判断两者的长度是否相等，如果长度相等，再遍历字符串的每个字符，判断每个字符是否相等，最终判定字符串是否相等。

若操作的两个字符串来自不同的内存段，那么在比较它们是否相等时就会遍历所有字符来判定是否相等，伪代码如下：

```
string strA = "Hello ";

string strB = "Hello ";

strA = strA + "C";

strB = strB + "C";

if(Object.ReferenceEquals(strA, strB))
{
    return true;
}

if(strA == strB)
{
    return false;
}

return true;
```

这段代码最终会返回 false，strA 与 strB 看似相等，实则为不同内存段的内容，当它们使用等号比较时，就会遍历所有字符串里的字符来确定它们是否相等。

string 源码地址为 https://referencesource.microsoft.com/#mscorlib/system/string.cs。

2.8.6 程序运行原理

业务逻辑的优化很大程度上都是围绕着以下环节展开的：如何利用好 CPU 缓存命中率、如何减少内存分配和卸载次数，以及如何利用好多线程，让多个线程协作顺畅，并且能分担

任务。为了更好地优化我们编写的程序，应该深入底层去了解计算机是如何执行我们编写的程序的。这次我们得脱离 C# 语言，因为 C# 为我们包装了太多东西，使用起来很方便，同时也蒙蔽了我们的眼睛，让我们看不清底层的原理。

计算体系结构比较复杂，也脱离了我们的主题内容，这里简单陈述程序运行的原理，帮助我们理解。

计算机最终能识别的都是机器码，那么机器码是怎么产生的呢？机器码是通过编译器产生的，机器码太难记，汇编就是用来帮助我们记忆机器码的，每个汇编指令都对应一个机器指令，所有由 1 和 0 组成的机器指令码都能一一对应到汇编指令上。这么来看，一个可执行文件或一个库文件通常都可以转化成汇编代码，很多黑客也是通过这种方式来查看我们编写的程序的，大部分厉害的黑客都精通汇编。

一个程序在内存中运行时，通常包含几个内存块，其中一个是指令内存块，里面存储的都是已经编写设计好的执行指令，需要执行的指令都会从指令内存块中去取，指令计数器也会不断跳跃在这些指令中。另一个是数据内存块，里面存放的都是我们设置好的数据以及分配过的内存。数据块中有一部分内容可以称为静态数据块，里面通常存放的是不变的数据，比如字符串常量、常量整数、常量浮点数及一些静态数据，这些数据在程序启动时最先被放入内存中。

数据内存块中的数据，除了静态内存数据外，还有堆内存数据。所有的动态内存申请都来自堆内存，我们可以认为它是一个很长的 byte 数组，当申请内存时，会从数组中找出一块我们指定大小的内存，这个内存不一定是空的，因为内存回收从来不会对内存单位进行清理操作，那样太浪费算力了，它所做的是将这段数据的指针回收或偏移。所以实际上，我们申请的内存块，在没有初始化前都是未知的，有可能刚好前面用过与我们相似的内容，如果不进行初始化，就有可能出现逻辑问题。当然，这里还有一个系统层，我们都是在系统层面上运行程序的，所以遵循的是系统层面的逻辑。操作系统为我们提供了虚拟地址，以此来避免程序直接与硬件打交道。现代操作系统都不直接和物理内存打交道，而是与虚拟内存打交道，包括 iOS 和安卓，日常分配的内存都是虚拟内存，如 malloc，只存在 malloc 是不会增加物理内存的使用的，只有读 / 写时虚拟内存才会关联到物理内存里。

我们用惯了类对象，很容易以为内存就是某个类的实例内存，其实在机器指令和内存中并没有这个说法，它只是块连续的内存，具体其代表哪个类的实例都是我们想象的，这些都是先贤们创造出编译器的功劳，让我们不需要关心某个内存块到底指的是什么，我们只需要知道程序里类是怎么写就可以了，高级语言让我们更方便，也让我们更“傻瓜”。其中，最容易混淆的就是类的方法，很多人认为它也被放入了对象实例中，其实并不是这样，类方法或函数会被编译成指令序列，放在指令内存块中，所有的方法、函数都在那里集中存放着，随时能取到。

因此一个可执行文件或程序库里，几乎都是指令机器码，以及指令附带的常量数据。我们运行这段程序时，可执行文件和库被装入内存，成为指令段内存，里面装着所有类的方法或者函数，包括静态的、公共的、私有的等，只是名字上不同，我们可以认为，它以名字来区别是公共的还是私有的，比如可以认为Class_A_public_GetData()是类对象A的public方法的GetData，这个函数只是代表指令的地址，并没有任何公共和私有的分类，在机器码的世界里没有边界和限制，但你仍然得遵守操作系统的规则，因为我们受限于操作系统。

除了上述这些，栈内存块也是比较重要的内容，它通常都是函数方法执行的重要部分，与堆内存不同的是，它是有秩序的，遵守先进后出的规则，每分配一块内存，回收时也必须按照先进后出的秩序回收，这个规则使得栈内存永远是连续的，不会因为使用很多次后出现很多内存碎片，进而导致有内存而无法分配的现象。我们所说的值类型数据大多在栈中分配，除非它被放置于其他类型中，如类和数组中。

上述其实就是在讲解汇编里的数据段、代码段、栈段这三个段，它们分别使用了段地址和偏移量来表示数据和指令内容。当指令数据需要数据段内容时，就用“数据段地址+偏移量”存取数据内存中的数据；当指令跳转时，则使用“代码段地址+偏移量”来指向新的指令内存地址；当需要用到栈时，则使用pop和push的汇编指令来偏移栈顶指针，从而存取栈上的数据。除了内存，寄存器是离CPU最近也最快的存储单元，它一般都用来临时存放数据，当然，我们也可以自己写汇编，让某些寄存器长期存放一些数据，以加快读取某数据的速度。

Chapter 3 第3章

数据表与程序

3.1 数据表的种类

数据表相当于一个外部的数据库，数据库中存储着与游戏人物相关的数据，只不过这个数据库里的数据是不能更改的。在游戏项目中有不少数据表，因为数据决定了游戏的整个进程，所以怎么用数据表配置数据、配置数据时是否方便成为开发的关键。

那么如何理解数据表的存在呢？可以认为数据表是一个本地的数据库，只不过这个数据库里的数据是不可被修改的只读数据。可以这么说，在实际项目的开发中，它们大部分是从Excel里生成，再导入游戏中去的，也有其他产生方式，比如使用比较原始的方法直接写在代码里，下面我们将介绍数据的存放种类。

数据表在项目中的作用是什么？数据表是连接美术、设计策划和程序的桥梁。艺术家用它来配置效果，设计师用它来调整游戏的数值平衡，程序员用它来判断逻辑，所以数据表的意义非常大。

3.1.1 大部分数据都是在Excel里生成的

自微软公司创建出神奇的Excel后，全世界都爱上了这款软件，无论是自用还是商用，是制图还是分析，都离不开它。据我了解，基本上所有公司都在使用Excel。而且，只要跟数据、数字有接触的职业，都会大量使用Excel来做数据分析、数据制表等工作。

Excel能给你提供所有处理数据的功能，具有快捷、方便、易于保存、上手快、方便传播等特点。

游戏行业里的数值策划更喜欢Excel这款软件。游戏数据跟Excel分不开，我们需要用它来提升效率，特别是做数据开发、数值平衡的工作时。

现在大家应该明白我为何如此夸奖其优秀了吧？因为它确实在很大程度上加快了项目的进度。

下面所介绍的数据表，基本上都是从 Excel 文件中导出来的数据的集合。

3.1.2　最原始的数据方式——代码数据

最原始的数据存储方式是在程序里就编写好了的，这种通常是临时级别的数据，在进行更改、增加、删除时大大增加了程序员的工作量。倘若让策划人员自行更改代码里的数据，不但增加了修改程序的风险，也让批量修改数值的难度增加好几倍。

这种放在代码里的数据，基本只保存于 Demo 阶段或 mini 游戏中，因为数据量小、更改的次数少，所以不会特别在意数值的平衡性。

数据放在代码里的原因只有一个：快，即制作快、使用快、效率高。不需要建立与其他部门的桥梁，程序员自己动手就能搞定。不需要像 Excel 那样，需要先建立 Excel 表，制定规则，转化为数据，再加载、再解析，之后才能使用。对于代码里的数据，程序员们直接拿来就能使用。

但是，因为只有程序员知道是什么，为什么这么写，也只有编写这段数据的程序员才能看明白，所以当数据使用量逐渐增大，使用规则逐渐复杂，数据的修改次数逐渐增加时，工作效率也大幅下降。

3.1.3　文本数据

文本是一种常用的数据表形式，例如，使用以 .json、.xml、.csv 为扩展名的文件，里面全是字符串形式的文本，既包括数字的形式，也包括字符串的形式。在程序读取这些字符串内容后，再将它们转化为相应的数据类型，如整数、浮点数、文本、数组，为程序所用。这些字符串以怎样的规则存储在文件中，是一个需要考虑的问题，因为在使用前，我们需要解析它们，将它们变成程序内存中的数值。

文本读取规则有很多标准形式，包括 JSON、XML、CSV 等，这些都是常用的文本读取规则，大多数情况下，使用文本读取字符串形式的数据，然后按规则转化成相应的数据和数据组是极佳的选择。它的优点是，肉眼能很直观地看到数据，也更容易查找问题，还能立即直接对文本进行修改，无须其他工具。

像文本这样的数据存储方式，为了方便快捷，可把数据直接用逗号隔开，或者用空格隔开，或者用特别的符号如“;”(分号）等形式隔开，这样就可以作为一个数据的规则格式，无须商定其他复杂的协议。

还记得主要的数据开发工具是 Excel 吗？为了能从 Excel 里更容易地导出数据，我们会选择一些更加简单实用的导出方式。比如直接从 Excel 里复制和粘贴数据到 txt 文件，这是最直接的手动导出方式。也有用 Excel 直接保存 CSV 格式的，它是以“,”（逗号）隔开格式的文本文件。

这些都是比较容易的方式，如果要使用程序转化，那就编写一个程序读取 Excel 文件内容，用程序直接导出相应的格式文件。

编写一个程序来导出 Excel 的数据（在读取 Excel 时会用到一些微软的库，这里不做介绍），会有很多格式可以考虑，比如前面提到的 JSON 格式、XML 格式，以及自定义格式，每次导出时都会将数据在内存中以一定的规则排列好，再导出文件。

有过使用工具导出 Excel 数据经历的读者，以后都会非常喜欢使用程序导出数据，因为这样会更高效。当我们熟悉了这套流程和方法，在制定项目模块规划时，就会习惯性地将程序自动导出数据的模块规划进项目里，对他们来说这是信手拈来的事情，且很容易做到，并且一劳永逸。

这种程序化代替人工操作的事，我们通常称为自动化或流水线。在我们的工作中，自动化是最终目标，我们希望任何工作都可以用自动化代替，从而减少人工操作导致的失误，同时也减少了开发人员的工作量。

3.1.4 比特流数据

比特流数据是一种相对机器来说稍微直接点的数据表现形式。我们是将数据以 byte 的形式存放在文件里，程序通过读取二进制文件里的数据，按一定的规则将其转化为所需要的数据。相比文本形式的数据文件，比特流数据文件的特点是，占用的空间更小，解析速度更快，但其缺点也存在，通用性较差，数据格式改变比较困难，无法直观看到文件中的内容，也无法做到不依靠程序进行任意修改。

相比文本数据文件，比特流形式的数据文件为什么会更小呢？比特流在存储数字时会使用二进制格式存放数字和浮点数，而文本则使用字符串形式存放，比如 .txt 文本中的 23345 是“23345”这个字符串，占用了 5 个字符，每个字符 2byte，就用了 10byte，而比特流则在存储时直接使用 2byte（short）存储“23345”这个数字，相比文本数据足足小了 8byte，因此比特流形式的数据存储文件更小。一个以 .txt 格式建立的 10MB 的数据文件，转化为二进制格式后，只要几百 KB 甚至几十 KB。

一个 10MB 的文件在读取的时候是很慢的，因为 CPU 要等待 I/O 设备从硬盘里读取数据再放入内存，假如项目中有几个甚至几十个这样的数据文件，在游戏进行中卡顿就很难避免。这么大的数据文件光读取整个内容就已经让 I/O 速度很慢了，更别说还需要在读取文本数据后进行解析。文本解析要让成千上万个字符串转化为数字或者浮点数，这会消耗比较多的 CPU 计算量。

比特流数据和数据网络传输时使用的协议是一个道理，有人使用了 JSON 格式的数据协议来传输网络数据，所以当数据大时，JSON 字符串占用的数据量也非常大，启用压缩算法也不能解决根本问题。因此很多人转而使用比特流形式的数据协议来传输网络数据，以减少网络数据占用量，即使在网络不稳定的情况下，因为体量比较小，能够准确送达的概率仍大了很多，从而网络反应速度也提高了很多。关于网络协议的具体内容，会在后面的章节中介绍。

以比特流形式作为协议的标准很多，比如最近比较流行的Google Protobuf，以及MessagePack。

下面简单介绍Google Protobuf。

Protobuf是一个开源协议，它是由Google公司开发的，并且是现在市面上比较流行的数据协议。简单来说，它和XML差不多，也是把某种数据结构的信息以某种格式保存起来。但它是采用比特流形式存储数据的，并且有一定的通用性和扩展性，数据小而灵活，所以比较好用。它的用处很多，在游戏项目中主要用于数据存储、传输协议格式等场合。

Protobuf有什么特色呢？我们将这些数据协议内容放在网络层的章节里介绍。

3.2 数据表的制作方式

下面介绍几种制作数据表的方式。

3.2.1 制作方式简介

Excel是大部分数值策划者喜欢选用的填数工具，因为Excel为处理数据而生，而Excel转换为什么格式就需要选择了。

最简单的就是直接将Excel里的数据复制粘贴到文本文件中作为游戏数据。这种简单快捷的操作方式任何人都能做，但问题是，当需要将多个Excel转换为文件数据时，我们就会遇到麻烦。比如，当我们手动导入时常要想想有没有复制粘贴错，是真的操作错了，还是只是自己健忘。在最初几年的开发经历中，为了让Demo加快进度，我总要查好几次莫名奇妙出现的数据表错误，其实这都是因为人脑对重复的工作有自己的极限，达到这种极限后，犯错的概率就会增大。

比较简单直接的操作是手动导出为CSV。这样既有了规范（CSV规范），又不怕复制粘贴错误。但也不要高兴太早，这样依然会出现很多问题，比如当我们导出多个文件时，由于枯燥乏味的重复劳动还是很多，出错的概率依然很高。

为了避免出错概率和次数，自动化和流水线就成为进阶的方式，我们可将所有需要人工操作的流程全部写入程序，让程序来帮助我们完成工作。

主流的制作自动化程序的方式有很多，例如，使用Shell或Bat（Window批处理）设计自动化流程操作，在Mac或Windows下执行我们编写的批处理文件，就能自动一步步地执行我们的操作。

也有通过特定语言编写自动化程序的，比如使用C#从Excel中读取数据后写入特定文件，使用.NET库或者其他第三方库来取得Excel里的数据，再将数据以自己希望的格式输出到文件中。

很多读者使用 Jenkins 来强化自动化流水线。可以认为 Jenkins 是计算机中待命的一个程序，它有自己的本地站点，可以通过网页的形式添加我们需要执行的操作或程序命令，可以设置运行的时间和次数，每次运行结束后都会有失败和成功的信息显示，还会有很多错误的日志记录在里面。

Jenkins 是很多公司的自动化流水线必备工具，它拥有的打包、转换数据表、同步上传、自动化检测、自动运行等功能也被大部分高级程序员所喜爱。

当然，并不是说一定要使用 Jenkins，我们也可以有自己的流水线制作途径。Jenkins 只是多一个可视化 Web 页面，它同样需要借助特定的语言，如 Shell、C#、Python 或 Ruby 等来编写我们需要的操作过程，甚至将这些语言的操作流程组合起来也很常见。如果这些你不熟悉，那么可以使用 Unity3D 的菜单栏编辑功能实现，点击菜单栏按钮后运行相关程序，也是一种不错的选择。

自动化流水线的最终目标是让人力成本降到最低，把所有人员的注意力都集中到核心问题，比如性能、核心战斗、变幻莫测的渲染方式等上。

3.2.2 让数据使用起来更加方便

使用什么形式的文件作为数据表并不重要，CSV 也照样能把游戏运行得很好，因为这些技术并不能决定游戏的性能，只要我们喜欢，什么形式都可以。很多时候，我们在选定数据存储规则时，大都选择自己喜欢的方式，只要符合团队的做事风格即可，因为这能提升我们的工作效率，加快开发速度，团队不用浪费时间去适应新的规则。

数据表的关键作用是连接游戏策划设计师与其他部门，所以我们在制定数据导入 / 导出规则的时候需要考虑设计师的体验因素。如何让策划在配置数据表的时候能够有更好的体验就成了关键。

为什么要好用呢？只有好用才能提高效率。前面提到的自动化就是提高效率的一种方法，还有比如一键转化 ×××，这种形式也是提高效率的好办法。

一键转化 Excel 为其他格式是一个比较人性化的工具，不需要人工手动去转化，通过工具就能搞定，只要数值策划按照双方约定的规则执行即可。这能大大提高数值策划与程序员的协调性。如一个系统或一个模块需要什么数值、需要什么类型的数值、数据表建立的流程，在你们约定的填表规则上，建立、读取、转化变得轻而易举。在这种规则下，大家节省了沟通时间，彼此能默契合作，是多么高效和舒心。

只有自动化，或者只有一键转化 ××× 的功能，还是不够。这些只是工具，我们要的是团队间，特别是部门间、不同工种间的配合顺畅无障碍。

如果只是单个表有了自动化，策划设计人员可以自由地将 Excel 数据转化成能让程序员读取的数据格式，但是策划设计人员一直在对数据进行变动，特别是对字段的类型、字段的名字进行调整，今天这个字段定义为 ID，明天这个字段成为 time，或者插入一个新的字段，删除旧的字段，或者新增一个数据表，或者删除一个旧的数据表，等等，这会让程序员很头疼，每次更改都需要及时通知程序员，即使及时收到通知，也会遇到不少麻烦。

因此我们再次强调这种规则的好用性，将单个表变为多个表的自定义配置，所有策划内容的数据表和导出规则都由策划来指定填写。

每次策划设计人员增加 Excel 表时，都要跟程序员说："你帮我把这个 Excel 表加入自动化和一键转化 ××× 的功能里。"程序员就需要腾出时间和精力来为策划设计人员服务。事实上，我们可以把这块工作移交出去，策划设计人员能够自定义导出哪个 Excel 文件，以及 Excel 文件里的哪个工作簿。这样策划设计人员可以自主选择和自主增加表的导出内容。

我们来看怎么做。一个可行的办法是，在程序命令中预留几个参数，参数指向某个需要导出的文件及 sheet。那么在命令行里，执行这个程序且后面跟上参数就能导出数据。

但是批处理写命令行也好，shell 写命令行也好，毕竟还是程序级别的。策划设计人员并不能很好地控制表中的导出内容。比如要新增一个表，或者修改某个表的文件名，或者修改导出某个表文件里的 sheet，这项工作还是需要通过修改命令行来完成的，或者修改批处理文件或 shell 文件。但策划设计人员并不会修改，或者说这种命令形式并不直观，怎么办？

再次加入规则，让自动化和一键转化 ××× 更加人性化。我们可以增加一个 Excel 表，表中填有具体要导出哪些 Excel 文件里的哪个 sheet，这些 sheet 数据导出后的文件名是什么，以及生成文件后应该转移到哪个文件夹中去。这样策划设计人员在定制数据时，就可以自行决定需要用哪些 Excel 和 sheet，做到完全由策划设计人员自行掌控。策划设计人员完全能够主导所有数据的导出工作和转移工作。

图 3-1 所示为策划设计人员通过配表来自定义管理 Excel 的导出情况，虽然这样方便了策划设计人员，但程序员的麻烦还没解决，如果策划设计人员修改了字段名，插入了新的字段，删除了旧的字段，又没有及时通知程序员，或者忘记了自己做过的事情，怎么办？彻查？不可以，效率太低，不可以让这种事情发生。

	A	B	C	D
1	TableName	XlsFileName	SheetName	DatFileName
2	tAchievement	Achievement	Achievement	tAchievement
3	tEquip	Equip	Equip	tEquip
4	tHero	Hero	Hero	tHero
5				
6				

图 3-1 导出配置表的自定义目录

在 Excel 中生成数据时自动与程序的变量对齐，就能起到校验和索引的作用，为此我们再来加一个让 Excel 字段名与程序对应的规则。编写一个程序，让程序生成一段代码，这段代码里变量定义的数字与每个数据表上字段名的索引对应，将每个要导出的 sheet 里的头行的列名作为变量名写入程序变量定义中，以方便程序在读取数据表时列名与数据表对齐，这样不仅有了读取数据表列的 Key 值，还无形中进行了表数据与程序索引的校验。

如图 3-2 所示，在 role.xls 文件中，sheet（工作簿）中的第一列字段为 ID，第二列字段为Name，第三列字段为Age，那么通过生成程序，将表的列名自动生成为程序代码，自动生成后就有了以下格式的索引对齐方式代码：

```
public Class ExcelDefine
{
    public const int role_role_ID = 1;          //role 表的 role 工作簿的 ID 列
    public const int role_role_Name = 2;        //role 表的 role 工作簿的 Name 列
    public const int role_role_Age = 3;         //role 表的 role 工作簿的 Age 列
}

//获取名字的例子
string role_name_str =RoleTable.GetStr(ExcelDefine. role_role_Name);
int table_role_id = RoleTable.GetInt(ExcelDefine. role_role_ID);
```

策划设计人员在更改字段、新增字段、删除字段后，会如何呢？比如将第一列ID更改为Identifier、第二列插入School、第三列Age删除后（见图3-3），生成了如下代码：

```
public Class ExcelDefine
{
    public const int role_role_Identifier = 1;
    public const int role_role_School = 2;
    public const int role_role_Name = 3;
}

//此时原来的代码就会报错
string role_name_str =RoleTable.GetStr(ExcelDefine. role_role_Name);
int table_role_id = RoleTable.GetInt(ExcelDefine. role_role_ID);

//原来的代码应该改成
string role_name_str =RoleTable.GetStr(ExcelDefine. role_role_Name);
int table_role_id = RoleTable.GetInt(ExcelDefine. role_role_Identifier);
```

	ID	Name	Age
1	ID	Name	Age
2	10000	ROLE_NAME_0	20
3	10001	ROLE_NAME_1	21
4	10002	ROLE_NAME_2	22
5	10003	ROLE_NAME_3	23
6	10004	ROLE_NAME_4	24

图3-2 示例表

	A	B	C
1	Identifier	School	Name
2	10000	SCHOOL_0	ROLE_NAME_0
3	10001	SCHOOL_1	ROLE_NAME_1
4	10002	SCHOOL_2	ROLE_NAME_2
5	10003	SCHOOL_3	ROLE_NAME_3
6	10004	SCHOOL_4	ROLE_NAME_4

图3-3 策划设计人员修改字段后

如此一来，数据表变换并转换为具体的数据工具后，原来在程序中使用的ExcelDefine.role_role_ID、ExcelDefine.role_role_Age将失效报错，而ExcelDefine.role_role_Name则自动转入读取第三列，无须修改。

有了这几段程序，程序员不再需要知道策划设计人员修改的数据是第几列，因为在编译时就会报错，提示程序员表中的哪些字段进行了修改，你只需要向策划设计人员询问具体意见即可。

到此，我们有了自动化和一键转化×××的工具，省去了不少人力，并且加入了规则，让策划设计人员完全可以自己控制 Excel 数据表的操作，又加入了检查校验和修复的功能，让程序员在数据表衔接部分也能进行检查和校验。

3.3　多语言的实现

前面介绍了数据表的几种形式，以及如何让数据表运用更加高效。本节介绍多语言在数据表中的实现方式。

在游戏项目中，文字显示本身就是一件比较头疼的事，再加上多语言，更多问题需要解决。在项目初期，很多时候文本是写进代码里的，但到项目中后期，文字需要由策划设计人员来修改和添加，这导致了程序员要做大量重复的工作。所以文字数据从一开始就应该放在表里，让该考虑文字内容的人去考虑文字内容，我们要把这块工作分离出来，规划好每个人各自的工作。

为了实现这个独立模块，我们需要对数据配置表的导出做些规划设计。

我们来分析一下，一般文字会以 Key-Value 形式存放在 Excel 表里，比如 Key 为 "RoleName"、Value 为 "角色名字"，或者 Key 为 "1101"、Value 为 "好友分享" 等。

这种 Key-Value 形式一般会以 Int-String（整数对字符串）或 string-string（字符串对字符串）的形式存在。

下面讨论这两种形式。我们从数据表里获取文字的方式，是喜欢以整数为键值的形式还是字符串形式呢？

使用整数形式获取就会像下面的样式存在：

```
string content = TextMgr.GetTextString(12);
```

这种形式看起来不是很美观，对于其他程序员，或者过了几周再回头来看，我们怎么知道 12 代表什么？只能猜这个 12 可能是某个字符串。随着代码的增多，文字量的增多，对应数字 Key 值也增多，我们更难识别这句话代表什么，调试起来会很麻烦。一个项目一般会有 10 万～ 30 万行代码，如果到处都是这种形式的字符串获取方式，任何人看起来都会崩溃，因为维护性太差，校验检查难度太大，效率太低。

下面我们改用字符串作为 Key 值来获取文字内容：

```
string content = TextMgr.GetTextString("FightWin");
```

这种形式会好一些。至少知道了我们获取的大概是什么内容的字符串。不过仍然有问题，我们用一个字符串去获取另一个字符串，岂不是双份内存。原本只需要存储一个字符串就够了，现在要存储两个，而且用字符串查找字符串的效率也不高。当一串文字内容很多时，为了表达这串文字的大概内容，会把 Key 值设置得很长，比如用 " BattleSceneFightAllianceWin" 去取 "联盟战胜利了"，这种形式的字符串 Key 值导致文字数据表变得很大，内存占用量也加大了很多，因为你要另外存储一份常量的字符串。

那么我们使用一个更好的方法吧。既要用简洁的数字去代表文字，又要让键值看起来形象，怎么办？采用与数据配置表列的对齐方式一样的办法，我们可以通过文字表格自动生成一个类，用变量的形式去记录文字的 ID，通过文字表生成数据表，同时生成数据定义类，使用变量去代表数字。我们依然在表里填上字符串对应字符串这样的内容，比如上面提到的“BattleSceneFightAllianceWin”对应“联盟战胜利了”，在导出 .xls 数据文件时，生成一个类文件，专门把 Key 值按次序写进类中当作变量，代码如下：

```
Class TextKey{
    public const BattleSceneFightAllianceWin = 1;
    public const BattleSceneFightAllianceLose = 2;}
```

再把“联盟战胜利了”这种文本数据按次序依次写入数据文件，这样就可以一一对应了。也就是说，第一个变量对应第一个文字，第二个变量对应第二个文字。获取文本的方式改为如下代码：

```
string content = TextMgr.GetTextString(TextKey.BattleSceneFightAllianceWin);
```

这时文本数据的排列如下：

```
联盟战胜利了
联盟战失败了
…
```

程序变量被生成后，代码如下：

```
Class TextKey{
    BattleSceneFightAllianceWin = 1;
    BattleSceneFightAllianceLose = 2;}
```

文字与变量的数字依次对应，既解决了用数字做 Key 值不够形象的问题，又解决了字符串做 Key 值太多冗余的问题。

那么多语言部分怎么处理？简单的处理方式就是制作多个表，每个表一门语言。可以根据不同的语言来获取，如图 3-4 所示。

	A	B	C
1	Key	Content	
2	YouWin	你赢了	
3	YouLose	你输了	
4	BattleSceneFightAllianceWin	联盟战胜利了	
5	BattleSceneFightAllianceLose	联盟战失败了	

图 3-4 每个表一门语言

代码如下：

```
string content = TextMgr.GetTextString(TextKey .YouWin,Language.Chinese);
```

如果只是一对一键值对，每次修改一处的语言内容就要对所有语言内容进行修改，调试起来比较麻烦。所以可以采用一对多的形式合并语言内容数据表，把一个表里的一个 Key 值对应多个语言的文字内容写在一个表里，如图 3-5 所示。

Key 值如下：

```
键值 中文   英文   日文    韩文
Win   赢了  Win   勝った 이기다
```

	A	B	C	D	E
1	Key	CN	EN	JP	KOREA
2	YouWin	你赢了	You win	君の勝ちだ	여러분이 이겼습니다
3	YouLose	你输了	You lose	敗北する	네가 졌다
4	BattleSceneFightAllianceWin	联盟战胜利了	Alliance win	リーグ勝利	연맹의 승리
5	BattleSceneFightAllianceLose	联盟战失败了	Alliance lose	リーグ敗北	연맹이 실패하다

图 3-5　合并语言

将内容合并后，第二列为中文内容，第三列为英文，第四列为日文，第五列是韩文，所有内容都集中在一张表内，用的都是同一个 Key 值。程序调用语言文字内容接口没变，仍然是如下代码：

```
string content = TextMgr.GetTextString(TextKey .YouWin,Language.Chinese);
```

到这里，多语言部分就完美实现了，文字表在使用时兼具了形象、方便、快捷等特性。策划设计人员和运营人员关心的是文字内容，程序员关心的是 Key 值，它们被完美地拆分开来，各自分线工作。

转换数据时，也需要注意拆分数据表的问题，如果把所有数据表的数据都集中在一个数据文件里，那么游戏在加载数据表时，就需要在一瞬间集中处理，导致 CPU 阻塞时间过长，发生游戏卡顿现象，这样做并不合理，我们需要让游戏表现得尽可能顺畅，因此要尽可能将阻塞情况平摊在时间线上。

分散读取比较可取，读取表数据时要合理安排读取顺序，将 I/O 与 CPU 消耗的时间分散开来，不会一下子对 I/O 或 CPU 有大的需求量。很多时候，我们会采用按需读取的方式去读取数据，但多数情况是在某个瞬间需要大部分数据，此时按需读取已经不再有效，最好的办法是在加载时指定读取顺序，并隔帧读取。

Chapter 4 第4章

用户界面

4.1 用户界面系统的比较

用户界面（UI）是游戏项目中的重要组成部分。面对一个从零开始的项目，首先要确定选用哪个UI系统作为主框架。时代变迁太快，编写本章时，主流Unity项目中基本上是在NGUI系统和UGUI系统中二选一。后来又出现了一个FairyGUI系统，它脱离Unity资源导入方式自成一派，本意是想统一多个引擎之间的UI框架，虽然是好事，但里面涉及很多性能问题，其优势是便于那些熟悉其他商业引擎的读者转换到Unity上来。FairyGUI系统有自己的一套编辑器，可以通过编辑器来创建界面和编辑UI动画，将UI设计与程序脱离开来。Unity官方也做了类似的系统，并将这套系统命名为UI Elements，在Unity 2020上改名为UI Toolkit。考虑到知识点铺得太开，会无法专注某项技能，UGUI系统又是公认的性能最好的UI系统，因此这里专门介绍UGUI系统。

那么如何选择适合自己项目的UI系统呢？其实适不适合并不是绝对的，应根据人和项目来区分，NGUI系统、UGUI系统、FairyGUI系统也有各自的特点。我的建议是选择你所熟悉的，尝试你不熟悉的，进行比较后再做决定。

在Unity3D 4.x以前，大部分项目通常会选择NGUI系统，因为当时的Unity3D 4.x对UGUI的支持并不好。如今大多数项目都会使用最新版本的Unity3D，所以选择UGUI系统的会多一些。近两年，UI系统更新太快，我们需要与时俱进，如果先学习了NGUI系统或FairyGUI系统，而没有尝试过UGUI系统，那么熟悉UGUI系统也应该是迟早的事。

当然，也有例外，有些人就喜欢把控源码，喜欢在源码基础上进行更多的自定义修改，然后完善成自己的系统框架，使其更好地服务于游戏逻辑，或者拥有更好的性能定制，这样就会选择 NGUI 系统。UGUI 系统也有部分源码开放，只是不能随意定制，但可以在原 UI 系统的组件上扩展和重载。

4.2 UGUI 系统的原理及其组件使用

前面简单对 UI 系统进行了比较，本节将介绍 UGUI 系统的原理及其组件的使用。

4.2.1 UGUI 系统的运行原理

UGUI 是在 3D 网格下建立起来的 UI 系统，它的每个可显示的元素都是通过 3D 模型网格的形式构建起来的。当 UI 系统被实例化时，UGUI 系统首先要做的就是构建网格。

也就是说，Unity3D 在制作一个图元，或者一个按钮，或者一个背景时，都会先构建一个方形网格，再将图片放入网格中。可以理解为构建了一个 3D 模型，用一个网格绑定一个材质球，材质球里存放要显示的图片。

这里有一个问题，如果每个元素都生成一个模型且绑定一个材质球存入一张图片，那么界面上成千上万个元素就会拥有成千上万个材质球，以及成千上万张图。这样使得引擎在渲染时就需要读取成千上万张图以及成千上万个材质球，如果 GPU 对每个材质球和网格都进行渲染，将会导致 GPU 的负担重大，我们可以理解为一个材质球拥有一个 drawcall 会导致 drawcall 过高（drawcall 的原理将在后面章节介绍）。

UGUI 系统对这种情况进行了优化，它将一部分相同类型的图片集合起来合成一张图，然后将拥有相同图片、相同着色器的材质球指向同一个材质球，并且把分散开的模型网格合并起来，这样就生成几个大网格和几个不同图集的材质球，以及少许整张的图集，节省了很多材质球、图片、网格的渲染，UI 系统的效率提升了很多，游戏在进行时也顺畅了许多。这就是我们常常在 UI 系统制作中提到的图集概念，它把很多张图片放置在一张图集上，使得大量的图片和材质球不需要重复绘制，只要改变模型顶点上的 UV 和颜色即可。

UGUI 系统并不是将所有的网格和材质球都合并成一个，因为这样模型前后层级就会有问题，它只是把相同层级的元素，以及相同层级上的拥有相同材质球参数的进行合并处理。合并成一个网格，就相当于是一个静止的模型，如果移动了任何元素，或者销毁了任何元素，或者改变了任何元素的参数，原来合并的网格就不符合新的要求了，于是 UGUI 系统就会销毁这个网格，并重新构建一个。我们设想一下，如果每时每刻都在移动一个元素，那么 UGUI 系统就会不停地拆分合并网格，也就会不停地消耗 CPU 来使得画面保持应有的样子。这些合并和拆分的操作会消耗很多 CPU，我们要尽一切可能节省 CPU 内存，尽量把多余的 CPU 让给核心逻辑。UGUI 系统在制作完成后，性能优劣差距很多时候都会出现在这里，我们要想方设法合并更多的元素，减少重构网格的次数，以达到更少的性能开销目的。

4.2.2 UGUI 系统的组件

接下来介绍 UGUI 系统的核心组件，包括它们的用途、运行机制和原理。

1. Canvas 组件

Canvas 组件，我们暂且叫它画布。Canvas 相当于画画时铺在上边的画板，我们把各类元素放在画布上后，Canvas 要做的事情就是合并这些元素。

合并的规则为，在同一个 Canvas 里，将相同层级、相同材质球的元素进行合并，从而减少 drawcall。但相同层级并不是指 gameobject 上的节点层级，而是覆盖层级。Canvas 里如果两个元素重叠，则可以认为它们是上下层关系，将所有重叠的层级数排列顺序计算完毕后，将从第 0 层开始的同一层级的元素合并，再将第 1、2、3……层的元素同样合并，以此类推其他层。

Canvas 上的参数 Render Mode（渲染模式）比较重要，这里详细介绍一下。你可以选择不以 Camera 为基准的 Overlay 模式，也可以选择以 Camera 为基准的 Screen Camera 模式，还可以选择以 3D 世界为基准的 World Space 模式。三者适用于三种不同的使用场景。

Overlay 模式并不与空间上的排序有任何关系，空间上的前后位置不再对元素起作用，它常用在纯 UI 系统的区域内，这种模式下，Canvas 排序有别于其他模式，Sort order 参数在排序时被重点用到，Sort order 参数的值越大，越靠前渲染。

Screen Camera 模式相对通用一点，它依赖于 Camera 的平面透视，渲染时的布局依赖于它绑定的 Camera。想让更多的非 UGUI 元素加入 UI 系统中，Screen Camera 模式更有优势。这种模式是实际项目中制作 UI 系统最常用的模式，不过 UGUI 系统底层针对排序有一些规定，如对元素的 z 轴不为 0 的元素，会单独提取出来渲染，不参与合并。

World Space 模式主要用于当 UI 物体放在 3D 世界中时，比如，一个大的场景需要将一张标志图放在一块石头上，这时就需要 World Space 模式。与 Screen Camera 的区别是，它常在世界空间中与普通 3D 物体一同展示，依赖于截锥体透视（Perspective）Camera。它的原理挺简单，与普通物体一样，当 UI 物体在这个 Camera 视野中时，就相当于渲染了一个普通的 3D 图片，只是除了普通的渲染 Canvas 外，还会对这些场景里的 UI 进行合并处理。

2. Canvas Scaler 组件

这是一个屏幕适配组件，用来指定画布中元素的比例大小。有简单指定比例大小的 Constant Pixel Size 模式，也有 Scale With Screen Size 模式，它具有以屏幕为基准的自动适配比例大小的规则，或者 Constant Physical Size 模式，它具有以物理大小为基准的适配规则。在实际手游项目里，设备的屏幕分辨率变化比较大，通常使用以屏幕为基准的自动适配比例大小的 Scale With Screen Size 选项。

3. Graphic Raycaster 组件

它是输入系统的图形碰撞测试组件，它并不会检测 Canvas 以外的内容，检测的都是

Canvas 下的元素。当图元素上存在有效碰撞体时，Graphic Raycaster 组件会统一使用射线碰撞测试来检测碰撞的元素。也可以设置完全忽略输入的方式来彻底取消点击响应，还可以指定阻止对某些 layers 进行响应。

4. EventTrigger 组件

它是输入事件触发器，与此脚本绑定的 UI 物体都可以接收输入事件。比如（鼠标、手指）按下、弹起、点击、开始拖曳、拖曳中、结束拖曳、鼠标滚动事件等。它主要起到点击响应作用，配合前面的 Graphic Raycaster 进行响应。

5. Image 组件、RawImage 组件

这两个组件是 UI 系统里的主要部件，它们可以对图片进行展示，包括图片、图集。

两者的区别是，Image 组件仅能展示图集中的图元，但展示的图元可以参与合并，而 RawImage 组件能展示单张图片，但无法参与合并。通常我们会将小块的图片打包成图集来展示，这样性能更高，也更节省内存，这也是 UGUI 系统自动集成的功能，每个图片资源都有一个 tag 标记，标记决定了哪些元素会合并到同一张图集内，如果没有 tag 标记，则默认不会合并图集，它自己就是自己的图集。

不使用图集而使用 RawImage 展示单张图片时，通常都是图片尺寸太大而导致合并图集的效率太低，或者相同类型的图片数量太多，导致合并图集后的图集太大，而实际在画面上需要展示的这种类型的图片又很少，图集方式反而浪费大量内存空间，因此使用 RawImage 逐一展示即可。

6. Mask 组件、RectMask2D 组件

它们是遮挡组件，可以将其子节点下矩形区域外的内容剔除，是滚动窗口中最常用的组件。

这两个组件主要是在剔除的方法上有所区别，虽然实现效果上都一样，但其中 Mask 组件使用顶点重构的方式剔除矩形区域外的部分，而 RectMask2D 组件则采用着色器的剔除方式，每个元素都有自己的材质球实例和实例参数。

Mask 组件和 RectMask2D 组件具体的剔除算法和源码分析将在后面讲解。

7. 其他组件

其他逻辑组件都是可以重写的，如按钮组件 Button、切换组件 Toggle、滚动条组件 ScrollBar、滑动组件 Slider、下拉框组件 DropDown、视图组件 ScrollView。如果不想使用它们，觉得它们的功能不够用，也可以用 Image、Mask 等几个核心组件组合后重写。

实际工作中，很多项目都会自定义属于自己的组件。为什么要自定义呢？很多时候，项目里的需求是多样化的，若有自己的组件，在有特殊需求和特殊逻辑时，就能够毫不费劲地更改。所以，大部分项目中都会重写一些组件来给自己的项目使用，也有一些人总结了这些组件的经验，编写了比较好用的组件开源放在 Github 上。

4.3 UGUI 事件模块剖析

前面对 UI 系统进行了比较，阐述了 UGUI 组件的用途和原理，不过这些都只是停留在系统的表面，对系统深层次的原理和实现方式我们并不了解。接下来我们从 UGUI 系统的源码入手，逐步揭开它们的神秘面纱。

下面对 UGUI 系统源码中的输入事件模块进行剖析，并讲解鼠标和键盘的输入事件是如何在 UGUI 系统中响应的。

4.3.1 UGUI 事件系统源码剖析

Unity3D 公开了大部分 UGUI 系统源码，除了渲染和网格合并算法外，组件逻辑也已经公开。下面剖析 UGUI 系统在 Unity 2017 中的公开源码。

图 4-1 为 UGUI 内核源码的文件夹结构图。它把 UGUI 系统分为输入事件、动画、核心渲染三部分。

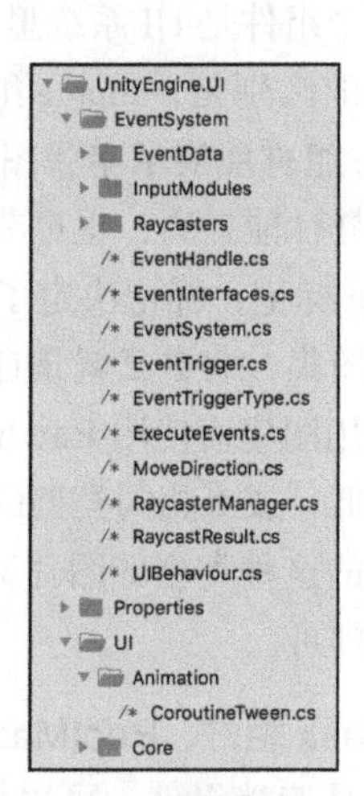

图 4-1　UGUI 内核源码的文件夹结构图

其中动画部分相对比较简单，采用 tween 补间动画的形式对颜色、位置、大小进行了渐进的操作。tween 的原理是启动一个协程，在协程里对元素的属性进行渐进式修改，除了修改属性数值，tween 还设置了多种曲线以供选择，比如内翻曲线、外翻曲线等，一个数值从起点到终点的过程可以通过曲线来控制。例如，数字从 0 到 100 的变化可在 3 秒内完成，如果是线性，则在第 2 秒时的数值应该如下：

$(100-0)\times(2f/3f)=200f/3f=66.666$

如果使用内翻曲线就不是这个结果了，但它们最终都会到达 100，只是过程有点“曲折”，曲线也体现了动画的“有趣”。

下面重点剖析输入事件和核心渲染这两部分。

4.3.2 输入事件源码

输入事件源码的文件结构如图 4-2 所示。

图 4-2　UGUI 事件系统源码文件夹结构图

由图 4-2 可知，UGUI 系统将输入事件模块分为四部分，即事件数据模块、输入事件捕获模块、射线碰撞检测模块、事件逻辑处理及回调模块。下面将分析每一部分的核心源码。

4.3.3 事件数据模块

事件数据模块对整个输入事件系统的作用就是，它主要定义并且存储了事件发生时的位置、与事件对应的物体、事件的位移大小、触发事件的输入类型及事件的设备信息等。事件数据模块主要是为了获取数据，提供数据服务。

事件数据模块包含 PointerEventData、AxisEventData、BaseEventData 三个类，分别为点位事件数据类、滚轮事件数据类、事件基础数据类。PointerEventData 类和 AxisEventData 类继承自 BaseEventData 类，且 AxisEventData 类的逻辑量非常少，因为它只需要提供滚轮的方向信息。其源码如下：

```
namespace UnityEngine.EventSystems
{
    public class AxisEventData : BaseEventData
    {
        //移动方向
        public Vector2 moveVector { get; set; }
        public MoveDirection moveDir { get; set; }

        public AxisEventData(EventSystem eventSystem)
            : base(eventSystem)
        {
            moveVector = Vector2.zero;
            moveDir = MoveDirection.None;
        }
    }
}
```

BaseEventData 类定义了几个常用的接口，其子类 PointerEventData 是最常用的事件数据。BaseEventData 类的代码量并不多，基本全是数据定义，源码如下：

```
public class PointerEventData : BaseEventData
{
    public GameObject pointerEnter { get; set; }

    //接收 OnPointerDown 事件的物体
    private GameObject m_PointerPress;
    //上一次接收 OnPointerDown 事件的物体
    public GameObject lastPress { get; private set; }
    //接收按下事件后无法响应的物体
    public GameObject rawPointerPress { get; set; }
    //接收 OnDrag 事件的物体
    public GameObject pointerDrag { get; set; }

    public RaycastResult pointerCurrentRaycast { get; set; }
    public RaycastResult pointerPressRaycast { get; set; }
```

```
    public List<GameObject> hovered = new List<GameObject>();

    public bool eligibleForClick { get; set; }

    public int pointerId { get; set; }
    //鼠标或触摸时的点位
    public Vector2 position { get; set; }
    //滚轮的移速
    public Vector2 delta { get; set; }
    //按下时的点位
    public Vector2 pressPosition { get; set; }

    //为双击服务的上次点击时间
    public float clickTime { get; set; }
    //为双击服务的点击次数
    public int clickCount { get; set; }

    public Vector2 scrollDelta { get; set; }
    public bool useDragThreshold { get; set; }
    public bool dragging { get; set; }

    public InputButton button { get; set; }
}
```

上述代码中 PointerEventData 为数据类的核心类，它存储了大部分事件系统逻辑需要的数据，包括按下时的位置、松开与按下的时间差、拖曳的位移差、点击的物体等，承载了所有输入事件需要的数据。事件数据模块的意义是存储数据并为逻辑部分做好准备。

事件数据模块的主要作用是在各种事件发生时，为事件逻辑做好数据工作。

4.3.4 输入事件捕获模块源码

输入事件捕获模块由 BaseInputModule、PointerInputModule、StandaloneInputModule、TouchInputModule 四个类组成。

BaseInputModule 类是抽象（abstract）基类，提供必需的空接口和基本变量。

PointerInputModule 类继承自 BaseInputModule 类，并且在其基础上扩展了关于点位的输入逻辑，增加了输入的类型和状态。

StandaloneInputModule 类和 TouchInputModule 类又继承自 PointerInputModule 类，它们从父类开始向不同的方向拓展。

StandaloneInputModule 类向标准键盘鼠标输入方向拓展，而 TouchInputModule 类向触控板输入方向拓展。

它们的核心部分代码如下：

```
/// <summary>
/// 处理所有的鼠标事件
```

```
/// </summary>
protected void ProcessMouseEvent(int id)
{
    var mouseData = GetMousePointerEventData(id); //通过id获取鼠标事件数据
    //再通过鼠标数据获取鼠标左键的事件数据
    var leftButtonData = mouseData.GetButtonState(PointerEventData.InputButton.
        Left).eventData;
    //处理鼠标左键相关的事件
    ProcessMousePress(leftButtonData);
    ProcessMove(leftButtonData.buttonData);
    ProcessDrag(leftButtonData.buttonData);

    //处理鼠标右键和中键的点击事件
    ProcessMousePress(mouseData.GetButtonState(PointerEventData.InputButton.
        Right).eventData);
    ProcessDrag(mouseData.GetButtonState(PointerEventData.InputButton.Right).
        eventData.buttonData);
    ProcessMousePress(mouseData.GetButtonState(PointerEventData.InputButton.
        Middle).eventData);
    ProcessDrag(mouseData.GetButtonState(PointerEventData.InputButton.Middle).
        eventData.buttonData);

    //滚轮事件处理
    if (!Mathf.Approximately(leftButtonData.buttonData.scrollDelta.sqrMagnitude,
        0.0f))
    {
        var scrollHandler = ExecuteEvents.GetEventHandler<IScrollHandler>(left
            ButtonData.buttonData.pointerCurrentRaycast.gameObject);
        ExecuteEvents.ExecuteHierarchy(scrollHandler, leftButtonData.buttonData,
            ExecuteEvents.scrollHandler);
    }
}
```

以上代码为StandaloneInputModule类的主函数ProcessMouseEvent()的代码，它从鼠标键盘输入事件上扩展了输入的逻辑，处理鼠标的按下、移动、滚轮、拖曳等操作事件。其中比较重要的函数为ProcessMousePress()、ProcessMove()、ProcessDrag()这三个函数，我们来重点看看它们处理的内容，其源码如下：

```
/// <summary>
/// 处理鼠标按下事件
/// </summary>
protected void ProcessMousePress(MouseButtonEventData data)
{
    var pointerEvent = data.buttonData;
    var currentOverGo = pointerEvent.pointerCurrentRaycast.gameObject;

    //按下通知
    if (data.PressedThisFrame())
    {
        pointerEvent.eligibleForClick = true;
```

```
        pointerEvent.delta = Vector2.zero;
        pointerEvent.dragging = false;
        pointerEvent.useDragThreshold = true;
        pointerEvent.pressPosition = pointerEvent.position;
        pointerEvent.pointerPressRaycast = pointerEvent.pointerCurrentRaycast;

        DeselectIfSelectionChanged(currentOverGo, pointerEvent);

        //搜索元件中按下事件的句柄，并执行按下事件句柄
        var newPressed = ExecuteEvents.ExecuteHierarchy(currentOverGo, pointerEvent,
            ExecuteEvents.pointerDownHandler);

        //搜索后找不到句柄，就设置一个自己的句柄
        if (newPressed == null)
            newPressed = ExecuteEvents.GetEventHandler<IPointerClickHandler>
                (currentOverGo);

        //Debug.Log("Pressed: " + newPressed);

        float time = Time.unscaledTime;

        if (newPressed == pointerEvent.lastPress)
        {
            var diffTime = time - pointerEvent.clickTime;
            if (diffTime < 0.3f)
                ++pointerEvent.clickCount;
            else
                pointerEvent.clickCount = 1;
            pointerEvent.clickTime = time;
        }
        else
        {
            pointerEvent.clickCount = 1;
        }
        pointerEvent.pointerPress = newPressed;
        pointerEvent.rawPointerPress = currentOverGo;
        pointerEvent.clickTime = time;
        //保存拖曳信息
        pointerEvent.pointerDrag = ExecuteEvents.GetEventHandler<IDragHandler>
            (currentOverGo);
        //执行拖曳启动事件句柄
        if (pointerEvent.pointerDrag != null)
            ExecuteEvents.Execute(pointerEvent.pointerDrag, pointerEvent,
                ExecuteEvents.initializePotentialDrag);
    }

    //鼠标或手指松开事件
    if (data.ReleasedThisFrame())
    {
        //执行鼠标或手指松开事件的句柄
        //Debug.Log("Executing pressup on: " + pointer.pointerPress);
```

```
        ExecuteEvents.Execute(pointerEvent.pointerPress, pointerEvent, ExecuteEvents.
            pointerUpHandler);

        //Debug.Log("KeyCode: " + pointer.eventData.keyCode);
        var pointerUpHandler = ExecuteEvents.GetEventHandler<IPointerClick
            Handler>(currentOverGo);
        //如果鼠标或手指松开时与按下时为同一个元素，那就是点击
        if (pointerEvent.pointerPress == pointerUpHandler && pointerEvent.
        eligibleForClick)
        {
            ExecuteEvents.Execute(pointerEvent.pointerPress, pointerEvent,
                ExecuteEvents.pointerClickHandler);
        }
        //否则也可能是拖曳的释放
        else if (pointerEvent.pointerDrag != null && pointerEvent.dragging)
        {
            ExecuteEvents.ExecuteHierarchy(currentOverGo, pointerEvent,
                ExecuteEvents.dropHandler);
        }
        pointerEvent.eligibleForClick = false;
        pointerEvent.pointerPress = null;
        pointerEvent.rawPointerPress = null;
        //如果正在拖曳则鼠标或手指松开事件等于拖曳结束事件
        if (pointerEvent.pointerDrag != null && pointerEvent.dragging)
            ExecuteEvents.Execute(pointerEvent.pointerDrag, pointerEvent,
                ExecuteEvents.endDragHandler);
        pointerEvent.dragging = false;
        pointerEvent.pointerDrag = null;
        //如果当前接收事件的物体和事件刚开始时的物体不一致，则对两个物体做进和出的事件处理
        if (currentOverGo != pointerEvent.pointerEnter)
        {
            HandlePointerExitAndEnter(pointerEvent, null);
            HandlePointerExitAndEnter(pointerEvent, currentOverGo);
        }
    }
}
```

上面展示了ProcessMousePress()函数处理鼠标按下事件的代码，虽然比较多但并不复杂，我在代码上做了详细注解。该函数不仅处理了鼠标按下的操作，还处理了鼠标松开时的操作，以及拖曳启动和拖曳松开与结束的事件。在调用处理相关句柄的前后，事件数据都会保存在pointerEvent类中，然后被传递给业务层中设置的输入事件句柄。

我们再来看看ProcessDrag()拖曳处理函数，其源码如下：

```
protected virtual void ProcessDrag(PointerEventData pointerEvent)
{
    bool moving = pointerEvent.IsPointerMoving();
    //如果已经在移动，且还没开始拖曳启动事件，则调用拖曳启动句柄，并设置拖曳中标记为true
    if (moving && pointerEvent.pointerDrag != null
        && !pointerEvent.dragging
```

```
        && ShouldStartDrag(pointerEvent.pressPosition, pointerEvent.position,
            eventSystem.pixelDragThreshold, pointerEvent.useDragThreshold))
    {
        ExecuteEvents.Execute(pointerEvent.pointerDrag, pointerEvent, ExecuteEvents.
            beginDragHandler);
        pointerEvent.dragging = true;
    }
    // 拖曳时的句柄处理
    if (pointerEvent.dragging && moving && pointerEvent.pointerDrag != null)
    {
        // 如果按下的物体和拖曳的物体不是同一个，则视为松开了拖曳，并清除前面按下时的标记
        if (pointerEvent.pointerPress != pointerEvent.pointerDrag)
        {
            ExecuteEvents.Execute(pointerEvent.pointerPress, pointerEvent,
                ExecuteEvents.pointerUpHandler);
            pointerEvent.eligibleForClick = false;
            pointerEvent.pointerPress = null;
            pointerEvent.rawPointerPress = null;
        }
        // 执行拖曳中的句柄
        ExecuteEvents.Execute(pointerEvent.pointerDrag, pointerEvent, ExecuteEvents.
            dragHandler);
    }
}
```

上述代码展示了 ProcessDrag() 拖曳句柄处理函数，与 ProcessMousePress() 类似，对拖曳事件逻辑进行了判断，包括拖曳开始事件处理、判断结束拖曳事件及拖曳句柄的调用。

ProcessMove() 则相对比较简单，每帧都会直接调用处理句柄，其源码如下：

```
protected virtual void ProcessMove(PointerEventData pointerEvent)
{
    var targetGO = pointerEvent.pointerCurrentRaycast.gameObject;
    HandlePointerExitAndEnter(pointerEvent, targetGO);
}
```

除了鼠标事件外，还有触屏事件的处理方式，即 TouchInputModule() 的核心函数，源码如下：

```
/// <summary>
/// Process all touch events.
/// 处理所有触屏事件
/// </summary>
private void ProcessTouchEvents()
{
    for (int i = 0; i < Input.touchCount; ++i)
    {
        Touch input = Input.GetTouch(i);

        bool released;
        bool pressed;
```

```
        var pointer = GetTouchPointerEventData(input, out pressed, out released);
        ProcessTouchPress(pointer, pressed, released);
        if (!released)
        {
            ProcessMove(pointer);
            ProcessDrag(pointer);
        }
        else
            RemovePointerData(pointer);
    }
}
```

从以上代码中可以看到，ProcessMove() 和 ProcessDrag() 与前面的鼠标事件处理是一样的，只是按下的事件处理不同，而且它对每个触点都执行了相同的操作。其实 ProcessTouchPress() 和鼠标按下处理函数 ProcessMousePress() 相似，可以说基本上一模一样，只是传入时的数据类型不同而已。由于篇幅有限，这里不再重复展示长串代码。

这里大量用到了 ExecuteEvents.ExecuteHierarchy()、ExecuteEvents.Execute() 之类的静态函数来执行句柄，它们是怎么工作的呢？其实很简单，源代码如下：

```
private static readonly List<Transform> s_InternalTransformList = new
    List<Transform>(30);

public static GameObject ExecuteHierarchy<T>(GameObject root, BaseEventData eventData,
    EventFunction<T> callbackFunction) where T : IEventSystemHandler
{
    //获取物体的所有父节点，包括它自己
    GetEventChain(root, s_InternalTransformList);

    for (var i = 0; i < s_InternalTransformList.Count; i++)
    {
        var transform = s_InternalTransformList[i];
        //对每个父节点包括自己依次执行句柄响应
        if (Execute(transform.gameObject, eventData, callbackFunction))
            return transform.gameObject;
    }
    return null;
}
```

上述代码对所有父节点都调用句柄函数。也就是说，当前节点的事件会通知给其上面的父节点。

至此我们基本清楚事件处理的基本逻辑了，下面来看看碰撞测试模块是如何运作的。

4.3.5 射线碰撞检测模块源码

射线碰撞检测模块的主要工作是从摄像机的屏幕位置上进行射线碰撞检测并获取碰撞结果，将结果返回给事件处理逻辑类，交由事件处理模块处理。

射线碰撞检测模块主要包含三个类，分别作用于 2D 射线碰撞检测、3D 射线碰撞检测和 GraphicRaycaster 图形射线碰撞检测。

2D 射线碰撞检测、3D 射线碰撞检测相对比较简单，采用射线的形式进行碰撞检测，区别在于 2D 射线碰撞检测结果里预留了 2D 的层级次序，以便在后面的碰撞结果排序时，以这个层级次序为依据进行排序，而 3D 射线碰撞检测结果则是以距离大小为依据进行排序的。

GraphicRaycaster 类为 UGUI 元素点位检测的类，它被放在 Core 渲染块里。它主要针对 ScreenSpaceOverlay 模式下的输入点位进行碰撞检测，因为这个模式下的检测并不依赖于射线碰撞，而是通过遍历所有可点击的 UGUI 元素来进行检测比较，从而判断该响应哪个 UI 元素的。因此 GraphicRaycaster 类是比较特殊的。

GraphicRaycaster 类的核心源码如下：

```
/// <summary>
/// 在屏幕上进行射线碰撞，并收集所有元素
/// </summary>
[NonSerialized] static readonly List<Graphic> s_SortedGraphics = new List<Graphic>();
private static void Raycast(Canvas canvas, Camera eventCamera, Vector2
    pointerPosition, List<Graphic> results)
{
    // 事件系统所必需的
    var foundGraphics = GraphicRegistry.GetGraphicsForCanvas(canvas);
    for (int i = 0; i < foundGraphics.Count; ++i)
    {
        Graphic graphic = foundGraphics[i];
        // -1 表示画布尚未对其进行处理，这意味着它实际上并未绘制
        if (graphic.depth == -1 || !graphic.raycastTarget)
            continue;
        if (!RectTransformUtility.RectangleContainsScreenPoint(graphic.
            rectTransform, pointerPosition, eventCamera))
            continue;
        if (graphic.Raycast(pointerPosition, eventCamera))
        {
            s_SortedGraphics.Add(graphic);
        }
    }
    s_SortedGraphics.Sort((g1, g2) => g2.depth.CompareTo(g1.depth));
    for (int i = 0; i < s_SortedGraphics.Count; ++i)
        results.Add(s_SortedGraphics[i]);
    s_SortedGraphics.Clear();
}
```

上述代码中，GraphicRaycaster() 对每个可以点击的元素（raycastTarget 是否为 true，并且 depth 不为 -1，为可点击元素）进行计算，判断点位是否落在该元素上。再通过 depth 变量排序，判断最先落在哪个元素上，从而确定哪个元素响应输入事件。

所有检测碰撞结果的数据结构均为 RaycastResult 类，它承载了所有碰撞检测的结果，包括距离、世界点位、屏幕点位、2D 层级次序和碰撞物体等，为后面的事件处理提供数据

上的依据。

4.3.6　事件逻辑处理模块

事件逻辑处理模块的主要逻辑都集中在EventSystem类中，其余类都只对它起辅助作用。

EventInterfaces类、EventTrigger类、EventTriggerType类定义了事件回调函数，ExecuteEvents类编写了所有执行事件的回调接口。

EventSystem类主逻辑里有300行代码，基本上都在处理由射线碰撞检测后引起的各类事件。比如，判断事件是否成立，若成立，则发起事件回调，若不成立，则继续轮询检查，等待事件的发生。

EventSystem类是事件处理模块中唯一继承MonoBehavior类并在Update帧循环中做轮询的。也就是说，所有UI事件的发生都是通过EventSystem轮询监测并且实施的。EventSystem类通过调用输入事件检测模块、检测碰撞模块来形成自己的主逻辑部分。因此可以说EventSystem是主逻辑类，是整个事件模块的入口。

架构者在设计时将整个事件层各自的职能拆分得很清楚，使源码看起来并没有那么难。输入监测由输入事件捕捉模块完成，碰撞检测由碰撞检测模块完成，事件的数据类都有各自的定义，EventSystem类的主要作用是把这些模块拼装起来成为主逻辑块。

4.4　UGUI核心源码剖析

前面对UGUI源码中输入事件系统的源码进行了剖析。下面接着上面介绍的源码剖析，讲解UGUI组件部分的核心源码。

4.4.1　UGUI核心源码结构

我们依然从文件夹结构最容易看懂的地方下手，寻找某块之间的划分。先来看看核心部分的文件结构，如图4-3所示。

从图4-3可以看出，以文件夹为单位拆分模块，有Culling（裁剪）、Layout（布局）、MaterialModifiers（材质球修改器）、SpecializedCollections（收集）、Utility（实用工具）、VertexModifiers（顶点修改器）。下面对每个模块进行分析。

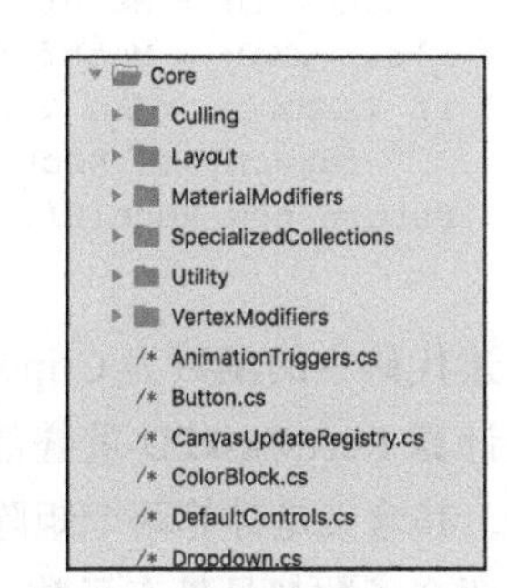

图4-3　UGUI核心部分的文件夹结构图

4.4.2　Culling模块

Culling是对模型进行裁剪的工具类，大都用在Mask（遮罩）上，只有Mask才有裁剪的需求。

如图 4-4 所示，文件夹中包含四个文件，其中一个是静态类，一个是接口类。

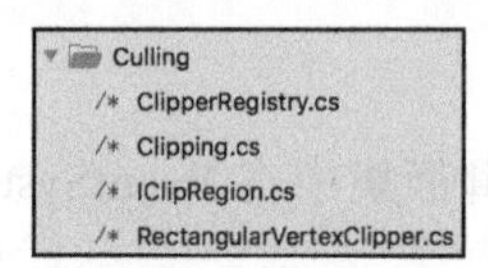

图 4-4　Culling 模块的文件夹结构

Clipping 类中有两个函数比较重要，常被用在 Mask 的裁剪上，其源代码如下：

```
public static Rect FindCullAndClipWorldRect(List<RectMask2D> rectMaskParents,
    out bool validRect)
{
    if (rectMaskParents.Count == 0)
    {
        validRect = false;
        return new Rect();
    }
    var compoundRect = rectMaskParents[0].canvasRect;
    for (var i = 0; i < rectMaskParents.Count; ++i)
        compoundRect = RectIntersect(compoundRect, rectMaskParents[i].canvasRect);
    var cull = compoundRect.width <= 0 || compoundRect.height <= 0;
    if (cull)
    {
        validRect = false;
        return new Rect();
    }
    Vector3 point1 = new Vector3(compoundRect.x, compoundRect.y, 0.0f);
    Vector3 point2 = new Vector3(compoundRect.x + compoundRect.width,
        compoundRect.y + compoundRect.height, 0.0f);
    validRect = true;
    return new Rect(point1.x, point1.y, point2.x - point1.x, point2.y - point1.y);
}
private static Rect RectIntersect(Rect a, Rect b)
{
    float xMin = Mathf.Max(a.x, b.x);
    float xMax = Mathf.Min(a.x + a.width, b.x + b.width);
    float yMin = Mathf.Max(a.y, b.y);
    float yMax = Mathf.Min(a.y + a.height, b.y + b.height);
    if (xMax >= xMin && yMax >= yMin)
        return new Rect(xMin, yMin, xMax - xMin, yMax - yMin);
    return new Rect(0f, 0f, 0f, 0f);
}
```

上述代码中的函数为 Clipping 类里的函数，第一个函数 FindCullAndClipWorldRect() 的含义是计算 RectMask2D 重叠部分的区域。第二个函数 RectIntersect() 为第一个函数提供计算服务，其含义是计算两个矩阵的重叠部分。

这两个函数都是静态函数，也可视为工具函数，直接调用即可，不需要实例化。

4.4.3 Layout 模块

从图 4-5 的 Layout 模块的文件夹结构可以看出，Layout 的主要功能都是布局方面的，包括横向布局、纵向布局和方格布局等。总共 12 个文件，有 9 个带有 Layout 字样，它们都是用于处理布局的。

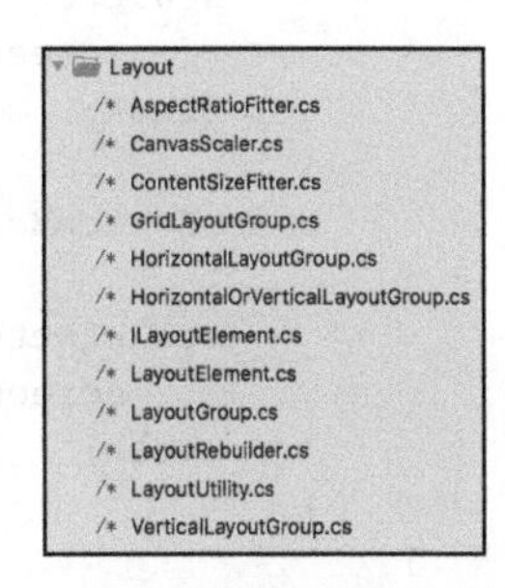

图 4-5 Layout 模块的文件夹结构图

除处理布局内容外，其余 3 个文件 CanvasScaler、AspectRatioFitter、ContentSizeFitter 则是用于调整屏幕自适应功能的。

从 ContentSizeFitter 类、AspectRatioFitter 类都带有 Fitter 字样可以了解到，它们的功能都是处理屏幕自适应。其中 ContentSizeFitter 类处理的是内容的自适应问题，而 AspectRatioFitter 类处理的是朝向的自适应问题，包括以长度为基准、以宽度为基准、以父节点为基准、以外层父节点为基准这四种类型的自适应方式。

另外，CanvasScaler 类提供的功能非常重要，它操作的是 Canvas 整个画布针对不同屏幕进行的自适应调整。

由于代码量比较多，这里着重看看 CanvasScaler 类里的代码，其 CanvasScaler 类的核心函数源码如下：

```
protected virtual void HandleScaleWithScreenSize()
{
    Vector2 screenSize = new Vector2(Screen.width, Screen.height);
    float scaleFactor = 0;
    switch (m_ScreenMatchMode)
    {
        case ScreenMatchMode.MatchWidthOrHeight:
        {
            //在取平均值之前，我们先取相对宽度和高度的对数，
            //然后将其转换到原始空间
            //进出对数空间的原因是具有更好的行为
            //如果一个轴的分辨率为两倍，而另一个轴的分辨率为一半，则 widthOrHeight 值为
              0.5 时，它应该平整
            //在正常空间中，平均值为 (0.5 + 2) / 2 = 1.25
            //在对数空间中，平均值为 (-1 + 1) / 2 = 0
            float logWidth = Mathf.Log(screenSize.x / m_ReferenceResolution.
                x, kLogBase);
            float logHeight = Mathf.Log(screenSize.y / m_ReferenceResolution.
                y, kLogBase);
            float logWeightedAverage = Mathf.Lerp(logWidth, logHeight, m_
                MatchWidthOrHeight);
            scaleFactor = Mathf.Pow(kLogBase, logWeightedAverage);
            break;
        }
        case ScreenMatchMode.Expand:
```

```
            {
                scaleFactor = Mathf.Min(screenSize.x / m_ReferenceResolution.x,
                    screenSize.y / m_ReferenceResolution.y);
                break;
            }
            case ScreenMatchMode.Shrink:
            {
                scaleFactor = Mathf.Max(screenSize.x / m_ReferenceResolution.x,
                    screenSize.y / m_ReferenceResolution.y);
                break;
            }
        }
        SetScaleFactor(scaleFactor);
        SetReferencePixelsPerUnit(m_ReferencePixelsPerUnit);
    }
```

在不同的 ScreenMathMode 模式下，CanvasScaler 类对屏幕的适应算法包括优先匹配长或宽的、最小化固定拉伸及最大化固定拉伸这三种数学计算方式。其中在优先匹配长或宽算法中介绍了如何使用 Log 和 Pow 来计算缩放比例。

4.4.4 MaterialModifiers、SpecializedCollections 和 Utility

材质球修改器、特殊收集器、实用工具这三部分的逻辑量相对少却相当重要，它们是其他模块所依赖的工具。

MaterialModifiers、SpecializedCollections、Utility 的文件夹结构如图 4-6 所示。

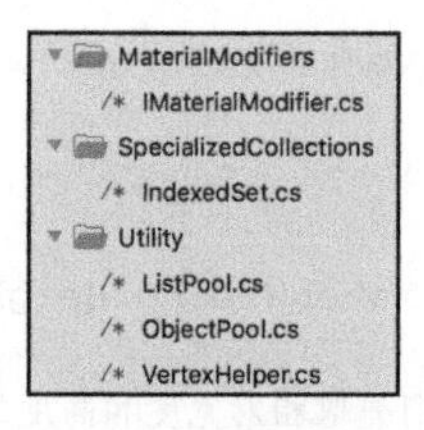

图 4-6 MaterialModifiers、SpecializedCollections、Utility 的文件夹结构图

IMaterialModifier 是一个接口类，是为 Mask 修改材质球所准备的，所用方法需要各自实现。

IndexedSet 是一个容器，在很多核心代码上都可使用，它加快了移除元素的速度，并且加快了元素是否包含某个元素的判断操作。

ListPool 是 List 容器对象池，ObjectPool 是普通对象池，很多代码上都用到了它们，它们让内存的利用率更高。

VertexHelper 特别重要，它用来存储生成网格（Mesh）需要的所有数据。在网格生成的过程中，由于顶点的生成频率非常高，因此 VertexHelper 在存储了网格的所有相关数据的同时，用上面提到的 ListPool 和 ObjectPool 作为对象池来生成和回收，使得数据被高效地重复利用，不过它并不负责计算和生成网格，网格的计算和生成由各自的图形组件来完成，它只提供计算后的数据存储服务。

4.4.5 VertexModifiers

VertexModifiers 模块的作用是作为顶点修改器。顶点修改器为效果制作提供了更多基础方法和规则。

VertexModifiers 模块的文件夹结构如图 4-7 所示。

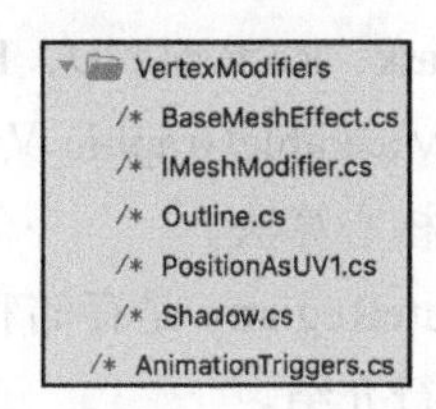

图 4-7 VertexModifiers 模块的文件夹结构图

VertexModifiers 模块主要用于修改图形网格，在 UI 元素网格生成完毕后可对其进行二次修改。

其中 BaseMeshEffect 类是抽象基类，提供所有在修改 UI 元素网格时所需的变量和接口。

IMeshModifier 是关键接口，在渲染核心类 Graphic 中会获取所有拥有这个接口的组件，然后依次遍历并调用 ModifyMesh 接口来触发改变图像网格的效果。

当前在源码中拥有的二次效果包括 Outline（包边框）、Shadow（阴影）、PositionAsUV1（位置 UV），都继承自 BaseMeshEffect 基类，并实现了关键接口 ModifyMesh。其中 Outline 继承自 Shadow，它们的共同关键代码如下：

```
    protected void ApplyShadowZeroAlloc(List<UIVertex> verts, Color32 color, int
start, int end, float x, float y)
    {
        UIVertex vt;
        var neededCpacity = verts.Count * 2;
        if (verts.Capacity < neededCpacity)
            verts.Capacity = neededCpacity;
        for (int i = start; i < end; ++i)
        {
            vt = verts[i];
            verts.Add(vt);
            Vector3 v = vt.position;
            v.x += x;
            v.y += y;
            vt.position = v;
            var newColor = color;
            if (m_UseGraphicAlpha)
                newColor.a = (byte)((newColor.a * verts[i].color.a) / 255);
            vt.color = newColor;
            verts[i] = vt;
        }
    }
```

ApplyShadowZeroAlloc() 函数的作用是在原有的网格顶点基础上加入新的顶点，这些新的顶点复制了原来的顶点数据，修改颜色并向外扩充，使得在原图形外渲染出外描边或者阴影。

4.4.6 核心渲染类

前面剖析的模块在实际业务中是非常有用的工具或算法，它们为核心渲染组件提供了好的基础和方便调用的接口，现在来看看核心渲染类的奥秘所在。

在常用组件 Image、RawImage、Mask、RectMask2D、Text、InputField 中，Image、RawImage、Text 都继承自 MaskableGraphic，而 MaskableGraphic 又继承自 Graphic 类，因此 Graphic 相对比较重要，它是基础类，也存放了核心算法。

除以上这几个类外，CanvasUpdateRegistry 是存储和管理所有可绘制元素的管理类，它也是比较重要的类，我们会在下面进行介绍。

首先来看 Graphic 核心，它有两个部分比较重要，这两个部分揭示了 Graphic 的运作机制。

Graphic 类的第一部分源码如下：

```
public virtual void SetAllDirty()
{
    SetLayoutDirty();                                   // 布局需重构
    SetVerticesDirty();                                 // 顶点需重构
    SetMaterialDirty();                                 // 材质球需重构
}
public virtual void SetLayoutDirty()
{
    if (!IsActive())                                    // 是否激活
        return;
    LayoutRebuilder.MarkLayoutForRebuild(rectTransform); // 标记重构节点
    if (m_OnDirtyLayoutCallback != null)                // 重构标记回调通知
        m_OnDirtyLayoutCallback();
}
public virtual void SetVerticesDirty()
{
    if (!IsActive())                                    // 是否激活
        return;

    m_VertsDirty = true;                                // 设置重构标记
    CanvasUpdateRegistry.RegisterCanvasElementForGraphicRebuild(this);
                                                        // 将自己注册到重构队列中
    if (m_OnDirtyVertsCallback != null)                 // 回调通知
        m_OnDirtyVertsCallback();
}
public virtual void SetMaterialDirty()
{
    if (!IsActive())                                    // 是否激活
        return;
    m_MaterialDirty = true;                             // 标记重构
```

```
    CanvasUpdateRegistry.RegisterCanvasElementForGraphicRebuild(this);
                                                    //将自己注册到重构队列中
    if (m_OnDirtyMaterialCallback != null)          //回调通知
        m_OnDirtyMaterialCallback();
}
```

上述代码中，SetAllDirty() 方法将设置并通知元素重新布局、重新构建网格及材质球。该方法通知 LayoutRebuilder 布局管理类进行重新布局，在 LayoutRebuilder.MarkLayout-ForRebuild() 中，它调用 CanvasUpdateRegistry.TryRegisterCanvasElementForLayoutRebuild() 加入重构队伍，最终重构布局。

SetLayoutDirty()、SetVerticesDirty()、SetMaterialDirty() 都调用了 CanvasUpdateRegistry.RegisterCanvasElementForGraphicRebuild()，被调用时可以认为是通知它去重构网格，但它并没有立即重新构建，而是将需要重构的元件数据加入 IndexedSet 容器中，等待下次重构。注意，CanvasUpdateRegistry 只负责重构网格，并不负责渲染和合并。我们来看看 CanvasUpdateRegistry 的 RegisterCanvasElementForGraphicRebuild() 函数部分，其源码如下：

```
public static void RegisterCanvasElementForGraphicRebuild(ICanvasElement element)
{
    instance.InternalRegisterCanvasElementForGraphicRebuild(element);
}
public static bool TryRegisterCanvasElementForGraphicRebuild(ICanvasElement element)
{
    return instance.InternalRegisterCanvasElementForGraphicRebuild(element);
}
private bool InternalRegisterCanvasElementForGraphicRebuild(ICanvasElement element)
{
    if (m_PerformingGraphicUpdate)
    {
        Debug.LogError(string.Format("Trying to add {0} for graphic rebuild while
            we are already inside a graphic rebuild loop. This is not supported.",
            element));
        return false;
    }
    if (m_GraphicRebuildQueue.Contains(element))
        return false;
    m_GraphicRebuildQueue.Add(element);
    return true;
}
```

上述代码中，InternalRegisterCanvasElementForGraphicRebuild() 将元素放入重构队列中等待下一次重构。

重构时的逻辑源码如下：

```
private static readonly Comparison<ICanvasElement> s_SortLayoutFunction =
    SortLayoutList;
private void PerformUpdate()
```

```
{
    CleanInvalidItems();
    m_PerformingLayoutUpdate = true;
    //布局重构
    m_LayoutRebuildQueue.Sort(s_SortLayoutFunction);
    for (int i = 0; i <= (int)CanvasUpdate.PostLayout; i++)
    {
        for (int j = 0; j < m_LayoutRebuildQueue.Count; j++)
        {
            var rebuild = instance.m_LayoutRebuildQueue[j];
            try
            {
                if (ObjectValidForUpdate(rebuild))
                    rebuild.Rebuild((CanvasUpdate)i);
            }
            catch (Exception e)
            {
                Debug.LogException(e, rebuild.transform);
            }
        }
    }
    for (int i = 0; i < m_LayoutRebuildQueue.Count; ++i)
        m_LayoutRebuildQueue[i].LayoutComplete();
    instance.m_LayoutRebuildQueue.Clear();
    m_PerformingLayoutUpdate = false;
    //裁剪
    //now layout is complete do culling...
    ClipperRegistry.instance.Cull();
    //元素重构
    m_PerformingGraphicUpdate = true;
    for (var i = (int)CanvasUpdate.PreRender; i < (int)CanvasUpdate.MaxUpdateValue; i++)
    {
        for (var k = 0; k < instance.m_GraphicRebuildQueue.Count; k++)
        {
            try
            {
                var element = instance.m_GraphicRebuildQueue[k];
                if (ObjectValidForUpdate(element))
                    element.Rebuild((CanvasUpdate)i);
            }
            catch (Exception e)
            {
                Debug.LogException(e, instance.m_GraphicRebuildQueue[k].transform);
            }
        }
    }
    for (int i = 0; i < m_GraphicRebuildQueue.Count; ++i)
        m_GraphicRebuildQueue[i].LayoutComplete();
    instance.m_GraphicRebuildQueue.Clear();
    m_PerformingGraphicUpdate = false;
}
```

上述代码中，PerformUpdate 为 CanvasUpdateRegistry 在重构调用时的逻辑。先将要重新布局的元素取出来，一个一个调用 Rebuild 函数重构，再对布局后的元素进行裁剪，裁剪后将布局中每个需要重构的元素取出来并调用 Rebuild 函数进行重构，最后做一些清理的事务。

我们再来看看 Graphic 的另一个重要的函数，即执行网格构建函数，代码如下：

```
private void DoMeshGeneration()
{
    if (rectTransform != null && rectTransform.rect.width >= 0 && rectTransform.
        rect.height >= 0)
        OnPopulateMesh(s_VertexHelper);
    else
        s_VertexHelper.Clear(); //clear the vertex helper so invalid graphics
            dont draw.
    var components = ListPool<Component>.Get();
    GetComponents(typeof(IMeshModifier), components);
    for (var i = 0; i < components.Count; i++)
        ((IMeshModifier)components[i]).ModifyMesh(s_VertexHelper);
    ListPool<Component>.Release(components);

    s_VertexHelper.FillMesh(workerMesh);
    canvasRenderer.SetMesh(workerMesh);
}
```

此段代码是 Graphic 构建网格的部分，先调用 OnPopulateMesh 创建自己的网格，然后调用所有需要修改网格的修改者（IMeshModifier），也就是效果组件（描边等效果组件）进行修改，最后放入 CanvasRenderer。

其中 CanvasRenderer 是每个绘制元素都必须有的组件，它是画布与渲染的连接组件，通过 CanvasRenderer 才能把网格绘制到 Canvas 画布上去。

这里使用 VertexHelper 是为了节省内存和 CPU，它内部采用 List 容器对象池，将所有使用过的废弃的数据都存储在对象池的容器中，当需要时再拿旧的继续使用，源码如下：

```
public class VertexHelper : IDisposable
{
    private List<Vector3> m_Positions = ListPool<Vector3>.Get();
    private List<Color32> m_Colors = ListPool<Color32>.Get();
    private List<Vector2> m_Uv0S = ListPool<Vector2>.Get();
    private List<Vector2> m_Uv1S = ListPool<Vector2>.Get();
    private List<Vector3> m_Normals = ListPool<Vector3>.Get();
    private List<Vector4> m_Tangents = ListPool<Vector4>.Get();
    private List<int> m_Indicies = ListPool<int>.Get();
}
```

上述代码为 VertexHelper 的定义部分。

组件中，Image、RawImage、Text 都 override（重写）了 OnPopulateMesh() 函数，代码如下：

```
protected override void OnPopulateMesh(VertexHelper toFill)
```

这些都需要有自己自定义的网格样式来构建不同类型的画面。

其实CanvasRenderer和Canvas才是合并网格的关键，但CanvasRenderer和Canvas并没有开源出来。

我试图通过查找反编译的代码来查看相关内容，但也没有找到，我们无法获得这部分的源码。但仔细一想，也差不多能想出个大概。合并部分无非就是每次重构时获取Canvas下面所有的CanvasRenderer实例，将它们的网格合并起来，仅此而已。因此关键还是要看如何减少重构次数、提高内存和提高CPU的使用效率。

除Graphic类，Mask部分也是我们关心的问题，继续看Mask部分的核心，源码如下：

```
var maskMaterial = StencilMaterial.Add(baseMaterial, 1, StencilOp.Replace,
    CompareFunction.Always, m_ShowMaskGraphic ? ColorWriteMask.All : 0);
StencilMaterial.Remove(m_MaskMaterial);
m_MaskMaterial = maskMaterial;

var unmaskMaterial = StencilMaterial.Add(baseMaterial, 1, StencilOp.Zero,
    CompareFunction.Always, 0);
StencilMaterial.Remove(m_UnmaskMaterial);
m_UnmaskMaterial = unmaskMaterial;
graphic.canvasRenderer.popMaterialCount = 1;
graphic.canvasRenderer.SetPopMaterial(m_UnmaskMaterial, 0);

return m_MaskMaterial;
```

从上述代码可以看出，Mask组件调用模板材质球来构建一个自己的材质球，因此它使用了实时渲染中的模板方法来裁剪不需要显示的部分，所有在Mask组件后面的物体都会进行裁剪。可以说Mask是在GPU中做的裁剪，使用的方法是着色器中的模板方法。

但RectMask2D与Mask并不一样。我们来看RectMask2D核心的部分源码如下：

```
public virtual void PerformClipping()
{
    //如果父节点改变或发生类似的事情，我们在这里重新计算
    if (m_ShouldRecalculateClipRects)
    {
        MaskUtilities.GetRectMasksForClip(this, m_Clippers);
        m_ShouldRecalculateClipRects = false;
    }
    //从切割片中获得合法的Rect
    bool validRect = true;
    Rect clipRect = Clipping.FindCullAndClipWorldRect(m_Clippers, out validRect);
    if (clipRect != m_LastClipRectCanvasSpace)
    {
        for (int i = 0; i < m_ClipTargets.Count; ++i)
            m_ClipTargets[i].SetClipRect(clipRect, validRect);
        m_LastClipRectCanvasSpace = clipRect;
```

```
            m_LastClipRectValid = validRect;
        }
        for (int i = 0; i < m_ClipTargets.Count; ++i)
            m_ClipTargets[i].Cull(m_LastClipRectCanvasSpace, m_LastClipRectValid);
    }
```

从上述源码中可以看到，RectMask2D会先计算并设置裁剪的范围，再对所有子节点调用裁剪操作。其中，由

```
MaskUtilities.GetRectMasksForClip(this, m_Clippers);
```

获取所有有关联的RectMask2D Mask范围，然后由

```
Rect clipRect = Clipping.FindCullAndClipWorldRect(m_Clippers, out validRect);
```

计算需要裁剪的部分，实际上是计算不需要裁剪的部分，其他部分都进行裁剪。最后由

```
for (int i = 0; i < m_ClipTargets.Count; ++i)
    m_ClipTargets[i].SetClipRect(clipRect, validRect);
```

对所有需要裁剪的UI元素进行裁剪操作。其中SetClipRect裁剪操作的源码如下：

```
public virtual void SetClipRect(Rect clipRect, bool validRect)
{
    if (validRect)
        canvasRenderer.EnableRectClipping(clipRect);
    else
        canvasRenderer.DisableRectClipping();
}
```

最后的操作是在CanvasRenderer中进行的，前面我们说CanvasRenderer的内容无法得知。但可以很容易想到这里面的操作是什么，即计算两个四边形的相交点，再组合成裁剪后的内容。

至此UGUI的源码剖析已经完毕。其实并没有高深的算法或者技术，所有核心部分都围绕着如何构建网格、谁将重构，以及如何裁剪来进行的。很多性能的关键在于，如何减少重构次数，以及提高内存和CPU的使用效率。

UGUI源码地址为https://bitbucket.org/Unity-Technologies/ui/downloads/?tab=downloads。

Unity3D的C#部分开源代码地址为https://github.com/Unity-Technologies/UnityCsReference/tree/master/Runtime。

4.5 快速构建一个简单易用的UI框架

前面两章着重对UGUI的源码进行了剖析，包括事件系统的模块、底层渲染模块及渲染组件。本节将介绍如何在Unity3D游戏项目中编写UI框架程序。

前面讲述了设计架构需要注意的问题，以及使用的抽象方法。项目经验是构建架构的

基础，下面就基于前面的项目经验来了解如何快速构建一个简易 UI 框架。

从宏观角度看 UI 框架，才能看得更明白。一个项目中拥有众多个 UI，每个界面有很多组件，包括按钮、标签、图标、下拉框、翻页框等，且每个界面并不是独立的，有不少界面是通用的，也有不少界面是父子关系，除了界面，点击和输入也是比较关键的要素，界面上的按钮需要有一个处理输入的句柄。基于这些思考，我们可以编写出统一的管理类、基类和输入事件响应机制。另外，对于 UI 系统来说，我们既需要有一些通用的 UI 系统来减少工作量，也需要一些可扩展的界面，所以自定义组件必不可少。

1. 管理类

画面是由很多个界面构成的，对 UI 进行管理的基本功能是生成、展示、销毁、查找。如果我们对每个 UI 分别进行管理，会比较麻烦，而且维护起来工作量也比较大。因此我们需要用一个单实例来管理所有的 UI，让它们有统一的接口进行以上的操作，创建 UI 管理类是最好的选择，我们可以将它命名为 UIManager，这个名字符合其代表的功能。

那么 UIManager 具体要做些什么呢？它需要创建 UI，需要查找现有的某个 UI，需要销毁 UI，以及完成 UI 的统一接口调用和调配工作。UIManager 承担了所有 UI 的管理工作，因此 UI 实例都将存储在这里。不仅如此，一些 UI 常用变量也可以存储在里面，比如屏幕的适配标准大小、只有单个个体的实例如 Camera 等。

至此，第一个方向确定了，那就是 UIManager 是 UI 的管理员，统筹管理 UI 事务。其中涉及的管理包括上下层 UI 切换、不同的加载方式（预加载 UI、销毁和隐藏）等，其源码如下：

```
public class ScreenManager : CSingleton<ScreenManager>
{
    protected Transform _transform = null;
    private Dictionary<string, UIScreenBase> _DicScreens = new Dictionary<string,
        UIScreenBase>();
    //关闭所有界面
    public void CloseAll()
    {
        ...
    }
    //UI 是否正打开
    public bool IsShow(string screenID)
    {
        ...
    }
    //关闭界面
    public void CloseScreen(UIScreenBase screen)
    {
        ...
    }
    //创建所有界面
    public T CreateMenu<T>() where T : UIScreenBase
```

```
    {
        ...
    }
    //找出某个界面
    public T FindMenu<T>() where T : UIScreenBase
    {
        ...
    }
    ...
}
```

2. 基类

项目中有很多界面，这些界面有一定的共性，比如它们都要进行初始化，它们都要展示接口，它们都可以关闭等。共性产生统一特征的接口，如 Init、Open 和 Close 等。继承基类可使管理比较方便，比如上面提到的 UIManager 中的 UI 实例可以统一使用基类的方式存储。我们可以把基类的名字称为 UIScreenBase，每个 UI 都继承自它，Screen 一词很形象地描述了屏幕上显示的界面。

我们将所有的 UI 都定义为基类的子类，对有需要做特殊处理的 UI 可以重写 Init、Open 和 Close。为了能更方便地知道 UI 的状态，也可以定义一个 UI 状态，比如 OpenState 为打开状态、CloseState 为关闭状态、HidenState 为隐藏状态、PreopenState 为预加载状态，然后以状态的形式来判断 UI 现在的情况。

就这样，每个界面都继承自 UI 基类，每个界面成为扩展界面功能的一个类实体，可以自主定义自己功能性的接口，同时还会受到管理类的统一调配。既满足有序管理，又能满足自定义需求。其源码如下，看似简单的几行代码，里面蕴含着复杂的思考过程，抽象的意义就在于此。

```
public abstract class UIScreenBase : MonoBehaviour
{
    protected bool mInitialized = false;
    protected UIState mState = UIState.None;
    public UIState State { get { return mState; } }
    public delegate void OnScreenHandlerEventHandler(UIScreenBase screen);
    public event OnScreenHandlerEventHandler onCloseScreen;
    //初始化
            protected virtual void Init()
            {
        mInitialized = true;
            }
            //打开
            public virtual void Open() {}

            //关闭
            public virtual void Close() {}
}
```

3. 输入事件响应机制

在UI中输入事件的响应机制比较重要，好的输入事件响应机制能提高效率，让程序员编写逻辑的时候更舒服。

建立Unity3D的UGUI输入事件响应机制的方法通常有两种，一种是继承型，一种是绑定型。继承型是指事件先响应到基类，再由基类反馈给父类，由父类做处理，这样UI既可以得到对输入事件的响应，也可以自行修改自己需要的逻辑。比如我们编写一个处理事件的基类组件，父类是UIEventBase，用于响应各种输入事件，UIEventButton是继承自UIEventBase的子类，当输入事件传入时，UIEventButton也能做出响应，因为它继承了父类。

绑定型是指在对输入事件响应之前，为UI元素绑定一个事件响应的组件。编写一个绑定型事件类UIEvent，当某个UI元素需要输入事件回调时，对这个物体绑定一个UIEvent，并且对UIEvent里需要的相关响应事件进行赋值或注册操作函数。当输入事件响应时，由UIEvent来区分输入的是什么类型的事件，再分别调用响应的具体函数。

继承型和绑定型有一个共同的特点，都需要与UI元素关联；其区别是继承型融入在了各种组件内，而绑定型是以独立的组件形式体现出来的。

继承型UI事件输入响应机制需要关联到组件，所以一般不在这里使用。绑定型方式更适合现有UI组件的输入事件封装处理。例如，在UI初始化中，为需要响应的输入事件绑定一个事件处理类（我们暂时命名为UIEvent组件），然后对事件句柄进行赋值，例如，在ui_event.onclick = OnClickLogin中，OnClickLogin就是响应登录按钮的事件句柄。这样的赋值方式让程序员编写的逻辑代码看起来更加清爽、简洁、直观。事件响应部分源码如下：

```
/// <summary>
/// UI 事件
/// </summary>
public class UI_Event : UnityEngine.EventSystems.EventTrigger
{
    protected const float CLICK_INTERVAL_TIME = 0.2f; //const click interval time
    protected const float CLICK_INTERVAL_POS = 2; //const click interval pos
    public delegate void PointerEventDelegate ( PointerEventData eventData ,
        UI_Event ev);
    public delegate void BaseEventDelegate ( BaseEventData eventData , UI_
        Event ev);
    public delegate void AxisEventDelegate ( AxisEventData eventData , UI_
        Event ev);
    public Dictionary<string,object> mArg = new Dictionary<string,object>();
    public BaseEventDelegate onDeselect = null;
    public PointerEventDelegate onBeginDrag = null;
    public PointerEventDelegate onDrag = null;
    public PointerEventDelegate onEndDrag = null;
    public PointerEventDelegate onDrop = null;
    public AxisEventDelegate onMove = null;
    public PointerEventDelegate onClick = null;
```

```
public PointerEventDelegate onDown = null;
public PointerEventDelegate onEnter = null;
public PointerEventDelegate onExit = null;
public PointerEventDelegate onUp = null;
public PointerEventDelegate onScroll = null;
public BaseEventDelegate onSelect = null;
public BaseEventDelegate onUpdateSelect = null;
public BaseEventDelegate onCancel = null;
public PointerEventDelegate onInitializePotentialDrag = null;
public BaseEventDelegate onSubmit = null;
private static PointerEventData mPointData = null;

//设置参数
public void SetData(string key , object val)
{
    mArg[key] = val;
}
//获取参数
public D GetData<D>(string key)
{
    if(mArg.ContainsKey(key))
    {
        return (D)mArg[key];
    }
    return default(D);
}

...

public static UI_Event Get(GameObject go)
{
    UI_Event listener = go.GetComponent<UI_Event>();
    if (listener == null) listener = go.AddComponent<UI_Event>();
    return listener;
}
public override void OnBeginDrag( PointerEventData eventData ) { ... }
public override void OnDrag( PointerEventData eventData ) { ... }
public override void OnEndDrag( PointerEventData eventData ) { ... }
public override void OnDrop( PointerEventData eventData ) { ... }
public override void OnMove( AxisEventData eventData ) { ... }
public override void OnPointerClick(PointerEventData eventData)
{
        ...
    if(onClick != null)
    {
        onClick(eventData , this);
    }
    ...
}

public override void OnPointerDown (PointerEventData eventData) { ... }
```

```
    public override void OnPointerEnter (PointerEventData eventData) { ... }
    public override void OnPointerExit (PointerEventData eventData) { ... }
    public override void OnPointerUp (PointerEventData eventData) { ... }
    public override void OnScroll( PointerEventData eventData ) { ... }
}
```

限于篇幅，以上代码只把事件响应最重要的部分摘了出来，其余还包括组件的挂载、事件的调用及参数的设置等。当一个按钮需要句柄注册处理时，调用 UI_Event.Get(gameObj) 就能得到事件实例，当然最好事先把 UI_Event 挂载到 GameObject 节点上，这样可节省 AddComponent 的消耗，如果要在按钮响应时加入参数，则可再使用 SetData 来设置当前节点的回调参数。为什么要这么做呢？第一是能统一管理所有事件句柄，第二是能更加方便地使用输入事件句柄，第三是能更方便地设置参数。

至此，我们有了统一管理 UI 的管理类、界面的基类、处理输入事件句柄的事件类，可以开始拓展 UI 了。大部分 UI 可直接处理，但部分原生组件不是很好用，效率也特别差，所以我们需要构建自己的高效的 UI 组件。

4. 自定义组件

除了使用 UGUI 本身的组件外，自定义组件也是必不可少的，特别是游戏项目，基本上都需要自己定制组件，自定义组件不仅可减少程序员的重复劳动，也可满足项目的设计需求，方便对 UI 进行优化，尤其在元素多的组件内。

下面介绍项目中经常自定义的组件。

（1）UI 动画组件

动画在 UI 中有比较高的使用频率，包括序列帧动画、骨骼动画、曲线动画，这里主要介绍曲线动画。

实现既能使美术人员自如地制作动画，又能让程序员方便地调用动画是关键。我们暂且将 UI 动画命名为 UIAnimation，那么，动画组件里应该有什么呢？

首先它需要依赖 Unity3D 的 Animator 组件 [RequireComponent (typeof(Animator))]。其次它要有播放（Play）接口用来播放指定动画，这里 Play 的参数包括动画名、播放完毕后的回调函数委托等。再次它可以在无须程序调用的情况下自动播放，因此在 public 变量中需要有 AutoPlay 这个参数，这样美术人员就可以在 Unity3D 界面上设置自动播放而无须程序调用了。最后美术人员需要在自动播放时选择指定的动画名和确定是否循环播放，以及循环播放的时间间隔。

这样 UI 动画组件就基本齐全了，接下来要做的就是在抽象的 UIAnimation 里完善以上功能。

（2）按钮播放音效组件

在点击按钮时需要播放音效，因此按钮播放音效组件是每个项目必要的组件。此组件功能挺简单，当输入事件触发 Click 事件时发送绑定的声音文件即可。但很多项目用到的音效系统并不是 Unity3D 原生态的音效系统，所以需要自己为这些系统定制组件。

（3）UI元素跟随3D物体组件

项目中很多时候需要使用UI元素来跟随3D物体，比如游戏中的血条、场景中建筑物头上的标志等，因此UI元素跟随3D物体的组件是必备的。它的功能实现起来也挺简单，可通过不断地计算3D物体在屏幕中的位置来确定UI位置，当前后位置不同时再进行更改以避免不必要的移动。

（4）滚动页组件

滚动的菜单栏类似于游戏中的背包界面，如果有几百个UI元素同时生成或同时滚动，效率就会非常低，因为UI系统中每帧都需要重新构建网格，每一次的滚动都会引起不小的CPU消耗。因此用一个自定义的无限滚动页面组件来替换原来的模式，让CPU花最小的代价来运行这个滚动页面是非常有必要的。

那么这个滚动页组件的关键点在哪呢？设想下，这么多UI元素一起生成，一起移动，那将是一件很费力的事，因此我们需要减少UI元素的数量，最好减少到与在屏幕上显示的数量差不多，利用看不见的UI元素来补充能看见的元素。这个过程可以描述为上下不可见UI元素的再利用过程。

就拿游戏里的背包界面来举例吧，若有500个物品在背包界面里，实例化、初始化、滚动都会很费劲，我们可减少在背包界面里的UI元素数量。当UI元素滚动时，一部分元素被遮挡住，不再需要它们，这时可以对这些元素进行再利用。即当上面有一行元素被遮挡住可以被再利用时，就把它们移到下面去，让它们变成下面背包物品的元素。

就这样不断地滚动，从表现上来看，跟真的有500个物品在滚动一样。此操作大量削减组件消耗的CPU，不管有多少个物品在背包里，都不会成为CPU的负担。

（5）其他组件

其他组件包括数字飘字组件（让美术制定的数字展示得更好）、计数组件（可以让数字滚动得更加漂亮，比如在获得游戏币时数字会像动画一样由慢到快跳动）、下拉框组件（定制自己的下拉框样式）等。

编写自定义UI组件的目标就是，增加更多通用的组件，减少重复劳动，让程序员在编写UI界面时更加快捷、高效，同时也可提升UI的运行效率。拥有属于自己的一套自定义套件，对项目来说，也是一件非常有价值和高效的事。

4.6 UI优化

前面了解了UGUI的内核写法，以及构建UI的方法，现在讲解一下如何优化UI。我们可以从几个方面来讲解UI的优化，包括UI动静分离、拆分UI、预加载、Alpha分离、字体拆分、滚屏优化、网格重构优化、UI展示与关闭的优化、对象池的运用、贴图设置的优化、内存泄漏、针对高低端机型的优化、图集拼接的优化、UI业务逻辑中GC的优化等。下面依次进行讲解。

4.6.1 UI 动静分离

什么是 UI 动静分离？“动”指的是元素移动，或者放大 / 缩小频率比较高的 UI。“静”则是静止不动的 UI，准确来说，是界面上不会移动、旋转、缩放、更换贴图和颜色的 UI。

构建项目时，避免不了要用一些会动的而且是不停在动的 UI 元素，这些一直在动的 UI 元素就是 UI 性能消耗的关键所在。

那为什么要将它们分离出来呢？UGUI 系统和 NGUI 系统一样，都是用网格模型构建 UI 画面的，构建后都执行了合并网格的操作，因为不合并会导致增加很多 drawcall，进而导致渲染队列阻塞，这会使得游戏性能下降。

合并操作是有益的，但问题在于，无论哪个 UI 元素，只要一动，就需要重新合并网格，这样一来，那些原本不需要重新构建的内容也得一并重构了，这些不必要的合并操作会导致合并网格的优化从好事变成了坏事。

因此要将会动的 UI 元素和静止不动的 UI 元素分离开来，让合并的范围缩小，只合并那些会动的 UI 元素，因为它们重绘的频率比较高，至于那些基本不动的 UI 元素，则不让它们参与重新合并的操作，这样就节省了 CPU 的开销。

那么如何分离它们呢？UGUI 系统和 NGUI 系统都有自己的重绘合并节点，我们可以称它们为画板，UGUI 系统的是 Canvas，NGUI 系统的是 UIPanel。

以画板为节点拆分动与静，把会动的 UI 元素放入专门为它们准备的合并用的画板上，再将静止不动的 UI 元素留在原来的画板上。这样一来，当会动的 UI 元素来回移动、旋转、缩放、改变贴图和颜色的时候，就不会再去重构那些静止部分的 UI 元素了。在实际项目中，静态的 UI 元素占比较多，而动态的 UI 元素相对较少。动静分离后，CPU 在重绘和合并时的消耗就大大降低了。

4.6.2 拆分过重的 UI

1. 为什么要拆分过重的 UI

项目的制作过程是一个长期的过程，在这个过程中，UI 系统的大小会随着项目时间的积累而不断扩大。很多时候，我们总是会莫名其妙，“怎么这个 UI 前段时间还好好的，现在打开就变得如此缓慢呢？！”

随着项目的推进，经手 UI 的人越来越多，添加的功能也越来越多，有时甚至一个 Prefab 里装着 2 ～ 3 个界面。它们在展示一个界面时隐藏了其他界面，这样的操作会导致一个 UI 里的东西过多，在实例化和初始化时，消耗的 CPU 也会很大，因此我们要想办法拆分这些过重的 UI 界面。

2. 如何拆分

把隐藏的 UI 拆分出来，使其成为独立运作的界面，只在需要展示时才调用实例化。如果在拆分后界面内容依然太多，则要进行二次拆分，即把二次显示的内容进一步拆分。

什么是二次显示的内容？打个比方，一个界面打开时会显示一些内容（例如动画），之后或者点击后才能看到另外一些内容，或者当点击按钮时才出现某些图标和动效，那么这些内容就可以视为二次显示的内容。可以考虑将其拆分出来设置成为一个预置体，当我们需要时它再加载。

加载和实例化的过程本身是无法规避 CPU 消耗的，但我们可以将这些 CPU 消耗分散在一个比较长的时间线上，在此过程中注意权衡加载速度与内存。但是，如果小个体被频繁加载和销毁，也同样会消耗很多 CPU。如果加载和销毁过于频繁，则可以使用后面介绍的优化方法。

4.6.3　UI 预加载

1. 为什么要进行 UI 的预加载

当 UI 实例化时，需要将 Prefab 实例化到场景中，期间还会有网格的合并、组件的初始化、渲染初始化、图片的加载、界面逻辑的初始化等程序调用，会消耗很多 CPU。这导致我们在打开某个界面时，会频繁出现卡顿现象，其实这就是 CPU 在那个点消耗过重的表现。

上面讲的拆分 UI 是一种方法，但只能使用在一些冗余比较大的界面上，对于一些容量比较小、难以拆分的 UI，就很难用拆分的方法优化。有的 UI 甚至在拆分后仍然会消耗很多 CPU。对于这种情况，我们可以使用 UI 预加载的方式优化，在游戏开始前或在进入某个场景前预先加载一些 UI，让实例化和初始化的消耗在游戏前平均分摊到等待的时间线上。

2. 如何进行 UI 预加载

最直接的方法是在游戏开始前加载 UI 资源但不实例化，这一步只是把资源加载到内存中。这样在点击按钮后，弹出 UI 就少了一点加载资源的时间，把更多的 CPU 消耗放在了实例化和初始化上。

如果在使用第一种方法后，打开界面时 CPU 消耗还是很严重，那么就将 UI 实例化和初始化也提前到游戏开始前。只是在实例化和初始化后，会对 UI 进行隐藏，当需要它出现时，再显示出来，而不再重新实例化，关闭时，也同样只是隐藏而不是销毁。这样一来，打开和关闭时，就只消耗了少量 CPU 在展示和隐藏上。

现在，项目大都使用 AssetBundle 来加载资源，也有部分使用 Unity3D 的本地打包机制（即是用 Resources 这个 API 接口）来加载资源。对于这种使用 Resources 加载资源的预置体（Prefab），在 Unity3D 中有 Preload 功能可以直接使用，它位于 Unity 编辑器平台的设置里，可以把需要预加载的预置体加入列表中。Unity3D 会在进入程序应用时将这些预置体进行预加载。在应用程序初始化时，预加载了指定的预置体，CPU 的消耗更多是在启动页面上，这会使得使用 Resources.Load 接口的加载效果不错。虽然现在并不鼓励使用 Resources 方式，但也有部分界面必须使用它们，对于这部分的加载，就可以借用 Unity 的内置预加载功能。

不过，所有的预加载都会引出另一个问题，即 CPU 集中消耗会带来卡顿现象。预加载并没有削减 CPU 消耗，CPU 消耗的总量并没有发生变化。需要加载的图片数整体没有变化，实例化的元素数也没有变化，初始化程序需要消耗的时间同样没有变化，所有 CPU 消耗的总量是不变的，我们只是把这些消耗分离了或者提前了，拆分到了各个时间碎片里，让人感觉不到一瞬间有很大的 CPU 消耗。如果将这些预加载集中在某个位置，比如全部集中在游戏开始前，或者进度条的某个位置，同样会有强烈的卡顿感，因此应该尽量地分散这些消耗。

4.6.4 UI 图集 Alpha 分离

1. 为什么要对 UI 图集进行 Alpha 分离

压缩 UI 图集其实是减少了 App 包大小的一部分，这也是减少内存使用量的一种比较有效的方法，压缩后卡顿现象也会有很大的改善，因为需要 I/O（磁盘读 / 写）的消耗少了，内存的申请量也少了，CPU 的消耗自然就会少很多。UI 图集的压缩好处很多，但同样也会引起一些问题，我们在对图集进行压缩后，屏幕上显示的效果有时会不尽如人意，模糊、锯齿、线条等劣质的画面会出现。这是因为在使用压缩模式 ECT 或 PVRTC 时将透明通道也一并压缩进去了，导致渲染的扭曲，因此需要把透明通道 Alpha 分离出来单独压缩。这样既可以压缩图集，达到缩小内存的目的，图像显示又不会太失真。

2. 如何分离 UI 图集的 Alpha

这里主要给出的是针对 NGUI 的方案，而 UGUI 由于是内部集成的，所以 Alpha 分离在 Unity3D 中已经完成了，因此这里不再细讲。

在 NGUI 中，Alpha 分离的原理就是将原本以 ETC 的方式压缩一张图改为压缩一张没有 Alpha 的图和一张有 Alpha 的图，这样分开压缩更有针对性，图片显示的质量也会提高很多。下面描述如何从 NGUI 中分离 Alpha。

首先，用 TexturePacker 在打图集时将原来打成两张的图集，改成打成一张 RGB888 的 PNG 图和一张 Alpha8 的 PNG 图。RGB888 的 PNG 图没有 Alpha，所有的 Alpha 通道都在 Alpha8 的 PNG 图里。也可以使用程序分离的方式，把原图中的颜色提取出来放入一张新的图片中，而 Alpha 部分则提取出来放入另一张图片中。

然后，修改 NGUI 的原始着色器，把原来的只绑定一张主图的着色器改成需要绑定一张主图和一张 Alpha 图的着色器。这里需要修改下面这 4 个着色器：

```
Unlit - Transparent Colored.shader

Unlit - Transparent Colored 1.shader

Unlit - Transparent Colored 2.shader

Unlit - Transparent Colored 3.shader
```

修改的内容就是加入_AlphaTex ("Alpha (A)", 2D) = "black" {} 变量，用来绑定Alpha图。

接着，在frag()函数中，将Alpha与主图Alpha操作的内容替换成Alpha图中的Alpha值。用Alpha图的Alpha替代原来主图承担的Alpha部分，而主图仍然承担主要色彩内容。具体源码如下：

```
//fixed4 col = tex2D(_MainTex, i.texcoord) * i.color;
//return col;
fixed4 texcol = tex2D(_MainTex, i.texcoord);
fixed4 result = texcol;
result.a = tex2D(_AlphaTex,i.texcoord).r*i.color.a;
```

上述代码中，注释部分为原始的只用一张图承担颜色和透明通道，新加入的方式为用_MainTex和_AlphaTex这两张图分别替代颜色和透明通道。

在以上操作都完成后，选中一个创建好的图集Prefab，会发现Inspector窗口下的预览窗口以及Sprite选择窗口中看到的Sprite都没有Alpha通道，这是因为在Editor下的展示模式仍然使用的是原始图，即它使用的是两个通道，因此，需要修改这些编辑器上的NGUI工具。

要修复这个问题，解决方案是在编辑器模式下动态生成一个rgba32的texture将其替换，rgb和Alpha通道的值分别取两张我们现在拥有的图。

其中，需要修改的NGUI编辑类有以下几个文件：

```
UIAtlas.cs

UIAtlasInspector.cs

SpriteSelector.cs

NGUITools.cs

UISpriteInspector.cs
```

修改以上类后，绘制图片时都会启用新生成的图，也就是上面用RGB888和Alpha合成的临时图。

可以看到，所做的修改并不多，修改的方向和原理也简单，首先生成两张图，一张只带颜色，一张只带Alpha通道；其次，将着色器的Alpha来源修改为新的Alpha图；对于着色器修改导致的编辑器显示问题，需要在编辑器部分生成临时的图来替换原来显示的图。

4.6.5　UI字体拆分

1. 为什么要拆分UI字体

项目中的字体通常会占用很大的空间，如果几个不同的字体一起展示在屏幕上，会消耗较大的内存。字体很多有时候不可避免，但需要规范和整理，并且也需要优化。我们需要更高的性能效率，拆分字体会让字体的加载速度更快，也会让场景的加载速度更快。

2. 如何拆分 UI 字体

解决方案是把字体中的常用字拆分出来，另外生成一个字体文件，让字体文件变小，消耗内存变少，最终使得加载变快。

例如，在登录场景中，我们只需要几个数字和字母，所以可以从字体中提取数字和 26 个字母成立一个新的字体应用在场景中，这样就省去了大量字体的加载。

在注册登录后取名字的场景，我们可去掉部分使用频率比较少的字，只保留 3000 个常用字。将这些常用的字拆分出来，生成新的字体运用到场景中去，这样就节省了不少的内存空间。

还可以针对不同的语言进行拆分，如果将所有国家的语言都放进去，字体的贴图自然就很大，事实上，在某些场景下，部分字体是完全不需要的，比如英语版本里，中文字部分就是在浪费内存和 CPU，对于这种情况，可以将各种语言都拆分成独立的字体包，每个语种版本中只加载自己的字体。

4.6.6 Scroll View 优化

Scroll View（滚屏）常用在类似背包的界面中，通常背包界面会有大量的元素存在，它们在窗口中不停地滚动会导致合批和渲染裁剪，在生成和滑动 UI 元素时，会消耗大量的 CPU 来重构网格，进而导致画面缓慢，卡顿现象严重。这是前面在 UGUI 源码剖析中介绍过的元素属性上的改变导致网格重构引起的，如果不断移动，则每帧都需要重构，特别是在 Scroll View 这种常有大量 UI 元素的界面上，通常会有大量 CPU 浪费的现象。

要优化这种情况，就必须对滚屏菜单组件进行改造，将原来策略中所有元素都实例化的问题改为只实例化需要显示的实例数量，再在拖曳滑动时，实时判断是否有 UI 元素被移出画面，再将这些被移出并看不到的元素进行重复利用，将它们填补到需要显示的位置上去，再对该单位元素的属性重新设置，让重复利用的元素更新为在该位置需要显示的元素的样子。

从表现上观察就如同下面所描述的那样。

我们在窗口中实例化 10 排元素显示在滚动窗口中，其中 5 排展示在中央的窗口上，另外 5 排的顶上 2 排因为超出了窗口，所以被裁剪而无法看见。同样，下面 3 排也是因为超出了窗口，所以被裁剪无法看见，在整个 10 排元素整体向上滑动期间，顶上 2 排变成了 3 排、底下 3 排变成了 2 排。其中，最顶上的 1 排超过了重置的界线，就被移动到底下去了，这样整体 10 排元素变成了顶上 2 排、底下 3 排的局面，但仍然是 10 排元素没有变，只是不断地利用了看不见的那几排元素。

这样不断地移动顶上或底下的 1 排元素，把它们移动到需要补充的位置上去。看起来像是很顺畅地上下滚屏了这 10 排元素，实际上只是在对其中的 5 排元素不断地重复利用而已。

Scroll View自定义组件是大部分项目都必须做的事，有一个自己优化过的自定义组件，能很快解决上述这类问题。

4.6.7 网格重构的优化

这里解释一下为什么UGUI系统的图元素在改变颜色或Alpha后会导致网格重构。UGUI系统的网格合并机制是，只有将拥有相同材质球的网格合并在一起，才能达到最佳效果。一个材质球对应一个图集，只有相同图集内的图片才需要合并在一起。

在UGUI系统中，当元素需要改变颜色时，是通过改变顶点的颜色来实现的，即改变当前元素的顶点颜色，然后将它们重新合并到整块的网格里去。因为不能直接从原来合并好的网格上找到当前的顶点位置，所以需要一次性合并重构网格。改变Alpha也是同样的道理，Alpha本身就是Color里的一个浮点数，附在顶点上并成为顶点的一个属性，所以改变Alpha也就是改变顶点的Color属性。

在UI动画里，每一帧都会改变UGUI的颜色和Alpha，自然，UGUI的每一帧也都会对网格进行一次重构。这样做消耗了大量的CPU运算，通常会使得UI在运行动画时效率低下，即使动静分离也无济于事。

如何对此进行优化呢？我们不希望在UI颜色改变时网格重构，这样动画中要消耗掉太多的CPU，对此，我们可以自己建一个材质球，提前告诉UGUI：我们使用自己的特殊的材质球进行渲染。当颜色动画对颜色和Alpha进行更改时，我们直接基于自定义的材质球改变颜色和Alpha。这样UGUI就不需要重构网格了，因为把渲染的工作交给了新的材质球，而新的材质球在颜色和Alpha上的变化都是通过改变材质球属性来实现的，并不是通过UGUI设置顶点颜色来达到效果的，这样就减少了UGUI重构网格的消耗。具体如何操作呢？步骤如下。

首先，把UGUI的着色器下载下来。

然后，建立一个自己的材质球，并且在材质球里使用下载下来的UGUI的着色器。

再次，把这个材质球放入Image或RawImage的Material中，与Image或RawImage绑定。

接着，编写一个类，如class ImageColor继承自MonoBehaviour，里面有一个public的颜色变量，如public Color mColor，类只干一件事，在update里一直判断是否需要更改颜色，如果颜色被更改，就把颜色赋值给Material。

最后，将动画文件中的颜色部分从更改Image或RawImage的颜色变量变为更改ImageColor的颜色变量。这样播放UGUI颜色动画时，就不会直接去改变Image或RawImage的颜色了，而是改变我们创建的ImageColor的颜色。

这样通过我们自己编写的ImageColor来改变材质球属性，最后达到了不重构网格的效果。切换元素的贴图时也一样可以做到不重构，在没有改造的情况下，贴图更换会导致重构。为了达到不重构的目的，我们可以放上自己的材质球并且更换材质球中的贴图。

但要注意，因为启用了自定义的材质球，每个材质球都会单独增加一次drawcall，这会导致 drawcall 增加。并且，当 Alpha 不是 1 的时候，会与原有的 UGUI 系统产生的半透明材质球形成混淆的渲染排序，原因是当多张透贴放在一起渲染时，Alpha blend 会导致渲染排序混乱、前后不一致的现象。因此，使用时要小心，用在恰当的地方将发挥大的功效，用在不恰当的地方则事倍功半。

半透明物体的排序问题，归根结底是无法写入深度数据的问题，是模型重叠渲染中无法彻底解决的问题。我们会在后面的章节中详细介绍。这里先解决半透明排序问题，这可以通过改变自定义的着色器中的渲染次序（RenderQueue）来处理。

4.6.8 UI 展示与关闭的优化

UI 的展示与关闭动作最常见，但打开界面和关闭界面都会消耗一定的 CPU，因为打开时需要实例化和初始化，关闭需要销毁 GameObject。事实上，在实际项目中 CPU 的消耗量巨大。

对于关闭和打开的 CPU 消耗的优化，这里有几个策略可寻，其一是前面提过的利用碎片时间进行预加载，这会让展示速度更快。其二是在关闭时隐藏节点而不是销毁，界面打开时再次激活所有节点。关闭和激活时，虽然内存没有变化，但网格重构和组件激活会有大量的 CPU 消耗，所以移出屏幕代替隐藏会更好，移出屏幕的 UI 并不会让 CPU 的消耗全部消失。为了减少更多的消耗，我们在移出屏幕后还需要关闭一些脚本上的更新内容，但即使是这样，也会有不少组件是无法停止的，只不过比起销毁和隐藏会好很多。当需要显示时再移入屏幕，有时候移入后进行初始化回到原来的状态也是必要的。可是移出屏幕后，相机仍然会对其进行裁剪判断，因此我们还需要设置 UI 为不可见的层级 Layout，使其排除在相机渲染之外，这样就节省了相机的裁剪消耗，当需要展示时再设置回 UI 层级。

界面打开与关闭也并非一定要使用一种方式，可以根据不同情况多种方式并行使用。

4.6.9 对象池的运用

什么是对象池，为什么要用对象池？对象池，即对象的池子。对象池里寄存着一些废弃的对象，当计算机程序需要某对象时，可以向对象池申请，让我们对废弃的对象再利用，其实质是内存重复利用的性能优化方案。

我们对废弃的内存再利用就能省去了很多内存碎片问题和 GC 问题，还能节省实例化时 CPU 的消耗。其中实例化消耗包括模型文件读取、贴图文件读取、GameObject 实例化、程序逻辑初始化、内存分配消耗等。

对象池的规则是，需要对象时向对象池申请对象，对象池从池子中拿出以前废弃的对象重新“清洗”后给出去，如果对象池里也没有可用的对象，则新建一个再给出去，在对象用完后，仍把这些废弃的对象放入对象池以便再利用。

对象池的方法本质是重复利用内存，重复利用的好处很多，能减少内存碎片，碎片少了，内存连续的可能性就大，CPU 缓存命中的概率也大了，此外，内存的使用量也会减少，因为大块内存不会因为碎片问题而需要重新申请新的内存，同时内存垃圾及触发垃圾回收的次数也少了，我们知道垃圾回收是非常耗时的，GC 优化会在后面的章节中详细讲解。提及 UI 优化，界面中的有些效果需要不断跳出相同的物体。这时实例化和销毁 UI 物体是逻辑中消耗 CPU 容量最大的部分，物体被不断新建出来，又不断被销毁。CPU 容量大部分被浪费在实例化和销毁上，渲染只占了很小一部分比重。这时运用对象池就能解决大部分浪费的问题，即将要销毁的实例对象，放入对象池并移出屏幕或隐藏，当需要它们时再放出来重新初始化。

对象池是个非常好的优化内存和 CPU 的方式，不过使用得不恰当也会引起不少内存问题。如果对象池的回收被错误地重复操作，不但会导致新的逻辑错误，还可能导致内存被撑大，因此使用对象池时最好要小心，谨慎地回收，也不要错误地放弃回收。这里总结了几条运用对象池的经验：

1）当程序中有重复实例化并不断销毁的对象时需要使用对象池进行优化。重复实例化和销毁操作会消耗大量 CPU，在此类对象上使用对象池优化的效果极佳。

2）每个需要使用对象池的对象都需要继承对象池的基类对象，这样在初始化时可以针对不同的对象重载，区别对待不同类型的对象，让不同对象根据各自的情况分别初始化。

3）销毁操作时使用对象池接口进行回收，切记不要重复回收对象，也不要错误地放弃回收。在销毁物体时要使用对象池提供的回收接口，以便让对象池集中存储对象。

4）场景结束时要及时销毁整个对象池，避免无意义的内存驻留。在场景结束后，对象池内的物体已经不再适合新的场景，或者说面临的环境情况与旧场景已不同，所以需要及时清理对象池，把内存空出来留给新场景使用。

4.6.10 UI 贴图设置的优化

为什么要关心 UI 贴图设置？我们知道，Unity3D 会重置全部贴图格式。可将其理解为，无论是 .jpg、.png 格式，还是 .psd 等格式，只要放在 Unity3D 中，Unity3D 就会读取图片内容，然后重新生成一个自己格式的图，也就是说，它在引擎中使用的是自己生成的图和格式。因此在 Unity3D 中使用图片，其实不必关心用什么格式的图，只要你做好内容就可以了，比如 .jpg 是没有 Alpha 通道的，通常做透贴的都是 .png，这些图形或颜色内容上的东西是我们需要关心的，其他的交给 Unity3D 就可以。Unity3D 中图片的设置也有很多讲究，因为关系到重新生成的图片的格式，它将最终决定载入引擎的图片格式，所以我们不得不研究一下贴图的设置问题。

这里以 NGUI 系统和 UGUI 系统为例分别进行讨论。NGUI 的 UI 贴图使用的是传统的贴图方式，即 Editor GUI 和 Legacy GUI 方式，这两种方式隐藏了一些设置参数，只有全面掌握所有相关功能，才能做好优化工作，可把 Editor GUI 和 Legacy GUI 方式展开为 Advance 类型。

Advance需要注意的问题包括以下几方面。

1）是否需要Alpha通道。如果需要Alpha通道，则要把Alpha通道点开，否则最好关闭。

2）是否需要进行2次方大小的纠正。对UI贴图来说基本上都是2次方大小的图集，使用对象大多是头像之类的Icon。

3）去除读、写权限。这里常会默认勾选，导致内存量大增，此选项会使贴图在内存中存储两份，内存会比不勾选时大1倍。

4）去除Mipmap。Mipmap是对3D远近视觉的优化，Mipmap会在摄像头离物体远时因为不需要高清的图片而选择使用Mipmap生成的贴图小的模糊图像，从而减轻GPU压力。但是在2D界面上没有远近之分，所以并不需要Mipmap这个选项，而且Mipmap会导致内存和磁盘空间加大，会使得UI看起来模糊。

5）选择压缩方式。压缩方式的选择，主要是为了降低内存的消耗、加载时的消耗，降低CPU与GPU之间的带宽消耗，以及减少包的大小，在清晰度足够的情况下，我们可以针对性地选择一些压缩方式来优化内存和包体。

最高的色彩度是无压缩的，其次是RGBA16，色彩少了点且有Alpha通道；再次是RGB24，没有Alpha通道的全彩色；之后是RGB16，色彩少了一半也没了Alpha通道；最后是算法级别的压缩，RGBA ECT2 8位和RGBA PVRTC 4位是带Alpha通道的压缩算法，RGB ECT2 4位和RGB PVRTC 4位是不带Alpha通道的压缩算法。这样逐级下来，压缩的力度会越来越大，画质也会越来越差。前面有介绍过关于UI贴图Alpha分离的方法，这方法就是压缩的极致和平衡，既做到拥有好画质又最大极限地压缩了图片。

我们还可以通过写脚本的方式设置UI贴图，将放入UI的贴图自动设置成我们规定好的图片选项，辅助更改UI贴图设置，可节省不少二次检查时间。例如以下这段源码就是利用Unity3D的Editor API来自动设置UGUI的精灵图片：

```
void Apply_UI_Sprite()
{
    if(!UIAssetPost.IsInPath(assetImporter.assetPath, UI_Sprite_path))
    {
        return;
    }

    TextureImporter tex_importer = assetImporter as TextureImporter;

    if(tex_importer == null) return;

    tex_importer.textureType = TextureImporterType.Sprite;
    FileInfo file_info = new FileInfo(assetImporter.assetPath);
    string dir_name = file_info.Directory.Name;
    tex_importer.spritePackingTag = dir_name;
    tex_importer.alphaIsTransparency = true;
    tex_importer.mipmapEnabled = false;
```

```
    tex_importer.wrapMode = TextureWrapMode.Clamp;
    tex_importer.isReadable = false;

    SetCompress(tex_importer);
}
```

有了自动设置和自动检查的脚本，就可以减少很多工作量，但要完全省去检查时间可能不太实际，在实际项目中，我们不得不从头检查一遍所有贴图的设置情况，以确认是否是我们所期望的设置，不过工作量比以前少了很多，可靠性也增强了许多。

4.6.11 内存泄漏

内存泄漏是个敏感的问题，各大项目都会对内存泄漏进行检验，因为一旦涉及内存泄漏，就有可能造成很大麻烦，所以大家都会格外重视。其实在整个项目各个地方都有可能存在内存泄漏问题，这里把内存泄漏放在UI系统章节里，是因为UI逻辑占去了游戏逻辑中比较大的一部分，所以内存泄漏在UI逻辑中是重灾区。

1. 什么是内存泄漏

内存泄漏，简单来说就是由程序向系统申请内存，使用完毕后并没有将内存还给系统而导致内存驻留或者浪费的过程。系统本身的内存是有限的，如果内存泄漏一直被调用，就会耗尽系统内存，最终导致崩溃。计算机系统不会无限制地让程序申请到内存，当申请内存影响到系统运行时就会停止。

2. 为什么会内存泄漏

游戏项目中的内存泄漏可简单分为两种，一种是程序上的内存泄漏，另一种是资源上的内存泄漏。虽然资源上的内存泄漏也跟程序有关，但相较于程序自身的内存泄漏，它主要是因为资源在使用后或不再使用时没有卸载而导致的。程序上的内存泄漏则主要是因为Mono的垃圾回收机制并没有识别"垃圾"而造成的。为什么会没有识别呢？根源还是在编程时的疏忽，在编程时一些不好的习惯、错误的想法、不清晰的逻辑都会导致申请的内存或指向内存的引用没有有效地释放，以至垃圾回收机制无法识别出释放此块内存的理由。

程序上的内存泄漏以预防为主，排查为辅，因为排查是一件比较费力的工作，不仅需要借助一些工具，还需要从框架的角度建立有效的指针计数器。资源上的内存泄漏完全是人为的过错或疏忽造成的，相较而言比较容易排查，主要排查的是资源在不需要使用时，却仍然驻留在内存里的情况。

3. 什么是垃圾回收机制

Unity3D使用基于Mono的C#作为脚本语言，C#是基于垃圾回收（Garbage Collection，GC）机制的内存托管语言。既然是内存托管，为什么还会存在内存泄漏呢？GC本身并不是万能的，它能做的是通过一定的算法找到"垃圾"，并且自动将"垃圾"占用的内存回收，但每次运行垃圾回收都会消耗一定量的CPU。

找"垃圾"的算法有两种，一种是引用计数的方式，另一种是跟踪收集的方式。

引用计数，简单地说，就是当被分配的内存块地址赋值给引用时，增加引用计数 1，相反当引用清除内存块地址时，减少引用计数 1。引用计数变为 0 就表明没有人再需要此内存块了，所以可以把内存块归还给系统，此时这个内存块就是垃圾回收机制要找的“垃圾”。

跟踪收集则是遍历引用内存块地址的根变量，以及与之相关联的变量，对内存资源没有引用的内存块进行标记（标记为“垃圾”），在回收时还给系统。

为什么有了这么智能的垃圾回收机制，还会有内存泄漏呢？

首先，引用计数的方式很难解决对象之间循环引用的问题，碰到这样的情况，引用计数就无法被释放。现代计算机语言中已经很少使用这种方式了，但在逻辑组件或业务框架上还存在很多，因为这样做简单方便，比如 C++ 智能指针就是这种方式。

其次，跟踪收集并不是万能的，很多时候会有环状的引用链存在，此外，也存在编码时错误操作导致的泄漏，这些编码的泄漏问题在实际编码过程中非常隐蔽且难以查找，不少情况下需要人工去检查引用变量是否释放，工作量巨大且烦琐，特别是程序侧的内存泄漏，尤其难找。

对于 A 类中有 B，B 类中有 C，C 类中有 D，D 类中有 A 的环状链路，跟踪收集是比较困难的，在 C 类实体设置为 NULL 后，B 中依然有 C，B 设置为 NULL 后，A 中依然有 B，进而导致 B 中依然有 C。这种就像“命运共同体”的环状引用链，导致跟踪收集的垃圾回收机制在被调用时的效果并不明显。

因此垃圾回收并不是万能的，即使有垃圾回收机制也一样会存在内存泄漏问题。想避免内存泄漏，在建立框架或架构时就应该事先考虑此问题，基础组件的选择也应该更加严谨，在这基础之上再对编程规范进行严格的把控。即使是这样，在排查时也要保持足够的耐心和细心。

资源上的内存泄漏对于游戏项目来说量级比较大（大到几百兆字节（MB）甚至几千兆字节（GB）），不过万幸的是，相对于程序来说，资源上的内存泄漏更容易查找。下面介绍一些关于 Unity3D 内存运作、泄漏排查的经验，希望对大家的实际项目有帮助。

4. Unity3D 的内存是如何运作的

Unity3D 中 C# 起初使用 Mono 作为虚拟机（VM，和 Java 一样都是虚拟机托管）运行在各大平台上，也就是说，C# 代码只要一份就够了（准确来说应该是 IL，即中间语言是同一份的），各大平台的 Mono 需要自己实现应对各系统的执行接口，也就是说，Unity3D 通过 Mono 来跨平台解析并运行 C# 代码，在 Android 系统上 App 的 lib 目录下存在的 libmono.so 文件，就是 Mono 在 Android 系统上的实现。

既然 C# 代码通过 Mono 这个虚拟机解析并执行，需要用到的内存自然也由 Mono 来进行分配和管理了。只是 Mono 的堆内存大小在运行时是只会增加不会减少的，可以将 Mono 的堆内存理解为一个内存池，每次 C# 向 Mono 内存申请的堆内存都会在池内进行分配，释放的时候也是归还给池里去，而不是归还给操作系统。假如在某次分配过程中，池里的内存不够了，那么就会对池进行扩建，即向操作系统申请更多的内存池，以满足该次以及后面更多的内存分配。需要注意的是，每次对池的扩建都是一次较大的内存分配，每次扩建都会将池扩大 6 ~ 10MB（到 IL2CPP 后可以通过更改 IL2CPP 来决定扩大的范围）。

分配在 Mono 堆内存上的都是程序需要使用的内存块，例如静态实例以及这些实例中的变量和数组、类定义数据、虚函数表等，函数和临时变量更多是使用栈来存取的。Unity3D 的资源则不同，它是通过 Unity3D 的 C++ 层读取的，即分配在 Native 堆内存上的那部分内存，其与 Mono 堆内存是分开来管理的。

Mono 通过 GC 机制对内存进行回收。前面我们说了，当 Mono 需要分配内存时，会先查看空闲内存是否足够，如果足够，则直接在空闲内存中分配，否则 Mono 会扩容，在扩容之前，Mono 会进行一次垃圾回收操作，以释放更多的空闲内存，如果操作之后仍然没有足够的空闲内存，这时 Mono 才会向操作系统申请扩充堆内存。

除了空闲内存不足时 Mono 会自动调用垃圾回收外，我们也可以在代码中主动调用 GC.Collect() 来手动进行垃圾回收。不过问题是垃圾回收本身是个比较消耗 CPU 计算量的过程，不仅如此，由于垃圾回收会暂停那些需要 Mono 内存分配的线程（C# 代码创建的线程和主线程），因此无论是否在主线程中调用垃圾回收都会导致游戏出现一定程度的卡顿，故而需要谨慎调用。

基于各种原因，Unity3D 后来不再完全依靠 Mono 了，而是另寻了一个解决方案，那就是使用 IL2CPP 算法，Unity3D 将 C# 翻译成 IL 中间语言后再翻译成 C++ 以解决所有问题。那么翻译成 C++ 语言，内存就不托管了吗？不是的。内存依然托管，只是这次由 C++ 编写 VM（虚拟机）来接管内存，不过这个 VM 只是实现内存托管而已，它并不会解析和执行任何代码，它只是个管理器。

IL2CPP 与 Mono 的区别在什么地方呢？区别在于 Mono 只将 C# 翻译为 IL 中间语言，并把中间语言交给 VM 去解析和执行，VM 的工作是既要解析又要执行，这样 Mono 要针对不同的平台执行 IL 程序时，就需要为它们分别定制一个单独的 VM。IL2CPP 则是把 C# 代码翻译为 IL 中间语言后又继续将其翻译为 C++ 代码，对于不同平台来说，每次翻译的 C++ 代码必须针对当前平台的 API 做出些变化，也就是说，IL2CPP 在不同平台下需要对不同平台的接口进行改造。与 Mono 针对不同平台拥有不同的 VM 相比，IL2CPP 只是在翻译时改造了不同平台的接口代码，显而易见，对程序员来说，IL2CPP 的维护工作量减少了很多。不仅仅是程序员维护的工作量少了，在 IL2CPP 翻译完成进行编译时，使用的是平台本身各自拥有的 C++ 编译器，用平台自己的 C++ 编译器进行编译后就可以直接执行编译内容，而无须再通过 VM 处理，因此 IL2CPP 相对 Mono 的效率会更高一些。

5. 资源上的内存泄漏排查

资源上的内存泄漏就是 Native 内存泄漏，与程序上的内存泄漏不一样，资源内存泄漏大多是加载后没有释放造成的，也有在逻辑中复制了一份资源但在使用完之后没有释放的情况。基本上都是疏忽大意造成的，除非完全不知道需要卸载。

Unity3D 的 MemoryProfiler 是个排查内存泄漏的利器，它是由官方开发的专门用于 Unity3D 5.x 以上版本的内存快照工具。其地址如下：https://bitbucket.org/Unity-Technologies/

memoryprofiler。

它可以快照内存的信息，并且可以以文件形式保存和加载，这样我们就可以在不同的节点进行内存快照（如图4-8所示），再经过两者的对比找出并定位内存泄漏的资源文件，再根据此文件从程序逻辑中寻找泄漏点。

比较遗憾的是，MemoryProfiler并没有提供两次（或多次）内存快照的比较功能。所以更多的是需要人工去核实。

从图4-8可以看出，这里的内存占用包括音效、字体、Assetbundle、动画、模型、粒子、贴图、着色器等。可以点击整个模块，细致地检查模块中的各个点位资源的信息。比如选中Texture模块中的一个贴图，就可展示出此贴图的信息，包括名字、图案、材质球，以及关联了哪些脚本等。

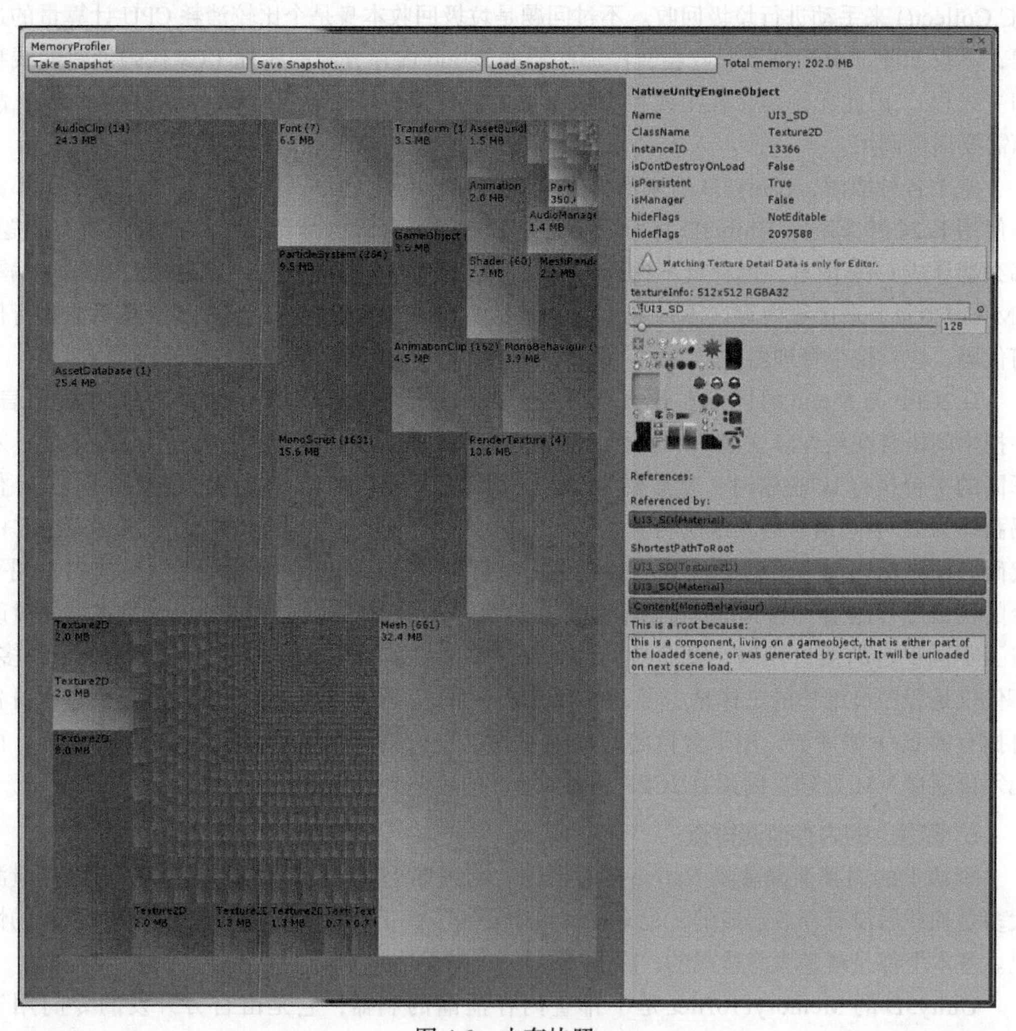

图4-8 内存快照

我们也可以借助 Unity3D 自带的 Memory Profiler 工具，这是一个比较老的工具。它会记录 CPU 的使用情况，精准定位让 CPU 耗时的节点，也可以记录 Mono 堆内存和资源内存的使用情况，并且详细记录内存中资源的情况，如图 4-9 所示。

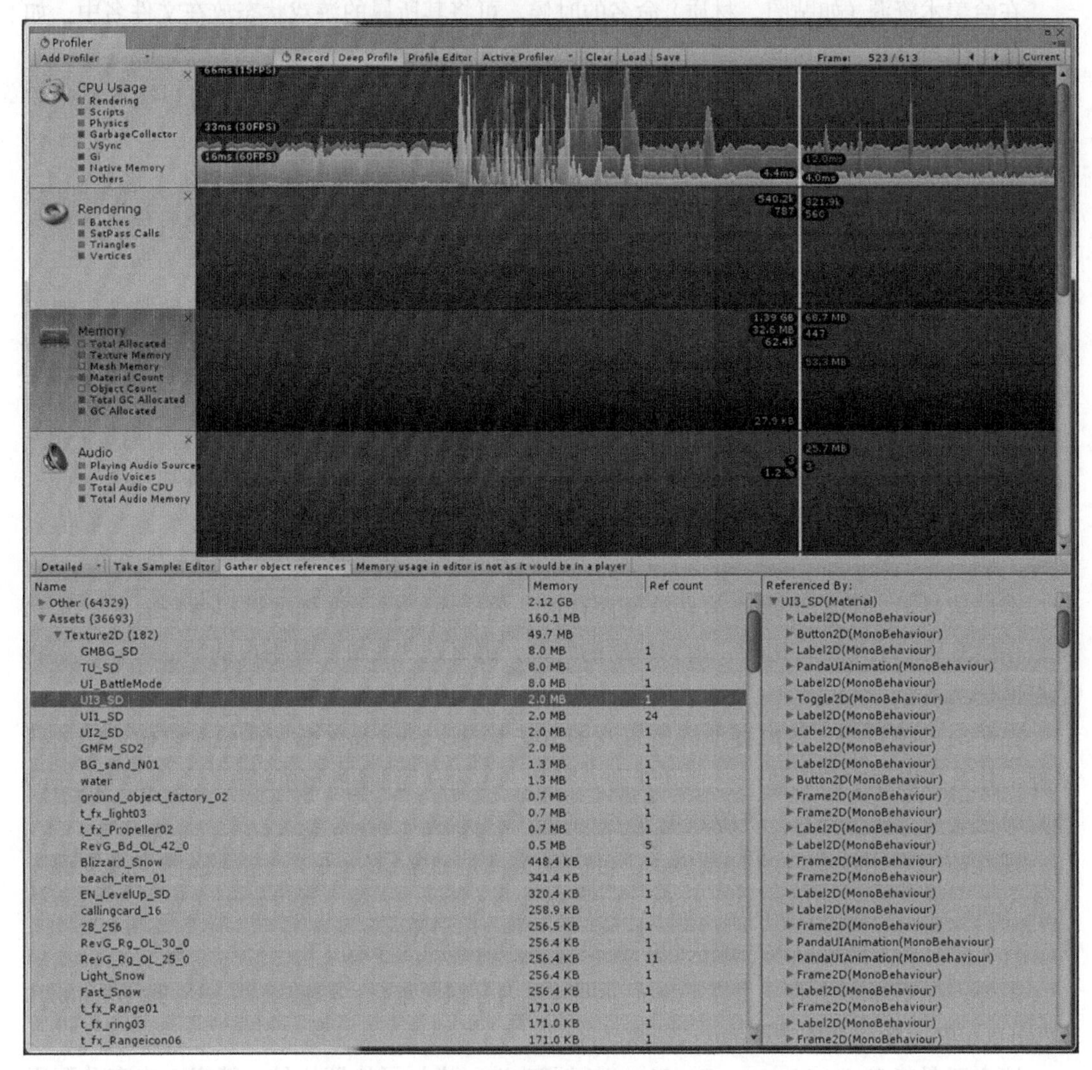

图 4-9 Unity3D 自带的 Memory Profiler 工具

当我们检查到当前场景不需要用到的资源时，这个资源就是泄漏的点。我们可以根据 Profiler 提供的信息，在代码中寻找线索。寻找的过程虽很枯燥，但当我们找出一个资源泄漏点时，就可以举一反三地找出更多的资源泄漏点。不过在 Editor 下编辑场景时，Editor 本身会加载一些资源来达到可视化的目的，这会导致在 Editor 下使用 Memory Profiler 时不太准确，因为前面已经查看过这个资源，这个资源已被加载到内存里了，所以最好是在使用

Memory Profiler 前重启 Unity3D，并立刻进行调试，这样就不会存在上述干扰。

下面介绍两种寻找资源内存泄漏的技巧。

（1）通过资源名来识别内存泄漏

在给美术资源（如贴图、材质）命名的时候，可将其所属的游戏状态放在文件名中，如某贴图叫作 bg.png，在房间中使用，则可修改为 Room_bg.png。

如果在 Profile 工具的内存资源里混入一个 Room 打头的资源，那么就可以很容易地识别出来，也方便利用程序来识别。

但这种方法也不是万能的，因为在项目制作过程中，一张图会被用到各个场景中去，可能不止一两个，有时甚至是四五个场景中，只用前缀来代替使用场景，很多时候会造成另一种误区。

当项目的复杂度扩展到一定程度时（包括人员更替），使用前缀来判断使用场景点就不太靠谱了，因为你根本不知道这张图在哪使用了。所以说技巧只能辅助你，并不是说一定有效。

（2）通过 Unity 提供的接口 Resources.FindObjectsOfTypeAll() 存储资源的，从而排查内存泄漏情况

可以根据需求存储贴图、材质、模型或其他资源类型，只需要将 Type 作为参数传入即可。

存储成功后，我们将这些信息结果保存成一份文本文件，这样就可以使用对比工具对多次存储之后的结果进行比较，找到新增的资源，那么这些资源就是潜在的泄漏对象，需要重点追查。

在平时的项目中，找内存泄漏最直观的方法就是，在游戏状态切换的时候做一次内存采样，并且将内存中的资源一一点开查看，判断它是否是当前游戏真正需要的。这种方法的最大问题就是，耗时耗力，资源数量太多，眼睛容易看花、看漏。

现在市面上比较有名的 Unity3D 项目优化工具是 UWA 的 GOT，它会逐帧记录资源内存和 Mono 堆内存的使用情况，并且可以在快照之间进行比较，得出新增或减少的资源名称。有了此对比，就可以大大加快我们查找内存泄漏问题的步伐了。

另外，在 Github 上有一个在 Editor 下可以对内存快照进行比较的工具。其网址为 https://github.com/PerfAssist/PA_ResourceTracker。

这个工具将 Unity Memory Profiler 进行了改造，增加了快照比较、搜索、内存分配跟踪等功能，增加了实用性。可以使用这个工具来得到快照内存以及比较内存的使用情况，进而查找内存泄漏的情况，它确实是一个查找内存泄漏的利器。

排查还是后置的方法，在编写程序和架构，特别是基础组件（即内存管理器、资源管理器）时，我们应该强化生命周期的理念，无论是程序内存还是资源内存，都有它的生命周期，在生命周期结束后就应该及时释放。具体将在“资源加载与释放”章节中详细讲解。

4.6.12 针对高低端机型的优化

1. 为什么要区分高低端机型

我们在制作游戏项目时，画质和流畅度都是非常重要的。市面上的游戏设备百花齐放，各大厂商推出不同型号、不同性能的设备来满足大众的需求。

一款游戏的画质和流畅度是决定游戏能否畅销的关键，而画质和流畅度又需要靠设备来支撑，不同性能的设备会导致游戏产生不同的效果，这是最让人头疼的。辛苦开发的游戏不能在某些设备上顺畅地运行起来，出现画质糟糕、画面过慢、画面卡顿，甚至崩溃等问题，影响了游戏的可玩性，也影响了游戏在市场上的前景。

为了让市场上不同机型的设备都能流畅地运行游戏，我们需要区别对待，比如，在高端机型中使用画质好的画面，而在低端机型中使用差一点的画质。因为低端机型内存低，CPU 性能差，设备中部件之间的配合并没那么好，所以，如果让其使用高端机型的画质，运行就会不流畅。

2. 如何处理高低端机型的画质问题

高低端机型的区别对待，我们可以从以下几个方面入手。

（1）UI 贴图质量区别对待

针对不同的机型，分别使用不同的两套 UI 贴图，其中一套是针对高端机的，无任何压缩，无缩小；另一套是针对低端机的，对 UI 贴图进行了压缩，且缩小了 UI 贴图的大小。后面我们会详细讲解如何在游戏中使用 NGUI 和 UGUI 无缝地切换高低质量的 UI 画面。

（2）模型和特效使用资源区别对待

针对不同的机型，分别使用不同的特效和模型，将资源分为 1、2、3、4、5 这五个等级，针对不同的设备使用不同的等级。

特效在项目中最常见、也使用得最频繁，高质量的特效能直接导致低端机卡顿，因此，在低端机中要更换低质量的特效，甚至在非关键部位可不使用特效。低面数模型则可以减轻渲染时 GPU 的负担。

（3）阴影的使用情况区别对待

针对不同的机型，分别使用不同质量的阴影，或者不使用阴影。

场景中的模型物体越多，材质球数量就越多，实时阴影的计算量与渲染量也就越多。在低端机上保持顺畅是第一位的，如果能不使用阴影那是最好的，直接省去了阴影的计算。假如一定要使用，那我们也有办法减低阴影计算和渲染的消耗。

下面是针对高低端机型对阴影处理的几种方法。

方法 1：使用 Unity3D 提供的阴影渲染设置接口，通过 QualitySettings.shadowResolution 设置渲染质量，QualitySettings.shadows 设置有无和模式，QualitySettings.shadowProjection 设置投射质量，QualitySettings.shadowDistance 设置阴影显示距离，QualitySettings.shadowCascades 设置接受灯光的数量等。

在高端机上使用高质量阴影渲染设置，在中端机上使用中端阴影渲染设置，在低端机上则使用低端阴影渲染设置，甚至可以关闭阴影渲染设置。

方法 2：关闭传统的阴影渲染设置，以简单的底部圆形黑色阴影面片代替。

用一些简单的阴影面片替换阴影，用内存替换 CPU。这样就省去了计算阴影的 CPU 消耗，还能看见在底部存在阴影。

方法 3：静态阴影烘焙。场景内的物体大多是不会动的，我们可以采用烘焙的方式来减少一些实时的阴影算力。

（4）整体贴图渲染质量区别对待

针对不同的机型，分别使用不同的贴图渲染质量。

Unity3D 中可对贴图渲染质量进行设置，QualitySettings.masterTextureLimit 的 API 默认是 0，就是不对贴图渲染进行限制，假如设置为 1，就是渲染 1/2 大小的画质，相当于压缩所有要渲染的贴图大小至原先的 1/2 大小，假如设置为 2，就是渲染 1/4 画质，以此类推。

对所有贴图进行渲染限制是一个大杀器，能直接让 CPU 和 GPU 的消耗下降，但画质也遭到了毁灭性的打击，我们需要它在低端机上发挥作用，但也要谨慎使用。

3. 怎么用程序区分高低端机型

下面是区分高低端机型的几个方法。

1）Apple 机型。毕竟 iOS 的型号是有限的，因此可以把其中一些型号的机子归类为高端，另一些型号的机子归类为中端，还有一些型号的机子归类为低端。Unity3D 中的 API 有可以用的接口，例如，UnityEngine.iOS.Device.generation == UnityEngine.iOS.DeviceGeneration.iPhone6 等，以此类推，就能区分 Apple 机型了。

2）Android 等其他机型。由于机子型号太多，我们可以用 CPU 型号、内存大小、系统版本号、屏幕分辨率大小、平均帧率等判断是高端机还是低端机。

例如，3GB 内存或以上的为高端机，1GB 或以下的是低端机，其他为中端机。也可以根据系统的版本号来判断，Android 9.0 以上的为高端机，Android 6.0 以下的都是低端机，其他为中端机，又或者分辨率大的为高端机等。不过，通过一些简单的规则将高低端机型区分开来会有很大问题，例如，有些山寨机内存很大，CPU 却很烂，安卓版本很高，但内存却很小，所以我们希望有一个综合考虑硬件的系数，可以为每个硬件给出一个评分，最后将 CPU 型号、内存大小、系统版本号、屏幕分辨率大小、GPU 型号这几个硬件的评分综合起来，得出一个总分，用这个分数来判断是高端机、中端机抑或是低端机，这样会比较合理一些。

除了上述区分方法，还可以通过平均帧率来判定高低端机型。

在游戏中加入统计平均帧率的程序，将机型型号、CPU 型号和平均帧率发送给服务器端，由服务器记录各机型型号的平均帧率，再统计出一份报表给客户端，客户端根据这份统计报表来决定哪些机型型号是高端设备，哪些机型型号是低端设备。得到数据后，再通过设置不同级别的画质来优化高低端设备的游戏流畅度。

区分高低端机型时，我们可以将这三种方法一起使用，因为Android中有一些是有固定名称或者编号的机型，我们可以很方便地确定它的类型，有些没有确定型号，就需要通过了解设备的硬件情况来确定机型了，那些完全不能确定机型的，就只能在统计中得到答案了。

4. UI贴图质量的区别对待

在针对不同机型优化时，UI贴图质量的区别对待是一个比较重要的手法，下面将对此方法进行详细介绍。

在开发游戏时，免不了要针对不同机型做不同的处理，让游戏在高画质和低画质之间切换，在判定设备的情况后，可以实时切换游戏品质，让游戏更加流畅。

NGUI和UGUI的切换方式有所不同，NGUI基于图集Atlas，而UGUI是基于Image Unity3D 4.6.1后的Sprite 2D的。UI画质切换在NGUI和UGUI里都是基于两套图和两套Prefab实现的。它们的共同特点是，所有原生态的高画质（HD）Prefab都使用脚本工具生成相应的标准画质（SD）Prefab。

可使用程序把高清UI和标清UI做成两个不同的Prefab，两个UI的功能是相同的，只是对应的图集质量不同罢了。然后在高端机型中运行高清UI，在中低端机型中运行标清UI，这使得不同的机型都能流畅地运行游戏，而且它们拥有相同的功能。

这个生成高低画质Prefab的程序的运行的步骤是，先把所有UI用到的图集、材质球都复制一份到固定文件夹下，再复制一份Prefab存放在文件夹下面，并让Prefab里与图集有关的变量都指向标清材质球或者标清图集，也可以是标清单张图。

下面来看看实时切换高清和标清UI时的具体步骤。

将一套UI图复制成两套图。一套高清，一套标清，高清Prefab指向高清图，标清Prefab指向低清图。

这里NGUI和UGUI中使用的方法不同。NGUI需要制作两个Atlas Prefab，再通过修改内核将Atlas实时更换掉，也可以复制并制作另一个SD UI Prefab，只改变Atlas中指向标清画质的部分。UGUI稍微复杂一点，但原理差不多，虽然它不能实时改变图集来切换高清画质和标清画质，但也可以通过制作一个SD Prefab来达到高清和标清切换的目的。步骤是，首先复制所有图片到SD文件夹，并加上前缀SD，这样好辨认，然后复制一个相同的UI Prefab，将其命名为SD UI Prefab，再把复制过来的SD UI Prefab里的图都换成SD里的图。这样，高清和标清UI Prefab都有了相同的逻辑，只是指向的图不同而已。

程序是选择SD还是HD，只需要关注Prefab的名字即可。Prefab名字在高清和标清之间，只是前缀不一样，高清的前缀为HD或者没有前缀，而标清的文件名前缀统一设置为了SD，所以加载时很容易通过前缀名区分开来。

NGUI和UGUI制作SD Prefab的流程可以通过编写一个脚本程序一键搞定，就不用再手动一个个复制，一个个修改了。

在开发过程中，我们只要维护好 HD UI Prefab 就可以了，在打包前使用脚本一键构建 SD UI Prefab 能节省不少时间，提高效率。

这样一来，在制作过程中，我们不用再关心 SD 的事情，完全可以只把注意力和精力集中在做好高清的 UI 图上。关于标清 SD 的问题，脚本程序已经帮我们全部搞定。

4.6.13 UI 图集拼接的优化

为什么要优化 UI 图集拼接？

UI 图集概念在 Unity3D 的 UI 中是必不可少的。UI 图在整个项目中也是举足轻重的。所以 UI 图集的大小、个数，一定程度上也决定了项目打包后的大小和运行效率。

没有优化过 UI 图集的项目，会浪费很多空间，包括硬盘空间和内存空间，同时也会降低 CPU 的工作效率。所以，优化 UI 图集拼接也很重要。

如何优化图集拼接？下面介绍几个方法。

1）充分利用图集空间。当大小图拼接在一起制作成图集时，尽量不要让图集空出太多碎片空间。

碎片空间是怎么来的呢？基本上由大图与大图拼接而来，因为大图需要大块的拼接空间，所以几张大图拼接在一起形成图集会导致图集中有很多浪费的空白空间。

我们要把大图拆分开来拼接，或者把大图分离出去不放入图集内，然后使用单独的图片做渲染。在拼接时，大图穿插小图，让空间得到更充分的利用。

2）图集大小控制。如果我们对图集的大小不加以控制，就会形成如 2048×2048 像素甚至 4096×4096 像素的图。这会导致什么问题呢？游戏加载 UI 时就会异常卡顿，由于卡顿的时间过长，内存消耗过快，因此也会导致用户体验很糟糕，系统甚至会崩溃。

我们需要规范图集大小，例如，规定图集大小标准为 1024×1024 像素，此外，不仅要在制作图集时考虑大小图的问题，以便充分利用空白空间，也要在 UI 加载时，让其只加载需要的图集，而不会加载不需要的图集，这样加载速度会更快。

3）图片的拼接归类。在图片拼接没有归类的情况下，加载 UI 时常会加载一些不必要的图集，这导致加载速度过慢、内存消耗过大。

比如背包界面的一部分图片放在了大厅图集里，导致在加载大厅 UI 图时，也把背包界面的图集一并加载了进来，很显然，加载速度会变慢，内存飙升。

我们要人为规范图集分类，例如，将图集分为常用图集（里面包含各个界面都会用到的图片）、功能类图集（比如大厅界面图集、背包界面图集、任务界面图集等）、链接类图集（链接两种界面的图集，比如只在大厅界面与背包界面里用，如果有特别需要，则拆分为一个单独的图集）。

我们优化图集拼接的最终目的是，减小图集大小，减少图集数量，减少一次性加载的图集数量，让游戏运行得更稳、更快。

4.6.14 GC的优化

什么是GC？为什么要优化GC？这里借鉴zblade写的一篇文章《Unity优化之GC——合理优化Unity的GC》来说明，这篇文章写得挺好，这里稍整理了一下。

GC（Garbage Collection）就是垃圾回收。前面在内存泄漏章节中对垃圾回收机制做过详细介绍，这里再简单介绍下。

在游戏运行的时候，数据主要存储在内存中，当游戏数据不再需要的时候，当前这部分内存就可以被回收，以便再次利用。

内存垃圾指当前废弃数据所占用的内存，GC是指将废弃的内存进行回收，再次使用的过程。

在进行GC操作时，首先会检查被GC记录的每个变量，确定变量是否处于孤岛状态，或引用是否处于激活状态，如果引用的变量不处于激活状态或孤岛状态，则标记为可回收，标记的变量会在回收程序中被移除，其所占的内存也会被回收。

执行垃圾回收程序是一个相当耗时的操作，对象越多，变量越多，检查的操作也会越多，耗时也更长。

下面先看看内存分配和申请系统内存是如何影响耗时的。

1）Unity3D内部有两个内存管理池：堆栈内存和堆内存。堆栈（stack）内存主要用来存储较小的和短暂的数据，堆（heap）内存主要用来存储较大的和存储时间较长的数据。

2）Unity3D中的变量只会在堆栈内存或者堆内存上进行内存分配，变量要么存储在堆栈内存上，要么存储在堆内存上。

3）只要变量处于激活状态，其占用的内存就会被标记为使用状态，该部分的内存则处于被分配的状态。

4）一旦变量不再处于激活状态，其所占用的内存则不再需要，该部分内存可以被回收到内存池中再次使用，这样的操作就是内存回收。处于堆栈上的内存回收极其快速，处于堆内存上的垃圾并不是及时回收的，此时其对应的内存依然会被标记为使用状态。

5）GC主要是指堆上的内存分配和回收，Unity3D中会定时对堆内存进行GC操作。

6）Unity3D中的堆内存只会增加，不会减少，也就是当堆内存不足时，会向系统申请更多内存，但不会在空闲时还给系统，除非应用结束重新开始。

Unity3D这种向系统申请新内存的方式是比较耗时的。在我们平时的游戏项目中，常常由于堆内存的申请与回收导致存在大量的碎片内存，而当我们需要使用大块的内存时，这些碎片内存却无法使用，此时就会引起一个耗时的操作，即向系统申请更多的内存，申请的次数越多、越频繁，GC的耗时也就越多。这其中，GC接口被调用的频率是一个关键因素。

在游戏项目中，经常不断地调用GC接口，每次调用都会重新检查所有内存变量是否被激活，并且标记需要回收的内存块以便在后面回收，这样就在逻辑中产生了很多不必要的检查和并不集中的销毁，这会导致内存的命中率下降，最终浪费了宝贵的 CPU 资源。

其次，GC 调用的时机也非常关键，GC 操作需要消耗 CPU，如果堆内存有大量的引用需要检查，则检查的操作会十分缓慢，这就会使得游戏运行缓慢。

如果这时在游戏的关键时期，例如在游戏的战斗时刻，此时任何一个额外的操作都可能会带来极大的影响，使得游戏帧率下降。

最后是堆内存的碎片化导致的性能问题。

当一个内存单元从堆内存上分配出来时，其大小取决于存储变量的大小。当该内存被回收到堆内存上的时候，堆内存有可能被分割成碎片化的单元。也就是说，堆内存总体可以使用的内存单元较大，但是单独的内存单元较小。在下次内存分配的时候不能找到合适大小的存储单元，就会触发 GC 操作或堆内存扩展操作。

堆内存碎片会产生两个结果，一个是游戏占用的内存会越来越大，另一个是 GC 操作会更加频繁地被触发。

主要有三个操作会触发 GC 操作。

1）在堆内存上进行内存分配操作，如果内存不够，就会触发 GC 操作来利用闲置的内存。

2）自动的触发 GC 操作，不同的平台运行的频率不一样。

3）被强制执行 GC 操作。

特别是在堆内存上进行内存分配而内存单元不足的时候，GC 会被频繁地触发，这就意味着频繁地在堆内存上进行内存分配和回收操作会频繁触发 GC 操作。

在 Unity3D 中，值类型变量都是在堆栈上进行内存分配的，而引用类型和其他类型的变量则是在堆内存上分配的。所以值类型在结束其生命周期后会被立即收回，例如，函数中的临时变量 Int，其对应函数调用完后会立即回收。而引用类型是在结束其生命周期后或被清除后，执行 GC 操作时才会被回收，例如，函数中的临时变量 List，在函数调用结束后并不会立刻被回收，而是要等到下次执行 GC 操作时才被回收至堆内存中。

大体来说，可以通过以下三种方法来降低 GC 操作的影响。

1）减少 GC 的运行次数。

2）减少单次 GC 的运行时间。

3）将 GC 的运行时间延迟，避免在关键时刻触发，比如可以在加载场景的时候调用 GC。

可以采用以下三种策略实现上述方法。

1）对游戏进行重构，减少堆内存的分配和引用的分配。更少的变量和引用会减少 GC 操作中的检测个数，从而提高 GC 操作的运行效率。

2）降低堆内存分配和回收的频率，尤其是在关键时刻。也就是说，更少地触发 GC 操作，同时也降低堆内存的碎片化。

3）可以试着分析 GC 操作和堆内存扩展的时间，使其按照可预测的顺序执行。当然，此操作的难度极大，但是会大大降低 GC 的影响。

减少内存垃圾的方法有以下几种。

1）缓存变量，达到重复利用的目的，减少不必要的内存垃圾。比如，在 Update 或 OnTriggerEnter 中使用 MeshRenderer meshrender = gameObject.GetComponent() 来处理模型渲染类，就会造成不必要的内存垃圾。对此，可以在 Start 或 Awake 中先将其缓存起来，然后在 Update 或 OnTriggerEnter 中使用。这样已经缓存的变量内存一直存在，就不会被反复地销毁和分配。

优化前的代码如下：

```
void OnTriggerEnter(Collider other)
{
    MeshRenderer meshRenderer = gameObject.GetComponent<MeshRenderer>();
    ExampleFunction(meshRenderer);
}
```

优化后的代码如下：

```
private MeshRenderer mMeshRenderer;

void Start()
{
   mMeshRenderer = gameObject.GetComponent<MeshRenderer>();
}

void OnTriggerEnter(Collider other)
{
    ExampleFunction(mMeshRenderer);
}
```

2）减少逻辑调用。堆内存分配，最坏的情况就是在其反复调用的函数中进行堆内存分配，例如，在每帧都调用的 Update() 和 LateUpdate() 函数里，如果有内存分配，就会放大内存垃圾。

一种有效的解决方法是，想方设法减少逻辑调用。可以利用时间因素或使用对比的方式将 Update() 和 LateUpdate() 中的逻辑调用减到最小。

以下是使用时间因素决定是否调用逻辑的案例。

优化前，每一帧都在调用逻辑，代码如下：

```
void Update()
{
    ExampleFunction(transform.position.x);
}
```

优化后，调用逻辑的时间间隔延迟到 1 秒，代码如下：

```
private float timeSinceLastCalled =  0;
```

```
private float delay = 1f;
void Update()
{
    timSinceLastCalled += Time.deltaTime;
    if(timeSinceLastCalled > delay)
    {
        ExampleFunction();
        timeSinceLastCalled = 0f;
    }
}
```

以下是使用对比的方式决定是否调用逻辑的案例。

优化前，每帧都在调用逻辑，代码如下：

```
void Update()
{
    ExampleFunction(transform.position.x);
}
```

优化后，只在坐标 X 改变的情况下才调用逻辑，代码如下：

```
private float previousTransformPositionX;

void Update()
{
    if(transform.position.x != previousTransformPositionX)
    {
       ExampleFunction (transform.position.x);
       previousTransformPositionX = transform.position.x;
    }
}
```

通过这样细小的改变，可以让代码运行得更快，同时也减少了内存垃圾的产生。

3）清除链表。进行链表分配时清除链表，而不是不停地生成新的链表。

在堆内存上进行链表分配的时候，如果该链表需要多次反复的分配，则可以采用链表的 Clear() 函数来清空链表，从而替代反复多次地分配链表。

优化前，每帧都会分配一个链表的内存进行调用，代码如下：

```
void Update()
{
    List myList = new List();
    ExampleFunction(myList);
}
```

优化后，不再重复分配链表内存，而是将其清理后再使用，代码如下：

```
private List myList = new List();
void Update()
```

```
{
    myList.Clear();
    ExampleFunction(myList);
}
```

4）对象池。使用对象池技术保留废弃的内存变量，重复利用时不再需要重新分配内存，而是利用对象池内旧有的对象。

即便我们在代码中尽可能地减少堆内存的分配行为，如果游戏中有大量的对象需要产生和销毁，依然会造成频繁的 GC 操作。对象池技术可以通过重复使用对象来降低堆内存的分配和回收频率。

对象池已在游戏中广泛使用，特别是在游戏中需要频繁地创建和销毁相同的游戏对象的时候，例如，枪的子弹这种会频繁生成和销毁的对象。对象池能降低 CPU 消耗，减少执行 GC 操作的次数。

5）字符串。在 C# 中，字符串是引用类型变量而不是值类型变量，即使看起来它存储的是字符串的值。这就意味着字符串会生成一定的内存垃圾，由于代码中经常使用字符串，所以我们需要对其格外小心。

C# 中的字符串是不可变更的，也就是说，其内部的值在创建后是不可变更的。每次在对字符串进行操作的时候（例如运用字符串的“加”操作），C# 会新建一个字符串来存储新的字符串，这会使得旧的字符串被废弃，这样就会造成内存垃圾。

可以采用以下一些方法来降低字符串的影响。

1）减少创建不必要的字符串。如果一个字符串被多次利用，则可以创建并缓存该字符串。

例如，项目中常会将文字字符串存储在数据表中，然后由程序去读取数据表，进而将所有常用的字符串存储在内存里。这样操作后，成员们在调用字符串时就可以直接调用我们存储的字符串了，而不需要去新建一个字符串来操作。

2）减少不必要的字符串操作。例如，如果在 Text 组件中，有一部分字符串需要经常改变，但是其他部分不会，则可以将其分为两个部分的组件，对于不变的部分设置为类似常量的字符串即可。

优化前，每帧都会重新创建一个字符串来设置时间文字，代码如下：

```
public Text timerText;
private float timer;
void Update()
{
    timer += Time.deltaTime;
    timerText.text = "Time:" + timer.ToString();
}
```

优化后，不再操作字符串，而是赋值给文字组件，虽然还是会分配字符串，但大小降低，从而减少了内存垃圾，代码如下：

```
public Text timerHeaderText;
public Text timerValueText;
private float timer;
void Start()
{
    timerHeaderText.text = "TIME:";
}

void Update()
{
   timerValueText.text = timer.ToString();
}
```

3）使用 StringBuilderClass() 函数。如果需要实时地操作字符串，则可以采用 StringBuilderClass() 来代替，StringBuilder() 专为不需要进行内存分配而设计，从而可减少字符串产生的内存垃圾。

不过此类方法还是要选择性地使用，因为此方法也会在执行 ToString() 时重新分配一个字符串，因此只能省去一些中间状态的内存分配，无法彻底解决字符串的内存分配问题。所以只能在小范围特定区域使用，比如，在特别频繁地操作字符串的情况下，不断增加、改变字符串的地方。游戏中若有对字符串逐步显示的需求，像写文章一样一个个或者一片片地显示，而不是全部一下子显示，使用 StringBuilder 就能减少字符串分配。

记住，它只能减少字符串中间状态的分配，不能免除字符串内存分配。

4）移除游戏中的 Debug.Log() 等 LOG 日志函数的代码。对于游戏来说，LOG 日志其实很消耗资源，特别是在战斗激烈的情况下，本来就宝贵的 CPU 大量消耗在了 LOG 日志上不划算，它不但分配了字符串，还不间断地往文件里写数据。因此我们在游戏开发时，特别是在发布时要尽量去除 LOG 日志。因为它不但影响内存垃圾的分配，还会浪费 CPU 空间。

5）协程。调用 StartCoroutine() 会产生少量的内存垃圾，因为 Unity3D 会生成实体来管理协程。任何在游戏关键时刻调用的协程都要特别注意，尤其是包含延迟回调的协程。

yield 在协程中不会分配堆内存，但是，如果 yield 带有参数返回，则会产生不必要的内存垃圾，例如：

```
yield return 0;
```

由于需要返回 0，引发了装箱操作，所以会产生内存垃圾。这种情况下，为了避免内存垃圾，可以这样返回：

```
yield return null;
```

另外一种对协程的错误使用是每次返回的时候都新建同一个变量，例如：

```
while(!isComplete)
{
    yield return new WaitForSeconds(1f);
}
```

可以采用缓存来避免产生这样的内存垃圾，代码如下：

```
WaitForSeconds delay = new WaiForSeconds(1f);
while(!isComplete)
{
    yield return delay;
}
```

6）Foreach 循环。在 Unity3D 5.5 以前的版本中，foreach 的迭代也会生成内存垃圾，主要来自其后的迭代器。foreach 迭代每次都会在堆内存上产生一个 System.Object() 用来实现迭代循环操作。但是现在的版本都已经使用了新的 .NET 文件，不会再有这个问题。

7）函数引用。函数的引用，无论是指向匿名函数还是显式函数（在 Unity3D 中这两种函数都是引用类型变量），它们的分配都会在堆内存上进行。

要特别注意的是 System.Action() 匿名函数，它在项目中使用得特别频繁，此函数调用完后会增加内存的使用和堆内存的分配。因为它本身就是一个指向函数地址的指针变量，所以它会在堆内存中分配，并且在用完后被抛弃，形成垃圾。

具体函数的引用和终止均取决于操作平台和编译器设置，但是，如果想减少 GC，最好减少匿名函数的使用。

8）LINQ 和常量表达式。由于 LINQ 和常量表达式以装箱的方式实现，所以在使用的时候最好进行性能测试。

如果可以，请尽量使用其他方式代替 LINQ，这样就可减少 LINQ 产生的内存垃圾。

9）主动调用 GC 操作。如果我们知道堆内存在被分配后并没有被使用，那么我们希望可以主动地调用 GC 操作，或者在 GC 操作并不影响游戏体验的时候（例如场景切换或读进度条的时候），可以主动地调用 GC 操作 System.GC.Collect()。因为通过主动调用，可以主动驱使 GC 操作来回收堆内存，从而将体验不好的时间段放在察觉不到的时候，或者不会被明显察觉的时候。

Chapter 5 第 5 章

3D 模型与动画

5.1 美术资源规范

本节主要介绍游戏项目中的美术资源规范，该规范可以说是判定一个项目好坏的根基。

1. 美术资源规范概述

资源规范在项目中很重要，但是很多项目都没有重视资源规范，而是不断追求更高的运行效率。要知道，资源规范才是高效运行的前提。

有的游戏项目，一个人物模型就有几万个面，一个建筑则有几十万个面。贴图也很糟糕，到处都是不规则的贴图，1024 像素和 2048 像素大小的贴图到处都是，动画骨骼甚至多到以百来计数。在这样恶劣的资源环境下，项目的运行效率怎么可能高呢？

资源没有规范，会直接导致项目的性能变差，例如，模型太大、模型面数太多、贴图太大、压缩不够都会导致加载过慢、画面卡顿、渲染压力过大，骨骼数量太多则会导致 CPU 在动画上消耗过多。资源过多会导致 CPU 消耗在资源加载上的时间过长，出现画面帧率下降、卡顿严重等问题。

对于美术资源来说，模型面数并不是越多越好，而是应该在一定数量的限制下尽最大的努力做到最好的美化。同样，贴图也不是越大越好、精度越高越好，而是应该在一定大小的限制下，做到最大限度的不失真。资源规范能够有效地限制我们在制作美术资源时过度扩张。

2. 如何确定美术资源规范的大小

前面提到过，模型面数、贴图大小、骨骼数量、粒子数量、材质球数量都会影响性能。通常情况下，我们在某个平台有了某种游戏类型的开发经验后，都会积累一些关于这个平台的资源规范经验，例如，手机游戏中的人物角色模型一般不应该超过5000面，贴图大小不应该超过512像素，骨骼数量不应该超过30个。但是，当接触一个新的项目类型，需要制定新的规范时，固有的经验可能起不了作用，那该怎么办呢？下面就来介绍在项目中制定美术资源规范时可以用到的几个方法。

（1）根据运用的场景来确定

由于我的经验主要是在手机游戏开发方面，所以下文所说的规范都是针对手机游戏开发的规范。

每种游戏类型都会有不同的标准，像汤姆猫App这种强调单一主角的场景，由于主要资源全部服务于该主角，因此对主角进行精细化的雕琢是很有必要的。这种单一主角场景的模型即使做到10 000面也不为过，主角的骨骼也可以做得很精细，骨骼数量可以多达70个，贴图大小也可以达到2048×2048像素，甚至更大，只是当需求中有换装时需要考虑包体的大小。

卡牌策略类游戏的核心是静态的3D人物场景和人物角色的自动攻击，由于它的场景是固定的，视角不会移动，因此场景模型和人物模型在面数、贴图和材质上可以稍微宽松一些。卡牌策略类游戏中使用的人物模型通常在7000面左右，骨骼数量可达40个，贴图大小可以为1024×1024像素，因为模型数量在视角下并不多，所以可以稍微放开些，但也不能太宽松。

第三人称视角的RPG，由于视角是第三人称的自由视角，同时看到的场景范围会更多一些，视角下的模型数量也会比较多，因此角色模型的面数要控制在3000面以下，骨骼数量控制在30个以下，建筑模型面数因大小差异而无法统一，可以分成大型建筑7000面以下，中型建筑5000面以下，小型建筑3000面以下，小部件则控制在1000面以下。贴图也需要更多的限制，最好为512×512像素及以下，角色和中大型模型主贴图为512×512像素，副贴图为256×256像素，小型和小部件贴图控制在128×128像素及以下。

战争塔防类游戏，例如，《部落冲突》是从上往下俯视的视角，所以同屏能看到的模型数量非常多，包括建筑物、人物、机械坦克等，需要对模型、贴图、动画、材质球进行更多的限制。这时需要将人物角色的模型限制在2500面以内，建筑则限制在5000面、3000面或2000面以内，其他小部件则限制在750面以内，贴图基本上以256×256像素为主，副贴图为128×128像素，材质球数量不能超过2个。

如果是《塞尔达传说》《和平精英》这种超大型的游戏，则需要从高空俯瞰整个场景，渲染压力比较大，除了制定美术资源规范之外，还要借用其他方法，比如LOD，它能把渲染压力和渲染质量平衡得很好。后文会具体介绍LOD在优化中的运用。

总的来说，可以根据项目的特点来指定不同规格的美术资源规范，限制模型的面数、贴图的大小、材质球的数量和骨骼的数量，具体数字需要依据项目特点而定。

（2）使用反推计算来得出规范

对于一些模型物体大小差异比较大的、无法统一模型与贴图面数的，可以使用全场景总面数来控制。

我们来举一个例子。假如在场景中，同屏面数需要控制在 40 万面左右，下面就以这个 40 万面的标准开始部署。首先需要计算一个极限值，假如同屏要达到 100 个角色、50 个建筑，先除去地表模型大概 3 万面，剩下的数量为 37 万面，平均每个物体 2500 面。我们不要平均，而是需要拆分一下等级，小物件为 1 级，小建筑为 2 级，中型建筑为 3 级，大型建筑为 4 级，人物角色同为 3 级，因此这 100 个角色每个可以有 3000 面，剩下的 50 个建筑，大型建筑 5 个，中型建筑 20 个，小型建筑 10 个，小物件 10 个，可以分配剩下的 7 万面，小件模型在 500 面以下，小型建筑模型限制在 1000 面左右，中型建筑模型限制在 2000 面左右，大型建筑限制在 3000 面左右。

贴图大小同样也可以按照这种方法进行规范，我们先设定一个总体内存，例如设定了一个不超过 500MB 的内存，通常内存中包括资源内存、业务逻辑内存、引擎逻辑内存、第三方插件内存，我们来为各部分占用的内存做个假设：资源内存 270MB，业务逻辑内存 + 引擎逻辑内存 150MB，第三方插件内存 80MB（资源在不同系统、不同设备上的压缩比不一样，可以拿某一流行设备作为标准来规范内存）。其中，我们最关心的是资源内存，资源大小不得超过 270MB，资源中包括 3D 模型、贴图、UI 图集、材质球、Prefab 数据等，其中模型和贴图占大头，通常占 80% 左右，大约为 220MB，这个空间中的 UI 图集通常也会占用比较大的比例，一般会占用 30% ～ 50% 的空间，模型数据通常占用 15% ～ 35% 的空间，所以留给 3D 贴图的内存空间不超过 130MB。下面就以 130MB 的空间来计算场景内贴图的规范。假设场景中有 100 种不同类型的模型，采用的是不同种类的贴图，小型模型有 30 种，中型模型有 50 种，大型模型有 20 种，那么小型模型的贴图不得超过 0.6MB，中型模型的贴图不得超过 1.25MB，大型模型的贴图不得超过 2.75MB。知道了大、中、小模型贴图的占用规范，再来处理贴图尺寸就会更容易些，1024 × 1024 像素在 RGBA32 不压缩的情况下为 4MB，通常我们使用的压缩算法的压缩比率为 15% ～ 50%，从而可以预计出小型模型不能超过 2 张贴图，且大小不得超过 256 × 256 像素，中型模型不能超过 2 张贴图且大小不得超过 512 × 512 像素，大型模型不能超过 3 张贴图，且最多为 2 张 1024 × 1024 像素和 1 张 512 × 512 像素。

除了通过占用内存的大小来指定规范外，也可以使用总张数和总尺寸大小来进行规范。例如，设定场景的总体贴图大小为不超过 20 张 1024 × 1024 像素，那么在小型模型 30 种、中型模型平均 20 种、大型模型平均 10 种的情况下，就可以规定为小型模型贴图大小为 256 × 256 像素以下，中型模型贴图大小为 512 × 512 像素以下，大型模型贴图大小为 1024 × 1024 像素以下。

用反推法来计算和规范整个地形场景的模型和贴图相对会容易一些，对于整体内存和计算量的把控也会强很多。除了模型面数和贴图大小外，还有一个重要规范是材质球的数量，这是渲染中 drawcall 数量的重要依据，因此我们对其进行限制也是非常有必要的。同样可以参照前面所讲的方式，把模型和特效分成三六九等，即复杂度从 1 级到 10 级，1 级为最低级，最多只能有 1 个材质球，10 级为最高级，最多有 27 个材质球。当然，10 级的种类和数量是最少的。我们需要预测每个等级在场景中的数量，以便更准确地指定具体可拥有的材质球数量。前面介绍的都是对同一级别的设备进行规范的方法，由于市场上的设备好坏差异比较大，因此除了对标准设备的资源进行规范之外，还需要对不同级别设备的资源进行再细分和规范，也就是采用俗称的 LOD（Levels of Detail，细节等级）加载方式。LOD 通常会分为 1 ～ 9 级，每级都有不同的细节等级，从低模到高模，从低耗到高耗是有很大区别的。这里暂时点到为止，后面再详细叙述。

（3）规范的自动检测

无论采用什么方法，都需要不断地检测资源，项目一直在向前推进，资源不断得到修改和新增，我们需要有一套监测系统来检测资源的问题。如果可以在项目进行前加入实际的压力测试环节，或者在项目进行中加入渲染压力测试的环节，则会更有利于对美术资源的规范。在项目中，特别是在大型项目中，做渲染压力测试是非常有必要的。专门派人来完成这件事情，做好前期的规划和测试是一种对项目负责的做法，这样能够更好地保障项目的安全。但目前仍然有许多项目和公司，由于人才缺乏、投入不够等原因，没有安排专人去做资源规范监控和压力测试，只是一味地求速度，这样是有问题的。但这有时候也是出于无奈的一种选择，我们只能边开发边测试，甚至大多数情况是，在项目最后上线前集中进行一大波优化。

在实际项目中，常有让程序员或美术设计师以人工方式去寻找美术资源规范的情况，这种方式无论多么严谨，都会有很多遗漏，不能形成系统化的流程与规范，导致大家都是有一枪打一枪，发现一个修一个，无法精确完整地确定资源是否有违反规范和遗漏的问题，甚至很多时候完全不知道会不会有人一不小心又提交了不符合规范的资源，这样的排查会浪费大量的精力和人力。

因此，我们需要编写一个美术资源规范的检测程序，这个测试程序应该设定为 2 ～ 3 小时运行一次，运行后提醒我们有多少资源存在不规范的情况，分别是哪些资源，并罗列出来，甚至可以细化到最近一次是谁提交的。

这里列举一个对 Unity 项目中的资源进行简单检测的例子，代码如下：

```
[MenuItem("校验工具/角色、模型、地形 Prefab")]
static public void ModelPrefabValidate()
{
//写入 csv 日志
StreamWriter sw = new StreamWriter("模型 Prefab 检测报告.csv", false, System.
    Text.Encoding.UTF8);

    string[] allAssets = AssetDatabase.GetAllAssetPaths();
foreach (string s in allAssets){
        //控制路径是否为需要检查的路径
        if (!ModelAssetPost.IsInPath(s, ModelFbxAssetPost.Character_Prefab_path)){
            continue;
        }
```

```
    GameObject obj = AssetDatabase.LoadAssetAtPath(s, typeof(GameObject))
        as GameObject;

    //--检查fbx和网格的设置
    MeshFilter[] meshes = obj.GetComponentsInChildren<MeshFilter>();
    if (meshes == null){
        continue;
    }
    int vertexCount_sum = 0;

    for(int i = 0 ; i < meshes.Length ; i++){
        Mesh mesh = meshes[i].sharedMesh;
        SkinnedMeshRenderer smr = meshes[i].GetComponent<SkinnedMeshRenderer>();
    if(mesh == null){
            str_record = string.Format("丢失Mesh ,{0} ,{1}", s, meshes[i].name);
        }
        else
        {
            ModelImporter model_importer = null;
            string path_obj = null;
            UnityEngine.Object obj_fbx = null;

     //检查fbx路径
        path_obj = AssetDatabase.GetAssetPath(mesh);
    obj_fbx = AssetDatabase.LoadAssetAtPath(path_obj, typeof(GameObject));

     //检查fbx设置
                model_importer = AssetImporter.GetAtPath(path_obj) as
                    ModelImporter;
                if(!model_importer.optimizeMesh)
                {
                    str_record = string.Format("fbx设置中 optimizeMesh off
                        没打开 ,{0} ,{1}", path_obj, obj_fbx.name);
                }
                if(model_importer.importMaterials)
                {
                    str_record = string.Format("fbx设置中 importMaterials
                        on 打开了 ,{0} ,{1}", path_obj, obj_fbx.name);
                }
                if(!model_importer.weldVertices)
                {
                    str_record = string.Format("fbx设置中 weldVertices off
                        没打开 ,{0} ,{1}", path_obj, obj_fbx.name);
                }
                if(model_importer.importTangents != ModelImporterTangents.None)
                {
                    str_record = string.Format("fbx设置中 importTangents
                        on 打开了 ,{0} ,{1}", path_obj, obj_fbx.name);
                }
                if(model_importer.importNormals != ModelImporterNormals.Import)
```

```
                {
                    str_record = string.Format("fbx设置中 importNormals
                        off 没打开 ,{0} ,{1}", path_obj, obj_fbx.name);
                }
                if(smr != null
                    && model_importer.isReadable)
                {
                    str_record = string.Format("fbx设置中 isReadable on 打开
                        了, SkinnedMeshRenderer 即动画不能打开write ,{0}
                        ,{1}", path_obj, obj_fbx.name);
                }
                if(!path_obj.Contains("_write")&& model_importer.isReadable)
                {
                    str_record = string.Format("fbx设置中 isReadable on 打
                        开了, 但文件名没有 _write 后缀,{0} ,{1}", path_obj,
                        obj_fbx.name);
                }
                if(path_obj.Contains("_write") && !model_importer.isReadable)
                {
                    str_record = string.Format("fbx设置中 isReadable off
                        没打开, 但文件名有 _write 后缀,{0} ,{1}", path_obj,
                        obj_fbx.name);
                }
                vertexCount_sum += mesh.vertexCount;
        }

        if(vertexCount_sum > MESH_VERTEX_MAX)
        {
                str_record = string.Format("网格顶点数大于 {0},{1} ,{2}",
                    MESH_VERTEX_MAX, s, vertexCount_sum);
        }


                ...

        //检测命名是否合法
        if (!UIAssetPost.IsFileNameLegal(s)){
                str_record = string.Format("文件命名不合法 , {0}", s);
        }

...
    }
        ...
}
```

虽然代码省略了很多，但还是有点长。代码大致的意思是，我们可以在检查的过程中，把资源在Unity3D中不符合规则的设置输出到文件中，告知大家哪些资源文件有问题。把这个程序放在打包机上，或者专门用于检测的流水线上，每1～2个小时运行一次，用微信或企业微信的方式告知大家。这样就能做到检测的实时性和完整性，如果有哪条规则被疏漏了，就在程序里加上，将检测到的资源问题分派给各成员去处理，每个人做好自己范围内的资源管理，直到把资源检测警告清零，至此，项目中的资源就完全规范化了。大多数大项目都会有类似的离线监测程序，在项目开发中就能时刻检测问题资源，包括模型面数规范、贴图大小规范、贴图压缩格式规范、着色器的使用规范、UI 贴图设置规范、Prefab 层级和大小规范、材质球数量规范、动画数据大小规范等。

这里不得不提一个好用的工具——UWA 本地资源检测工具（如图 5-1 和图 5-2 所示），它让我们不用重复造轮子，从而可以节省很多时间。

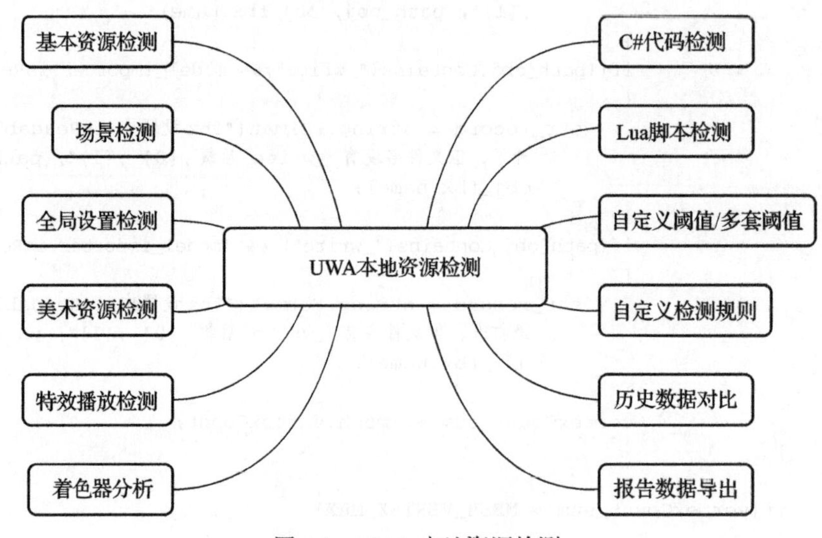

图 5-1 UWA 本地资源检测

2021-04-29

项目 / 本地资源检测 / 210429test / 项目资源检测

导出数据 更新日志 相关下载

- 项目资源检测
- 场景检测
- Editor设置检测
- C#代码扫描检测
- LUA代码扫描检测
- 美术资源检测
- 自定义规则

项目资源检测

All 阈值设定

检测结果	检测规则名称	优先级	失败个数	阈值	操作
失败	包含相同纹理采样的材质	高	12	总数>0	>
失败	使用了Standard Shader的材质	高	24	总数>0	>
失败	包含Tangent属性的网格	高	32	总数>10	>
失败	包含UV2属性的网格	高	32	总数>10	>
失败	Build后：生成变体数过多的Shader	高	3	(Build) 变体数估值>100	
失败	开启各向异性过滤的纹理	高	44	总数>0	
失败	过滤模式为Trilinear的纹理	高	14	总数>10	
失败	尺寸过大的纹理	高	2	长或宽>512	

图 5-2 检测示例

此工具中涵盖了前面提到的对静态资源的检测，包括网格数据、纹理贴图、音频格式、材质设置、Animation（动画）数据、着色器、视频格式、Prefab 数据等，检测内容包括资源属性、资源内容、变体分析等。它还具有粒子特效性能检测功能，特别好用。除此之外，还有场景检测、代码扫描、行业阈值等功能，可为进行优化和静态扫描工作的人员节省不少时间和精力。

5.2 合并 3D 模型

本节主要介绍场景中 3D 模型的一些基础知识，以及常用的合并方法。合并是场景性能优化的重要方式，本节会详细阐述如何合并模型，以及合并所带来的问题。

5.2.1 网格模型的基础知识

1. 项目开发初期常会遇到 Animation 和 Animator 的选择

Unity3D 引擎已不再对 Animation 系统进行维护。虽不维护但并不代表一定不能用，很多旧的项目仍然在用，只是性能和功能上都会落后一些。新动画系统 Mecanim 中已有新的动画组件 Animator。为什么要用新系统 Mecanim 呢？原因包含如下几个方面。

- Mecanim 系统使用多线程计算，比 Animation 的单线程性能要高。
- Unity3D 本身就自带了对 Mecanim 系统的优化选项“ Optimize GameObject”。开启该选项，Animator.Update 和 MeshSkinning.Update 的 CPU 占用均会有一定程度的降低。
- Animator 的功能更多，Retargeting 功能可让不同的角色使用同一套动画资源，比如，游戏中空闲时的所有角色都可以使用同一个动画文件，以省去动画资源内存的开销。
- Animator 状态机可以让动画在不同的条件下轻松切换，Layer 能让人物上下半身分别播放不同的动画。

由于 Unity3D 引擎不再维护 Animation，因此大多数人选择 Animator 是一种正确的做法。其实就我而言，我更喜欢 Animation，但现实使我不得不抛弃它去投奔新“主子”（Animator），因为不再维护意味着从长远来看它会越来越糟糕。

2. Unity3D 模型中子网格的意义

模型中可以包含很多网格，一个模型可以由多个网格组成。在 Unity3D 中，一个网格可以由多个子网格（SubMesh）组成。

在渲染引擎的时候，每个子网格都要匹配一个材质球来做渲染，说白了，一个子网格本身就是一个普通的模型，它由很多个三角形构成，也需要材质球支持以达成渲染。美术人员在制作 3D 模型的过程中，既可以将网格拆分成独立的子网格，也可以将多个子模型（即

SubMesh）合并成网格。

这里大家可能有一个疑问，美术人员在制作3D模型时，为什么不把网格编成一个，而要制作成多个子网格？这是有原因的。

第一个原因是，美术人员在制作3D模型的时候，希望一个模型中的一部分网格用一种材质球来表现效果，另一部分网格则用另一种材质球来表现效果，这时就需要将模型拆分开来。因为一个网格只能对应一个材质球，一个材质球只能表现一种效果，当需要表现多种完全不同的效果时就需要拆分。

第二个原因是，模型中的某部分贴图在众多模型中共同使用的频率比较高，为了不重复制作以减少重复劳动，原本可以作为一个整体的模型会将公共材质部分单独拆分出来让这一部分模型使用同一个材质球。

第三个原因是，在制作动画时，由于动画过于复杂，如果使用同一个模型去表现，则骨骼的数量就会成倍增加。为了能够更好地表现动画，也为了能降低骨骼的使用数量，要拆分出一部分模型，让它们单独成为模型动画的一部分。

以上三个原因是在制作模型过程中需要着重考虑的，通常情况下都会用拆分模型的方式来处理。

其实子网格也有诸多好处，与没有子网格的单个网格相比，拥有多个子网格一样可以有动画。另外，它还能针对不同部分的网格选择有个性化的材质球来表现效果，从功能上来看，多个子网格比单个网格要灵活得多。但它也有缺点，由于每个子网格都有材质球，导致子网格越多，增加的渲染管线调用（drawcall）也越多。网格中存在多个子网格，在动作和拆分材质球渲染上确实很有优势，但无法与其他网格合并，这会导致优化的一个重要环节被阻断。

子网格的功能虽然强大，但也需要注意其性能开销，建议慎重使用。有时我们可以选择将网格完全拆分为其他网格的形式来代替子网格，这样在合并网格时就能有更多的选择了。下面就来深入浅出地聊聊合并模型的方法和途径。

3. 动态合并3D模型

我们制作的场景中包含了很多3D的物体，每个3D物体都需要有一个材质球支持，这导致每个模型都会产生一个drawcall，众多的3D模型会产生大量drawcall，如果drawcall过多，CPU会忙于发送状态数据给GPU，此时GPU大多数时间处于等待状态，这将导致画面帧率下降及强烈的画面卡顿感。

实际项目中通常会遇到这样的问题：场景中要摆放的3D物体很多，包括人物、建筑、路标、景观、树木、石头、碎块、花朵等。这些3D物体都有自己的材质球，很多物体不只有一个材质球，相同模型的物体使用相同的材质球，不一样的物体使用不同的材质球，有时不一样的物体也有相同的材质球，这些物体如果不做任何优化处理，就会产生很多drawcall，这将导致CPU在发送状态数据时负担加重。那么，这么多的材质球引起的

drawcall 是否能减少一些，是否能合并成一个？这时就是合并 3D 模型发挥作用的时候了。

合并 3D 模型的主要目的就是减少 drawcall，它是通过减少材质球的提交数量来完成优化的，说得简单点就是，把拥有相同材质球的模型合并成一个模型和一个材质球，从而减少向 GPU 提交 drawcall 的数量，让 GPU 并行处理数据时更快、更顺畅。

Unity3D 引擎在合并模型从而优化 drawcall 上有自己的功能，即**动态批处理**和**静态批处理**两种，使用它们的前提条件是模型物体必须具有相同的材质球，除了这个必要条件外，还有其他条件，下面就来详细介绍 Unity3D 中的动态批处理和静态批处理。

5.2.2　动态批处理

动态批处理意味着随时都可进行模型合并批量处理，当开启动态批处理（Dynamic Batch）时，Unity3D 可以将场景中的某些物体自动批处理成为同一个 drawcall，如果它们使用的是同一个材质球，并且满足一些条件，动态批处理就会自动完成，不需要执行额外的操作。

需要满足的动态批处理条件如下。

1）动态批处理物体的顶点数目要在一定范围之内，动态批处理只能应用在少于 900 个顶点的网格中。

- 如果你的着色器使用顶点坐标、法线和单独的 UV，那么只能动态批处理 300 个顶点内的网格。
- 如果你的着色器使用顶点坐标、法线、UV0、UV1 和切线，则只能动态批处理 180 个顶点内的网格。

2）两个物体的缩放比例一定要相同，假如两个物体不在同一个缩放单位上，它们将不会进行动态批处理（例如物体 A 的缩放比例是（1：1：1），物体 B 的缩放比例是（1：1：2），它们的缩放比例不同，则不会被合并处理，除非 A 的缩放比例改为（1：1：2），或者 B 的缩放比例改为（1：1：1））。

3）使用相同材质球的模型才会被合并，使用不同材质球的模型是不会被动态批处理的，即使它们的模型是同一个，或者看起来像是同一个。

4）多管线（Pipeline）着色器会中断动态批处理。

- 那些支持多个灯光的前置渲染，它们增加了多个渲染通道，因此无法进行动态批处理。
- 旧系统中的延迟渲染路径（灯光前置通道）关闭了动态合批处理，因为它需要绘制物体两次。
- 所有多个 Pass 的着色器增加了渲染管道，不会被动态批处理。

动态批处理的条件很苛刻，项目中的很多模型是不符合动态批处理要求的。另外，动态批处理要消耗 CPU 将所有物体的顶点转换到世界空间，合并网格也会带来开销，所以它的优势是，它的工作或许能让 drawcall 变少（但有时候它其实并不能让 drawcall 变少）。

这里需要说明的是，一味地减少 drawcall 并不是万能的，开销取决于很多因素，drawcall 的开销主要是由图形 API 的调用造成的，如果节省的开销小于准备工作的开销，则会得不偿失。例如，一个主机设备或流行的API（比如Apple Metal这样的），drawcall的开销通常会很低，那么，对它来说动态批处理在优化方面的优势并不是很大。

5.2.3 静态批处理

静态批处理允许引擎在离线的情况下进行模型合并的批处理，以减少drawcall。无论模型有多大，只要使用同一个材质球都会被静态批处理优化。它通常比动态批处理更有用（因为不需要实时转换顶点来消耗CPU），但也消耗了更多的内存。

为了让静态批处理起作用，需要对物体设置静态标记，即我们需要确认指定的物体是否为静态的，即不能动、不能移动、不能旋转或缩放。因此，我们需要给这物体在面板上标记一个静态的标记，以确定性地告诉Unity3D引擎，此物体是不能动、不能缩放的，可以对该物体做静态批处理的预处理操作。

使用静态批处理需要增加额外的内存来存储合并的模型。在静态批处理时，如果一些物体之前共用一个模型，那么Unity3D会复制这些物体的模型以用来合并，在Editor里或在实时运行状态下都会执行这个操作。不过，这样做可能不总是有益的，因为这样做会大量增加内存的使用量，因此有时我们需要减少对物体的静态处理以减少内存的使用量，虽然这样做会牺牲渲染性能。个人觉得用内存换CPU是值得的，只是，如果用100GB的内存来换千分之一的CPU效率，则有些不划算，所以我们应该谨慎使用。

静态批处理的具体做法是，将所有有静态标记的物体放入世界空间，以材质球为分类标准将它们分别合并，并构建成一个大的顶点集合和索引缓存，所有可见的同类物体就会被同一批drawcall处理，这会让一系列的drawcall减少，从而实现优化的效果。

从技术上来说，静态批处理并没有节省3D API drawcall的数量，但它能减少因3D API之间的状态改变导致的消耗。在大多数平台上，批处理被限制在64 000个顶点和64 000个索引内（OpenGLES上为48 000个，MacOS上为32 000个），所以，倘若超过这个数量，则需要取消一些静态批处理对象。

现在我们知道动态批处理和静态批处理分别是什么了，下面就来做个简单的总结。

- 动态批处理的条件是，使用同一个材质球，顶点数量不超过900个，有法线的不超过300个顶点，有两个UV的不超过150个顶点，缩放比例要一致，着色器不能有多个通道。
- 静态批处理的条件是，必须是带有静态标记的物体，不能动、不能旋转、不能缩放、不能有动画。

动态批处理的规则是极其严格的，能用在具体场景中的模型通常是相对比较简单的，它对顶点限制很多，而且缩放比例也要相同，渲染管道也只能有一个。

虽然静态批处理的使用范围更广一些，但要求物体是静态的，不能移动、旋转和缩放。这个限制局限性太强，只有完全不动的场景中的固定物体才能使用静态批处理。

动态批处理限制太多，静态批处理又不能满足我们的需求，所以很多时候只能自己手动合并模型来替代 Unity3D 的批处理。也只有用自己的程序合并的模型才能体现自定义动态批处理的用途。比如，构建场景后的动态建筑、动态小件合并，人物模型更换装备、发型、首饰、衣裤等，若导致多个模型挂载，就需要合并模型来优化渲染了。

5.2.4　自己编写合并 3D 模型的程序

自己编写合并 3D 模型的程序时，需要调用 Unity3D 的 API，下面就来了解 Unity3D 的几个类和接口。

- Mesh 类有一个 CombineMeshes 的接口，提供了合并 3D 模型的入口。
- MeshFilter 类，是承载网格数据的类。
- MeshRenderer 类，是绘制网格的类。

在使用这几个类之前，我们先要弄明白几个概念。

1. 子网格的含义

前文已解释过子网格的含义，这里再简单阐述一下。子网格是网格里拆出来的子模型，子网格需要用到多个额外的材质球，而普通的网格只有一个材质球。

2. MeshFilter 和 MeshRenderer 中的 mesh 与 shareMesh、material 及 shareMaterial 的区别

mesh 和 material 都是实例型的变量，对 mesh 和 material 执行任何操作，都是额外复制一份后再重新赋值，即使只是 get 操作，也同样会执行复制操作。也就是说，对 mesh 和 material 进行操作后，就会变成另外一个实例，虽然看上去一样，但其实已是不同的实例了。

sharedMesh 和 sharedMaterial 与前面两个变量不同，它们是共享型的。多个 3D 模型可以共用同一个指定的 sharedMesh 和 sharedMaterial，当你修改 sharedMesh 或 sharedMaterial 里面的参数时，指向同一个 sharedMesh 和 sharedMaterial 的多个模型就会同时改变效果。也就是说，sharedMesh 和 sharedMaterial 发生改变后，所有使用 sharedMesh 和 sharedMaterial 资源的 3D 模型都会表现出相同的效果。

3. materials 和 sharedMaterials 的区别

与 material 和 sharedMaterial 一样，materials 是实例型的，sharedMaterials 是共享型的，只不过现在它们变成了数组形式。

无论对 materials 进行什么操作，都会复制一份一模一样的来替换，sharedMaterials 操作后，指向这个材质球的所有模型都会改变效果。而 materials 和 material 与 sharedMaterials 和 sharedMaterial 的区别是，materials 和 sharedMaterials 可以针对不同的子网格，material 和 sharedMaterial 只针对主网格。也就是说，material 和 sharedMaterial 等于 materials[0] 和 sharedMaterials[0]。

4. 网格、MeshFilter、MeshRenderer 的关系

网格是数据资源，它可以有自己的资源文件，比如 XXX.FBX。网格里存储了顶点、

UV、顶点颜色、三角形、切线、法线、骨骼、骨骼权重等提供渲染所必要的数据。

MeshFilter是一个承载网格数据的类，网格被实例化后存储在MeshFilter类中。MeshFilter包含两种类型，即实例型和共享型的变量，mesh和sharedMesh对mesh进行操作将生成新的mesh实例，而对sharedMesh进行操作将改变与其他模型共同拥有的那个指定的网格数据实例。

MeshRenderer具有渲染功能，它会提取MeshFilter中的网格数据，结合自身的materials或sharedMaterials进行渲染。

5. CombineInstance即合并数据实例类

合并时需要为每个将要合并的网格创建一个CombineInstance实例，并往里面放入mesh、subMesh的索引，lightmap的缩放和偏移，realtimeLightmap的缩放和偏移（如果有），以及世界坐标矩阵。CombineInstance承载了所有需要合并的数据，合并时需要将CombineInstance数组传入合并接口，即通过Mesh.CombineMeshes接口进行合并。

厘清以上概念后，我们在编写合并3D模型程序时难度会下降很多。下面就来看看合并3D模型的具体步骤。

1）建立合并数据数组。其源码如下：

```
CombineInstance[] combine = new CombineInstance[mMeshFilter.Count];
```

2）填入合并数据。其源码如下：

```
for(int i = 0 ; i < mMeshFilter.Count ; i++)
{
    combine[i].mesh = mMeshFilter[i].sharedMesh;
    combine[i].transform = mMeshFilter.transform.localToWorldMatrix;
    combine[i].subMeshIndex = i; //标识Material的索引位置，可以为0、1、2等
}
```

3）将所有网格合并成单独的一个网格，其源码如下：

```
new_meshFilter.sharedMesh.CombineMeshes(combine);
```

或者，合并后保留子网格，其源码如下：

```
new_meshFilter.sharedMesh.CombineMeshes(combine,false);
```

4）定义CombineMeshes接口，其源码如下：

```
public void CombineMeshes(CombineInstance[] combine, bool mergeSubMeshes =
true, bool useMatrices = true, bool hasLightmapData = false);
```

合并完整3D的代码如下：

```
CombineInstance[] combine = new CombineInstance[mMeshFilter.Count];

for(int i = 0 ; i < mMeshFilter.Count ; i++)
```

```
{
    combine[i].mesh = mMeshFilter[i].sharedMesh;
    combine[i].transform = mMeshFilter.transform.localToWorldMatrix;
    combine[i].subMeshIndex = i;// 标识 Material 的索引位置，可以为 0、1、2 等
}

new_meshFilter.sharedMesh.CombineMeshes(combine);
```

从以上代码可以看到，其实合并网格在 Unity3D 引擎里并不困难，只要搞清楚一些基本知识，熟悉 Unity 引擎的 API 就能很快编写出自定义的模型合并程序。合并模型能够减少材质球的使用数量，减少 drawcall，减轻 GPU 的压力，同时它也消耗了 CPU，如果对项目中的每帧都合并网格，就会让原本减少 drawcall 的优势反而被额外的消耗所掩盖。自定义合并网格的优势在于我们知道业务逻辑中什么时候需要重新合并，在不需要重新合并时，就避免了这些 CPU 和 GPU 的消耗。

5.3 状态机

5.3.1 如何用状态机模拟人物行为动作

什么是状态机？状态机有两种，一种是有限状态机，一种是无限状态机。有限状态机的运用比较广泛；无限状态机适用的情况比较少，在编译原理中可能会用到，在游戏算法中则很难见到。本节主要介绍有限状态机的使用。

有限状态机可以简单描述为，实例本身有很多种状态，实例从一种状态切换到另一种状态的动作就是状态机转换，然而转换是有条件的，这个转换条件就是状态机之间的连线。

比如，人有三种状态：健康、感冒、康复中。触发的条件有淋雨（t1）、吃药（t2）、打针（t3）、休息（t4）。那么，这个状态机的连接图可以像如下这样。

```
健康 -（t4 休息）→健康；
健康 -（t1 淋雨）→感冒；
感冒 -（t3 打针）→健康；
感冒 -（t2 吃药）→康复中；
康复中 -（t4 休息）→健康。
```

一种状态在不同的条件下可以跳转到不同的状态中去，每个状态要转移到其他状态都必须满足它们之间的连线条件，而且状态与状态之间不一定有连线，因为两种状态之间有可能是不允许转换的，例如“健康”就不允许转换到“康复”。

状态机可归纳为 4 个要素，即现态、条件、动作、次态。这样的归纳主要是出于对状态机内在因果关系的考虑。“现态”和“条件”是因，“动作”和“次态”是果。详解如下。

- 现态：是指当前所处的状态。
- 条件：又称“事件”，当一个条件被满足时，将会触发一个动作，或者执行一次状态的迁移。

- 动作：条件满足后执行的动作。动作执行完毕后，既可以迁移到新的状态，也可以仍旧保持原状态。动作不是必须的，在条件满足后，也可以不执行任何动作，直接迁移到新状态。
- 次态：条件满足后要迁往的新状态。“次态”是相对于“现态”而言的，“次态”一旦被激活，就转变成新的“现态”。

5.3.2 在游戏的人物行为动作中使用状态机

游戏项目中状态机的关键是事件机制和控制状态的控制类。状态机的数量和作用都会因系统的不同而不同，触发条件也各不相同，唯有事件机制和控制类是状态机不变的功能。

事件机制使得状态在切换为进入状态或退出状态时，触发进入事件或退出事件，这是状态启动运作或停止运作的关键点。

事件机制的原理是，当状态满足转换条件时，在即将退出状态前向当前状态发起退出事件，告诉当前状态机你将停止运行，停止运行前需要处理什么逻辑请赶快处理，等待退出逻辑处理完毕后，再向新状态发起进入事件，告诉新状态你将要开始运作，运作前有什么逻辑或准备工作请尽快处理。这样每次进行状态的切换时，都能合理地告诉当前状态和将要切换的状态进行相应事件的调用处理。

5.3.3 在游戏项目中使用状态机的地方

所有能够构成独立状态的系统或功能都能使用状态机来表示，下面就来举例说明。

（1）场景切换

场景是独立的，而且只能有一个场景展示在游戏中，因此场景的切换可以用状态机来表示。例如当前为登录场景，点击登录后切换到游戏场景，这时就需要销毁登录场景的 UI，UI 的销毁工作是登录场景状态在退出时触发的退出事件中所要做的事。同样，在之后进入游戏场景状态时，首先要创建好游戏场景的 UI，这个操作是游戏场景状态在触发启动事件时所要做的事。

（2）人物行为状态切换

人物一般只能有一个动作状态，比如攻击状态、防守状态、死亡状态，又比如人物跑步状态，这些行为都只能用一个单独的状态来表示，但也有边跑步边吃东西的情况，可以用如下几种方式来实现这种状态，比如，我们可以基于人物边跑步边吃东西的动作创建一个新的状态来运行，也可以在跑步状态里加一个吃东西的参数，让跑步这个状态机来运行不一样的跑步动作。

（3）宝箱、机关等具有多动画的元素

宝箱、机关等都可以构成独立的状态。可以把宝箱或机关的每个动画都看成一个状态，比如，打开状态的宝箱和关闭状态的宝箱，以及打开时的机关状态和关闭时的机关状态。

（4）AI

用状态机来做AI（人工智能）是一种比较常见的方式，每个AI的状态都可以看成是一个独立运行的状态。比如AI状态中的激怒状态，一般来说，怪物在此状态中会不断地向周围的敌人发起攻击，如果20秒后恢复到平静状态，就不再攻击，则认为AI状态由激怒状态转换到了空闲状态，又比如AI巡逻状态，在某个点周围，或者按照一定的路线走动，如果5米内发现敌人，就会激活条件转换到AI激怒状态。

（5）人物行为

以上都是状态机在游戏项目各个逻辑模块中的运用，下面我们重点介绍人物行为的状态机结构，我们先按常见的需求对人物行为动作进行划分。

1）休息状态。原地不动，并且重复做一个休息的动画。

2）攻击状态。播放攻击动画，并且对目标或前方进行攻击。

3）技能状态。技能稍微复杂些，因为每个技能都是不一样的，所以技能状态里的逻辑可以由不同的技能类来实现。比如，构建一个技能基类class SkillBase，里面有几个统一的接口，然后子类会在继承基类后，再细化技能的细节。

4）防御状态。播放防御动画，当人物受到攻击时，不切换受伤状态。

5）受伤状态。播放受伤动画，完毕后自动进入休息状态。

6）行走与跑步状态。播放行走或跑步动画，并根据操作输入移动方向。

7）跳跃状态。播放跳跃动画，并上下移动人物进行跳跃，下落时底部受到碰撞，就进入休息状态。

8）死亡状态。播放死亡动画，并且不再因受到指令的操控而转入相应的状态。

下面对各个状态编写伪代码，描述状态机在人物行为中的运作，伪代码如下：

```
Class BaseState
{
    Public virtual void OnEnter(){}
    Public virtual void OnExit(){}
    Public virtual void Update(){}
}

Class IdleState
{
    Public override void OnEnter()
    {
        role.playAnimation( “idle” ,loop);
    }
}

Class HurtState
{
    Public override void OnEnter()
    {
        role.playAnimation( “hurt” ,Once);
```

```
        }
        Public override void Update()
        {
            If(!Role.IsPlayingAnimation( “hurt” ))
            {
                HurtFinish();
            }
        }

        Public override void OnExit()
        {
            GotoIdleState();
        }

    }

    Class AttackState
    {
        Public override void OnEnter()
        {
            Role.playAnimation( “attack” ,once);
        }

        Public override void Update()
        {
            If(!Role.IsPlayingAnimation( “attack” ))
            {
                AttackStateFinish();
            }
        }

        Public override void OnExit()
        {
            GotoIdleState();
        }
    }

    Class MoveState
    {
        Public override void OnEnter()
        {
            Role.playAnimation( “walk” ,loop);
        }

        Public override void Update()
        {
            Move();
        }

        Public override void OnExit()
```

```
        {
            GotoIdleState();
        }
    }
```

上述代码表达了对状态机中状态的描述，其中空闲状态，在没有收到任何指令时，只是循环播放 Idle 动画，其他什么都不做。攻击状态，进入状态时播放攻击动画，在动画结束后返回 Idle 状态并等待指令。移动状态，在进入时播放 walk 动画并移动，当移动行为结束时就退出，在退出时进入空闲状态。

状态机中除了事件接口对状态起关键作用外，控制状态的控制类也很关键，它就是状态的管理类，用于管理状态的入口和出口。

下面同样采用伪代码的形式来描述状态管理类是如何运作的，如下：

```
class RoleStateController
{
    private IdleState idleState;
    private MoveState moveState;
    private AttackState attackState;
    private HurtState hurtState;

    private BaseState currentState;

    public void OnHurt()
    {
        ReduceHP();
        If(currentState != hurtState)
        {
            ChangeToHurtState();
        }
    }

    public void InputAttack()
    {
        If(currentState  == hurtState) return;    //受伤状态下不可攻击
        If(currentState == attackState) return;  //攻击状态还没结束时不可重新开始攻击
        ChangeToAttackState();
    }

    Public void InputMove(){}
}
```

状态机控制类存储了各个状态，并且提供了输入的接口，这种输入的事件是由状态机外部提供的，比如发起攻击、受到伤害、向前向后移动等，当外部需要状态机触发状态改变时，就会发起对状态机的输入事件。这就是状态机控制类需要做的事，简单来说就是存储状态，并提供输入事件接口。

更大规模的状态机可能还需要稍微改进一下，比如，业务逻辑转移到状态内去实现，状态之间的转换变得更为简单。如果状态很多，则需要用数组或动态数组来存储。

有了状态机的控制类就有了对状态机的管理，就可以控制各种逻辑，比如硬值、受伤中不可行走和攻击、攻击中不可移动等，对状态在切换时的条件限制，是阻挡还是通过，该切换到什么状态，都可以由控制类来决定，它相当于状态机系统的大脑。

5.4 3D 模型的变与换

模型是游戏 3D 场景中的基础单位，它们的变化很多，这些 3D 模型除了骨骼动画、顶点动画外，很多时候为了画面的效果，我们还需要对模型进行切割、简化、变形、捏脸、飘动等操作。那么它们又是怎么实现的呢？下面就来讲讲这其中蕴含的技术与原理。

首先，我们需要了解 3D 模型的基础知识，基础知识是根本，各种技巧在基础知识面前都是万变不离其宗。

在模型的世界里，众多的顶点勾画出了一个完整的 3D 模型，顶点之间的连线组成了三角形或多边形，大部分情况下，模型还是以三角形为主，任意多边形网格也都能转换成三角形网格。三角形简单，相对于一般多边形网格，许多操作对三角形网格会更容易些，除了细分着色器和几何着色器这两个不常用的着色器可以处理多边形外，一些重要阶段的顶点都是以三角形为单位进行处理的。

这么多的顶点是如何表达三角形网格的呢？我们通常使用索引三角形网格的表达方式，索引三角形网格包含两个列表，一个是顶点列表，里面存储了网格所有的顶点，另一个是索引列表，里面存储了形成三角形的所有索引，列表从头部到尾部依次排开，每三个索引指向三个顶点，这三个顶点代表一个三角形。除了顶点之外我们还需要其他信息，包括纹理映射坐标 UV、表面法矢量和切矢量、顶点颜色值等附加数据，这些数据都需要我们自己建立一个与顶点列表同样大小的列表来存储，以便在顶点传入时提取相对应的数据，并传入 GPU 进行处理。

三个索引指向的三个顶点组成了一个三角形，所以索引的顺序也很重要，我们必须考虑面的“正向”和“反向”，从而决定是否要渲染它们。因此我们用顺时针方向列出顶点，以确保能够顺利计算出面的朝向。

使用索引的方式表示三角形，并不代表图形卡中一定要传入索引，10 年前大多数图形卡都不直接支持索引，而是通过传入三个一组的顶点来代表三角形，当时一个网格中有很多三角形，如果它们都有共享的领边，传入图形卡的数据会出现很多顶点冗余，即一个顶点可能被当作多个三角形的顶点传入很多次。但现在不同了，我们所用的设备几乎都支持索引的方式渲染网格，我们只需要传入模型的顶点和构成三角形的索引，就可以渲染出整个模型网格。

无论怎么样，CPU 与 GPU 之间的数据传输速率还是有限的，因此为了节省数据传输的消耗，图形卡通常会采用三种方式做优化，第一种方式是缓存命中，就像 CPU 的高速缓存那样，图形卡也做了缓存操作，当传入的顶点数据命中，即数据已经在缓存中，则不必再传入数据，可以直接从显存中读取，如果没有命中，则需要传入顶点数据，并临时保存于缓存中。第二种方式是三角带方式，以共享边的方式把所有三角形排开，每个顶点加上共享边则可以组成一个三角形，这种方式不仅省去了索引表，而且也减少了顶点传入的数据量，但是很多复杂的多边形网格需要被拆分成共享边形式的数据，并且需要对传入引擎进行预计算，灵活度相对比较低。第三种方式是三角扇方式，灵活度更低，它以一个顶点为中心点，其他相邻的两个顶点与中心点的连线形成三角形。这种方式在复杂的网格上也需要拆分数据，并且同样需要对网格进行预计算，其与三角带方式所需要传入的顶点数据差不多，却由于不灵活，在实际项目中很少使用。

因此顶点索引是主流的三角形表达方式，其他方式都是为了优化索引这个数组而设计的，应用的范围相对来说比较小。

顶点索引在程序中的表现为，把所有顶点放进一个数组里，再用另一个整数数组作为索引来表达三角形的组成（整数代表顶点数组里的 index 下标）。在索引数组里，每 3 个索引组成一个三角形，当 4 个顶点的数组表达了一个矩形网格时，这个矩形网格就相当于是两个三角形组成的面片，索引的数组大小就是 6 个，其中前 3 个索引表达第一个三角形，后 3 个索引表达另一个三角形。

下面来看看这个矩形网格数据：（0，0，0）、（0，1，0）、（1，1，0）、（1，0，0）这 4 个顶点构成了一个正方形。索引数组中的数据为 0、1、2、2、3、0，其中前三个数 0、1、2 构成一个三角形，后三个数 2、3、0 构成另一个三角形，每三个索引单元描述三角形的三个顶点。更复杂的网格数据与上述格式一样，在顶点数组中存储了所有顶点坐标的数据，在索引数组中，每 3 个索引指向 3 个顶点，构成一个三角形网格，所有三角形网格描绘了整个网格上具体的面片。

我们再来完整地叙述一遍网格数据从制作到渲染的过程。首先，美术人员制作 3D 模型并导出成 Unity3D 能够识别的格式，即 .fbx 文件，其中已经包含了顶点和索引数据，然后在程序中将 .fbx 实例化成 Unity3D 的 GameObject，它们身上附带的 MeshFilter 组件存储了网格的顶点数据和索引数据（我们也可以自己创建顶点数组和索引数组，以手动的方式输入顶点数据和索引数据，就如上文描述矩形网格那样）。MeshFilter 可用于存储顶点和索引数据，MeshRender 或 SkinMeshRender 可用于渲染模型，这些顶点数据通常都会与材质球结合，在渲染时一起送入图形卡，其中与我们预想的不一样的是，在送入时并不会由索引数据送入，而是由三个顶点一组组成的三角形顶点送入图形卡。接着由图形卡负责处理我们送入的数据，然后渲染帧缓存，并输出到屏幕。

除了通过顶点和索引描述模型的轮廓外，还需要其他数据来渲染模型，包括贴图、UV、颜色、法线等。下面介绍这些常见的数据是如何作用在模型渲染上的。

那么贴图是如何渲染的呢？

如果把 3D 空间中的三角形当作一个 2D 的面片来看待，就会更好理解了，一个 2D 的三角形面片为了把图片贴上去，需要在图片上也指定三个点，当贴图上的三个点形成的三角形与顶点三角形比例一致时，这部分三角形贴图贴到对应的顶点上就会有顶点与图片的拟合，即使贴图上的三角形与顶点上的三角形比例不对称，也可以贴，只是效果看起来会感觉有拉伸或扭曲。这三个在贴图上的点坐标就称为UV，它们由两个浮点数组成，这两个浮点数的范围是0到1，0表示贴图的左上角起始位置，1表示贴图的最大偏移位置，也就是右下角，一听UV两个字母我们就应该知道说的是图片上的坐标。

使用这种三角形贴图的方式将贴图贴到3D模型的每个三角形上，就可以如期绘制出有"皮"的3D模型了。这样在绘制3D模型时，除了顶点和索引数组外，就又多了一个数组，叫UV数组，这个UV数组是用于存储UV坐标而存在的。由于已经有了索引来表达三角形的三个顶点，所以UV数组不需要再用索引来表达了，只需要按照顶点索引形成的三角形来定制UV的顺序即可。

下面还是用简单的矩形网格数据来举例说明。

[（0，0，0），（0，1，0），（1，1，0），（1，0，0）] 这4个顶点构成正方形。

[0，1，2，2，3，0] 组成顶点索引，它表示2个三角形。

[（0，0），（0，1），（1，1），（1，1），（1，0），（0，0）] 组成UV数组，表示两个三角形上贴图的绘制范围。

如果有一个带着材质球的贴图传入图形卡，以上三角形数据将会在画面上显示这个正方形的图片。我们不能小看这些基础知识，正如前文所说，各种技巧都是建立在基础知识之上的，这些基础知识在平时的实践中有很大的用途。下面就来介绍具体实践中的一些技巧，看看这些基础知识是如何灵活运用在这些技巧上的。

5.4.1 切割模型

模型切割也就是模型的分裂，在游戏中是比较常见的手法。下面介绍如何用直线切割的方式切割模型，就如"切水果游戏"那样，横向或纵向的直线切割。

我们知道，在Unity3D中，3D模型是由一个渲染实例构成的，也就是说，一个渲染（Render）组件（MeshRender或SkinnedMeshRender，这里统称为渲染组件）只能渲染一个模型。那么，如果要把一个渲染的模型切割成两个，就相当于把这个渲染组件变成两个渲染组件，从而渲染两个不同的模型。

有了这个大的方向，再操作就会容易得多，我们可以把原来的渲染组件中的顶点数组、顶点索引数组、UV数组都提取出来，并将它们分成两部分，一部分是切割后的左半部分，另一部分是切割后的右半部分。再把这两部分分别放入新建的两个渲染组件实例中，就会得到切割后的模型。对这两个切割后的模型加入碰撞体和物理运动组件（或者重力引擎Rigidbody），就可以让画面表现得更真实，就像是一个实质球体被切割后倒地分成两半那样。

这其中的关键是如何拆分成两部分，我们需要知道，一个顶点在左半边还是右半边，以及在哪里生成新的切割顶点，如何将新的切割顶点与原来的顶点缝合。

首先，我们面临的是怎么区分点在左半边还是右半边，其实不用这么麻烦，只要区分顶点是否在平面的同一侧即可。方法是通过矢量的点积值判断它们是否在平面的同一侧，可用点与平面法线的点积（Dot）值来判断。一般来说，在切割时，我们应该知道切割平面，比如，像“切水果”游戏那样，在屏幕上划一下代表切割平面，滑动时我们可以知道滑动起点和滑动终点，从而知道切割平面的法线，以及从摄像机近切面出发的平面方向，因此可以利用这两个数据得到点积需要的数据，源码如下：

```
public float PointDotClipplane(Vector3 point)
{
    return Vector3.Dot((point - touchEnd), planeNormal);
}
```

上述函数用指尖结束的点位、平面法线、模型顶点这三个数据来计算点积，得出的结果如果大于 0，则为一侧，如果小于 0，则为另一侧。当然，这三个数据在使用前都必须转换到同一个坐标系中才准确。

其次，我们需要计算三角形的三条线是否与切割平面相交，从而判定是否有新的交点。前面计算过点在切割平面左边与右边的结果，如果一条线段的两个顶点在点积时的结果方向不一致，就说明线段与切割平面相交，这样就能很快判定出哪些线段需要计算交点。如果线段有相交，则需要计算交点。看起来复杂，其实并非如此，因为平面与线段的交点也在线段上，所以只要计算出一个交点从起点向终点推进的比例，就能得出交点的结果，即 t 为比例值，最终结果坐标为 x，$x = (\text{begin}.x - \text{end}.x) * t + \text{begin}.x$。计算 y 和 z 也是同理。所以关键点是怎么求比例值 t。有几种方法，一种是从起点到平面的垂直距离与从起点到终点的垂直距离的比例就是 t。一种是在 x、y、z 轴的任意方向上计算从起点到切割线的距离，以及从终点到切割线的距离，它们相加的值为整条线与切割线的垂直距离，从起点到切割线的距离除以整条线的距离就是 t。

切割后中空部分需要缝合，由于缝合面的所有点在同一个平面上，所以只需要缝合新生成的交点即可，其他部分还是保留原来的样子。

缝合的算法有好几种，主要目的是让新生成的点有规则地组成新的三角形，进而形成一整个切割面。一种相对比较简单的算法：选择一个点，通过这个点与其他需要缝合的点所形成的线段计算出夹角，再对夹角进行排序，排序后的结果就是顺时针或逆时针的点位，然后按顺序让最前面的三个点形成一个三角形，后面的点与之前的两个点形成新的三角形，也就是将第四个点与第三个点和第二个点形成三角形，第五个点与第四个点和第三个点形成新的三角形，类似于前面介绍的扇形三角形，这样依次缝合切割面。这种不筛选顶点的缝合算法在凸多边形中没什么问题，但在复杂的凹多边形中就会出现问题，因此我们仍要寻找出所有的 corner 点，即角上的顶点，用角上的顶点作为起点缝合三角形更合适。详情请参考网址：github.com/hugoscurti/mesh-cutter。

5.4.2 扭曲模型

扭曲模型的操作相当于将 3D 模型变形，例如，将模型凹陷进去，或拉长凸出来，甚至对部分区域进行放大或缩小等操作。

有了上面介绍的 3D 模型的基础知识，再来实现模型的变形就比较容易了。模型网格由三角形组成，三角形由顶点组成，要变形，就要移动顶点的位置，且不只移动一个顶点的位置，而是移动多个顶点的位置。

扭曲和变形在实际项目中也有很多应用，爆炸后的地面凹陷，拉球时，球有一个先被拉伸再恢复的过程，以及用 3D 模型来表现制陶工艺等。在一些角色扮演类游戏中，操控的摇杆就是用可拉伸的泡泡糖网格来表现的。这些都是对模型内某个范围或某些顶点进行位移后表现出来的。

顶点的移动相对比较简单，就是取出顶点数组，修改坐标，再放回去。难点一是准确找出需要修改的顶点，二是不同的点修改的值不同，要找出修改顶点的偏移量。

下面就基于爆炸凹陷、球体拉伸反弹、制陶工艺这三个技巧来进行简单分析。

1. 爆炸凹陷

首先找出爆炸范围的地面网格，并取出地面网格上的所有顶点数据，求出爆炸范围球体内的顶点，这些顶点就是需要修改的顶点。

然后，进行顶点凹陷计算。凹陷算法的目的是将顶点位置修改到爆炸球体的表面上，这个算法相当于把一个点对应到一个球体的面上。

由于球面坐标可以用经纬度来定位，因此转化后的计算公式为

$$x = \cos a \cos b$$

$$y = \cos a \sin b$$

$$z = \sin a$$

其中：a、b 为经纬度，这样就能计算出从原始顶点到球中心点的方向矢量，进而计算出经纬度，最后得到该顶点修改后的球面位置。根据计算的结果修改点位置，再装入渲染的实例中，凹陷变形就完成了，顶点索引和 UV 都不需要进行任何改变。

2. 球体拉伸与反弹恢复

在拉伸球体时，要计算所有顶点与拉伸点的距离，距离越大，顶点需要偏移的量越小。这肯定不是一个正比关系，而是一条衰减的曲线。假设距离是 d，拉伸的距离为 f，结果为 res，那么最简单的衰减公式为 $res = f/(d \times d)$，用这个公式对每个顶点进行计算，可以得到一个需要移动的数据 res，这个数据会随着距离的增大而衰减，与拉伸点离得越近，移动量越大，反之越小。修改完所有顶点的坐标后，再推入渲染实例中，即可得到球体拉伸的效果。

球体拉伸后又放开恢复时，可以假定球体的屁股是被固定的。恢复与拉伸类似，拉得最远的反弹得最快，即与原有位置距离最大的点反弹的速度最大，也就是说，我们需要记录

原来没被拉伸时顶点的坐标位置，它们与原来的位置相减就是反弹速度的基础变量。

反弹力度也不是正比关系，而是类似于衰减公式的增强公式，或者是弧线比例，最简单的公式如 $res = d \times d$，或者更平滑点，如曲线公式 $res = (d / max) \times (d - 2) \times k$。

在不断计算的过程中，反弹恢复的力度会由于顶点与原有点位距离的缩小而减小，之后又由于反弹过度而不断放大，有一个来回反弹的过程，最后恢复到不再移动的平静状态，用这个公式就能很好地体现出上述过程，因为它与原顶点距离有关，所以力度在不断衰减，最后达到稳定态。

3. 模拟制陶工艺

一个罐体模型在转盘上不停地转，当用手（鼠标或触摸屏）去触摸它时，触摸的点会形成凹陷或者拉伸，人们通过在这样不断地凹陷和拉伸的过程中制作出一个完整的陶艺品模样，这就是制陶工艺的过程。

制陶工艺在一个名为“釉彩”的手机 App 中有具体的表现，在该 App 中，我们可以通过来回、上下、左右的手指滑动，将一个很丑的泥罐制作成喜欢的陶艺品，最后得到的陶艺品可以让别人定做，也可以通过该 App 超市直接购买。

制陶工艺的原理其实非常简单，就是当你触碰时，根据手指滑动的方向，将范围内的顶点向手指滑动的方向偏移，这里面有一个衰减范围，离手指最近的点越近，拉伸的距离越大，离得越远，拉伸的距离越小。顶点选取范围的判定可以认为是在一个矩形中的范围（比如认定的手指滑动的矩形范围），从而构建出一个相应的立方体范围，进而选出该立方体内的顶点，再进行衰减式位移，最终构建出可上下、左右拉伸变形的陶艺品。

技术原理是核心点，如果我们理解了技术原理，就能将技术表象解释清楚，在实际项目中才能运用自如。

在现实中，理解和运用自如之间，还有很大一段距离。在实际项目中，我们最开始只能解释这种表象是如何发生的，运用自如则是在熟知了原理的优缺点，不再对这种技术存有任何偏见后的一种运用，只有知道它能做什么不能做什么，做什么有优势，做什么有劣势后，运用起来才能得心应手。

可能有读者会说，大家把所有精力都放在原理上，然后去实现不就轻松了吗？理论上是这样的，但人类的头脑还没进化到那么高级的程度，还不能轻松地把抽象的事物在短时间内有条不紊地整理清楚，因此需要理论和实践结合。

5.4.3 简化模型

在项目中经常看到模型有几万个面的情况。模型面数多的好处是画面更细腻，坏处是加大了渲染压力，渲染的面数越多，压力越大，帧率越低。所以一般会对场景中的单个 3D 模型进行限制，或者对整体场景面数进行限制。前面已对规范进行了介绍，这里不再重复。

画面质量和性能是需要权衡的，通常我们会要求模型降低面数而画面质量不变，具体如何实现呢？LOD可以在场景模型的质量与性能平衡中发挥巨大作用，它的原理是随着镜头的靠近，物体的精细度会逐级增加，并更换为更细腻的模型。

简化模型是LOD比较常用的方法，既可以手动用3D模型软件简化每个模型，也可以用程序的方式简化模型。在实际项目中，手动简化效果更加平滑，但费时间，很多时候，我们会因时间成本过高而选择程序简化，因为用程序简化更快速，但缺点是不平滑。我们可以根据项目的需求、规模、画质等要求来权衡是否选择程序简化模型，或者更灵活一点，一部分不太需要细致的模型选择程序简化，而另一部分需要细化的模型使用手动简化，这样既照顾了画质，又照顾了工期。

下面就来具体讲述简化模型的算法。虽然市面上简化模型的插件和工具很多，但如果对原理有更深入的了解，在实际项目中，运用这些工具会更加得心应手。

模型网格是由点、线、面组成的。面又由点和线组成，减面相当于减点和线，单纯地减去点和线容易引起模型的变化，将线上的两个顶点变为一个顶点则更靠谱。Garland等于1997年提出了一种基于二次项误差作为度量代价的边收缩算法，其计算速度快，并且简化质量较高。

边收缩算法是选择一条合适的边进行收缩，定义一条边的收缩是有代价（cost）的，每个顶点也有自己的代价。为了计算代价，对于网格中的每个顶点v，我们先定义一个4×4的对称误差矩阵Q，那么顶点$v=[x\ y\ z\ 1]$的代价为其二次项形式$\Delta(v)=vQ$。

这样同时也定义了边收缩的代价公式，假设有一条收缩边（$v1$，$v2$），$v1$、$v2$顶点收缩为$v3$，我们定义顶点$v3$的误差矩阵$Q3$为$Q3=Q1+Q2$，也就是说，$v1$、$v2$的边收缩为$v3$后，代价为$\Delta(v3)=v3(Q1+Q2)$，以此类推，每条边都有一个代价。

有了上面的代价公式，下面的网格简化算法就容易理解了。

1）计算所有初始顶点各自的Q矩阵。

2）选择所有有效的边（这里取的是两点有连线的边，也可以将两点有连线且距离小于某个阈值的边归为有效边）。

3）对每一条有效边（$v1$，$v2$），计算最优收缩目标$v3$，误差（$Q1+Q2$）是收缩这条边的代价。

4）将所有边按照代价的权值放在队列中，并按从小到大的顺序进行排序。

5）每次移除队列顶部代价最小的边，也就是收缩最小代价的边，删除$v1$，$v2$，并用$v3$替换。

6）重复步骤1～5，直到顶点个数少于某个设定的值，或者所有代价大于某个值时，停止收缩算法。

似乎有点难以理解，其实整个算法并不复杂，关键是有两个核心问题需要解决：一个是如何计算每个顶点的初始Q矩阵，另一个如何计算$v1$、$v2$收缩为$v3$时的坐标位置。在原始网格模型中，可以认为每个顶点是其周围三角片所在平面的交集，也就是这些平面的交点就是顶点位置，因此我们可以将顶点的误差定义为顶点到这些平面的距离平方和。

由上述定义可以计算出每个顶点的初始误差矩阵 $\boldsymbol{Q}$：$\Delta(\boldsymbol{v})$ 为顶点误差值 = $\boldsymbol{vQ} = 0$，这里的初始顶点的误差值为 0，是因为它最初与相交平面的距离平方和为 0，即没有误差，也就是说，$\boldsymbol{Q}$ 为 $\boldsymbol{v}$ 的逆矩阵，于是初始顶点的误差矩阵 $\boldsymbol{Q}$ 就是 $\boldsymbol{v}$ 的逆矩阵。

至于 $\boldsymbol{v}1$、$\boldsymbol{v}2$ 收缩为 $\boldsymbol{v}3$ 时如何选择最优的坐标，一种策略是取 $\boldsymbol{v}1$、$\boldsymbol{v}2$ 和中点 $(\boldsymbol{v}1 + \boldsymbol{v}2)/2$ 中收缩代价最小的一个为最优选择，另一种策略则是计算顶点 $\boldsymbol{v}3$ 的位置并使 $\Delta(\boldsymbol{v}3)$ 最小。由于 Δ 的表达式是一个二次项形式，因此此时这里的一阶导数为 0。

按照这个算法步骤，不停地收缩最小代价的边，直到顶点数量小于某个值时停止，最终得到一个简化的模型。

5.4.4 蒙皮骨骼动画

场景中有了 3D 模型就会有 3D 模型动画，那么相对于 3D 模型，3D 模型动画到底多了哪些数据，这些数据又有什么作用呢？为了能更直观地了解模型与模型动画的区别，我们以 Unity3D 的 MeshRenderer 和蒙皮网格（SkinnedMeshRenderer）这两个组件作为切入点进行讲解。

在 Unity3D 中，MeshRenderer 与 SkinnedMeshRenderer 这两个组件分别用于渲染 3D 模型和 3D 模型动画，它们的模型数据都存储在 MeshFilter 中，因此它们都依赖于 MeshFilter 组件。其中，MeshRenderer 只负责渲染模型，我们也可以称它为普通网格渲染组件，它从 MeshFilter 中提取网格顶点数据。而 SkinnedMeshRenderer 虽然也渲染模型，也从 MeshFilter 中提取模型网格顶点数据，但蒙皮网格主要用于渲染动画服务，所以蒙皮网格除了 3D 模型数据外，还有骨骼数据及顶点权重数据。

前面已介绍过 3D 模型渲染的数据传递过程，这里 MeshRender 同样遵循这种规则，即先从 MeshFilter 中取得网格顶点数据、UV 数据、颜色数据、法线数据等，再结合自己的材质球发送给 GPU，其中包含了许多 OpenGL 的状态设置。指令的最后是一个 drawcall，用于告诉 GPU 按照传送的这些数据进行渲染（参见渲染管线与图形学章节中的内容）。

蒙皮网格在渲染时也遵循与普通网格 MeshRender 一样的渲染步骤。如果蒙皮网格上没有存储任何骨骼数据，那么它与普通网格 MeshRender 的作用没有任何区别，渲染的都是没有动画的 3D 模型。

由于很多人并没有理解骨骼动画的原理，因此在实际项目中对 3D 模型骨骼动画的运用存在很多误区，这里有必要阐述一下骨骼动画的原理，以及在 Unity3D 的蒙皮网格上骨骼动画是如何组装和实现的。通过对骨骼动画原理及蒙皮网格的解剖，我们能彻底明白骨骼动画的计算和渲染其实并不复杂，拨开这层迷雾后将是一片平坦的开阔地。

我们知道，3D 模型要做动作，首先是模型网格上的点、线、面要动起来，只有点、线、面动起来了，每帧渲染的时候才能渲染出不同的网格形状，从而才有看起来会动的画面。那么怎么让点、线、面动起来呢？主要有两种方法：一种是用一种算法来改变顶点位置，我们通常称之为顶点动画；另一种是用骨骼的方式去影响网格顶点，我们称之为骨骼动画。这两种动画方式都是通过在每一帧里偏移模型网格上的各个顶点，让模型变形，从而形成动画的效果的。每一帧模型网格的形状不一样，播放时就形成了动画，两种方法虽然方式不同，但都遵循同一个原理。

起初3D模型动画只有刚性层级式动画（rigid hierarchical animation），它将整个模型拆分成多个部位，然后按照层级节点的方式安装上去，如图5-3所示。

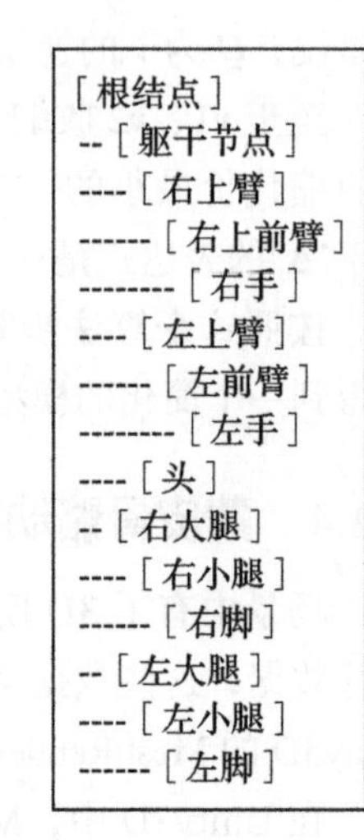

[根结点]
--[躯干节点]
----[右上臂]
------[右上前臂]
--------[右手]
----[左上臂]
------[左前臂]
--------[左手]
----[头]
--[右大腿]
----[右小腿]
------[右脚]
--[左大腿]
----[左小腿]
------[左脚]

图5-3 刚性层级式动画

这样，模型以层级的方式布置在节点上，当父节点移动、旋转、缩放时，子节点也随之而动。刚性层级式动画的问题很多，其中比较严重的是关节连接位置常产生“裂缝”，因为它们并不是由一个模型衔接而成的，而是由多个模型拼凑起来的。我们可以想象，在节点旋转时，模型与模型之间的重合部分产生了问题，无论怎么摆放部件的位置，在节点制作动画时都会出现这样或那样的“裂缝”，因此动画动起来时会不自然。

除了刚性层级式动画外，最初也用过改变每个顶点的动画，意思是将每个顶点都记录下来，并在每一帧中告诉引擎怎么改变各顶点的位置，这种方式太过简单粗暴，也很少使用。另一种称为变形目标动画（morph target animation）的方法常使用在脸部动画中，它将动画制作成几个固定的极端姿势的模型，然后在两个模型的每个顶点之间做线性插值，脸部动作大约需要50组肌肉驱动，这种复杂细微程度的动画用两个网格顶点之间的线性插值来表现会比较合适。更多时候，我们会使用程序员们专门编写的顶点走向算法去改变每个顶点的位置，这一点与使用着色器（Shader）在顶点函数中通过改变顶点位置来形成动画的效果类似，这种方式的动画在很多游戏中都有使用，当然它也已经成为优化骨骼动画性能开销的必要手段，比如草、树在风中的左右摆动，丝带或国旗在空中的自然飘动等。

蒙皮骨骼动画简单、易用，它的出现让3D模型的动画效果变得越来越丰富。骨骼动画数据主要由一些骨骼点和权重数据组成，游戏角色中，骨骼动画的骨骼数量通常都不会超过100个，这个数量与动画的制作速度有一定的关系，但更多的是与性能有关。通过对这些骨骼点执行操作，加上3DSMAX、Maya这样好用的动画编辑工具，我们能够创造出丰富多彩的动画效果。骨骼数据是起什么作用的呢？下面就来具体分析。

首先，骨骼动画由骨骼点组成，骨骼点可以认为是带有相对空间坐标点的数据实体，骨骼动画中可以有许多个骨骼点，但根节点只有一个，在现代手机游戏中，每个人物骨骼动画的数量一般为30个左右，PC单机游戏中可达75个左右。骨骼数量越多，动画就越有动感，但同时也会消耗掉更多的运算量。

其次，骨骼点为树形结构，一个骨骼可以有很多个子骨骼，子骨骼存在于父骨骼的相对空间下，子骨骼与父骨骼拥有相同的功能，由于子骨骼在父骨骼的空间下，因此，当父骨骼移动、旋转、缩放时，子骨骼也随着父骨骼一起移动、旋转、缩放，它们的相对位置、相对角度、相对比例不变。这与 Unity3D 的 GameObject 的节点相似，父、子节点有着相对位置的关系，因此骨骼点在 Unity3D 中是以 Transform 的形式存在的，这样我们可以直观地从带有骨骼的模型中看到骨骼点的父子挂载结构。在 Unity3D 的蒙皮网格组件中，bones 变量用于存储所有骨骼点，骨骼点在蒙皮网格中是以 Transform 数组的形式存储的，这一点可以从 bones 变量就是 Transform[] 数组类型得知。

另外，骨骼点可以影响周围一定范围内的顶点，单一顶点也可以受到多个骨骼的影响。除了骨骼数据，模型中的每个顶点都有对其顶点本身影响最多的 4 个骨骼的权重值，Unity3D 对这 4 个骨骼的权重值进行了存储，将它们存放在 BoneWeight 的 Struct 结构中，每个 SkinMeshRender 类都有一个 boneWeights 数组变量，用于记录所有顶点的骨骼权重值，那些没有骨骼动画的网格，就没有这些数据。

每个顶点都要有一个 BoneWeight 结构实例，以确保每个顶点知道自己被哪些骨骼点影响。在 BoneWeight 中，变量 boneIndex0、boneIndex1、boneIndex2、boneIndex3 分别代表被影响的骨骼点的索引值，而 weight0、weight1、weight2、weight3 则分别代表被 0、1、2、3 索引的骨骼点所影响的权重值，权重最大为 1，最小为 0，所有权重分量之和为 1。

如图 5-4 所示，从 Unity3D 的图形质量设置（Quality setting）中，我们可以看到，Blend Weights 参数可用于设置一个顶点能被多少骨骼影响。其中有 1 Bone、2 Bones、4 Bones 等参数，表达的意思分别是一个顶点能被 1 个骨骼影响，或者被 2 个骨骼影响，或者被 4 个骨骼影响。被影响的骨骼数越多，CPU 消耗在骨骼计算蒙皮上的时间就越长，消耗量越大。

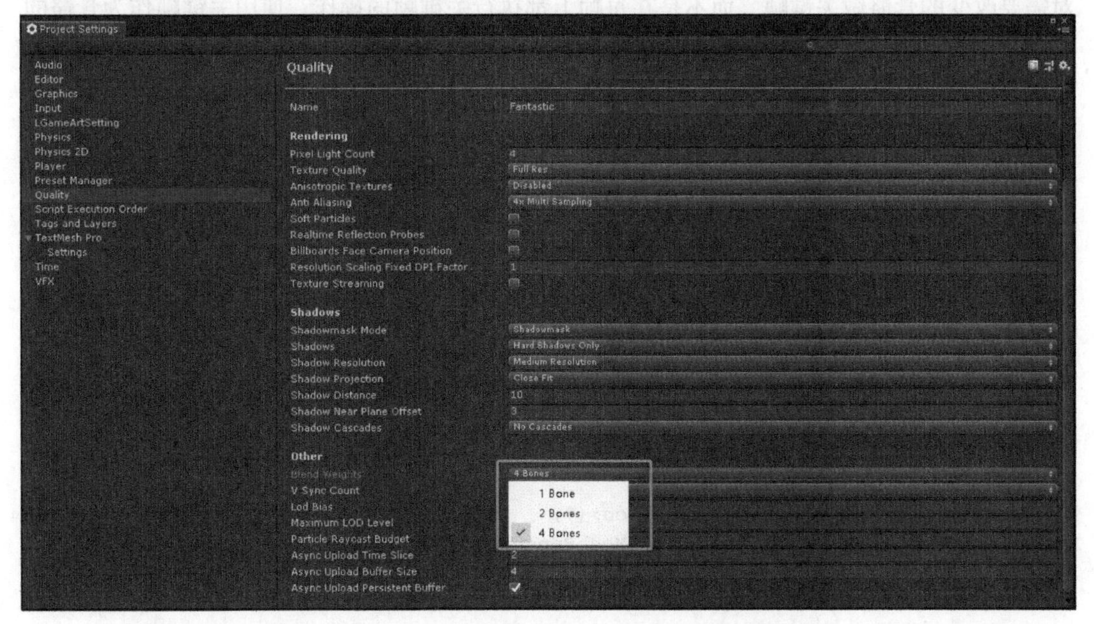

图 5-4　Unity 画面质量设置中骨骼权重受影响数量

那么骨骼点是如何影响顶点的呢？又是如何判断影响的是哪些顶点呢？骨骼动画是以顶点的骨骼权重数据来决定顶点受哪些骨骼点的影响的，每个顶点都可以受到骨骼点的影响。在 Unity3D 中，每个顶点最多被 4 个骨骼点影响，这些数据被存储在 BoneWeight 实例里，该实例用于描述当前顶点分别受到哪 4 个骨骼点的影响，它们分别占有多少权重。因为是固定的 4 个权重，且每个顶点都有，所以顶点数组有多长，顶点权重数据 BoneWeight 数组就有多长。当骨骼点移动时，引擎就会使用这些顶点权重值来计算顶点的旋转度、偏移量和缩放度。

简单来说就是，用顶点上的骨骼权重数据确定该点受到哪些骨骼点的影响，影响的程度有多大。

我们制作蒙皮动画通常分为三步：第一步是使用 3DMax、Maya 等 3D 模型软件在几何模型上构建一系列的骨骼点（bones），并计算出几何模型的每个顶点受这些骨骼点影响的权重值（BoneWeight）。第二步是动画师通过 3D 模型软件制作一系列动画，这些动画都是通过骨骼点的偏移、旋转、缩放来完成的，每一帧都有可能发生变化，关键帧与关键帧之间会补间一些非关键帧的动画。制作完毕后，导出引擎专有的动画文件格式。在 Unity3D 中，我们以 .fbx 作为专有格式文件。第三步则是在 Unity3D 中导入并播放动画，播放动画时就已经存储了动画师制作的骨骼点位每帧发生变化的数据，动画序列帧会根据每帧的动画数据来持续改变一系列骨骼点，骨骼点的变化又会导致几何模型网格上的顶点发生相应的变化。

通常我们使用的都是关键帧动画，就是 Unity3D 里的 Animation 文件。在某个时间点上对需要改变的骨骼做关键帧，而不是在每帧上都执行关键帧的操作。使用关键帧作为骨骼的旋转位移点，好处是不需要为每帧都设置骨骼点的位置变化，在关键帧与关键帧之间，骨骼位置可以由 Animation 组件做平滑插值计算，这样可以大大减少数据量，相当于关键帧之间做了补间动画。补间动画的目的就是对需要改变的骨骼做平滑的位移、旋转、缩放的插值计算，从而实时得到相应的结果，以减少数据的使用量。

补间动画在每一帧上都会对骨骼动画做位置、缩放、旋转上的改变。蒙皮网格组件在每帧上必须通过重新计算来了解骨骼与网格之间的关系。最终补间动画在每帧上改变一系列骨骼点，通过重新计算骨骼点来得到模型网格，从而使每帧呈现出不同的网格形式，最后形成了 3D 模型网格动画。

上面就是整个骨骼动画的计算流程了，下面使用 Unity3D 的 API 进行整理，可以让我们理解得更透彻。示例代码如下，重点在注释：

```
// 新建一个动画组件和蒙皮组件
gameObject.AddComponent<Animation>();
gameObject.AddComponent<SkinnedMeshRenderer>();
SkinnedMeshRenderer rend = GetComponent<SkinnedMeshRenderer>();
Animation anim = GetComponent<Animation>();

// 新建一个网格组件，并编入 4 个顶点形成一个矩形形状的网格
```

```
Mesh mesh = new Mesh();
mesh.vertices = new Vector3[] {new Vector3(-1, 0, 0), new Vector3(1, 0, 0),
    new Vector3(-1, 5, 0), new Vector3(1, 5, 0)};
mesh.uv = new Vector2[] {new Vector2(0, 0), new Vector2(1, 0), new Vector2(0,
    1), new Vector2(1, 1)};
mesh.triangles = new int[] {0, 1, 2, 1, 3, 2};
mesh.RecalculateNormals();

//新建一个漫反射的材质球
rend.material = new Material(Shader.Find("Diffuse"));

//为每个顶点定制相应的骨骼权重
BoneWeight[] weights = new BoneWeight[4];
weights[0].boneIndex0 = 0;
weights[0].weight0 = 1;
weights[1].boneIndex0 = 0;
weights[1].weight0 = 1;
weights[2].boneIndex0 = 1;
weights[2].weight0 = 1;
weights[3].boneIndex0 = 1;
weights[3].weight0 = 1;

//将骨骼权重赋值给网格组件
mesh.boneWeights = weights;

//创建新的骨骼点，设置骨骼点的位置、父骨骼点和位移旋转矩阵
Transform[] bones = new Transform[2];
Matrix4x4[] bindPoses = new Matrix4x4[2];

bones[0] = new GameObject("Lower").transform;
bones[0].parent = transform;
bones[0].localRotation = Quaternion.identity;
bones[0].localPosition = Vector3.zero;
bindPoses[0] = bones[0].worldToLocalMatrix * transform.localToWorldMatrix;

bones[1] = new GameObject("Upper").transform;
bones[1].parent = transform;
bones[1].localRotation = Quaternion.identity;
bones[1].localPosition = new Vector3(0, 5, 0);
bindPoses[1] = bones[1].worldToLocalMatrix * transform.localToWorldMatrix;

mesh.bindposes = bindPoses;

//将骨骼点和网格赋值给蒙皮组件
rend.bones = bones;
rend.sharedMesh = mesh;

//定制几个关键帧
AnimationCurve curve = new AnimationCurve();
curve.keys = new Keyframe[] {new Keyframe(0, 0, 0, 0), new Keyframe(1, 3, 0,
    0), new Keyframe(2, 0.0F, 0, 0)};
```

```
//创建帧动画
AnimationClip clip = new AnimationClip();
clip.SetCurve("Lower", typeof(Transform), "m_LocalPosition.z", curve);

//将帧动画赋值给动画组件，并播放动画
anim.AddClip(clip, "test");
anim.Play("test");
```

以上的Unity3D代码呈现了几何模型数据、蒙皮动画数据从无到有的过程。先添加动画组件和渲染组件，再自行创建一个网格实例，放入4个顶点构成一个矩形网格，添加UV和索引数组，计算法线数据，创建一个新的材质球并存入渲染组件。然后创建并设置骨骼权重数据，创建骨骼并设置空间矩阵。最后创建动画数据，包括关键帧数据、动画曲线、改变的节点名称，并加入动画组件中。

代码的大部分内容都简单易懂，除bindPoses骨骼点的矩阵。前面提到骨骼点数据中除坐标外，还有矩阵，其实并没有节点之间的连线之说，其是我们为了便于理解而想象出来的，子节点在父节点的空间内，父节点的改变能带动子节点的改变，为了能更好地计算出变动后子节点的位置，节点上的4×4矩阵很好地发挥了重要的作用。由于4×4矩阵能够完整地表达点位的偏移、缩放和旋转等操作，也能通过连续右乘法计算出从根节点到父节点再到子节点上的具体方位，因此4×4矩阵是骨骼点必要的数据，它表达了相对空间的偏移量，即

骨骼节点变化矩阵＝根节点矩阵 × 父父父节点矩阵1× 父父节点矩阵 ×
父节点矩阵 × 骨骼节点矩阵

我们再回顾一下，在蒙皮动画第一步中，权重的计算决定了蒙皮算法的效果，如果想要几何模型发生自然、高质量的变形，必须借助一种高效准确的权重计算方法。这里简单介绍蒙皮的计算方式，以了解其中的计算原理。

线性混合蒙皮（Linear Blending Skinning，LBS）是最常用的蒙皮计算方式，由于其具有计算速度的优势，因此成为商业应用中最主要的方法之一。什么是线性混合蒙皮计算方式呢？简单来说就是

骨骼点变化坐标＝(骨骼点变化矩阵 ×（顶点坐标 − 骨骼点原坐标）＋骨骼点变化后坐标)

当前顶点位置＝骨骼点1变化坐标 × 骨骼权重1＋骨骼点2变化坐标 × 骨骼权重2……

如果直接使用这种线性混合蒙皮的计算方式，效果会有点粗糙。为了取得更好的效果，Jacobson等于2011年提出了一种有界双调和权重（Bounded Biharmonic Weights，BBW）的计算方法，该权重能使几何模型发生平滑变形，这个算法已成为现今最常使用的骨骼蒙皮动画的计算方式。

Jacobson的意思是说，既然网格数据的变化计算量大，线性混合计算的速度又最快，那么可以在线性计算的基础上加以改进。在线性蒙皮混合计算公式中，初始位置无法改变，骨骼点的变化也无法改变，所以权重计算骨骼点变化的量就成为决定最终效果好坏的关键。于是Jacobson提出了有界双调和权重的计算方法，让蒙皮动画计算更高效，同时有更好的效果。

即使现在没看懂也没关系，我们继续看下一个知识点，等我们将大多数知识点弄明白了，再回过头来深入这个知识点或许就会豁然开朗，至少我们知道了它能更平滑地表达骨骼点影响顶点的变化。

综上，骨骼点结构是父子关系的层级结构，每个骨骼点都由坐标和空间矩阵数据组成，每次计算都可以通过矩阵连乘得到，顶点最终的坐标计算可通过多个骨骼点的权重和偏移量来决定。这样来看，蒙皮动画每帧都要通过骨骼点来计算网格的变化，骨骼点越多，网格就越复杂（顶点或面数很多），消耗的CPU就越多，因为网格里的顶点需要通过蒙皮算法来算出顶点的变化，一般情况下，这些都是靠CPU来计算的。因此，在制作模型动画的时候要特别注意，同屏里有多少蒙皮动画在播放，每个蒙皮动画中骨骼的数量有多少，以及网格的面数有多复杂，如果太多、太复杂，就会消耗大量的CPU。

5.4.5 人物3D模型动画换皮换装

有了上面这些3D模型和骨骼动画的知识，3D模型动画换装这种常见游戏功能的编码设计就显得简单多了。

首先，为了达到模型动画的动态拼接，必须规定角色的所有动画和部件只使用同一套骨骼。由于骨骼点的移动影响网格顶点，更换了模型的网格依然可以根据骨骼点计算出偏移量，但骨骼如果更换了，那么骨骼点对顶点的权重影响就不对了，动画就乱套了，因此，如果要一个人物不断更换局部模型后还能有一样的动画效果，那么骨骼必须是同一套的。

其次，把骨骼和模型部件拆分开来，骨骼文件里只有骨骼数据，每个部件的模型文件只包含它自己的模型的顶点数据，以及顶点上的骨骼权重数据。

用Unity3D的术语来说就是，把一个人物模型拆分成多个fbx文件，其中一个fbx文件只有骨骼数据，其他fbx文件是每个部件的模型数据，它们都包含了已经计算好的骨骼权重数据。这样更便于更换和拼凑模型，每套部件都可以由玩家自己拼凑，骨骼点不变，每个部件上模型的顶点数据也会始终映射到同一套骨骼上。每次在更换部件时，只要把原来的部分删除，更换成新的部件即可，其他数据依然有效，这便是拆分骨骼与模型部件的好处。

然后，把骨骼数据和模型实时动态拼接起来。我们将骨骼fbx文件中的模型数据实例化后就得到了一个蒙皮网格实例，基础的骨骼数据就包含在这个实例中，接着把需要展示的各个部件fbx文件中的模型实例化出来，它们就拥有了自己的蒙皮网格实例，最后将骨骼信息从前面骨骼的蒙皮网格实例中取出来赋值给它们，包括所有骨骼节点及变换矩阵。

这样，每个部件都进行了蒙皮网格实例化，蒙皮网格实例可以渲染出自己的模型效果，并且每个部件自己的蒙皮网格实例都有骨骼数据，由于原本每个部件模型上一直都存有骨骼的权重数据，因此，每个模型部件针对骨骼动画都是有效的。

接着在骨骼的蒙皮网格上挂上Animator来播放动画文件，动画文件里的数据改变的是骨骼点，播放动画时，骨骼点会针对动画关键帧进行位移，由于部件模型的骨骼数据都是从骨骼的蒙皮网格上映射过来的，所以，当骨骼点动起来时，就能带动众多模型网格上的顶点一起动起来。

当骨骼的蒙皮网格上的动画文件开始播放时，每个部件模型上的顶点也会随着骨骼点的变动而不断计算出网格模型的变动情况，进而在渲染上体现出部件模型的动画效果。这是由于播放动画时，顶点偏移是由顶点上的骨骼权重数据决定的，如果骨骼权重数据没有问题，对应的骨骼点也没有被替换或删除，就表明模型在动画表现上与相关数据的对应关系都是正确的，因此它们所展现出来的动画效果也是正确的。

最后，如果需要更换人物上的某个部件模型，则只需要把原有的部件模型实例删除，再实例化出我们需要的部件模型，并把骨骼数据赋值给它即可。更换的操作很简单，从表现上看，就是更换了人物的某个部件，脸或腿或手或腰或脚。

这种方式虽然是最简单的更换部件的方式，但它有一个缺点，那就是需要的drawcall比较多。由于人物拆分成了5个部件，头、手、身体、腿、脚，这样我们就需要6个蒙皮网格来支撑渲染。除了5个部件模型外，还需要1个作为骨骼动画的蒙皮网格，有5个部件模型的蒙皮网格，从效率上看这样很不好，也就是说，一个人物至少要5个drawcall来支撑。骨骼动画已经很消耗性能了，还有5个材质球消耗5个drawcall，更加重了性能消耗，一旦场景中的人物过多，就会拖慢帧率。

更好的办法是一个人物动画只使用一个drawcall，这样就可以把这5个部件合并成一个模型，它们都使用同一个材质球，Unity3D的Mesh.CombineMeshes()方法可用于实现模型的合并。

那么，贴图应该怎么处理呢？同样也是合并。在每次初始化拼接一个人物模型，或者更换人物的部件模型时，将5张贴图动态地合并成一张，并在合并贴图的同时改变每个模型部件的UV，将它们的UV偏移到这张合并图的某个范围内。

这样一来，每个人物模型只需要消耗一个drawcall，因此减轻了GPU的负担。从CPU的消耗来看，拼接的操作只存在于人物初始化中，只在更换部件模型时才会有消耗，因此合并贴图和模型实际消耗的CPU并不大。不过，所有这些合并的前提是，模型部件都可以使用同一个材质球。

这些理论看一遍可能还不够，需要多看几遍，最好是边想边看边实践，这样才能取得更好的学习效果，如果可以，最好能与别人分享自己学到的知识。如果只有理论，很容易变成纸上谈兵，解决不了实际问题，反过来也是一样，如果只有实践，没有彻底了解其中蕴含的原理和机制，就无法精进，运用起来自然不能得心应手。既要懂原理又要有实践，最好能多思考，举一反三。

下面就在骨骼动画原理的基础上介绍一些更高级的技巧，这些技巧都是基于前面所讲的内容实现的。我们先用最简洁的语言回顾一下基础知识。

网格主要由顶点、三角形索引数组、UV这三个基础数据组成，除了这三个，还可以有顶点的法线和颜色的数据。其中UV用于贴图，法线用于展示凹凸效果，顶点颜色则有其他多种用途。

蒙皮骨骼动画，在 Unity3D 中是组件蒙皮网格，除了网格数据外，还多了骨骼点和骨骼权重数据。骨骼点是以父子或兄弟的关系连接的节点，它在 Unity3D 里的表现形式为许多 GameObject 相互挂载。除了这些节点外，骨骼点还需要旋转矩阵 bindPoses，它的功能是，当父节点旋转移位时，能更快地计算出自身位移和旋转的变化矩阵，每个矩阵都是其父节点矩阵相乘得到的结果。最后，每个顶点都有骨骼权重数据，这些数据表达了顶点被哪些骨骼影响，其权重值是多少。

5.4.6　捏脸

捏脸在网络游戏中泛指对虚拟角色的样貌进行 DIY 的数据操作。捏脸看起来好像是一种很复杂的技巧，在我们剖析之后你就会觉得它并没有想象中的那么困难。

1. 更换身体部件

角色身上可以替换的部位包括头、上身、腿、脚、手等，其实还可以细分，比如嘴、耳朵、胸、头发等，这些部件都可以从整体模型中拆分出来，成为一个单独的模型。拆分出不同部位的模型，有了多个相同部位不同形状的模型之后，就有了很多个模型部件可以替换，在捏脸时就可以选择不同形状的部件。

替换的过程就是上面介绍的换装过程，我们再来回顾一下。

我们必须对所有模型都使用同一套骨骼，将骨骼以蒙皮网格组件的方式进行实例化（我们暂时称它为根节点），并挂上动画组件和动画文件，播放动画时就可以看到骨骼会随着每帧动画的数据而变动。但此时还没有任何模型展示，我们把选中的部件模型以蒙皮网格组件的形式实例化出来，并挂载在根节点下。

现在挂载在根节点下的部件模型只是静止的不会动的模型，虽然其自身也有顶点的骨骼权重数据，但没有骨骼点的数据是无法计算出骨骼变化后的模型的。因此，我们再把根节点里的骨骼点数据赋值给这些模型部件，让它们能在每帧渲染前根据骨骼点的变化，再结合自身的骨骼权重数据计算出自身的网格变化数据。执行完这些操作后，我们就算成功合成了一个由自己选择的人体部件，它是带骨骼动画的角色模型实例。

当需要更换人体部件时，所需要的操作与合成角色模型的步骤一样，只是在这之上又有一些小的变化，因为只替换某个部件，所以根节点与其他没有更换的部件不需要销毁，是可以重复利用的，只需要删除替换的部件实例即可。

合成完模型之后再看看这个角色，这么多部件都使用了蒙皮网格，每个蒙皮网格都有一定的计算和 drawcall 消耗，怎么办？答案是合并起来。

一种简单的办法是仍然使用多个材质球进行渲染，在合并网格时使用子网格模式，相当于只减少了蒙皮网格组件的数量，并没有降低其他消耗。另一种办法稍微复杂一点，不使用子网格模型，而是将所有模型合并成一个网格，使用同一个材质球。但我们得保证遵循着色器相同的材质球才能进行合并，着色器不相同的材质球不进行合并的原则，以保证角色渲染效果不变。

把多个材质球合并成一个材质球的困难之处在于，贴图怎么办？UV 怎么办？贴图需要采用实时合并贴图的方式。合并材质球实质上是为了降低 drawcall，我们的办法实质上就是用内存换 CPU，每次合成角色、更换部件时都要重新合成一遍贴图，同时把 UV 设置在合并贴图后的某个范围内，因为 UV 的相对位置是不变的，所以，只要整体移动到某个范围内，就可以正常显示。

这样，模型的更换与合并让角色捏脸系统可以实现基础功能，而材质球、贴图的合并，优化了性能效果，让这个系统更完美了。

2. 更换贴图

不同颜色的头发，不同颜色的手套，不同颜色、形状相同的衣服，不同贴图、形状相同的眼睛等，这些都可以通过简单地更换贴图来达到目的，直接更换材质球里的贴图即可，不需要太复杂的操作，如果采用贴图合并的方式来进行合并，那就再重新合并一次贴图，如果更换的贴图大小不一样，UV 也需要重新计算一次。

3. 骨骼移动、旋转、缩放

除了执行更换部件、更换颜色的操作外，捏脸还有一个重要的功能，就是用户可以自由随意塑造模型。例如，把鼻子抬高点、把嘴巴拉宽点、把腰压细一点、把腿拉长一点等。

由于模型的网格是根据骨骼点来变化的，组成网格的每个顶点都有自己的骨骼权重数据，所以，只要骨骼点移动、旋转或缩放了，它们也会跟着移动、旋转或缩放。于是，我们可以利用这个特性来执行一些操作，让捏泥人更加容易。最后只要记录骨骼移动、旋转或缩放的数据即可，重现时再次将数据重新导入到骨骼点，就能呈现出原来玩家捏脸时的样子。

不过，新的问题也来了，骨骼点是随着动画一起动的，动画数据里的关键帧决定了骨骼点的变化，即使人工实时改变骨骼点位置，也是无法达到效果的，因为动画数据会强行恢复骨骼点，从而使得我们的操作变得无效。我们既想要整个模型网格依照原来的动画数据变动，又想要用某个骨骼点影响某些网格，怎么办？答案是额外增加一些骨骼点，这些骨骼点是专门为用户提供可操作服务的骨骼点，这些骨骼点的特殊之处是，其并不会加入动画数据中。也就是说，动画数据中不会存在这些特别的骨骼点，这也使得在动画播放时改变体型的骨骼点不会影响动画而只会影响网格。

然后，为了能让网格随着这些骨骼点的操作发生变化，在顶点的骨骼权重数据里为这些骨骼点增加一些权重，这个权重能满足玩家的操作需求即可，其他的就由动画来决定变化，蒙皮网格会在每帧中根据骨骼点的变化计算出所有顶点的位置，也就是网格的变化形状。

这样操作下来，我们就能达到先前所说的，既让整个模型网格依照原来的动画数据变动，又可以让用户自定义操作骨骼点去影响网格变化。

4. 用两个不同网格顶点的线性插值做脸部动画

只操作骨骼点来改变模型的捏脸效果是不够的，因为骨骼点的数量毕竟不能太多，顶点的骨骼权重数据也是有限的，特别是脸部表情的网格变化比较复杂，它由 50 多块肌肉组成，网格顶点变化又多又快，此时无法通过增加大量的骨骼点，来达到脸部模型复杂变化的效果。于是只能另寻它法，这次我们回到最基础的网格变化上。由于蒙皮网格是每帧都从原始的网格加上骨骼点的变化数据，来计算现在网格形状的，因此改变原始网格的顶点数据，同样也会改变网格在动画时的模型变化。

还记得前面提到过的，最初在没有蒙皮骨骼时，动画师们所用的办法吗？用两个模型网格顶点的线性插值来作为网格变化的形状，即变形目标动画。我们可以制作两个极端的脸部表情模样，用网格顶点插值的方式对原始网格数据里的顶点进行改变，每个插值都会带来顶点的变化，并形成一个网格形状，从而形成不同脸部表情的动画。

我们一直在围绕着基础知识做技术研究，基础知识和原理是核心，实践可以巩固对基础知识和原理的理解，理论与实践相结合，并且不停地交替学习，我们逐渐就能得心应手、运用自如，甚至还能达到“无剑胜有剑”的境界。

5.4.7　动画优化

前面介绍了关于蒙皮动画太消耗 CPU 的问题，通常所有蒙皮网格的变化都是由 CPU 计算得到的，这就使得 CPU 的负担比较重，因为游戏中的动画量通常会比较大。

Unity3D 有一个 CPU Skinning 的选项，开启后，引擎会使用多线程 +SIMD 来对蒙皮网格的计算做加速处理，由于每个顶点的变化都是独立于骨骼点之上的，相邻的顶点并不会互相影响，因此可以使用多线程将一个模型的网格顶点拆分成多个顶点进行计算，多线程的使用将提高蒙皮网格计算的速度。

SIMD（Single Instruction Multiple Data）是指单指令多数据流，它能够复制多个操作数，并将它们打包在大型寄存器的一组指令中。下面以加法指令为例，通常我们所使用的是单指令单数据流（SISD），在 CPU 对加法指令译码后，执行部件必须先访问内存，取得第一个操作数，之后第二次访问内存，取得第二个操作数，随后才能进行求和运算。而在 SIMD 型的 CPU 中，指令译码后，几个执行部件将同时访问内存，一次性获得所有操作数并进行运算。基于这个特点，SIMD 特别适合用于数据密集型运算，在游戏开发中，SIMD 特别适合用于矩阵运算，蒙皮网格计算就是大量使用矩阵运算的地方。

但 CPU Skinning 并没有减少 CPU 的运算量，只是加快了运算速度，提高了运算效率，游戏中通常会使用大量的蒙皮动画以达到丰富效果的目的，而所有项目通常都会用尽动画功能，让游戏看起来生动、丰富、饱满、火热。这就使得设备在游戏项目中需要承受巨大的压力，因此即使效果再好，也会由于性能消耗太大，只有高端机才能承受渲染游戏的压力而无法得到普遍应用。因此对每个项目来说，动画的优化才是重中之重。

下面就来介绍 3D 模型动画的优化方法和解决方案，这里所说的都是非引擎层面的优化，因为引擎上的优化有很多种，与应用层级的方式和方法都不一样。

1. 用着色器代替动画

蒙皮网格动画实际上就是网格顶点的变化，根据骨骼点与权重数据计算网格变化，它是前人发明的一种在每帧中改变网格的方法，最终的目标都是让网格的每一帧发生变化，并且这种形状的变化是我们所期望看到的。

无论使用什么方法，只要达到“变化是我们所期望看到的”这个目标就是可行的。除了通过 CPU 利用骨骼计算改变顶点坐标的位置外，还有另外一种途径可用于改变顶点坐标位置，即着色器中的顶点着色器。顶点着色器可以改变网格顶点的位置。于是，我们可以使用顶点着色器，再加上一种合适的顶点变化算法，就可以得到一个随着时间变化的模型动画。

使用着色器制作动画的方式已经很久远了，该方式频繁应用于许多项目中，常见的如随风摆动的草、会飘动的旗子、飘动的头发、左右摇摆的树、河流的波浪等。这些算法在此不会详细讲解，只需要知道这些算法大部分都会利用时间因子、噪声（noise）算法、数学公式（sin、cos 等）来表达顶点的偏移量。图 5-5 所示的是用着色器让草随风摆动的效果。

图 5-5　开源项目中使用着色器让草随风摆动的效果

除了顶点动画，还可以利用 UV 来制作动画，如不断流淌的水流就属于 UV 位移动画，又如火焰效果，可以根据不断更换 UV 范围达到序列帧动画效果的 UV 序列帧动画，再如不停旋转的面片动画，可以用 UV 旋转来代替面片旋转，将 CPU 的消耗转为 GPU 的消耗，使一部分计算更为高效。UV 动画的具体算法在此不做讲解。

着色器序列帧动画的示例代码如下：

```
Shader “UVAni”
{
```

```
Properties
{
    _MainTex ("Base (RGB)", 2D) = "white" {}        //序列帧贴图
    _Total ("total", float) = 1                     //总帧数
    _Rows ("rows", float) = 1                       //图元行数
    _Cols ("cols", float) = 1                       //图元列数
    _Fps ("speed", float) = 1                       //播放速度
}
SubShader
{
    Pass
    {
        Tags { "Queue" = "Transparent" "RenderType" = "Transparent" }

        Lighting Off ZWrite Off
        Blend SrcAlpha OneMinusSrcAlpha

        CGPROGRAM
        #pragma vertex vert
        #pragma fragment frag
        #include "UnityCG.cginc"
        sampler2D _MainTex;

        float_Total;
        float_Rows;
        float_Cols;
        float_Fps;

        struct v2f {
            float4  pos : POSITION;
            float2  uv : TEXCOORD0;
        };

        v2f vert(appdata_base v)
        {
            v2f o;
            o.pos = mul(UNITY_MATRIX_MVP,v.vertex); //顶点3D坐标转换为屏幕2D坐标
            float floorModTime = floor(fmod( _Time.y  * _Fps,  _Total));
                                                                  //获得帧数
            float uIdx = fmod(floorModTime , _Cols);        //获得横坐标索引
            float vIdx = _Rows - 1 - floor(floorModTime / _Rows);
                                                                  //获得纵坐标索引
            o.uv = float2(v.texcoord.x / _Cols + uIdx / _Cols, v.texcoord.
               y / _Rows + vIdx / _Rows);                         //计算贴图中的UV位置
            return o;
        }
        float4 frag(v2f i) : COLOR
        {
            float4 texCol = tex2D(_MainTex,i.uv);
```

```
                return texCol;
            }
            ENDCG
        }
    }
}
```

先定义帧动画的总帧数、图元排列的行数和列数，以及播放速度，在顶点着色时就计算好 UV，计算过程是通过当前的时间和速度及总帧数，获得当前所在的帧数，再用帧数计算图片所在的行位置和列位置，最后用行位置和列位置计算 UV 数据，UV 数据传入片元后，片元着色器从图片中提取像素颜色，交给后面的步骤进行渲染。

用着色器代替动画的实质就是用 GPU 消耗来分担 CPU 的计算量，因为部分计算在 GPU 中会更高效，这样可以让两个芯片更好地发挥作用，而不是让某一个闲着没事干（GPU 很闲或 CPU 很闲），另一个则忙得要死。着色器动画能够充分利用 GPU 的计算优势，为 CPU 分担不少计算量。但用前文介绍的顶点动画、UV 动画的算法来代替动画的方式只是在复杂度有限的条件下可行，当动画复杂到没有固定的算法规律可寻时，就要谋求其他途径了，可见，着色器动画对模型动画的优化是有限的。

2. 离线制作加速动画

前面介绍了用着色器算法来制作动画的方法，实质上，它是将 CPU 的消耗转移到了 GPU 上，从而使得动画性能得以优化，不过这样做的前提是动画的复杂度是有限的，很多复杂的动画无法用算法来表达。除了将计算量消耗从 CPU 转移到 GPU 来优化外，我们还可以使用其他的优化方法，这次我们不打算用算法了，而是来场“无剑胜有剑”的战斗——没有算法就是最大的算法。

动画的实质是，每帧显示的内容都不一样。而每帧显示的内容不一样，就需要每帧都计算出一个不一样的形状。那么我们能不能不计算呢？答案是可以的。可以为每帧准备一个模型，每帧都展示一个已经准备好的不一样的模型，这样每帧都可由不同形状的模型渲染形成动画。

例如一个时长为 5 秒的蒙皮网格动画，每秒 30 帧，总共需要 150 个画面，我们最多要准备 150 个模型依次在每帧中播放。这样一来，内存和硬盘的代价就会很大，原本一个模型只要一个模型网格就够了，现在要准备 150 个网格。这就是用内存换 CPU 的想法，但到底值不值得这么做呢？

假设这个场景只有 2 ～ 3 个模型在播放该动画，那么为了这 2 ～ 3 个模型动画，就需要额外准备 150 个模型来播放该动画，本来只要一个模型 + 骨骼就可以办到的事情，却要用 150 个模型来代替，加载这 150 个模型也是需要时间的，更何况内存额外加大了 150 倍，确实不值得。那么再假设场景中同时播放该动画的模型数量非常多，如 20 个以上，这 20 个模型每帧都需要通过模型 + 骨骼的方式计算出一个模型的变化形状，而且要重复计算 100 次，这时如果是用 150 个模型来代替每帧持续的 CPU 消耗就值得了。

具体步骤如下。

1）加载模型和动画。

2）播放动画。

3）定格在当前帧。

4）将当前帧模型网格数据导出到文件。

5）若不是最后一帧，则继续播放下一帧，跳到第 3 步，否则结束。

采用这种方式，计算机不再需要计算相同模型网格的变化，而只是在读取这 150 个模型时存在内存及加载的消耗，换来的则是持续高效的动画效果，这样的方式（使用内存换 CPU）就是值得的。

3. GPU Instancing 加速动画

前面介绍的离线制作每帧的模型网格，再在每帧中渲染不同的网格来实时渲染动画的效果，这种方式在需要大量渲染相同动画的场景中，确实能够起到很大的优化作用，是一种用内存节省骨骼计算蒙皮网格 CPU 消耗的方式。不过这种方式还是会存在大量的 drawcall，每个模型至少有一个 drawcall，100 个模型就会有 100 个 drawcall，GPU 的压力依然没有减少。那么有没有合并绘制相同模型及动画的 drawcall 呢？答案是有，可以利用 GPU 实例化（Instancing）这个 GPU 特性。

什么是 GPU Instancing？它是显卡的一个特性，大部分图形 API 都能提供的一种技术，其表象为当我们绘制 1000 个物体时，它只将模型数据及 1000 个坐标提交给显卡，这 1000 个物体不同的位置、状态、颜色等将整合成一个 Per Instance Attribute 的 Buffer 提交给 GPU，这使得 GPU 可以在着色器中区别对待传入的网格数据。这样做的好处是只需要提交一次就能绘制所有不同位置的物体，这大大减少了提交次数，对于绘制大量相同模型的情况这种技术可以提高效率，同时也能避免因合批而造成内存浪费。这样一来，我们就可以根据 GPU Instancing 来实现骨骼动画的多实例渲染。

GPU Instancing 的一个主要特点是，只提交一次就可以绘制 1000 个物体，把原本要提交 1000 次的流程简化成只需提交一次，1000 个 drawcall 瞬间降为一个。当然，具体实现并没那么简单，它是有条件的，条件是：首先，模型的着色器要能支持 GPU Instancing（需要根据 Instancing 索引提取的参数来改变顶点或颜色等数据）；其次，1000 个模型的位置、角度可以不一样，但都使用的是同一个网格数据。其实 GPU Instancing 的条件有点苛刻，着色器、材质球和网格都要相同，不能有骨骼动画。这就意味着，如果用 GPU Instancing 来优化渲染，就不能再使用 SkinnedMeshRender 和 Animator 或 Animation 来计算蒙皮网格了。

具体该如何做呢？用前面提到的离线制作模型方法来准备 150 个模型，每帧都渲染一个，从而降低了计算骨骼蒙皮的 CPU 消耗。现在我们把这 150 个模型的网格顶点数据换成贴图形式的数据，把这 150 个模型的网格顶点数据全部放入一张贴图中，使这张图总共有 150 行，每行都写入一个完整的网格顶点数据，让每个像素数据的 RGB 分别代表 *Oxyz* 的顶点坐标，这样，如果一个网格总共有 3000 个顶点，那么每行就有 3000 个像素，总共 150 行，这张贴图就是 3000 × 150 像素大小。

将动画所有帧下的模型网格顶点数据制作成一张贴图后，若要让这张图在着色器中起作用，就将所有动画帧下网格的顶点数据传入着色器，着色器再根据传入图中的每个像素去偏移顶点，每帧都换一行，从而形成每帧都不一样的模型动画。使用着色器改变顶点坐标，就相当于是让 GPU 改变网格，这将省去 CPU 提交渲染的消耗。就这样把贴图当作动画顶点数据交给着色器去渲染，每次渲染时，所有模型都使用同一个模型、同一个材质球、同一个着色器，这就符合了开启 GPU Instancing 的条件，即我们只要提交一次模型数据就能渲染 1000 个模型并且有动画，瞬间将 1000 个 drawcall 降低到个位数字。GPU Instancing 的具体工作原理将在后面讲解。

至此，我们在实时渲染时不需要再计算骨骼了，同时也不需要蒙皮网格了，只需要通过普通的 MeshRenderer 来渲染模型即可，动画里的顶点变化交给着色器去做，将 CPU 消耗从线上转移到线下，同时还可以利用 GPU Instancing 的特性更高效地渲染图形。

这里用于 GPU Instancing 制作动画的着色器并不复杂，只是比普通的顶点着色器在传入参数时多了一个变量顶点索引，我们根据这个顶点索引变量来计算并得到传入贴图中的 UV 位置，从而在 RGB 中得到顶点坐标，其源码如下：

```
v2f vert(appdata v, uint v_index : SV_VertexID)
{
    UNITY_SETUP_INSTANCE_ID(v); //gpu instance

    //根据时间获得数据的 y 轴位置
    float f = _Time.y / _AnimLength;
    fmod(f, 1.0);

    //计算 UV 位置
    float animMap_x = (v_index + 0.5) * _AnimWidth;
    float animMap_y = f;

    //获得顶点坐标
    float4 pos = tex2Dlod(_AnimTexture, float4(animMap_x, animMap_y, 0, 0));

    v2f o;
    //计算模型贴图 UV
    o.uv = TRANSFORM_TEX(v.uv, _MainTex);
    //计算顶点位置
    o.vertex = UnityObjectToClipPos(pos);
    return o;
}

fixed4 frag (v2f i) : SV_Target
{
    //根据 UV 上色
    fixed4 col = tex2D(_MainTex, i.uv);
```

```
        return col;
    }
```

上述代码就是对模型动画GPU Instancing的实现，首先通过计算得到当前需要展示哪一行的帧数据，然后计算数据行中当前顶点的数据位置，即数据贴图中的UV，再根据计算获得的数据UV位置提取顶点坐标，最后计算顶点着色器在传统意义上的贴图UV位置与顶点投影。片元着色器的处理很简单，只需要根据UV位置从贴图中提取颜色即可。

顶点着色器用时间和动画长度计算出y的位置，也就是数据在贴图中的行位置，再用顶点索引计算出数据在贴图中的列位置，从而得到动画数据贴图中属于自己位置的像素，取出这个像素信息，即可得到这个顶点的坐标，与世界坐标轴转换后即可使用。着色器中没有复杂的公式，就只是从图片中取出值来作为坐标去传递。

上面使用GPU Instancing的GPU特性将数据从CPU端转移到GPU端，并达到降低drawcall的目的。如果只是使用普通的材质球嵌入MeshRenderer的方式，就会使得每个人物的动画都是一样的，不会错开，同一时间很多模型都做相同的动作。如果这时使用不同的材质球实例来达到不同的动画时差就又会增加drawcall，为了不增加drawcall，我们需要向着色器传入动画开始位置的数据，使用Graphics.DrawMeshInstanced()方法传入数据，即除了模型的坐标数据、顶点贴图数据外，动画状态数据也要传入材质球中，从而实现不同动画的时差。

除了各模型在动画播放时的差异数据外，精度问题也值得关注，如果要求模型动画能有较好的表现，就必须提高图片的精度，因为每个像素RGB的颜色就代表了顶点的坐标信息，如果要求GPU支持浮点（float）类型的贴图，就需要是Open GL ES 3.0以上级别的设备，虽然现在Open GL ES 3.0以上级别的手机比较普遍，但还是有小部分低端手机设备无法实现，是否考虑降低动画精度，或者根据高中低端手机来切换动画模块也是值得考虑的问题。

4. 离线制作LOD动画与LOD网格

前面介绍了使用GPU Instancing来优化同一个物体在场景中的渲染，这使得drawcall降低了很多，但仍然无法避免网格面片数太多的问题，因此我们仍然要为100个模型在场景中的渲染付出很大的代价。100个由10 000个三角面组成的模型，在场景中渲染时需要承受巨大的负担。

LOD就是一种很好的解决面片渲染负担过重的方案，我们可以根据不同的机型来加载高、中、低不同等级的资源，从而实现降低面片渲染的负担。无论是使用传统的骨骼动画实时计算网格顶点的方式，还是通过GPU Instancing来提高动画性能，LOD都可以做到让性能再次提升。

我们再来回顾一下基础知识，传统骨骼动画的网格变化是由骨骼点与顶点的权重数据计算得到的。也就是说，顶点数量越多，骨骼数量越多，有效权重数据越多，CPU消耗也就越多，CPU消耗与三者中任何一个都成正比。反过来也是一样，顶点越少，骨骼数越少，有效权重数据越少，CPU 消耗就越少。

我们需要特别注意的一点是，顶点数少了，模型就不那么精细了；而骨骼数少了，动画就不那么丰富了；有效权重数据少了，网格变化就不那么细腻了。因此我们需要对高、中、低端设备进行判断，对于低端设备，使用低档资源以保证性能优先，画面流畅，对于高端设备，则使用高档资源，以丰富画面。

当然，高、中、低这几个等级的资源都需要我们离线制作，完成后加载到场景中，使用前选择一种并加载进来，如果使用传统的骨骼动画，则需要准备 3 套模型、3 套骨骼动画，如果使用 GPU Instancing，则需要使用 3 套模型、3 套动画数据贴图。

很多情况下，场景内的静态物体都可以使用 LOD 来实时切换模型的精细度等级，那么实时切换动画的高、中、低资源是否可取？传统的实时 LOD 通常用远近的视觉差来优化性能开销，用内存来换取 CPU。LOD 的视觉差是利用离摄像机太远的东西精细度要求不高的特点来进行优化的，这使得即使替换成更粗糙的模型，在距离远的情况下效果差别也很小。

除了实时切换 LOD 外，对高、中、低端设备分别做指定的 LOD，也是优化的一种解决方案。当游戏开始运行时，就判断当前机型属于高、中、低的哪个档位，根据不同的档位来读取不同复杂度等级的资源，从而实现不同级别的设备使用不同级别的资源，让高端设备能有更好效果，中端设备能有中等效果，低端设备能保证最基础的效果。

这样看来，LOD 也可以用得很极致，LOD 不只可以动态地提供不同复杂度的模型，也可以静态地对不同级别的设备提供不同复杂度的资源，还可以区别对待不同复杂度级别的动画。

5.5 资源的加载与释放

在计算机上编程，始终逃不过计算机的体系范围。其实编程所包括的关键点不过是进程、线程、CPU、CPU 缓存、内存、硬盘、GPU、GPU 显存等，我们只是围绕这几个关键点做文章。从宏观的角度来看，计算机本身的内容就这些，假如我们暂时不去细想具体的逻辑细节，则可以从大体上明白我们需要做的工作与这些内容有多大关系。

我们制作的软件在进程上运行，进程是软件的载体，线程是进程的“员工”，可以分担进程的负担，主线程是进程的“一号员工”，还有二号线程、三号线程等，这些线程有利于我们更大限度地利用多核 CPU，这样为我们工作的内核就不止一个了。

无论是在 PC 上还是在手机上，CPU 都担负着多个进程的计算请求，它们不断地以时间片切换的概念来使用 CPU，其进程中大部分都是由运算、硬盘的读 / 写（即 I/O）、内存读 / 写、分配与回收内存消耗着 CPU 的算力。因此，当我们对程序做性能优化时，大部分都是围绕着如何减少运算量、如何减少硬盘读 / 写、如何加速内存读 / 写、如何减少内存分配与回收，以及如何更多地利用多核 CPU 加速运算等关键点来做的。

除了上述这几个概念外，CPU 缓存提高了 CPU 的执行效率，它让数据离 CPU 更近，使 CPU 的执行效率更高。只是 CPU 只认机器码由 1 和 0 组成的数据与指令，于是在机器码之上又有了汇编语言做助记符，让我们不用去解读 0 和 1 的世界。但这种助记符还需要自己操作寄存器等，直面硬件的事务会让人们觉得太烦琐，对于现今越来越复杂和庞大的软件系统，人类难以承受如此高的复杂度，于是就有了更高级的语言加编译器来让编程变得更加简单，编译器可用于翻译更便于我们运用的各种语言，包括 C++、Java、C# 等，其中 C++ 可直接编译成机器语言，Java 和 C# 则需要先翻译成中间语言，再由虚拟机（VM）将中间语言翻译成的二进制码，从而可以被 CPU 识别。

这些高级语言能够让人类更加专注于编写复杂和庞大的软件系统，从而缓解我们直面二进制指令和重新编写高级语言结构的痛苦。从这层意义上来说，Unity3D 引擎也做了同样的事情，它将大部分对 OpenGL/DirectX 等图形接口底层的调用都封装在了引擎中，我们只需要了解业务层面的事务，即可快速构建项目，节省了我们学习枯燥复杂底层相关知识的时间，可以将更多的注意力放在对业务的探索上。只是我们在制作过程中，始终绕不过去的是底层的工作原理与流程，如果想要编写更加优秀的程序，就得学习和理解这些底层原理，只有这样，才能明白应该如何改善我们编写的框架逻辑，从而提高它们在计算机中的运行效率。

内存是除了 CPU 缓存外最快的数据存取地点，所以要想最快读取内容，就要借助于内存空间，但也需要适度使用内存。比如，移动设备的内存成本还比较高，或者说容量还不足以大到可以让我们任意使用，即使在 PC 机内存已经足够大，也要考虑其他软件进程的内存消耗，给 PC 留出更多可用空间，以支撑其他操作。

硬盘的成本现今已经很低了，硬盘虽然足够大，但我们还需要考虑网络宽带和 I/O（读 / 写）问题。虽然硬盘比较廉价，但宽带并没有那么多，大部分磁盘文件需要从网络下载，这也使得宽带的占用量很紧张，我们要控制文件资源的大小，约束项目对硬盘的占用量，从而使我们开发的产品能更快地被用户下载到。由于硬盘是读 / 写数据最慢的部件，因此程序中也应该尽量减少对磁盘的读 / 写操作，特别是日志内容，特别容易疏忽，大部分读 / 写都是日志造成的，应该尽量想办法避免大量或频繁的操作日志文件。

相较于 CPU，GPU 的优势是在处理运算上，例如，在图形图像的计算上，GPU 的优势就得到了很好的体现，因此我们常常会将部分 CPU 运算转移到 GPU 中处理，以此来分担 CPU 的负担。即使是在现今显卡普及的情况下，GPU 的好坏也参差不齐，我们仍然要尽最大的努力去学习和理解 GPU 的运作原理，以尽可能多地发挥其最大优势。移动设备架构中，虽然 GPU 并没有附带显存，但显存的原理与系统内存的原理是一样的，都是为了让内核读取数据的效率更高，更何况还有 GPU 缓存的存在，其与 CPU 缓存具有异曲同工之妙，不同的是，GPU 缓存分得更细，它的每个内部单元都能拥有自己的缓存，这也使得 GPU 并行计算更高效。

前面介绍了关于算法、框架、结构、数学、图形学等内容，希望能从更高的角度来总结我们每天接触的编程工作。每条语句、每个结构、每个编码都能知道自己现在所要围绕的是哪个节点，能否通过优化节点来让当前程序的执行更加高效，让程序的运行更加流畅。

上面介绍关于计算机的内容，是想从宏观的角度，抛开架构、系统逻辑、框架结构等细节，看看我们所面对的工作到底是怎样的。从根本上看，这些并不是什么特别具体和底层的东西，但是我们可以从另一个角度了解所面对的编程工作，这对确定未来的技术方向兴许会有帮助。

前面介绍了很多关于计算机本质的内容，下面主要介绍关于资源的内容。

1. 资源加载的多种方式

资源的数据格式有很多种，并不一定要依照引擎来分类数据格式，但如果想自己开辟一种格式来作为自定义资源格式，确实耗时又耗力，性价比太低。也有少数项目因资源保密性的要求很高，会自行定制资源的格式，既然使用了 Unity3D 商业引擎来提高开发效率，加快迭代速度，那么我们完全可以借助 Unity3D 自身的机制来完成加载工作。这里我们主要讨论以 Unity3D 自身资源格式为基础的加载方式。

我们可以把资源加载分为阻塞式加载和非阻塞式加载。到底什么是阻塞式加载？什么是非阻塞式加载？简单来说，阻塞式加载是指当前资源文件加载完成后才能执行下一条语句，非阻塞式加载则是开启另一个线程加载资源文件，主线程则可以继续执行下面的程序，当加载完毕时再通知主线程。

下面介绍在 Unity3D 中阻塞式的加载方式。

（1）Resource.Load

Resource.Load 是 Unity3D 中最传统、最古老的资源加载方式，Unity3D 以 Resource 这个名字的文件夹作为根目录来加载其下的资源文件。

当 Unity3D 的项目被构建时，Unity3D 将 Resources 文件夹下的所有资源文件打包成为一个或几个资源文件（将资源文件合并成一个或几个资源包文件）放入包内。当我们在程序中调用 Resource.Load 时，则可以从这几个资源文件中查找，并从中提取数据作为资源放入内存。

Unity3D 在打包时会压缩该资源包文件，这就使得包的大小会适度减小。压缩的另一面是解压，因此，当我们通过调用 Resource.Load 加载资源时，也增加了解压的算力损耗。这也是很多项目不乐意使用 Resource 的缘由，解压带来了不必要的开销，CPU 算力资源比硬盘资源珍贵得多。

（2）File read + AssetBundle.CreateFromMemory + AssetBundle.Load

我们也可以先通过文件操作加载资源文件，再通过 AssetBundle.CreateFromMemory 的方式将字节数据转换成 AssetBundle 格式，最后通过 AssetBundle.Load 从 AssetBundle 中加载某个资源。

这种方式虽然费时费力，几乎消耗了 2 倍的内存及 1.3 倍左右的算力，但是可以让我们加入自定义功能。比如在加载 AssetBundle 前做加解密操作，由于加载 AssetBundle 前自主加载了文件，因此文件数据在变为Assetbundle实例前可以自主把控，可以先用文件操作获得数据解密，再转换成AssetBundle实例，最后交给资源控制程序处理。只是这种获得加解密AssetBundle的能力是需要付出代价的，代价就是内存和GC（内存的分配与销毁）。

由于使用文件操作时，完全读入了整个资源文件的数据，因此当前并不需要的资源也会一并读入内存，增大了内存消耗，另外转换成AssetBundle后的字节数据也不再有用处，只能等待GC处理掉，这大大增加了CPU分配和销毁内存空间的负荷。

（3）AssetBundle.CreateFromFile + AssetBundle.Load

还可以通过直接加载文件变成AssetBundle的方式，再通过AssetBundle.Load接口来获得资源。这也是项目中经常使用的方式，既没有压缩与解压，也可以不用一下子就将所有内容都加载到内存中，能够做到按需加载。

这种加载方式最大的好处是，能够按需分配内存。AssetBundle.CreateFromFile接口并不会把整个资源文件都加载进内存中，而是会先加载文件中的数据头，通过数据头中的数据去识别各资源在文件中的偏移位置。当我们调用AssetBundle.Load时，先从数据头中查找对应资源的偏移量，根据数据头中对应资源偏移量的记录，找到对应的资源位置，从而将数据加载到内存，因此，我们可以说它是按需加载，更合理地利用了内存，降低了CPU消耗。

除了阻塞式加载，在Unity3D中还有非阻塞式的加载方式，列举如下。

1）AssetBundle.CreateFromFile + AssetBundle.LoadAsync

2）WWW + AssetBundle.Load

3）WWW + AssetBundle.LoadAsync

4）File Read all + AssetBundle.CreateFromMemory + AssetBundle.Load

5）File Read all + AssetBundle.CreateFromMemory + AssetBundle.LoadAsync

6）File Read async + AssetBundle.CreateFromMemory + AssetBundle.Load

7）File Read async + AssetBundle.CreateFromMemory + AssetBundle.Load

8）File Read async + AssetBundle.CreateFromMemory + AssetBundle.LoadAsync

这几种方式分别由文件读取和AssetBundle异步加载的接口组合而成。其中，前2种为主流异步加载方式，第1种用得比较多，因为大多数资源文件都会在游戏开始前进行比对和下载，所以没必要使用WWW的形式从本地读取或从网络上下载。

实际项目中，我们常常会困扰是否要使用非阻塞式加载方式。常有人说，阻塞式加载这么好用，为什么还要使用非阻塞式加载？首先，我们不要为了异步而异步，可能有人会觉得异步更高级，但如果只是为了异步而做异步，并没有意义。大部分情况下，我们在使用阻塞式接口加载资源时，都会遇到一个问题，某一帧加载的资源很多，加载完毕后，需要实例化的资源也很多，从而导致画面在这一帧的耗时特别长，画面卡顿现象特别严重，这种情况对用户来说很不友好。通常，为了能够更好、更平滑地过渡场景，我们需要把加载和实例化的时间跨度拉长，这样在每帧时间中消耗的CPU会被分配得更均匀，也就不会出现集中在某一帧处理所有资源的问题，虽然增加了些许等待时间，却能平滑过渡到最终我们需要的画面。

具体怎么做呢？其实并不复杂，可以先获取需要加载的所有资源，然后放入队列中，每次加载限制 N 个（可以根据实际情况调整 N 的值），已经加载过的就直接通知逻辑程序实例化，还未加载的则调用加载程序，并将调用后的加载信息（AssetBundleRequest）放入“加载中”队列，不开协程而是用 Update 帧更新去判断“加载中”队列中是否有已经加载完成的资源，每加载完毕一个资源，就从加载中队列里将其移除，再通知逻辑程序进行实例化，在实例化期间，我们需要注意为每帧分配数量合适的实例化，实例化太多，也容易造成集中消耗 CPU 算力的现象，从而导致卡顿。这样直到队列中的请求加载完毕，才会继续下一批 N 个加载请求。当然，这里也需要做出判断，例如，对于已经在加载队列里的资源，是否不再重复加载等。

2. 卸载 AssetBundle 的引用计数方式

AssetBundle 加载后，还需要寻求释放，只加载而不释放内存，就会导致内存占用不断攀升。因此，该如何释放资源就成了问题，因为需要使用资源的地方太多、太庞杂，所以，为了能够更好地知道该什么时候释放资源，我们需要制定一个规则，在遵守这个规则的前提下，就能知道什么时候资源不再使用了，或者有多少个地方仍然在使用。

引用计数就是判断是否释放资源的很好依据，具体方式如下。

先对 AssetBundle 包装一个计数器（是一个整数），当需要某个 AssetBundle 时，再加载所有依赖的 AssetBundle，每加载一个 AssetBundle，就为该 AssetBundle 的引用计数加 1。

在调用加载 AssetBundle 时，UnityEngine.Object 通常会通过 Instantiate 进行实例化，每次实例化时对该 AssetBundle 引用计数都进行加 1 处理。使用 UnityEngine.Object 实例化时引用计数加 1 的处理方法，不仅会消耗我们的注意力，而且容易遗漏，所以我们通常选择封装接口，不让 UnityEngine.Object 暴露在外面。引用计算的操作只在封装的接口中进行，这样就使人的注意力集中了，不容易遗漏。

如果是 Texture 贴图这种不需要进行实例化的资源，就最好不要再次引用，因为再次引用会导致引用计数错乱，所以可以选择每次需要 Texture 时，查看 AssetBundle 是否有加载，若有则直接取，若没有则加载后再取，每次取资源时都对相应的 AssetBundle 计数加 1。

当 Destroy 销毁实例，或者不需要再用到资源时，统一调用某个自定义的 Unload（假设这个接口名字是自定义类 AssetBundleMrg.Unload）接口，并附上加载时的关键字（为了能更快找到 AssetBundle 实例），从而将对应的 AssetBundle 的引用计数减 1。卸载资源时会减少引用计数，若该 AssetBundle 的引用计数为 0，则认为可以进行 AssetBundle 卸载，此时可以立即卸载。

问题又来了，及时卸载也会出现问题，因为每次卸载后又会有需要该资源的时候，这样我们又要再次加载 AssetBundle，重复消耗了读 / 写和许多 CPU 算力，为了避免频繁发生这种情况，可以通过增加空置倒计时时间来为卸载AssetBundle设置一个预留时间。需要卸载时，让AssetBundle进入倒计时，比如5秒，5秒内仍然没有任何程序使用这个资源，就立即进行卸载，如果5秒内又有程序加载该AssetBundle资源，则继续使用引用计数来判断是否需要进入卸载倒计时。

不过这里还有一个小问题，如果大量资源在同一时间卸载，就会造成大量资源在同一时间进入倒计时，倒计时完毕，同时进行卸载，也会带来同帧消耗过大的问题，毕竟资源的卸载会消耗内存，在同一时间销毁大量的内存会带来大量的CPU消耗。为了避免在同一时间内卸载大量资源，可以对倒计时进行随机取值，即在2～5秒的时间内随机取一个值卸载一个资源，让资源的卸载操作分散在这个时间段内的不同时间点上，从而让CPU消耗更加平滑。

3. AssetBundle的打包与颗粒度大小

Unity3D对AssetBundle的封装做得很好，当我们在打包AssetBundle时，Unity3D会自动计算AssetBundle与AssetBundle之间的依赖关系，所以我们能很轻松地将资源打包得很细（贴图、网格、着色器、Prefab，每个资源都可以独立存在于文件中）。

这让我们能很轻松地设置一个AssetBundle文件只装一个资源，同时也便于对文件和资源进行控制，只要在加载时读取存有依赖关系的AssetBundle（AssetBundleManifest实例数据）就能得到AssetBundle之间的依赖关系数据，根据取得的依赖关系数据，我们就能轻松地加载相关的AssetBundle。

在Unity3D中，既然AssetBundle颗粒度很容易缩放，那么我们就需要考虑颗粒度的大小对项目到底会产生多大的影响。下面就来说说其在两种极端状态下的表现。

一种为颗粒度极粗状态，所有资源集合起来只打成一个AssetBundle包，所有逻辑程序需要的资源都从这个仅有的AssetBundle包中读取。引用计数在这里已经完全没有了用处，由于只有一个AssetBundle，所以也不用卸载了。这将导致内存会逐步增大，绝不会出现因为不再需要某资源而卸载AssetBundle（当前AssetBundle的卸载机制中没有只销毁某部分资源的功能）的情况。

我们来看看整个过程，从网络上下载一个很大的资源文件，解压后它成为仅有的一个AssetBundle文件，然后读取它并从中获得资源。从这个过程来看，在只有一个AssetBundle的极限状态下，更新资源非常方便，文件操作的次数极低，读取AssetBundle文件信息完全没有障碍，解压的I/O效率也非常高，甚至解压时不需要创建很多文件，因此解压操作在I/O上会相对比较快，同时由于只有一个文件内容，所以打包的压缩率也是最大化的。我们可以看到，除了不能更好地管理内存、更新资源时会更费流量外，其他方面还是比较方便的。

另一种为颗粒度极细状态，所有贴图、网格、动画、着色器、Prefab都各自打包一份AssetBundle（一份AssetBundle只带一个资源）。为了能更有效地控制内存，AssetBundle之间的依赖关系和引用计数在这里的用处会非常大。通过引用计数和依赖关系，我们能有效地控制逻辑系统中需要的资源，使其与内存中的资源保持一致。

我们来看看整个过程，根据资源文件列表从网上下载所有的 AssetBundle 资源文件，对每个压缩过的资源文件进行解压，当需要某个资源时，从 AssetBundle 读取资源，读取前先根据依赖关系读取需要的 AssetBundle 资源，并对所有加载过的 AssetBundle 引用计数加 1。当调用卸载接口时，对当前卸载的 AssetBundle 引用计数减 1，并且对在需求上存有依赖关系的其他 AssetBundle 也相应减 1（当前资源卸载后，其他依赖资源不可再引用当前资源），如果引用计数为 0，则启动卸载程序。

从这个过程来看，一个极细颗粒度状态下的 AssetBundle 机制，文件操作数量会很大，I/O 操作的时间会因为文件增多而增长许多，导致下载时间拉长，下载完毕后解压的总时间同样也会更长，由于是每个文件单独打包压缩，因此压缩比率会降低，压缩时间更长。当然这些“坏处”都是次要的，最重要的是，我们很好地控制了内存，热更新资源的操作会更轻巧和方便。

大多数项目都选择中间状态，会选择使用 Prefab 和 material 这两种形式打包，很少会细化到贴图和网格（除了 UI 上的图标），但也有不少项目会将动画另外分离出来单独打包，因为这样可以让动画按需加载，或者以模块化的形式打包，将某一个模块下的资源统一打包成一个资源文件等，各个项目会有所不同。太细化的打包方式会让路径查找变得困难，但也不用过于担心，因为我们可以想出更好的解决方案，比如，自动生成代码、让资源以枚举的方式生成数据结构，这样查找会变得更高效。

上面分析了两种极限状态下的利弊，我们可以根据自己项目的需求来定制 AssetBundle 的打包机制。

第6章 Chapter 6

网络通信

6.1 TCP与UDP

本章主要讲解网络层的相关知识。网络层在网络游戏项目中起关键作用，它是收发数据的底层部分，是每个项目都需要并且重点关注的内容。下面先介绍TCP与UDP的区别，再详细剖析网络层的实现。

6.1.1 TCP和UDP简介

我们日常使用的网络协议通常只有TCP和UDP两种，但事实上还有其他类型的协议，只是它们使用的范围比较特殊。TCP和UDP是比较通用的网络协议，使用范围比较广。下面着重介绍TCP和UDP。

TCP（Transmission Control Protocol，传输控制协议）是面向连接的协议，也就是说，在收发数据前，必须和对方确认已经建立可靠的连接。

一个TCP连接必须经过三次“对话”才能建立起来，下面我们描述这三次对话的过程。

1）主机A向主机B发出连接请求数据包：“我想给你发数据，可以吗？”这是第一次对话。

2）主机B向主机A发送同意连接，并要求同步的数据包（同步就是两台主机协调工作，一台在发送，一台在接收）：“可以，你什么时候发？”这是第二次对话。

3）主机A再发出一个数据包确认主机B的要求同步：“我现在就发，你接收吧！”这是第三次对话。

三次对话的目的是使数据包的发送和接收同步，经过三次对话之后，主机A才向主机

B正式发送数据。

TCP建立连接要进行三次握手，而断开连接却要进行四次，下面看看它是怎样的一个过程。

1）在主机A完成数据传输后，将控制位FIN置1，提出停止TCP连接的请求。

2）主机B收到FIN位置上的1信息后对其做出响应，确认这一方向上的TCP连接将关闭，将ACK置1。

3）B主机再提出反方向的关闭请求，并将控制位FIN置1，发送给A主机，并关闭连接。

4）主机A对主机B的请求进行确认，将ACK置1，并关闭连接，至此双方关闭连接。

由TCP的三次握手和四次断开可以看出，TCP使用面向连接的通信方式，大大提高了数据通信的可靠性，使发送数据端和接收数据端在数据正式传输前就有了交互，为数据正式传输打下了可靠的基础。

名词解释

ACK：TCP报头的控制位之一，对数据进行确认。确认由目的端发出，通过目的端告诉发送端，这个序列号之前的数据段都收到了。比如，确认号为X，则表示前X－1个数据段都收到了。只有当ACK＝1时确认号才有效；当ACK＝0时，确认号无效，这时会要求重传数据，以保证数据的完整性。

SYN：同步序列号，TCP建立连接时将这个位置1。

FIN：发送端完成发送任务位，当TCP完成数据传输需要断开时，提出断开连接的一方将该位置1。

我们来看看TCP的包头结构。

- 源端口（source port）16位。
- 目标端口（target port）16位。
- 序列号（SYN）32位。
- 回应序号（ACK）32位。
- TCP头长度（head size）4位。
- 保留（reserved）6位。
- 控制代码6位。
- 窗口大小（size）16位。
- 偏移量16位。
- 校验和16位。
- 选项32位（可选）。

这样，我们把它们需要的空间位数相加得出TCP包头的最小长度共为（192－32）位，最后32位的选项位可没有，所以最小长度为（160/8）字节＝20字节。

上面描述的只是包头，也就是所有TCP数据包收到时的头部数据格式，头部数据后面跟着的才是真正的数据，后面具体跟着多少空间的数据由窗口大小位置上的数据决定，也就是单个数据包最大能承载 $2^{16}-1=65\,535$ 字节的数据。

这里有一个有趣的概念，即TCP通过滑动窗口的概念来进行流量控制。若发送端发送数据的速度很快，而接收端的接收速度却很慢，就很难保证数据不丢失，所以需要进行流量控制，协调好通信双方的工作节奏。滑动窗口可以理解成接收端能提供的缓冲区大小是有限且变化的。TCP利用滑动的窗口值来告诉发送端对它所发送的数据能提供多大的缓冲区，以此来协调控制两边的传送节奏和速率。由于窗口只有16位，所以接收端TCP最大能提供65 535字节的缓冲。

6.1.2 UDP的特点

下面介绍UDP（User Data Protocol，用户数据报协议），它的最大特点可以分为6部分。

1）UDP是一个非连接的协议，传输数据之前，源端和终端不建立连接，当它想传送时，就简单地去抓取来自应用程序的数据，并尽可能快地把它扔到网络上。在发送端，UDP传送数据的速度仅受应用程序生成数据的速度、计算机的能力和传输带宽的限制；在接收端，UDP把每个消息段放在队列中，应用程序每次从队列中读一个消息段。

2）由于传输数据不建立连接，因此不需要维护连接状态，包括收发状态等。一台服务机可同时向多个客户机传输相同的消息。

3）UDP信息包的包头很短，只有8字节，相对于TCP的20字节包头信息，UDP的包头开销很小。

4）吞吐量不受拥挤控制算法的调节，只受应用软件生成数据的速率、传输带宽、源端和终端主机性能的限制。

5）UDP会尽最大努力去传输和接受数据且没有限制，但并不保证可靠的数据交付，主机也不需要维持复杂的链接状态表（里面有许多参数）。

6）UDP是面向报文的。发送方的UDP对应用程序传过来的报文，在添加包头后就向下交付给IP层。既不拆分，也不合并，而只是保留这些报文的边界，因此，应用程序需要自己限制合适的报文大小，以免报文太大导致丢失率高。

我们经常使用ping命令来测试两台主机之间的TCP/IP通信是否正常。其实ping命令的原理就是向对方主机发送UDP数据包，然后对方主机确认收到数据包，如果数据包到达的消息及时反馈回来，那么网络就是通的，并且可以通过返回的数据包计算响应时间。

其中UDP的包头结构如下。

- 源端口16位。
- 目的端口16位。
- 长度16位。
- 校验和16位。

包头总共64位，即8字节。与TCP一样，包头只是数据的头部，真正的数据是跟随在包头的后面，具体长度由长度这个字段来决定，最大为 $2^{16}-1=65\,535$ 字节。

6.1.3 是用 TCP 还是用 UDP

前面介绍了 TCP 和 UDP，现在来看看 TCP 与 UDP 的不同之处。

- TCP 是基于连接的，UDP 则是面向无连接的。
- 对系统资源开销，TCP 开销较多，即 UDP 开销少。
- TCP 包头大，且有各类状态，底层程序结构稍显复杂；UDP 包头小，没有状态，程序结构较简单。
- TCP 为流模式，UDP 为数据报模式，相当于 TCP 是像自来水那样不断流入盆中，而 UDP 则像机关枪一样不停地扫射到目的地。
- TCP 可保证数据的正确性，UDP 可能丢包。
- TCP 可保证数据的顺序，UDP 不保证。

从原理上来讲，TCP 有优势，它具有简单直接的长连接，可靠的信息传输，能确保数据到达，有确认机制，并且数据到达后是有序的，数据包的大小没有限制，不需要自己切分数据包，TCP 的底层程序已经帮助我们做了数据包切分。UDP 是基于数据包构建的，这意味着在某些方面需要我们完全颠覆在 TCP 下的观念。

由于 UDP 只使用一个 socket 进行通信，不像 TCP 那样需要为每一个客户端建立一个 socket 连接，这虽然是 UDP 的优点，但是大多数情况下，我们需要的仅仅是一些连接的概念、基本的数据包先后次序功能，以及传输时的可靠性，可惜这些功能 UDP 都没有办法提供。而 TCP 可以免费提供。这也是人们经常推荐使用 TCP 的原因之一，在使用 TCP 的时候你可以不考虑这些问题。

UDP 没有提供所有的解决方法，但这也正是 UDP 的潜力所在。UDP 的吞吐量巨大，但需要我们去控制其丢失率和可靠性。从某种意义上来说，TCP 与 UDP 的区别就好比是自动挡汽车和手动挡汽车的区别，手动挡汽车需要驾驶者掌握的技巧和关注度比自动挡汽车要多得多，但在效率上其潜力却是巨大的。

TCP 容易造成巨大的延迟问题是由 TCP 的性质决定的。在发生丢包的时候，会产生巨大的延迟，因为 TCP 首先会去检测哪些包发生了丢失，然后重发所有丢失的包，直到它们都被接收到为止。虽然 UDP 也有延迟，但由于它是在 UDP 的基础上建立的通信协议，所以可以通过多种方式来减少延迟，不像 TCP，所有的东西都要依赖于 TCP 协议本身而无法被更改。

那么到底是使用 UDP 还是使用 TCP 呢？这里提供如下参考。

- 如果是由客户端间歇性地发起无状态的查询，并且偶尔发生的延迟可以容忍，那么就使用 HTTP/HTTPS。
- 如果客户端和服务器都可以独立发包，但是偶尔发生的延迟可以容忍（比如在线的纸牌游戏、大部分 MMO 类游戏），那么使用 TCP 长连接。

❑ 如果客户端和服务器都可以独立发包，而且无法忍受延迟（比如大多数多人动作类游戏、少部分 MMO 类游戏），那么使用 UDP。

6.2 C# 实现 TCP

本节介绍 TCP 在 C# 中的实现，重点介绍在项目中编写 TCP 连接时的程序接口，以及此过程中会遇到哪些难点，又该如何解决。

6.2.1 程序实现 TCP 长连接

前面介绍了很多协议和底层的知识，本节从原理出发，在程序上实现协议的通信。我们先从整体出发，罗列实现 TCP 连接需要考虑的方面。

❑ 建立连接。

❑ 断线检测。

❑ 网络协议。

❑ 发送和接收队列缓冲。

❑ 发送数据合并。

❑ 线程死锁策略。

上面 6 个方面是程序建立和实现连接的必备要素，下面将依次讲解如何在程序上实现。

TCP 本身已经具备数据包可靠性确认，以及丢包重发机制，数据包的大小也没有做限制，从 TCP 那里我们可以免费得到这些功能。所以在实现 TCP 的连接中，不需要我们再做包的校验、包的拆分及重发数据包的工作，省去了很多麻烦。我们只需要实现建立连接、发送与接收这三步，以及针对这三步引起的一系列问题，我们应该使用的对策。

6.2.2 TCP 的 API 库

C# 的 .NET 库提供了 TCP 的 Socket 连接 API，我们来看看 C# 的 .NET 库中 API 的用法。

一般情况下，我们不会使用阻塞方式连接和接收，因为我们不会让你的游戏卡住不动而等待连接，这有可能导致崩溃，所以连接、接收、断开都是异步的线程操作。同步阻塞的网络调用操作会在周边工具中用到，比如编辑工具、回放工具、GM 工具等，其他大多数时候都会使用更加平滑的异步操作作为网络连接和收发的操作。常用 API 如下。

❑ BeginConnect：开始连接。

❑ BeginReceive：开始接收信息。

❑ BeginSend：开始发送数据。

❑ BeginDisconnect：开始断开。

❑ Disconnect（Boolean）：立刻断开连接。

上述接口中前四个都是异步的，调用后会开启一个线程来工作，最后一个为同步阻塞方式的断开连接接口。最后一个阻塞式接口大都在游戏退出时调用，但问题是App没有退出事件，因此一般Disconnect都会在Unity3D Editor或者Windows版本上调用，以保证在开发时强制退出后编辑器不会崩溃。

6.2.3 线程锁

实际项目的网络模块中，所有的操作都会以线程级的形式对待，而Unity3D的API大都需要在主线程上运作，这里就涉及主线程和子线程对资源抢占冲突导致需要线程锁的问题。

当主线程与子线程一起工作到都需要某个内存块或者资源的某时间点时，就会同时去读取或者写入资源，这就会造成资源读 / 写混乱的情况。因此在所有线程上，当调用有冲突的资源时，都需要执行锁的操作，以防止线程在读取或写入操作时对资源进行错误的争夺（锁的做法有好几种，这里不深入介绍）。

我们以网络接收数据的线程来举例，接收线程在接收到网络数据后将数据推入队列里，在push操作上就需要执行锁的操作，代码如下：

```
lock(obj)
{
    mQueue.Push(data);
}
```

另一边当主线程在读取网络数据并需要推出一个数据时，在推出元素操作上也需要加一个锁的操作，代码如下：

```
Lock(obj)
{
    data = mQueue.Pop();
}
```

由于两边的线程都需要对队列进行操作，所以每次对线程共享的资源进行操作时，都需要先进行锁确认的操作，以避免线程争夺资源而造成混乱。我们以在海上航行的运输船来做比喻，每个线程都是一条船，每条船都在各自做着自己的事，直到两条船都要进港口卸货，港口有几个卸货的通道，它们不得不排队等待前面的船只卸完，才能轮到自己，每次它们（可以认为是线程）都会去查看是否有空出来的航线，如果有，则先按下标记已占用，其他船只在查看时则会看到已被占用的标记而继续等待。

6.2.4 缓冲队列

网络收发时，会源源不断地发送和接收数据，很多时候，程序还没处理好当前的数据包，就有许多数据包已经从服务器传送到了客户端。发送数据也是一样，会瞬间积累很多需要被发送出去的数据包，这些数据包如果没有保存好，则无法进行重发甚至还会丢失，所以我们需要用一个队列来进行存储和缓冲，这个队列被称为缓冲队列。由于TCP本身就自带数据包校验和重发的功能，因此我们保存数据包的主要是为了在断线重连时能重发数据包，因为传统的TCP在断线时数据缓存中的数据将会丢失，从而使得重连时无法针对没有发送出去的数据包进行重发。

由于发送的数据包队列相对比较简单，不需要应对多线程的问题，所以这里我们主要介绍接收数据包的缓冲队列。一般会让负责接收的子线程将接收好的网络数据包放入接收缓冲队列，再由主线程通过Update轮询去检查接收队列里是否有数据包，有则一个个地取出来处理，没有则继续轮询等待。

下面的伪代码表示以下过程：主线程每帧检查是否收到信息，检测到就立刻处理，没有则下一帧继续轮询检测。如果没有信息接收，子线程会阻塞等待，直到有消息接收才会调用接收消息接口，将数据包解析后推入接收队列。

```
/////////////////////////////////////////////////////////////
//接收线程等待接收数据并推入队列
try
{
    socket.BeginReceive( Receive_Callback );
}
catch (Exception e)
{
    Log(LogerType.ERROR, e.StackTrace);
    DisConnect();
}

void Receive_Callback(IAsyncResult  _result)
{
    PushNetworkData(_result);     //将数据推入队列
    Receive();                    //继续接收数据消息
}

/////////////////////////////////////////////////////////////////
//主线程处理数据队列里的数据
void Update()
{
    While( (data = PopNetworkData() )!= null )
    {
        DealNetworkData(data);
    }
}
```

以上伪代码中，一方面，子线程等待接收数据，接收到数据后就立即将数据推入队列。另一方面，主线程一直在轮询是否有已经接收到的网络数据，如果有，就立即逐个处理全部数据。

接收数据时会包含一些细节，因为数据包并不会按照我们希望的大小发送，所以它或多或少都会拆分一些数据或者粘贴其他数据，导致我们需要识别它是不是一个完整的数据包，然后从中解析出正确的数据包。数据包格式的定义我们将在网络协议格式章节中进行详细的讲解。

6.2.5 双队列结构

前面提到的缓冲队列是多线程编程中常用的手段之一，不过它的效率还不够高，多个线程会因为锁的效率影响而被锁点卡住，导致其他线程无法继续工作。双队列数据结构就能很好地解决这个问题，它能提升多线程中队列的读/写效率。

双队列是一种高效的内存数据结构，在多线程编程中能保证生产者线程的写入和消费者的读出尽量受到最小的影响，避免了共享队列的锁开销。

大多数多线程工作时都需要对缓冲队列进行读/写，其中接收数据的网络线程会将数据写入队列，而处理数据的主线程则会读取队列头部并删除（即我们所说的弹出），两者都会读/写队列，导致资源争夺，因此，通常会增加锁机制来规范它们的行为。但是锁机制会导致线程常处于等待状态，因为占用的线程需要处理复杂的逻辑，导致其他线程需要暂停很久才能继续工作，因此加入了线程锁的机制后，仍然没能很好地解决两个线程顺畅操作一个队列的问题。实际项目中，处理响应数据逻辑的主线程需要花很长时间去处理网络数据，使之反映到画面上，这时接收数据的线程因为接收队列被主线程锁住而不能继续自己的工作去接收数据，所以子线程只能等待资源使用完毕后才能使用资源，当接收到数据所需要处理的逻辑很多、很复杂时，子线程就要等很长时间，大大降低了线程效率。

双队列的形式能将线程从处理队列的等待中解放出来，让线程的效率大大增加，使得各线程能够调用各自的队列而不用因为资源锁等待。双队列与普通的缓冲队列在接收数据包时的逻辑操作都是一样的，即接收数据线程接收到数据时直接推入接收数据的队列，区别在于处理数据的线程轮询时，会先将接收数据的队列复制到处理数据的队列中，并清空接收数据的队列，然后主线程会对复制后的数据队列进行处理，这时子线程无须等待主线程的逻辑处理时间就能够顺利地继续接收数据。这样就解放了两个线程各自工作的冲突时间，即两个队列可分别理解为接收数据队列和处理数据队列，当主线程需要处理数据时，先把接收到的数据队列中的数据置换为处理数据队列上，最后各自继续处理自己的工作，因为队列已经分开。

双队列结构关键部分的伪代码如下：

```
//////////////////////////////////////////////
//子线程中的接收数据线程
void Receive_CallBack(Data _result)
{
    Pushdata(_result);
}

/////////////////////////////////////////////
//处理数据的主线程
```

```
void SwitchQueue()
{
    lock(obj)
    {
        Swap(receiveQueue, produceQueue);
    }
}

void Update()
{
    SwitchQueue();
    while( (data = PopQueue()) != null )
    {
        Deal_with_network_data(data);
    }
}
```

上述伪代码首先对子线程的接收部分进行描述，当接收到数据包时，与普通接收一样，只需将数据推送到接收队列中即可。不同的是，当主线程需要处理数据时，先切换队列，防止对队列占用过多时间，切换完毕后，再对队列中的全部数据进行处理。

这样一来，两个线程在锁上的时间就变短了，原本要在处理期间全程上锁而导致其他线程无法使用，现在只需在切换的那一瞬间锁上资源即可，其他时间各线程都能顺畅地做自己的工作，这大大提高了多线程的工作效率。

6.2.6 发送数据

前面介绍的都是接收时的队列，发送数据时也需要队列来缓冲。当发送的数据包很多时，也有可能很短时间内会积累过多数据包而导致发送池溢出。如果发送时的大多数数据包都是很小很小的数据包，每个数据包都发送一次，等待接收后再发送，这会导致发送效率过低，发送速度太慢，导致延迟时间过长。如果一下子发送全部数据，那么数据可能会太大而导致发送效率很低，因为数据包越大，越容易发送失败或丢包，TCP 就会全盘否定这次发送的内容，并将整个包都重新发送一次，效率极其低下。

因此我们需要自己建立发送缓冲来保证发送的有序和高效，而发送队列以及对发送数据的合并就是很好的策略。其具体步骤如下。

1）每次当你调用发送接口时，先把数据包推入发送队列，发送程序就开始轮询是否有需要发送的信息在队列里，有就发送，没有就继续轮询等待。

2）发送时合并队列里的一部分数据包，这样可以一次性发送多个数据包，以提高效率。

3）对这种合并操作进行限制，如果因为合并而导致数据包太大，也会导致效率太低。发送过程中，只要丢失一个数据就要全盘重新发送，在数据包很大、发送速度很缓慢的情况下，又要重新整体发送，就会使发送效率大大降低，合并数据的大小限制在窗口大小范围内

（2^{16} 字节内）。

我们既要合并数据包，又不能让数据包太大，这样才能保证发送的效率比较高。比如，合并后的数据包大小不得超过 10KB。这样每个数据包的大小都限制在 10KB 的范围内，若单个包大于 10KB 就让它单独发送，且每次发送包含多个数据包，这样发送效率就有了一定的保证。

6.2.7 协议数据定义标准

在网络数据传输中，协议是一个比较重要的关键点，它负责指定客户端与服务器端的交流方式。

简单来说，协议就是客户端和服务器端商讨后达成一个对数据格式的协定，是客户端与服务器端进行交流的语言，假如两边都用 JSON 格式的协议来传输数据，两边都能根据协议的格式知道对方传送了什么信息，以及自己的信息是如何传送给对方的。这样，两边在发送和接收到数据时，都能够按照一定的规则识别数据。

我们在实现 TCP 的程序里需要对协议进行商讨，下面介绍在制定协议过程中的几个关键点。

1. 选择客户端和服务器端都能接受的格式

并不是所有的格式都适合，我们最好选择前后端都能接受的协议格式，这是最重要的，因为合作最重要，个人力量和协议格式的力量对于团体来说都是渺小的。在团队理解和协调一致的情况下，再对协议进行精进，选择更好、更高效的协议。

2. 数据包最小化

为了尽可能地减小包的大小，我们应该选择一些能节省包大小空间的格式，比如，Google Protocol Buffer 或者其他变种，具体要看团队和项目的情况。也可以对已经确定的协议格式的协议包的主体部分使用压缩算法，不建议只加入压缩算法而不改变协议本身，因为这样会导致对压缩算法过度依赖，进而浪费了协议本身的空间，比如，你用了压缩算法后发现 XML 或 JSON 格式的协议还过得去，就不再更改协议本身了，这样就会导致后期数据量大时数据包变得很大、很沉重，传输效率下降。很多老项目和一些为了加快速度而不去更换更好协议的项目时有发生，它们只启用压缩算法而不改变协议本身，很多时候也是无奈之举。

3. 要有一定的校验能力

当数据包不完整或者包后面本身连接着另外的数据包（即黏包情况）时，我们要能识别。很多时候，传输数据收到的并不是一个完整的包，或者因为网络关系收到了错误的甚至被篡改过的数据，我们要有能力去校验它们。因此，在数据包完整性方面，我们要能有校验能力和识别完整包范围的能力。

这里主要聊聊网络数据包的校验能力，各种包的协议格式会在后面详细讲解。

接收的数据，有时候会是一个不完整的包，或者是一个包后面跟着另一个不完整的包，我们如何识别哪里是头部数据，并且数据块是哪些呢？为了解决这些问题，就有了数据格式的概念，两端通信协议的数据格式分为包头和数据块两部分，这与前面介绍的TCP和UDP的包头数据一样，我们自己定义的格式也需要用包头来作为业务层的协议格式。

通常头部数据由4～8字节组成，里面通常包含数据包大小、加密方式、广播方式等数据位。其中比较重要的是数据包大小，一般数据大小为4字节，这4字节代表数据块的大小，有了这个数据，后面数据块的大小就能知道了。因为每次拿到网络数据的时候，我们先取头部规定好的几个字节，这样就知道了后面数据块的大小，接着读取大小的数据块，这样就获得了数据信息，如果接收到的数据块不满足大小的规定，则需要继续等待。

再做得复杂点，把数据块的标示也融入头部中，每个标示为一个2字节的正整数，为了确定调用的是哪个逻辑句柄，可以把数据包分成头、固定标识信息、数据块三个部分。头部存储包括大小、加密位、广播方式等信息，标识信息则存储例如句柄编号、序列号、特殊命令编号、校验码等的标识信息；数据块存储具体的数据信息。

TCP本身会做一些校验工作，为了防止数据被人为篡改，或对逻辑本身的错误进行检测，我们有时也需要做额外的校验工作。通常的校验方法有以下几种。

1. MD5 校验

这种校验方式比较直接，将数据块整个用MD5散列函数生成一个校验字符串，将校验字符串保存在数据包中。当服务器收到数据包时，会对整个数据块执行同样的MD5操作，将数据块用MD5散列函数生成一个校验字符串，与数据包中的校验字符串进行比较，如果一致，则认为校验通过，否则就认为被人为修改过。

其算法代码如下：

```
bool CheckData(byte[] data, string data_md5)
{
    string str_md5 = MD5(data);

    if(str_md5 == data_md5)
    {
        return true;
    }

    return false;
}
```

上述代码中，data和data_md5来自数据包，是由发送方计算的值，收到数据后对数据块进行md5操作，并与传送过来的data_md5字符串进行比较，如果相同，则认为校验一致。

2. 奇偶校验

奇偶校验与MD5类似，只是使用的函数方法不同。将每个数据进行“异或”赋值成一个变量，再将这个变量保存在数据包中。服务器收到数据包时，也对整个数据块执行同样的操作，将数据块中的数据进行“异或”操作并转换成一个变量，然后将这个变量值与数据包中的校验值进行比较，如果数据一致，则认为校验正确，否则认为数据被人篡改过。

这种校验方式相对于MD5简单、快速，但重复性也较高，其校验算法代码如下：

```
unsigned uCRC=0;// 校验初始值
for(int i=0;i<DataLenth;i++)
{
    uCRC^=Data[i];
}
```

上述代码中，每个Data中的数据都会与前面操作过的数据进行“异或”操作，最终得到的一个值就是校验值，客户端与服务器端都执行同样的操作，如果得出的值是相等的，则认为是正确的数据。

3. 循环冗余校验

循环冗余校验（CRC）是利用除法及余数的原理来进行错误检测的。将接收到的数据组进行除法运算，如果能除尽，则说明数据校验正确，如果不能除尽，则表明数据被篡改过。

循环冗余校验算法的步骤如下。

1）前后端约定一个除数。

2）将数据块用除数取余。

3）将余数保存在数据包中。

4）服务器收到数据后，将余数和数据块相加，并进行取余操作。

5）若余数为0，则认为校验正确，否则认为数据被篡改过。

在数据数组中，将每4字节的数据合并后除余，得到一个1字节以内的余数，每4字节得到1字节的余数，最终得到一组余数数组。校验是反向操作，先取4字节的数据组成一个正整数，加上对应的余数，再进行除余操作，如果不为零，则校验失败，如果全部为零，则校验成功。

4. 加密

为了保证网络数据包不被篡改和查看，导致外挂破坏整个游戏平衡，我们需要对发送的网络数据包中的主体部分进行加密。加密算法有很多种，包括RSA、公钥私钥及非对称加密等。其中最简单也是最快速的加密方式就是对数据进行“异或”处理，由于两次“异或”处理就能让数据回到原形，所以算法中常使用“异或”操作来做加密。通常的做法是发送时对数据进行“异或”处理一次，收到时再执行一次“异或”处理，这样就能简单快速地加密解密数据。

前面介绍的密钥Key是同一个，通常大多数加密都使用密钥的概念，密钥常常会暴露在外界，导致一些不怀好意的人在客户端上破解并查看，知道网络数据协议的格式进而进行一些破坏活动，所以前后端使用同一个密钥会比较危险，非对称加密会比较安全，这样前后端两边的密钥不同，且各自保存，即使当前端密钥泄露，也可以随时替换。但仍然无法避免前端的密钥暴露在外面，被人破解，于是如何隐藏这个密钥成了关键，很多人将它编译进程序里。如果是C#代码，由于它是先翻译为IL语言，因此很容易用IL翻译的方式反向得出代码内容，也有人把密钥用C或C++编译放入额外的so文件中，这虽然加大了破解的难度但也不是没有办法破解。所以我们仍然要不断地加大破解的难度，比如把密钥分为几段，分别用几种方式隐藏在项目文件中，用多种加密方式对密钥加密，在关键密钥被获取前再做加密等。我们应该想尽办法用尽各种手段，加大破解难度，最好能让黑客望而却步。

最后关注加密导致的性能损耗问题，如果加密的性能损耗过大，那就得不偿失了，所以我们仍然希望加密的过程是快速的，在不损耗大量CPU的前提下、不影响项目性能的情况下对协议数据做最大化的加密。

6.2.8 断线检测

TCP本身就是强连接，所以自身就有断线的检测机制，但是它的检测机制还不够好，时常会因为网络问题导致断线的判断不够及时，所以我们在编写TCP长连接的程序时需要加强断线检测机制，让断线判断更加准确、及时。

为了能有效检测TCP连接是否正常，需要服务器端和客户端共同达成一个协议来检测连接，我们把这个共同达成的协议取名叫心跳包协议。在心跳包协议中，每几秒服务器向客户端发送一个心跳包，包内包含服务器时间、服务器状态等少量信息，然后由接收到这个心跳协议的客户端进行反馈，发送给服务器端一个心跳回应包，心跳回应包内包含客户端的少量信息，例如，客户端状态、用户信息等。两边终端上的逻辑可以就此达成共识，当收到心跳信息时认为连接是存在的，当服务器30秒内没有收到任何反馈心跳包的信息时，则认为客户端已经断线，这时主动断开客户端的连接。客户端也是同样的协定，当客户端30秒内没有接收到任何数据包时，则认为网络已经断开，客户端最好主动退出游戏，重新登录、重新连接服务器。

当网络异常时，客户端和服务器都很难断定连接是否依然存在，因此需要使用一种机制来加以判定，例如，在iOS系统中，App可以随时退出屏幕而不关闭应用，或者直接关闭应用不给服务器任何解释，服务器自然收不到断开连接的请求。面对各种异常情况，我们制定心跳包和心跳包回应来判定是否仍处于连接状态，若没有收到心跳包和心跳回应包，就表示连接存在问题，有可能已经断开。为了规避有时候网络的波动，我们可以设置一个有效判断断开连接的时间间隔，比如，10秒内没有收到心跳包和心跳回应包，就表示连接已经断开，这时服务器和客户端主动断开连接，客户端可以根据应用的逻辑先退出应用，再重新登录寻求再次与服务器连接。

心跳包协议在TCP上加强了断线检测的准确性，能快速有效地检测断线问题。

6.3 C# 实现 UDP

下面介绍 C# 在实现 UDP 时的细节与问题，内容主要集中在 UDP 机制下的可靠性解决方案上。

6.3.1 实现 UDP

前面介绍了如何实现 TCP Socket，下面主要介绍 UDP 的实现方式。两者都采用长连接的方式，很多地方有相似之处，比如，两者都需要连接和断开事件支撑，都需要进行发送和接收队列缓存，都需要定义数据包协议格式，都需要进行加密和校验等。

我们先来说说 TCP 有而 UDP 没有的内容，再看看需要我们在 UDP 上实现哪些功能。与 TCP 相比，UDP 基本就是 TCP 的缩减版本，很多 TCP 自带的功能 UDP 没有。虽然它们的最大区别是数据传输方式，但在接口和逻辑层上很难感觉到它们的区别。相同点在于，大都以异步发送和接收的方式进行，都需要理解多线程同步的操作机制，发送和接收都需要缓冲队列，发送数据时都需要合并数据包（其实 TCP 可以不用，因为它本身就有确认和重发机制）。TCP 有而 UDP 没有的内容包括：UDP 不会自己校验重发；由于是数据报的发送模式，所以丢包概率大，数据包接收顺序不确定；UDP 没有连接状态从而没有连接断开机制，也没有连接确认机制。

前面介绍了关于 TCP 和 UDP 在程序上的区别，就是要大家明白，直接使用 UDP 来进行网络发送和接收会遇到诸多问题，可以说，如果直接使用而不加修饰，就会使不确定性太大，导致基本用不了 UDP。因此本节我们将介绍应该如何封装才能让 UDP 顺利使用在项目上。

6.3.2 连接确认机制

TCP 有连接的三次握手协议，相当于在连接过程中通过与服务器端协商来敲定是否建立连接，而 UDP 是无状态连接，它并没有三次握手协议，所以 UDP 的连接其实是一厢情愿的，客户端并不知道是否连接成功，如果由于网络异常没有连接上，就会导致收发失败。如何确认 UDP 连接上服务器，才是我们想要得到的反馈信息，我们要准确得知 UDP 连接是否已成功连接服务器，因此连接确认机制必不可少。

发送和接收如果建立在连接确认的基础上，则会更加牢靠，因此必须先确认是否连接成功。判断连接是否成功是实现 UDP 的第一步，只有这样才能顺利地进行下面的数据包收发操作。

1. 如何确认连接成功

很简单，可以模仿 TCP 的确认连接机制。我们来看看 TCP 连接的三次握手在数据包上是怎么做的。

1）客户端向服务器端发送一个数据包，里面包含 Seq=0 的变量，表示当前发送数据包的序列号为0，也就是第一个数据包。

2）服务器端收到客户端的数据包后，发现Seq=0，说明是第一个包，是用来确认连接的，于是给客户端也发送一个数据包，包含Seq=0和Ack=1，表示服务器端已经收到客户端的连接确认包，并且回应数据包Ack序列标记为1。

3）当客户端收到服务器端给的回应数据包后，知道了服务器端已经知道我们想要并已经建立连接，于是向服务器端发送一个数据包，里面包含Seq=1，Ack=1，表示确认数据包已经收到，连接已经确认，开始发送数据。

以上就是TCP通过三次握手来确认连接的流程在数据包中的体现。

UDP自身并没有三次握手机制，为了建立更好的确认连接机制，我们可以模仿TCP三次握手的形式来确认连接。不过第三次握手有点多余，我们可以省去最后一次握手的数据包，改为两次握手。步骤如下。

首先在UDP打开连接后，在确认连接前不进行任何其他类型的数据发送和接收，我们将这种用来确认连接成功与否的数据包称为握手数据包。

在打开连接后，客户端先向服务器端发送一个握手数据包，代表客户端向服务器端请求连接确认信号的数据包，数据包内的数据仅仅是一个序列号Seq=0，或者不是序列号，它可以是一个特殊的字段。只要服务器端收到这个握手数据包后能够识别该数据包为连接确认的握手数据包，就实现了第一次握手。

服务器端在收到第一次握手数据包后，需要向客户端反馈一个握手数据包，里面同样带有客户端能识别的连接确认信号。当客户端接收握手数据包时，说明发给服务器端的连接确认数据包有了反馈，并且收到了服务器端握手数据包的反馈，也就是说，第二次握手成功。在接收到第二次握手连接确认数据包后，双方都可以认为连接已经成功建立。

整个UDP确认连接的握手过程，相当于客户端和服务器端的一次交流，相互认识一下并且示意双方后面的交流即将开始。

实现UDP连接确认的具体步骤（伪代码）如下。

1）使用API建立UDP连接，代码如下：

```
SvrEndPoint = new IPEndPoint(IPAddress.Parse(host), port);
UdpClient = new UdpClient(host, port);
UdpClient.Connect(SvrEndPoint);
```

上述代码为使用C#的UDP接口对指定的IP和端口打开连接。

2）启动接收数据线程，代码如下：

```
UdpClient.BeginReceive(ReceiveCallback, this);
void ReceiveCallback(IAsyncResult ar)
{
    Byte[] data = (mIPEndPoint == null) ?
        UdpClient.Receive(ref mIPEndPoint) :
        UdpClient.EndReceive(ar, ref mIPEndPoint);
```

```
        if (null != data)
            OnData(data);

        if (mUdpClient != null)
        {
            //尝试接收消息
            mUdpClient.BeginReceive(ReceiveCallback, this);
        }
    }
```

UPD是无状态连接，打开连接就相当于只是一厢情愿的自我意识，因此可以立刻开始接收数据的接口并开启线程。

3）发送连接确认数据包，并屏蔽其他发送和接收功能，代码如下：

```
SendConnectRequest();
StopSendNormalPackage();
StopReceiveNormalPackage();
```

这三个函数是自定义的，第一个函数表示发送握手数据包，可以认为是为握手数据包特意定制的数据装载函数，第二个函数和第三个函数只是把普通的接收数据包的开关给关了，在连接还没确认前不接收其他形式的数据包，实际上接收数据包仍在继续，只是不加入数据处理队列且不处理数据的具体句柄。

4）等待接收连接确认数据包，代码如下：

```
Void OnData(byte[] data)
{
    If( !IsConnected )
    {
        If( IsConnectResponse(data) )
        {
            OnEvent( Event.ConnectSuccess );
            IsConnected = true;
        }
        Return;
    }
    ProcessNormalData(data);
}
```

这是接收到数据的处理过程，先判断当前是否已经处于连接状态，再判断该数据包是否为握手数据包，如果确认是握手数据包，那意味着服务器端收到了握手数据包并且做出了回应，可以确认已连接。因此这里发出了连接确认事件，并且标记连接为确认状态。

5）连接握手数据包收到后，说明确认连接已经成功建立，于是就可以开启正常发送和接收数据包的功能，代码如下：

```
Void ProcessNormalData(data)
{
    If( !IsConnected ) return;
```

```
    DealNetworkData(data);
}
```

经过与服务器端数据包的往来，UDP完成了两次握手的确认机制，可以认定为连接已经成功建立，这是正常的数据包处理过程，包括识别、装载、推入队列、检测是否丢失、是否需要重发等。

2. 检测连接是否依然存在

UDP自己不能判断连接是否断开，因为它是无状态连接，打开即完成连接，关闭即完成断开，因此需要我们自己来进行断线检测，检测方式与前面介绍的如何主动检测TCP连接状态的心跳数据包类似，因为这种方式是花费最小的代价并且能够及时准确地确认连接的方式。因此UDP检测连接的判定机制也可以用数据包往来的形式，不过这次不像握手数据包那样只是单一的一个数据包，而是采用持续的心跳包的形式来做持续的判断连接。

首先，我们要与服务器端有一个协定，每隔x秒（比如5秒）发送一个心跳数据包给服务器端，这个客户端发送的心跳数据包里包含一些客户端信息，包括ID、角色状态、设备信息等，包不能太大，否则会加重宽带负担。

当服务器端收到心跳数据包时，也立刻回复一个心跳回应数据包，里面包含服务器端当前时间、服务器端当前状态等信息。客户端收到此数据包，说明连接尚在，也能同时同步服务器端的时间和一些基础的信息。

如果客户端很久没有收到心跳回应数据包，就表明连接已经断开，比如30秒没收到心跳回应数据包，则可以判断连接已经断开。服务器端也是一样的操作，当没有收到心跳数据包很久，就表明客户端的连接已经断开。这时客户端就可以开启相应的重连程序，或重连提示以及步骤。步骤如下：

1）每隔x秒向服务器端发送心跳数据包。

2）服务器端收到心跳数据包后回复心跳响应数据包。

3）如果客户端和服务器端都很久没有收到心跳数据包，比如30秒，则判定连接断开。

4）当判定为连接断开，则主动断开连接并发起断开连接事件，通知客户端提示用户，或者重新创建连接，服务器端则处理与之相关的数据处理操作。

这里不只是客户端主动发送数据包给服务器端，也可以反过来，服务器端主动发送数据包给客户端来检测连接是否断开。

6.3.3 数据包校验与重发机制

前面介绍的UDP相当于是TCP的缩简版，其中UDP关键的缩简部分就是校验和重发机制。没有校验和重发机制，意味着发送端无法知道数据包的发送是否到达，丢失了也无法重新发送，因此我们需要自己编写，增加对数据的校验和重发机制来确保数据的可靠性。

TCP已经有校验和重发机制，我们可以模仿它的校验和重发机制，将它搬到UDP上，并在此基础上加以改进，这样既有了UDP的速度，又有了TCP的可靠性。

下面先来看看TCP是如何进行数据包的校验和重发的。

先解释两个英文名词Seq和Ack。Seq即Sequence Number，为源端（source）的发送序列号；Ack即Acknowledgment Number，为目的端（destination）的接收确认序列号。

1）A端向B端发送数据包，TCP的包头中包含字段Seq的序列号值为1（即已经发送的数据包的累计大小），比如这次A端向B端发送的数据包序号大小为264，则size字段为264。

2）B端收到传送过来的数据包后，知道当前连接的这个数据包的序号为1，也就是连接后的第一个数据包。于是向A端发送了一个确认包，确认包中包含Ack=264（接收到的数据包的累计大小），告诉A端，B端已经收到了数据包，现在累计接收大小为264的数据包。

3）A端收到B端发来的确认数据包后，会检测累计发送大小和累计接收大小是否一致，如果发现累计接收大小与累积发送大小不一致，则认为传输错误，启动重传机制，退回到最后一次正确的数据包位置进行重传，以保证可靠性。

4）如果大小比较一致，则认为B端准确收到了数据包，A端可以继续发送其他数据包，当再次发送时，里面包含的Seq序列号更改为265，意思为累计发送数据大小，假如这次发送的数据包大小为100，则size字段填写100，B端接收到后再向A端发送确认包，确认包中包含Ack=365，意思是已经累计收到数据包大小为365。当A端收到确认包时，会先对比一致性，如果累计大小错误，会启动重传机制，确保可靠性，以此类推。

5）B端向A端发送数据也是同样的方法和步骤。数据包中包含B端的Seq（已经发送的数据包大小），比如累计发送了1，Seq=1，这次数据包大小为585，A端接收到B端的数据包后，向B端发送确认包，数据包中包含B端发过来的Ack=586，B端收到确认数据包后，就知道了累计接收的数据包大小为585，也就是说，当前的数据包已经发送成功。如果累积发送和累积接收的数据不一致，则启动重发机制，从最近的正确确认点开始发送数据。

序列号确认机制是TCP可靠性传输的保障，除了累积接收大小和累积发送大小的比较外，若在规定时间内收到确认数据包，就表明该报文发送成功，可以发送下一个报文，如果超过时间，则启动重传（TCP Retransmission）。

UDP也可以借鉴TCP的方法来做检测和重传。不过TCP接收和发送累计大小的检测方式使得重传量比较大，一旦失败，就要重传整个数据，重传内容太多。因此它不能准确快速地定位重传的数据包，由于中间数据包的丢包，导致已经到达的数据也需要重传，这种类型的可靠性依赖于大量的带宽消耗。

因此在实现UDP的检测和重传时，可以进行如下改进。

1）A端向B端发送数据包，数据包中包含Seq=1（表示数据包的发送序列），发送后将此数据包推入已经发送但还没有确认的队列里。

如果B端接收到Seq=1的数据包，就回应客户端一个确认包，包中Ack=1，表示Seq=1的包已经确认收到。

如果B端没有接收到数据，客户端x秒后发现仍然没有收到Seq为1的确认包，则判定Seq=1的数据包传输失败，从已经发送但未确认的数据包队列中取出Seq=1的数据包，重新发送。

2）例如A端向B端发送了10个数据包，分别是Seq=1、2、3、4、5、6、7、8、9、10，服务器收到的序列是1、3、4、5、7、8、9、10，其中2和6没有收到数据包。

A端在等待确认数据包超时后，对2和6进行重传。在B端接收到数据包后，处理数据包时，如果数据包顺序有跳跃的现象，就表明数据包丢失，等待A端重传，这时就在断开的序列处停止处理数据包，等待重传数据包的到来。

3）B端也可以做加快重传确认时间的处理。A端向B端发送5个数据包，分别是Seq=1、2、3、4、5，B端收到的包的序列是1、3、4、5，当收到3时，发现2被跳过1次，当收到4时，发现2被跳过2次，立刻向A端发送确认包要求启动2的数据包的重传，这样就加快了丢包重传的确认速度。

6.3.4 丢包问题分析

UDP丢包是很正常的现象，这是UDP牺牲质量提高速度的代价。UDP丢包的原因很多，下面进行具体分析。

（1）接收端处理时间过长导致丢包

当调用异步接收数据方法接收数据时，处理数据会花费一些时间，处理完后若再次调用接收方法，那么在这两次调用的间隙里发过来的包则有丢失的可能。

解决接收方丢包的问题其实很简单，如果不确定数据包什么时候发过来，首先保证程序执行后马上开始监听，其次在收到一个数据包后，要在最短的时间内重新回到监听状态，期间则要尽量避免复杂的操作。

在解决的过程中，可以先修改接收端，然后将接收到的包存入一个缓冲区，并迅速返回继续开启接收线程，或者使用前面提到的双队列机制来缩短锁队列的时间，从而消除处理数据包和接收数据包的线程之间的冲突，让两个线程能迅速回到自己的“岗位”上做自己的事。

（2）发送的数据包大，导致丢包概率加大

由于网络环境和设备等原因，大数据包在传输时无法完整到达终端，这会间接造成数据包重发的概率增大，数据包的重发消耗也会增大。

可见，发送的数据包较大是一个危险的行为，如果超过接收者缓存，大概率会导致丢包，一般当包超过MTU大小的数倍时，就会增大丢包的概率。

MTU，即Maximum Transmission Unit的缩写，意思是网络上传送的最大数据包。大部分网络设备的MTU都是1500byte，如果本机的MTU比网关的MTU大，大的数据包就会被拆开传送，这样会产生很多数据包碎片，增加丢包率，从而增大重发概率，导致网速变慢。

对于报文过大的问题，可以通过控制报文大小来解决，即使得每个报文的长度小于MTU。以太网的MTU通常是1500byte，其他一些诸如拨号连接网络的MTU值为1280byte，如果使用speaking很难得到MTU的网络，那么最好将报文长度控制在1280byte以下。这些都是经验之谈。

（3）发送包的频率太快

虽然每个包都小于MTU的大小，但是频率太快，例如40多个MTU大小的包连续发送中间不休眠，也有可能导致丢包。

这种情况可以通过建立Socket接收缓冲队列或发送缓冲队列来解决，并且在发送频率过快的时候还可以考虑通过线程Sleep休眠，以此作为时间间隔。

可能有读者不理解发送速度过快为什么会丢包，原因是UDP的发送数据是不会造成线程阻塞的，也就是说，UDP的发送不会像TCP那样，直到数据完全发送才会返回调用函数，UDP并不保证当执行下一条语句时前面的数据已被发送，它的发送接口是异步的。

如果要发送的数据过多或者过大，那么在缓冲区满的那个瞬间，要发送的报文就很有可能丢失，1秒发送几个数据包不算什么，但是一秒发送成百上千的数据包就不好办了。

以上是UDP的实现细节，同时也阐述了实现难点和注意事项。

6.4 封装HTTP

HTTP协议在游戏项目中也非常常见，数据、逻辑、上传、反馈等都需要Web上的HTTP协议支持。本节先对HTTP协议进行剖析，然后对如何在Unity中使用和封装HTTP进行讲解。

6.4.1 HTTP协议原理

HTTP在游戏圈又称为短连接，荣获此名，是因为其平均连接的时间较短，不受前端控制。

Unity3D中的短连接可以使用.NET库来编写，也可以使用Unity3D内置API的WWW来编写，差别不是很大。WWW对.NET进行了封装，其功能在游戏开发中用完全足够，即使有不够用的情况，再用.NET补充也是比较容易的事。然而，我在编写书本时，WWW已经在2018及以后的版本中废弃了，取代它的是UnityWebRequest，Unity3D对网络请求重新做了封装。

WWW与.NET的区别在于，WWW把.NET库封装后再加了层协程的封装，这会使开发者在使用时更加便捷，而.NET库则直接使用了线程，开发者需要关注主线程与子线程的资源抢占情况。总的来说，WWW经过封装后使用更便捷，使用.NET编写HTTP则需要我们自己关注更多细节。

不管是协程还是线程，都需要用到缓存和队列这样的缓存机制，若没有缓存机制，当网络请求量过大时，就会出现混乱以及数据丢失的情况，因此缓存机制在网络层是不可或缺的。

我们所说的 HTTP，最形象的描述就是网页形式的请求与回调，它大多被运用在网页请求上。HTTP 是一种请求 / 响应式的协议。也就是说，请求通常是由浏览器这样的用户代理（User-Agent）发起的，在用户接收到服务器的响应数据后，通过这些数据处理相应的逻辑，再反映到画面上，其特点是每个请求都是一一对应的，一个请求有且仅有一个响应。

我们来看看浏览器是如何基于 HTTP 工作的。要展示一个网页内容时，浏览器首先向服务器发送一个 HTTP 请求并且带上参数，目的是从服务器获取页面的 HTML 内容，获得 HTML 内容后，再解析其中的资源信息，接着发送获取这些资源信息的请求，例如，获取可执行脚本、CSS 样式资源的请求，以及一些其他页面资源（如图片和视频等）。最终浏览器会将这些资源通过符合 HTML 语言规则的形式整合到一起，进而展示一个完整的网页。除了这些浏览器执行的脚本 JavaScript 外，还可以在之后的阶段不断发起更多的请求来获取更多信息和资源，并将它们不断地叠加、更新到当前的网页内容上。

我们常常会把这套请求 / 响应式协议搬到游戏中运用，其最重要的原因是 HTTP 简单易用，程序员们上手的成本低，功能扩展难度也低，因此深受广大互联网程序员喜爱。

HTTP 是应用层上的协议，它要求底层的传输层协议是可靠的，因此 HTTP 依赖于面向连接的 TCP 协议进行消息传递。HTTP 只用于应用层上是因为它本身并没有检测是否连接、数据是否传输准确、是否有数据到达等的机制，这些都依赖于传输层的 TCP 协议，HTTP 只是在 TCP 之上制定了自己的规则。

下面来看看 HTTP 在 TCP 之上制定了哪些规则。

HTTP 制定了自己的协议格式，协议分为 HEAD 和 BODY 这两部分，其代码如下：

```
GET /root1/module?name1=value1&name2=value2 HTTP/1.1
Host: localhost:8080
Accept-Language: fr

//这里 HEAD 和 BODY 用空行隔开

body content
```

其中 GET 为向服务器请求的参数方式，HTTP 有两种参数请求方式，分别是 GET 和 POST。GET 请求方式把参数值以 Key-Value 的键值对形式放在地址中传输给服务器，它的格式如下：

```
?Key1=Value1&Key2=Value2&...
```

GET 参数格式以问号“？”开头，其后的每个 Key=Value 之间用“&”符号作为分隔，所有的表达式都以字符串形式存在。示例如下：

```
GET /root1/module.php?name1=value1&name2=value2 HTTP/1.1
Host: localhost:8080
Accept-Language: fr
```

上述示例表达了客户端要访问 Host 地址为 localhost:8080 的服务器，采用 GET 形式传参，访问子地址为 /root1/module，并且参数为 ?name1=value1&name2=value2，采用 HTTP1.1 的协议逻辑，最后的 Accept-Language:fr 表示客户端支持法语。

POST 则是把参数值放在协议数据包中，同样也以 Key=Value 的字符串形式存在，不一样的地方为 POST 可以使用二进制作为参数值，并且存放在 Body 上，body content 主要存储请求内容，POST 内容都放在这里，而 GET 则必须以字符串形式明文显性地展示在地址上，示例如下：

```
POST /root1/module.php HTTP/1.1
    Host: localhost:8080

    name1=value1&name2=value2
```

POST 和 GET 的实质是一样的，请求内容都是 Key1=Value1&Key2=Value2 形式的，并且请求的参数都会被写入请求包中，只是 GET 必须暴露在地址上而已。

服务器在收到客户端请求并处理相应逻辑后发送响应数据，其数据格式如下：

```
HTTP/1.1 200
Date:Mon,31Dec200104:25:57GMT
Server:Apache/1.3.14(Unix)
Content-type:text/html
Last-modified:Tue,17Apr200106:46:28GMT
Content-length:xxx

//这里 HEADS 和 BODY 用空行隔开
body content
```

上例是服务器端响应客户端请求后的应答数据，里面包含 HTTP 的版本、日期、服务器类型、内容类型、内容长度、内容主体等，其中，200 代表请求成功的状态码，另外，还有一些常用的错误码，比如 404 表示找不到请求页，500 表示服务器程序报错，400 表示访问请求参数错误，403 表示被拒绝访问。

6.4.2 HTTP1.0、HTTP1.1、HTTP2.0 简述

上一节的示例中，HTTP/1.1 表示 HTTP 协议的版本号，我们现在常用的协议为 HTTP1.1，也有少部分仍然使用 HTTP1.0。HTTP1.1 兼容了 HTTP1.0，并且在 HTTP1.0 之上改进了诸多内容，比如，给同一个地址不同的 host 增加了 cache 特性，增加了 Chunked transfer-coding 标志切割数据块等。

HTTP2.0 与 HTTP1.1 的差别比较大，且不能兼容 HTTP1.0 和 HTTP1.1，因此 HTTP 的世界就像被分成了两块，HTTP2.0 被运用在 HTTPS 上，而 HTTP1.1 和 HTTP1.0 则运用在

原有的HTTP上。

下面对HTTP不同版本的问题做些解释。在HTTP1.0中，一个请求就独占一条TCP连接，要并行获取多个资源，就需要建立多条连接。HTTP1.1则引入了持久连接和管线化，允许在应答回来之前按顺序发送多个请求，服务器端则会按照请求的顺序发送应答。在同一个TCP连接上，即使将后面的请求处理完了，也必须等待前面的应答发送完毕，才能发送后面的应答，这就是HTTP1.1的队首阻塞问题。HTTP1.0、HTTP1.1都使用了文本形式的协议，也就是所有的数据都以字符串形式存在，这样做会导致协议传输和解析效率不高。不过对于这种文本形式的协议体，可以通过压缩来减少数据的传输量，但协议头我们无法压缩，对于那些body内容比较少的应答数据来说，很可能协议头的传输会成为首要的性能瓶颈。

HTTP2.0则引入了Stream概念，这使得一个TCP连接可以被多个Stream共享，每个Stream上都可以运行单独的请求与应答，从而实现TCP连接的复用，即单个TCP连接可以并行传输多个请求与应答数据。另外，HTTP2.0不再使用文本协议而是采用了二进制协议，这使得协议更加紧凑，协议头也可以做到压缩后再传输，减少了数据传输带来的开销。不仅如此，HTTP2.0还可以支持服务器端的主动推送，进一步减少了交互流程。此外，它也支持流量控制，并引入了流的优先级和依赖关系，这使得我们能够对流量和资源进行较为细致的控制。

1. HTTP无状态连接

HTTP的无状态是指对于事务处理没有记忆力，前后两次请求并没有任何相关性，可以是不同的连接，也可以是不同的客户端，服务器在处理HTTP请求时，只关注当下这个连接请求可获取的数据，不会去关心也没有记忆去关联上一次请求的参数数据。

HTTP的访问请求一般都会由软硬件做负载均衡，并决定访问哪台物理服务器，因此，对于两次同样地址的访问请求，有可能处理请求的服务器是不同的。而无状态很好地匹配了这种近乎随机的访问方式，也就是说，HTTP客户端可以任意选择一个部署在不同区域的服务器进行访问，得到的结果是相同的。

2. HTTP每次请求访问结束都有可能断开连接

HTTP1.0和HTTP1.1是依据什么来断开连接的呢？答案是Content-length。Content-length为HEADS上的标记，表示body内容长度。带有Content-length标签的请求，其body内容长度是可知的，客户端可以依据这个长度来接收服务器回应的数据。在接收完毕后，这个请求也就结束了，客户端将主动调用close进入四次挥手断开连接。假如没有Content-length标记，那么body内容长度是不可知的，客户端会一直接收数据，直到服务端主动断开为止。

HTTP1.1在这个断开规则之上又扩展了一条新规则，即增加了Transfer-encoding标记。如果Transfer-encoding为chunked，则表示body是流式输出，body会被分成多个块，每块的开始会标识出当前块的长度，此时body不需要通过Content-length长度来指定，每块的长度也是可知的，客户端根据长度接收完数据后，会主动断开连接。假如Transfer-encoding和Content-length这两个标记都没有，那么就只能一直接收数据直到服务器主动断开连接为止。

那么存不存在既使用HTTP协议又不断开连接的方式？存在，使用HEADS里的Keep-Alive标识。Keep-Alive标识会让客户端与服务器保持连接状态，直到服务器发现空闲时间结束而断开连接为止，在Keep-Alive指定的时间内我们仍然能发送数据。也就是说，可以减少与服务器三次握手建立连接的消耗，以及与服务器四次握手断开连接的消耗，提高了连接效率。

另外，在服务器端，Nginx的keepalive_timeout和Apache的KeepAliveTimeout上都能设置Keep-Alive的空闲时间，在httpd守护进程发送完一个响应后，理应马上主动关闭相应的TCP连接，但设置keepalive_timeout后，httpd守护进程会说："再等等吧，看看客户端还有没有请求过来"，这一等，便是keepalive_timeout时间。如果守护进程在这个等待的时间里一直没有收到客户端发过来HTTP请求，则关闭这个HTTP连接。但并不是使用Keep-Alive标识就一定能提高效率，有时也会降低效率，比如经常没有数据需要发送，长时间的TCP连接导致系统资源被无效占用，浪费了系统资源，若有大量的保持连接状态就会浪费大量的连接资源。

倘若客户端使用Keep-Alive进行连续发送，则需要在连续发送数据时使用同一个HTTP连接实例，并且在发送完毕后要记录空闲时间，以便再次发送时可以判断是否继续使用该连接。因为服务器端主动断开连接后并没有被客户端及时得知，所以让其自行判断是否已经被服务器端断开连接为好。还有一个问题是，如果网络环境不好，导致发送请求无法到达，则要尽可能地自己记录和判断哪些数据是需要重发的。这几个问题增加了HTTP作为Keep-Alive来保持连接的难度，将本来简单便捷的HTTP变得不再便捷，因此Keep-Alive并不常使用在游戏项目中。

6.4.3 在Unity3D中的HTTP封装

前面提到过，Unity3D的2018版本中将原本经常使用的WWW类废弃了，取而代之的是UnityWebRequest。虽然API修改了，但两者的功能却是一样的，我们主要还是围绕HTTP的原理来编写程序，只有这样，才能写出程序的精髓。

UnityWebRequest中有几个比较重要的接口，一个是：

```
Post(string uri, WWWForm postData)
```

该接口用来创建一个带有地址和Post数据的UnityWebRequest实例，一个是：

```
SendWebRequest()
```

该接口用来开始发送请求和迭代请求，第三个是：

```
SetRequestHeader(string name, string value)
```

调用该接口可以设置HTTP的标签头，其中Unity3D官方网站提及下面这些HEAD标记在UnityWebRequest中并不支持：

```
accept-charset、access-control-request-headers、access-control-request-method、
connection、date、dnt、expect、host、Keep-Alive、origin、referer、te、trailer、
transfer-encoding、upgrade、via。
```

我们来看看这些标签都代表什么功能。

- accept-charset：用于告诉服务器，客户机采用的编码格式。
- access-control-request-headers：在预检请求中，用于通知服务器在真正的请求中会采用哪些请求首部。
- access-control-request-method：在预检请求中，用于通知服务器在真正的请求中会采用哪种HTTP方法。
- connection：处理完这次请求后是断开连接还是继续保持连接。
- date：当前时间值。
- dnt：是Do Not Track的简写，表明用户对网站追踪的偏好。
- expect：是一个请求消息头，包含一个期望条件，表示服务器只有在满足此期望条件的情况下才能妥善地处理请求。服务器开始检查请求消息头，可能会返回一个状态码为100（Continue）的回复来告知客户端继续发送消息体，也可能会返回一个状态码为417（Expectation Failed）的回复来告知对方，要求不能得到满足。
- host：请求头指明了服务器的域名（对于虚拟主机来说），以及服务器监听的TCP端口号。
- Keep-Alive：允许消息发送者暗示连接的状态，还可以用来设置超时时长和最大请求数。
- origin：指示此次请求发起者来自哪个站点。
- referer：表示当前页面是通过此来源页面里的链接进入的，与origin相似。
- te：指定用户代理希望使用的传输编码类型。
- trailer：允许发送方在分块发送的消息后面添加额外的元信息，这些元信息可能是随着消息主体的发送动态生成的，比如，消息的完整性校验、消息的数字签名，或者消息经过处理后的最终状态等。
- transfer-encoding：指明将entity安全传递给用户所采用的编码形式。transfer-encoding是一个逐跳传输消息首部，它仅应用于两个节点之间的消息传递，而不是所请求的资源本身。一个多节点连接中的每一段都可以应用不同的Transfer-Encoding值。
- upgrade：升级为其他协议。
- via：代理服务器相关的信息。

以上这些由HEAD扩展的HTTP功能都不能进行自主选择，其中包括我们比较关心的标识connection和Keep-Alive保持连接功能，这说明我们无法用UnityWebRequest来实现一次连接发送多次数据。另外，我们比较关心的content-length也不能被自定义设置，它会由API本身自动设置。基于以上讲解可知，UnityWebRequest更加简洁方便，但也失去了一

些自定义功能。接下来我们就使用 UnityWebRequest 来封装 HTTP 网络层。

先设计一个类，假如构建一个名称为 HTTPRequest 的类，它的重要功能是向指定服务器发送请求并接受响应数据，每次请求服务器都会调用这个类的方法来处理请求的操作。可以通过 HTTPRequest 这个类把地址、参数、回调句柄传进去，然后等待服务器响应数据，当收到响应数据时，就调用相应游戏逻辑进行处理，进而反映到画面上。

HTTP 需要的接口相对较少，其中，POST（以 POST 方式发送数据）、GET（以 GET 方式发送数据）、HEAD（修改某个 HEAD 标签值）、Start（开始发送请求）这几个接口比较重要，这些接口在 UnityWebRequest 中对应的是函数句柄。

- POST ：UnityWebRequest UnityWebRequest.Post(string uri,WWWForm postData)（静态函数）。
- GET：UnityWebRequest UnityWebRequest.Get(string uri)（静态函数）。
- HEAD：UnityWebRequest.SetRequestHeader(string name, string value)（非静态函数）。
- Start：UnityWebRequest.SendWebRequest()（非静态函数）。

使用这四个 API 足以实现 HTTP 基本的发送与接收。

在使用 UnityWebRequest 发送请求时，可以使用协程，也可以在逻辑更新中判断收发过程。根据我的个人经验，协程不太可控，且每次都发起一个协程来发送请求数据，有点浪费，在一些特殊需求下，协程是随着函数调用结束而结束的，而我们时常会有先暂停而后继续操作等需求，但其无法满足。所以一般都会把 HTTP 的收发判断移到脚本更新函数 Update 里去，这样做更容易掌控，也更容易理解。

下面构建一个类来封装 UnityWebRequest 的收发过程。

1）构建实例连接和发送请求，设置好请求回应的回调函数，其代码如下：

```
void StartRequest(string url, Callback _callback)
{
    this.web_request = UnityWebRequest.Get(url);
    this.Callback =  _callback;
    this.web_request.SendWebRequest();
}

or POST

void StartRequest(string url, WWWForm wwwform, Callback _callback)
{
    this.web_request = UnityWebRequest.POST(url, wwwform);
    this.Callback =  _callback;
    this.web_request.SendWebRequest();
}
```

上述代码中实例化了一个 HTTP 请求，并且把地址和参数内容传给了实例，然后设置数据响应时的回调句柄，最后发送了请求。

2）判断是否完成或者发送请求是否完毕，并且调用回调函数，代码如下：

```
void Update()
{
    if(web_request != null)
    {
        if(web_request.isDone)
        {
            ProcessResponse(web_request);
            web_request.Dispose();
            web_request = null;
        }
    }
}
```

这里，我们在脚本更新函数 Update 中判断当前的请求实例是否完成，以及是否有响应数据，当收到响应数据时，则调用处理函数对数据进行逻辑处理。

3）处理数据。收到响应数据后，先判断是否有错误存在，没有错误再对数据进行进一步处理。客户端与服务器端之间的数据传输需要有协商好的协议，通常在 HTTP 上使用 JSON 格式的比较多，我们在收到响应数据后，会对数据进行解析，使其成为具体数据对象，再传给相应的函数句柄进行调用，所以数据格式协议也是比较重要的，关于数据协议，我们会在后面的章节中详细讨论。

使用 UnityWebRequest 做 HTTP 请求的代码如下：

```
void ProcessResponse(UnityWebRequest _WebRequest)
{
    if(_WebRequest.error != null)
    {
        NetworkErrorReport(_www.error);
        return;
    }

    NetData net_data = ParseJson(_WebRequest.downloadHandler.text)

    CallbackResponse(net_data);
}
```

以上是使用 UnityWebRequest 做 HTTP 请求的基本步骤。在具体项目中看似简单的连接、发送、接收过程，有不少事情需要我们处理，特别是游戏逻辑中大量、频繁发送 HTTP 请求导致的效率问题，需要我们更多关注。

6.4.4 多次请求时连续发送 HTTP 请求引起的问题

多次或者连续请求 HTTP 在具体项目中比较常见，例如，客户端向服务器端请求角色信息，同时请求军团信息以及每日任务信息，收到所有数据后将数据呈现在主界面上。像这样连续多次发出 HTTP 请求，会同时触发多个线程向服务器执行请求操作，每个请求都包括建立连接、发送数据、接收数据、关闭连接这几步，多个请求导致多个线程得到服务器响应的返回数据，却不知道哪个在先哪个在后，例如有可能军团信息先得到响应，然后是每日任务信息，再是角色信息，因为是多个线程发起的多个连接，所以服务器端接收到的数据也会因为受到网络干扰致使顺序不正确。即使服务器端接收的请求数据顺序刚好没有被打乱，在处理和回调数据时也是不可知的，而这会导致回调的顺序不可知，所以多连接将导致不能确定响应的顺序与请求的顺序是否一致。

当接收响应数据的顺序无法确定时，我们还使用顺序接收数据的方式处理就会发生异常，例如前面说的在发送军团、任务、角色数据请求后，在所有数据都到齐的情况下执行某个程序逻辑才是正确的，否则就会出现异常，可见数据接收和处理顺序尤为重要。

那怎么在多请求连接的情况下保证顺序呢？

解决方案1：多个连接同时发送请求，等待所有数据到齐后再调用执行逻辑

每个HTTP（也可以认为是UnityWebRequest）请求都会开启一个线程来向服务器请求数据，多个HTTP请求同时开启，相当于多个线程同时工作，这样能提高网络利用率，但同时也有数据响应顺序混乱的隐患。发送多个请求后等待数据全部到齐再处理逻辑，是一种比较普遍的解决多请求数据响应的方式。但在此方式中，我们仍然要假设多次请求之间没有且不需要逻辑顺序，逻辑只需要在收集齐数据后再执行操作。

上述解决方案的本质是如何判断我们需要的多条数据是否已经都到达。为了能更快、更高效地得到HTTP请求数据，需要在同一时间同时向服务器发起多个HTTP请求，并且等待所有请求都得到响应再执行逻辑程序。

这种方式可以用以下伪代码及注释来表述，这样更清楚些：

```
class Multiple_Request
{
    void StartRequest( request_list, call_back )
    {
        lst_req = new List<UnityWebRequest>();
        for( url,wwwform in request_list )
        {
            //开启多个HTTP请求
            UnityWebRequest req = UnityWebRequest.Post(url, wwwform);
            req.SendWebRequest();

            //记录请求实例
            lst_req.Add(req);
        }

        //记录回调函数
        Callback = call_back;
    }

    void Update()
    {
        if(lst_req == null || lst_req.Count <= 0) return;
```

```
            for( UnityWebRequest req in lst_req)
            {
                //判断是否完成该请求，只要有一个没完成，就继续等待
                if(!req.isDone)
                {
                    return;
                }
            }

            //当全部请求都完成时，执行回调
            Callback(lst_req);

            //请求结束并清空
            lst_req.Clear();
        }
    }
```

上述伪代码同时开启多个 HTTP 连接来向服务器请求数据，提高了网络传输效率和服务器端的 CPU 利用率，请求彼此之间没有顺序关系，只有这样，服务器端的执行顺序才无须担心。

如果请求之间是有顺序要求的，服务器端执行顺序无法保障，则容易出现逻辑顺序混乱的问题。例如，我们同时发起多个如下请求，先购买物品、再出售物品、最后使用物品，网络波动原因，服务器接收到的请求顺序有可能是，使用物品、出售物品、购买物品，当顺序不同时，就有可能存在逻辑问题，这与我们原本设想的逻辑存在偏差，实例物品可能先被使用或出售，而不是被先购买，这会导致没有物品可被使用或出售，逻辑错位混乱是必然的。

我们在同时发起多个 HTTP 请求连接时，虽然提高了网络效率和服务器的 CPU 利用率，却无法保证预期的逻辑顺序，这会让一些业务遭遇问题。因此，这种解决方案在需要严格执行逻辑顺序的业务上无法正常运作，它只能用在不需要逻辑顺序但需要同时发起多个请求的业务上。

解决方案 2：逐个发起请求，保证顺序

想要解决顺序问题，可以逐个发起请求。在网页端、安卓原生端、苹果原生端都会使用这种方式，即每次只处理一个请求，在这个请求结束后再发起下一个请求，每个请求对应一个功能模块，结束当前功能模块后再发起下一个模块的请求。

我们再用前面的例子来描述当前的解决方案，对 HTTP 先请求角色信息、再请求军团信息、最后请求每日任务信息，这次不再同时发起请求，而是每次只做一件事，在收到角色信息数据后，再发起请求军团信息，收到军团信息后，再发起请求任务信息，收到任务信息后再显示在界面上，每个请求都是在收到响应数据后再处理当前请求的业务逻辑。

也就是说，在我们的例子中，请求角色信息得到响应后，处理角色信息相关的逻辑，请求任务信息得到响应后处理任务信息相关的逻辑，以此类推。客户端按顺序发送请求，每

个数据都可以独立运行，并且所有请求响应的逻辑都可以用程序来实时自定义。其伪代码如下：

```
void on_button_click()
{
    //请求角色数据
    function_request_roleinfo( callback_function1 )
}

void callback_function1( data )
{
    //记录角色信息
    role_info.Add(data);

    //请求军团信息
    function_request_groupinfo( callback_function2 )
}

void callback_function2( data )
{
    //记录军团信息
    group_info.Add( data );
    //请求任务信息
    function_request_task( callback_funciton3 );
}

void callback_function3( data )
{
    //记录任务信息
    task_info.Add( data);
    //展示UI
    show_ui();
}
```

上述伪代码描述了发送请求的逻辑顺序，这种逐个发送请求的方式，保证了逻辑顺序，同时也满足了对多样化功能扩展的需求，同一个请求可以在不同的逻辑中拥有自己自定义的处理逻辑。

虽然单个连接的方式确实保证了顺序，但也降低了网络连接效率，多个请求时需要逐个发起TPC连接，每个连接都需要等待上一个连接请求处理完毕后才能开始下一个请求，并且在每次收到消息后都会发起四次TCP挥手来断开连接，在每次发起请求时又必须进行三次握手来建立连接，这种方式消耗了网络资源，降低了收发效率。

除了上面说的这种自定义式的逐个发送请求外，还有一种逐个发送请求的方式，它为了保证请求的顺序进行，使用了发送队列和接收队列。发送队列在请求和响应中起到了缓冲的作用，在连续使用HTTP请求和连续收到HTTP响应时，能够做到依次处理相应的逻辑。

上述方式全程只有一个线程在做请求处理，所以并不需要线程锁之类的操作。发送时向队列推送请求实例，在逻辑更新函数 Update() 中判断是否有请求在队列里，有的话推出一个请求做 HTTP 连接操作，同时将当前请求的信息暂时存放在内存中，当得到服务器响应时，调用请求信息中的回调函数处理回调数据。

我们可用如下伪代码来描述这种使用发送和接收队列的过程：

```
//将请求推入队列
void RequestHttp(Request req)
{
    ListRequest.Push(req);
}

//逻辑更新
void Update()
{
    //是否完成 HTTP
    if( IsHttpFinished() )
    {
        //开始新的请求，推出一个请求数据，存起来，并发送 HTTP 连接
        Request  req = ListRequest.Pop();
        mCurrentRequest = req;
        StartHttpRequest(req);
    }
    else
    {
        //是否收到响应
        if(HttpIsDone())
        {
            //根据响应数据处理逻辑
            ProcessResponse(data);

            //完成 HTTP
            FinishHttp();
        }
    }
}

//根据数据处理逻辑
void ProcessResponse(Response data)
{
    if(mCurrentRequest != null
        && mCurrentRequest.Callback != null)
    {
        //回调句柄，根据数据处理相关逻辑
        mCurrentRequest.Callback(data);
        mCurrentRequest = null;
    }
}
```

以上伪代码阐述了在发送 HTTP 请求时的推入队列操作和在收到请求后的句柄响应操作，队列使我们能够逐个请求并逐个响应。

解决方案 3：多连接与逐个发送混合使用

多连接可提高网络请求效率，但没有一致的响应顺序，逐个发送有一致的响应顺序，但网络请求效率不够好。两者之间其实没有排斥关系，可以混合使用，这样既提高了网络效率又保证了顺序。

我们来看看该如何混合使用它们，仍然使用前面解决方案 1 中的 Multiple_Request 类，原来的 Multiple_Request 类可以传入多个请求数据，并等待全部数据响应结束后再执行回调函数，在回调逻辑中也可以用 Multiple_Request 类来执行下一组请求。其伪代码如下：

```
//界面按钮
void on_click()
{
    //新建一个请求对象
    request1 = new request();
    request1.url = url1;
    request1.wwwform = new wwwform();
    request1.wwwform.AddField("name1","value1");

    //加入请求列表
    lst_request.Add(request1);

    //新建一个请求对象
    request2 = new request();
    request2.url = url2;
    request2.wwwform = new wwwform();
    request2.wwwform.AddField("name21","value21");

    //加入请求列表
    lst_request.Add(request2);

    //新建一个请求对象
    request2 = new request();
    request2.url = url3;
    request2.wwwform = new wwwform();
    request2.wwwform.AddField("name22","value22");

    //加入请求列表
    lst_request.Add(request3);

    //新建多个请求实例
    multiple_request req = new multiple_request();

    //多个请求对象开启 HTTP 请求
    req.StartRequest(lst_request, callback_function1);
}
```

```
void callback_function1(lst_request)
{
    //某些业务逻辑
    do_some_function(lst_request);

    //新建一个请求对象
    request1 = new request();
    request1.url = url1;
    request1.wwwform = new wwwform();
    request1.wwwform.AddField("name1","value1");

    //加入请求列表
    lst_request.Add(request1);

    //新建一个请求对象
    request2 = new request();
    request2.url = url2;
    request2.wwwform = new wwwform();
    request2.wwwform.AddField("name21","value21");

    //新建多个请求实例
    multiple_request req = new multiple_request();

    //多个请求对象开启HTTP请求
    req.StartRequest(lst_request, callback_function2);
}

void callback_function2(lst_request)
{
    //将信息展示到UI上
    show_ui(lst_request);
}
```

上述伪代码描述了多个请求与逐个请求如何并行使用，将多个请求看成一个请求的变体或一个完整的功能块，就有了多个请求与逐个请求的混合使用过程。在现实项目中，我们可以为每个网络功能新建一个子类，让继承自Multiple_Request类，并且将所有参数写进子类中后一并发送，这样就可以多次使用在多个业务逻辑中。其伪代码如下：

```
//新建一个子类继承Multiple_Request，专门用来实现某个功能，这个功能里需要请求多条数据
class do_something : multiple_request
{
    void StartRequest( int val1 , int val2, int val3, call_back )
    {
        //新建一个请求对象
        request1 = new request();
        request1.url = url1;
        request1.wwwform = new wwwform();
        request1.wwwform.AddField("name1","value1");

        //加入请求列表
```

```
            request_list.Add(request1);

            //新建一个请求对象
            request2 = new request();
            request2.url = url2;
            request2.wwwform = new wwwform();
            request2.wwwform.AddField("name21","value21");

            //加入请求列表
            request_list.Add(request2);

            //新建一个请求对象
            request2 = new request();
            request2.url = url3;
            request2.wwwform = new wwwform();
            request2.wwwform.AddField("name22","value22");

            base.StartRequest(request_list, call_back);
        }
    }

    //UI 上的按钮
    void on_click()
    {
        //实例化功能对象
        do_something = new do_something();

        //开始请求
        do_something.StartRequest(1,2,3, call_back_function1);
    }

    //回调 1
    void call_back_function1(lst_request)
    {
        //做点事
        do_something(lst_requset);

        //实例化功能 2 的对象
        do_something2 = new do_something2();

        //开始请求
        do_something2.StartRequest(3,2, call_back_function2);
    }

    //回调 2
    void call_back_function2(lst_request)
    {
        //展示 UI
        show_ui(lst_request);
    }
```

上述伪代码描述的是，在实际项目中可以用子类继承父类来复用请求的步骤，让某个功能使用起来更加便捷。

解决方案4：合并请求，并逐个发送合并后的请求包

多个请求与逐一发送混合的解决方案，既提高了发送效率，又保证了顺序，但仍然有以下缺点。

- 多开发连接导致连接数增多，频繁建立连接与断开连接导致网络效率仍然不够高。
- 虽然自定义空间很大，但必须手动建立新功能类，待逻辑庞大后，分层就不够清晰了。
- 多功能间的顺序必须手动排列。

客户端程序员更希望多次请求能够被同时发出，且响应顺序也要是原来的请求顺序，此外，还要满足自定义回调句柄多样化的扩展需求。

如此一来，合并请求就成了更合适的解决方案，即合并多个请求为一个请求，当发起请求时一次性打包多个请求，只用一个连接就能全部发送并响应所有数据。这样一来，发送这个合并数据包可以达到与发起多个连接同样的效果，并且响应也可以与请求顺序一致。

合并请求的方式减少了连接数量，也提高了网络效率，同时还保证了请求顺序与响应顺序的准确性。

那么如何实现呢？这里需要服务器端程序员的配合。服务器端的程序员需要处理多个地址，将每个地址对应功能块的模式改为同一个地址，并且改用ID（暂且称它为Command ID）字段来对应不同的功能块。

这里以JSON数据协议为例来说明这个过程（因为JSON格式比较好理解），HTTP请求数据使用JSON格式，服务器响应数据也使用JSON格式（通常都使用这种做法，这在互联网非常普遍）。客户端发送JSON格式的请求数据给服务器端，服务器端收到后解析JSON格式数据，提取数据后处理逻辑，接着将要返回的数据反序列化为JSON格式提供给客户端。

为了合并JSON数据，当我们发起多个请求时，会将多个JSON请求格式推入一个大的JSON数据中，同时会为每个合并进去的JSON数据添加一个序列号，代表合并前的顺序，JSON合并过程代码如下：

```
//请求 1
{
    "request-order" : 1,
    "command" : 1001,
    "data1" : "i am text",
    "data2" : "i am num",
}

//请求 2
{
    "request-order" : 2,
    "command" : 2011,
```

```
    "book" : "i am text",
    "chat" : "i am num",
    "level" : 1,
}

//请求 3
{
    "request-order" : 3,
    "command" : 3105,
    "image" : "i am text",
    "doc" : "i am num",
}
//将 1、2、3 合并后的请求数据
{
"data":
    [
        {
            "request-order" : 1,
            "command" : 1001,
            "data1" : "i am text",
            "data2" : "i am num",
        }
        ,
        {
            "request-order" : 2,
            "command" : 2011,
            "book" : "i am text",
            "chat" : "i am num",
            "level" : 1;
        }
        ,
        {
            "request-order" : 3,
            "command" : 3105,
            "image" : "i am text",
            "doc" : "i am num",
        }
    ],
}
```

上述代码合并时，多个JSON被推入JSON数组中，接着将它们一并发送给服务器端，服务器端程序接收到数据后对data字段中的数据进行提取、解析、处理，这里的处理顺序同request-order从小到大的顺序，每个数据块都有一个command字段，可用这个字段来判断使用哪个程序功能模块来处理逻辑，接着将数据传送给该功能模块处理。

在每个功能模块处理完毕后，将所有的响应数据都推入同一个JSON实例中，同时附上与请求数据中相同的request-order，以便客户端识别与请求数据对应的响应数据，最后把整个响应数据一并发送给客户端。当客户端收到数据时，通过request-order就能知道响应数据的顺序，以及是哪个请求发起的，于是客户端在按照 request-order 从小到大的顺序排序后进行解析和回调，得到了与请求顺序一致的响应顺序。

我们来看看客户端接收到的服务器端的合并响应数据是怎样的，代码如下：

```
//响应数据1
{
    "response-order" : 1,
    "command" : 1001,
    "data1" : "response text",
    "data2" : "response num",
    "error_code" : "0",
}

//响应数据2
{
    "response-order" : 2,
    "command" : 2011,
    "data1" : "response text",
    "data2" : "response num",
    "error_code" : "1",
}

//响应数据3
{
    "response-order" : 3
    "command" : 3105,
    "data1" : "response text",
    "data2" : "response num",
    "error_code" : "2",
}

//合并后的响应数据
{
    "error_code" : 0,
    "data":
    [
        {
            "response-order" : 1,
            "command" : 1001,
            "data1" : "response text",
            "data2" : "response num",
            "error_code" : "0",
        }
        ,
        {
            "response-order" : 2,
            "command" : 2011,
            "data1" : "response text",
            "data2" : "response num",
            "error_code" : "1",
```

```
        }
        ,
        {
            "response-order" : 3
            "command" : 3105,
            "data1" : "response text",
            "data2" : "response num",
            "error_code" : "2",
        }
    ]
}
```

上代码所描述的是，在得到合并的响应数据后，客户端要先提取 data 数据中的所有数据，以 respose-order 为基准从小到大进行排序，然后从最小序号开始处理。

到这里，关于合并请求我们描述的都是单个连接多个请求的合并方式，试想一下，如果有多个合并请求一同发送又会怎样？事实上，也会遇到大麻烦——同样会遇到顺序问题，因此我们依然需要用队列来规避这个问题。用队列的方式可保证多个请求的有序性，与前面用队列逐个发送的方式相比，这里除了用队列暂时存储请求数据外，还会在队列上进行合并请求的操作，这样能更有效、更方便地有序发送。

我们来看看队列与合并数据包相结合的方式，其伪代码如下：

```
//将请求推入队列
void RequestHttp(Request req)
{
    ListRequest.Push(req);
}

//逻辑更新
void Update()
{
    //是否完成 HTTP
    if( IsHttpFinished() )
    {
        //推出多个请求进行合并
        lst_combine_req.Clear();
        for(int i = 0 ; i<10 ; i++)
        {
            Request  req = ListRequest.Pop();
            lst_combine_req.Add(req);
        }

        //合并多个请求
        combine_request = CombineRequest(lst_combine_req);
        StartHttpRequest(req);
    }
    else
    {
        //是否收到响应
```

```
            if(HttpIsDone())
            {
                //按ID从小到大排序
                sort(combine_request.lst_response);

                //循环处理每个响应逻辑
                for(int i = 0 ; i<combine_request.lst_response.count ; i++)
                {
                    //根据响应数据处理逻辑
                    data = combine_request.lst_response[i];
                    ProcessResponse(data);
                }

                //完成HTTP
                FinishHttp();
            }
        }
}

//根据数据处理逻辑
void ProcessResponse(Response data)
{
    if(mCurrentRequest != null
        && mCurrentRequest.Callback != null)
    {
        //回调句柄
        mCurrentRequest.Callback(data);
        mCurrentRequest = null;
    }
}
```

从按钮点击事件开始的具体逻辑操作代码如下：

```
//按钮事件
void on_click()
{
    //请求玩家数据
    request_roleinfo( call_back_function1 );

    //请求军团数据
    request_groupinfo( call_back_function2 );

    //请求任务数据
    request_taskinfo( call_back_function3 );
}

//先回调的是这个句柄
void call_back_function1( data )
{
    //保存玩家数据
    save_roleinfo(data);
}
```

```
//再回调的是这个句柄
void call_back_function2( data )
{
    //保存军团数据
    save_groupinfo(data);
}

//最后收到任务数据，这表明前面的数据都已经收到，可以做一些逻辑处理
void call_back_function3( data )
{
    //保存任务数据
    save_taskinfo(data);

    do_something();
}
```

上述伪代码描述了在具体业务逻辑中，客户端在编写网络请求时可以随意调用发送请求，而不再需要关心顺序和发送效率等问题，这大大提高了程序员的网络编程效率。

我们对多个 HTTP 请求进行数据合并操作后，减少了请求的次数，对速度的提升很有效果，但这里还有一些细节问题需要我们关注，比如将多少个请求数据包进行合并，或者多长时间合并一次。

为了让 HTTP 最大效率得到提升，必须每次请求得到响应后就立即进行下一次 HTTP 请求，如果有等待合并间隔，反而会降低网络效率。不过每次合并数量需要做一些限制，如果有 100 个请求同时发起，我们是不能将其统一合并的，这也是为了保证发送数据和回调数据的大小合适。数据包越大，丢包重发的概率也就越大，因此我们必须限制一次性合并的个数，可以选择每次最多合并 10 个请求数据包，以保证减少连接次数的情况下，发送和接收的数据包不会过大。

6.5 网络数据协议原理

本节将介绍网络数据包的格式及网络数据协议原理，这对于网络模块很关键，我们应该最大限度地了解市面上有哪些常用的网络数据格式，以及它们的优缺点。这可以帮助我们在具体项目中更加准确和有效地使用它们。

6.5.1 协议包的格式

协议包格式有 JSON、MsgPack、Protobuf 格式以及自定义格式。

在建设项目的网路层时，除了要选择传输协议 TCP、UDP，以及应用层协议 HTTP 外，还需要选择在传输过程中的业务层协议格式。前面我们分析了 TCP、UDP、HTTP 的原理与应用，这里来了解在传输层和应用层之上的业务层中，网络数据传输格式的选择以及它们的利弊。我们将在这里剖析 JSON、MessagePack、Protobuf 的原理，包括它们是由什么组成

的、怎么序列化的，以及怎么反序列化的，通过对原理和底层进行剖析，可让我们对网络数据协议的理解更加透彻。

下面从最常见的JSON格式开始，一步步深入了解业务层协议的规则与背后的原理，一步步剖析复杂的数据格式与底层实现。

6.5.2 JSON

JSON原本是JavaScript对象表示法（JavaScript Object Notation），后来慢慢普及开来成为一种协议数据的格式。它是存储和交换文本信息的语法，类似于XML但又比XML更小、更快、更易解析。

JSON本身是轻量级的文本数据交换格式，由字符串组成，它独立于语言，且具有自我描述性，这些特性导致它非常容易被人理解。与同是纯文本类型格式的XML相比较，JSON不需要结束标签、更短，且解析和读/写的速度更快，在JavaScript中能够使用内建的eval()方法对其进行解析，JSON还可以使用数组，且不使用保留字（&、<、>、'、"）。

我们来看看JSON的语法规则，JSON数据的书写格式是：名称/值对。名称/值对包括字段名称（在双引号中）、冒号和值，其代码格式如下：

```
"firstName" : "John"
```

JSON数据由逗号分隔，它的值可以是数字、字符串、真假逻辑值、数组、对象，下面看看它们在文本中的具体格式：

数字（整数或浮点数）格式如下：

```
{
    "number" : 1,
    "number2" : 11.5
}
```

字符串（在双引号中）格式如下：

```
{
    "str1" : "1",
    "str2" : "11"
}
```

逻辑值（true或false）格式如下：

```
{
    "logic1" : true,
    "logic2" : false
}
```

数组（在方括号中）格式如下：

```
{
    "array1" : [1,2,3],
```

```
    "array2" : [{"str1",1},{"str2",2},{33,44}]
}
```

对象（在花括号中）格式如下：

```
{
    "obj1" : {1, "str1", true},
    "obj2" : {"str2", 2, false},
    "obj3" : null
}
```

其中，对象包含在花括号中，此对象可以包含多个名称 / 值对，格式如下：

```
{ "firstName":"John" , "lastName":"Doe" }
```

数组包含在方括号中，此数组可包含多个对象，格式如下：

```
{
    "employees": [
        { "firstName":"John" , "lastName":"Doe" },
        { "firstName":"Anna" , "lastName":"Smith" },
        { "firstName":"Peter" , "lastName":"Jones" }
    ]
}
```

JSON 文件的类型通常是“ xxx.json”，扩展名用来说明是 JSON 格式的文本文件。在 HTTP 协议中还定义了 JSON 格式的 MINE 类型，以方便终端逻辑识别，JSON 文本的 MIME 类型是 application/json，是用来描述消息内容类型的因特网标准。其他 MIME 消息包含文本、图像、音频、视频以及其他应用程序专用的数据。

平时编程中 JSON 解析器也比较多，例如，simpleJson、MiniJson、DataContractJsonSerializer、JArray、JObject 等都是非常通用、高效的插件，也可以自己制作一个 JSON 解析器，制作时要多考虑效率和性能方面的问题。

6.5.3 自定义二进制数据流协议格式

大部分网络协议都具有一定的通用性，JSON 是最典型的，其他的包括 XML、MessagePack、Protobuf 等，它们都是通用的。但这里所要说的自定义二进制数据流协议则不是，理论上说它完全不通用，其原因是，它被设计出来，就不需要顾及通用性。

在存储一串数据的时候，无论这串数据里包含哪些数据以及哪些数据类型，进行解析时，首先应该知道数据该如何解析，这就是定义协议格式的目标。简单来说就是，当我们收到一串数据的时候，要清楚使用什么样的规则可知道这串数据里的内容。JSON 就制定了这么一个规则，这个规则以字符串 Key-Value 简单配对的形式与一些辅助的符号 {、}、[、] 组合而成，这个规则比较通用且易于理解，这使得任何人拿到 JSON 数据时都能一眼知道里面有什么数据。

因为自定义二进制数据流协议格式不具有通用性，所以并不是任何人拿到数据都能知道里面装的是什么，有且只有协定的两端才知道该如何解析收到的数据，想要破解自定义二进制数据流的内容只有靠猜，因为协议格式只有参与制定的双方才知道。

一个自定义二进制数据流协议格式分成三部分：

```
数据大小 | 协议编号 | 具体数据
```

用代码结构表示如下：

```
class Message
{
    uint Size;
    uint CommandID;
    byte[] Data;
}
```

数据大小、协议编号、具体数据，这三者构成一个完整的协议内容，当然，很多时候CommandID可以放入具体的数据中去。

现在假设客户端有这样一个数据结构需要传输到服务器端去：

```
class TestMsg
{
    int test1;
    float test2;
    bool test3;
}
```

服务器端拿到数据时，完全不知道当前拿到的数据是什么，也不知道数据是否完整，有可能只拿到一半的数据，或者一部分数据。因此，首先我们要确定收到的数据包完整的大小，只有知道完整的数据包大小后，才能确定当前收到的数据是否完整，我们是要继续等待接收后面的数据，还是现在就可以进行解析操作。

为了确定数据包的完整性，必须先向二进制数据流中读取4byte，将其组合成一个无符号整数，整数总共32位，也就是说，数据包的大小最大可以为（$2^{32}-1$）byte，这个整数可让我们知道接下来数据的大小。例如，现在接收到20byte，读取了前4byte，这4byte组成一个整数，假设这个整数为24，24大于剩余的16位，说明后面16byte是一个不完整的数据包，应该继续等待后续数据的到来。

其次要确定收到的数据包属于哪种协议格式。于是我们再读取4byte大小的数据，它们组成一个无符号整数CommandID，用来确定协议号。假如这个无符号整数的协议号为1002，就代表是接下来的数据是编号为1002的协议的数据格式。假设TestMsg类就是协议号1002的数据体，那么接下来连着这个协议号的所有数据直到包的末尾都是这个TestMsg的数据。

在解析具体数据的时候，我们需要根据生成这个数据的顺序来解析，写入数据的顺序和读取数据的顺序是一致的。假设在生成这个二进制数据流时，顺序是先推入test1变量，再推入test2变量，最后推入test3变量。其中test1变量为4byte的整数，test2变量为4byte

的浮点数，test3 变量为 1byte 的布尔值，那么就有了如下字节数组结构：

```
xxxx|xxxx|x
```

这样一个形状的二进制数据流，每个“x”为一个字节，前两次 4byte 组成一个 int 和 float 数据，最后 1byte 为布尔数据，“|”只是为了解释说明用的分隔符不存在于数据内。这个数据由 9byte 组成，其中前 4byte 为 test1，中间 4byte 为 test2，后面 1btye 为 test3。

在向网络传输时，整个数据包 TestMsg 的格式为如下：

```
13|1002|test1|test2|test3
```

上述格式中，13 为接下来的数据包大小，1002 为协议编号，test1、test2、test3 为具体数据。我们在解析的时候也需要按照生成时的顺序来解析，先读取前 4byte，将其组成一个整数赋值给 test1，再读取接下来的 4byte，将其组成一个浮点数赋值给 test2，最后读取 1byte 赋值给 test3，完成数据解析。

对于数组形式的数据，则要在上述格式的基础上增加一个长度标志，比如 int[] 类型的数据，生成时先推入代表长度的无符号整数数据，再连续推入所有数组内容，在解析的时候执行同样的反向操作，先读取 4byte 的长度标志，再连续读取 N 个具体数据，N 为提取的长度。假如 int[] 为 3 个整数数组，则二进制数据流如下：

```
xxxx|xxxx|xxxx|xxxx
```

前 4byte 为长度数据，接着 3 次读取后 4byte，这 4byte 为数组内的整数数据。

自定义二进制数据流协议格式为最不通用的格式，但可以成为最节省流量的协议方式，因为每个数据都可以用最小的方式进行定义，比如协议号不需要 4byte，2byte 大小代表（$2^{16}-1$）byte，也就是 65 535 字节，这就够用了，长度有可能也不需要 4byte，只要 2byte 甚至 1byte 就够用了，此外，有些数据也不需要用 4byte 组成 int 整数，只需要 2byte 数组 ushort 就够用了，甚至有些还可以组合起来使用，比如协议结构中有 4 个 bool，可以拼成一个字节来传递，这些都完全可以由我们来控制，包的大小不受到任何规则的限制，这也是自定义二进制数据流协议格式最吸引人的地方。

自定义二进制数据流协议格式最大的缺点是不通用和难更新。当我们需要更换一个协议格式的时候，旧的协议格式就无法解析了，特别是当使用新的协议解析旧的协议时就会报错。不过我们也可以做些补救措施，为了让旧的协议格式还能继续使用，我们在每个数据头部都加入一个 2byte 的整数代表版本号，由版本号来决定该读取哪个版本的协议，这样旧的协议也照样可以兼容新的协议，只是处理起来需要注意初始化问题，那些旧协议没有而新协议有的数据，则要尽可能初始化成默认值，以免造成逻辑报错。

6.5.4 MessagePack

MessagePack 是一个介于 JSON 和自定义二进制数据流之间的协议格式，其理念是：

“It’s like JSON. but fast and small”。

与 JSON 相同的是，MessagePack 也采用 Key-Value 形式的 Map 映射类型；与 JSON 不同的是，MessagePack 使用 byte 的形式存储 data 部分的数据，包括整数、浮点数、布尔值等，并且在 Map 映射类型外加入了更多独立（非 Key-Value 形式）的数据类型，其中也包括自定义二进制数据流的数据类型。

Map 映射类型在 MessagePack 中是比较常用的数据类型，也是比较通用的存储形式，因其通用性好而被很多程序员所喜爱。使用过 JSON 的程序员都知道，JSON 易懂且易用。MessagePack 与 JSON 用起来一样，并且数据大小比 JSON 的小，解析速度比 JSON 的快，这也就是前面所说的“It’s like JSON. but fast and small”。

非 Map 类型的数据其实和自定义二进制数据流的存储方式类似，只是把自定义二进制数据流中的“数据大小　数据”的形式改为了“类型　数据”，比如存储一个 4byte 的 32 位的整数：

```
+--------+--------+--------+--------+--------+
|  0xd2  |ZZZZZZZZ|ZZZZZZZZ|ZZZZZZZZ|ZZZZZZZZ|
+--------+--------+--------+--------+--------+
```

第一个字节的值 0xd2 代表 32 位整数类型，它表示后面 4byte 组合起来是整数类型的数据。再比如 32 位的浮点数的存储格式如下：

```
+--------+--------+--------+--------+--------+
|  0xca  |XXXXXXXX|XXXXXXXX|XXXXXXXX|XXXXXXXX|
+--------+--------+--------+--------+--------+
```

第一个字节的值 0xca 代表 32 位浮点数类型，它表示后面 4byte 组合起来是浮点数类型的数据。以此类推，nil、bool、8 位无符号整数、16 位无符号整数、32 位无符号整数、64 位无符号整数、8 位有符号整数、16 位有符号整数、32 位有符号整数、64 位有符号整数等，以及 32 位浮点数、64 位浮点数，都采用这种类似的方式表示。

使用 MessagePack 并不是冲着这些单独的数据类型去的，因为这些单独的数据类型完全可以使用自定义二进制数据流代替，我们关心的是 MessagePack 的 Map 类型数据的格式定义。下面先来看看 MessagePack 的 Map 类型的存储机制与 JSON 的有什么不同，它为什么比 JSON 的快，又为什么比 JSON 的小，它是如何存储和解析的。

在 Map 之前，我们看看数组类型的格式，如下：

```
+--------+--------+--------+~~~~~~~~~~~~~~~~~+
|  0xdc  |YYYYYYYY|YYYYYYYY|    N objects    |
+--------+--------+--------+~~~~~~~~~~~~~~~~~+
```

第一个字节的值 0xdc 代表总共可以存储 16 位长度的数组，也就是它最大存放（$2^{16}-1$）个元素的数组，后面 2byte 组合起来成为一个无符号的整数，代表后面有多少个元素，其后面的 N 则表示相同类型的元素的数据。

假设这 N 个元素是 32 位整数类型的数据，那么上述数组类型的具体格式如下：

```
+--------+--------+--------+~~~~~~~~~~~~~~~~~+
| 0xdc |00000000|00000011| 0xd2|00001001|0xd2|00001101|...(3 objects)
+--------+--------+--------+~~~~~~~~~~~~~~~~~+
```

这个数组中指定了数组类型，0xdc 代表数组，后面 2byte 拼起来表示数组元素的个数为 11，接下来的数据就是单个元素的数据，即由 11 个整数数据组成的数组，每个数据都以“类型 数据”格式存储。Map 类型就是数组类型的变种，我们在数组类型的基础上，为每个元素多加一个 Key 字符串，就成了 Map 类型的数据格式。下面看看 Map 的具体格式：

```
+--------+--------+--------+~~~~~~~~~~~~~~~~~+
|  0xde  |YYYYYYYY|YYYYYYYY|    N*2 objects    |
+--------+--------+--------+~~~~~~~~~~~~~~~~~+
```

第一个字节的值 0xde 代表最大个数为 16 位（即（$2^{16}-1$）个）的 Map 类型数据，接着 2byte 组合起来表示有多少个元素，最后的 N 乘以 2 个元素为数据元素，以每 2 个元素为一个 Key-Value 组合，第一个元素一定是字符串 Key，第二个元素为任意的单独数据类型。

下面用官方的例子来分析，例如一个 JSON 类型的数据为：

```
{"compact":true, "schema":0}
```

这个数据在 MessagePack 中是以 Map 类型存在的，其格式为：

```
82|A7|'c'|'o'|'m'|'p'|'a'|'c'|'t'|C3|A6|'s'|'c'|'h'|'e'|'m'|'a'|00|
```

数据中，头部的 82 这个数据，前面的 8 为前一个字节的值，表示最多拥有 15 个元素的 Map 类型数据；后面的 2 为后一个字节的值，表示总共有 2 个元素。第二个数据 A7，A 为前一个字节的值，代表接下去是一个 31 个字符以内的字符串；7 为后一个字节的值，表示这个字符串拥有 7 个字符。后面接着的 7 个元素都是字符元素及 Key 位置的字符串。C3 是 Key-Value 的 Value 类型数据，Value 是一个 bool 型的 ture 值。A6 为第二个 Key-Value 数据的组合，A 为前一个字节的值，代表接下去是一个 31 个元素以内的字符串；后一个字节为 6，代表这个字符串为 6 个长度大小。其后接着的 6 个元素都是 Key 数据。最后的 00，前面的 0 为前一个字节的值，表示类型为 7 位以内的整数；后面的 0 为后一个字节的值，代表数据为 0。这样分析下来，MessagePack 数据就与 JSON 的 {"compact":true, "schema":0} 数据对应了。

MessagePack 的 Map 就是以这种“类型 数据”或者“类型 大小 数据”的方式存储的。由于存储的方式是顺序的，所以在解析的时候不需要排序，不需要解析符号和类型，数据的类型可以直接用字节来表示，能用字节存储，绝不用字符串形式存储，如能减少字节使用个数，就尽量减少，如能合并，就尽量合并。因此，对于 JSON 来说，MessagePack 减少了大量的解析计算量，同时也缩小了数据占用空间，相比 JSON，MessagePack 速度更快且空间更小。

6.5.5 Protobuf

虽然 Proto3 在 Proto2 之上又进行了很多改进，但这里仍以 Proto2 为基准来讲解 Protobuf（Protocol Buffer 的简称）的内在机制。MessagePack 在 JSON 之上做了很多数据空间、序列化以及反序列化上的优化，其实可以看成是将 JSON 和自定义二进制数据流进行了混合，既吸收了 JSON 这种 Key-Value（键值对）简单易懂、具有通用性的优点，又吸收了自定义二进制数据流格式序列化与反序列化性能高和存储空间小的特点。不过，MessagePack 的 Map 数据存储格式毕竟是 Key-Value 形式的，其 Key 值仍然会使用字符串，还是逃脱不了字符串 String 占用太多存储空间的弊端。

Google Protocol Buffer 的出现弥补了 MessagePack 的这个缺点，但是 Google Protocol Buffer 也有自身不可忽视的缺点，下面看看 Google Protocol Buffer 是怎么的一种数据协议。

Google Protocol Buffer 是 Google 公司内部的一个混合语言数据标准，用于 RPC 系统和持续数据存储系统中。Protobuf 也是一种轻便、高效的结构化数据存储格式，可以用于结构化数据串行化或者序列化，通常用于通信协议、数据存储等领域，它是与语言无关、与平台无关、可扩展的序列化结构数据格式。常有人说 Protobuf 比 JSON、MessagePack 要好，那么它究竟好在哪里呢？下面就来分析一下。

我们选择数据协议的主要关注点是，它能否简单易上手，序列化与反序列化的数据性能是否高效，占用的存储空间是否更小，更改协议后的兼容性是否更强。对于这些关注点，Protobuf 能否都做到，下面就来对它剖析一番。

1. Protobuf 消息定义

实现 Protobuf 的消息定义需要创建一个文件，然后把消息结构写入，再通过 Protobuf 生成工具将定义好的消息文件生成为指定语言的程序文件，我们在编程时可以通过调用这些生成的程序序列化和反序列化 Protobuf。

先来创建一个扩展名为 .proto 的文件，假设文件名为 MyMessage.proto，并将以下代码存入该文件中：

```
message LoginReqMessage {
    required int64 acct_id = 1;
    required string passwd = 2;
}
```

上述消息定义是一个简单的登录消息定义，现在来说明里面的结构。

1）message 是消息定义的关键字，等同于 C# 中的 struct/class。

2）LoginReqMessage 为消息的名字，等同于结构体名或类名。

3）required 前缀表示该字段为必要字段，即在序列化和反序列化之前，该字段必须已经被赋值。与 required 功能相似的还有另外两个关键字，即 optional 和 repeated。optional 表示该字段为可选字段，即在序列化和反序列化前可以不进行赋值。相比于 optional，repeated 主要用于数组字段，代表数组（required 和 optional 字段已经在 Protobuf3 中取消，所有未定义类型都是 optional)。

4）int64 和 string 分别表示 64 位长整型和字符串型的消息字段。在 Protobuf 中有一张类型对照表，该对照表用于 Protobuf 中的数据类型，与其他编程语言（C#/Java/C++）中所用的类型一一对应。该对照表还将给出不同数据场景下使用哪种数据类型更高效。

5）acct_id 和 passwd 分别表示消息字段名，等同于 C# 中的域变量名。

6）标签数字 1 和 2 表示不同字段序列化后在二进制数据流中的布局位置。

LoginReqMessage 结构的实例数据在序列化时，acct_id 会先被推入二进制数据流中，再是 passwd 被推入，passwd 字段在序列化后一定位于 acct_id 之后。注意，数字标签的值代表二进制数据流中的位置，该值在同一 message 中不能重复。

另外，Protobuf 有一条优化规则需要在定制消息时注意，它在标签值为 1 到 15 的字段上序列化时会对其进行优化，即标签值和类型信息仅占一个字节，标签范围在 16 到 2047 时占两个字节，而 Protobuf 可以支持的字段数量为（$2^{29}-1$）个，即 536 870 911 个数据变量。鉴于此优化规则，我们在设计消息结构时，可以考虑让 repeated 类型的字段标签位于 1 到 15 之间，这样便可以有效节省序列化后的字节大小。

2. 多层嵌套 Protobuf

除了定义单个消息，也可以在同一个 .proto 文件中定义多个 message，这样便可以实现多层嵌套消息的定义，我们来看看具体案例，其代码如下：

```
message Person {
    required string name = 1;
    required int32 id = 2;
    optional string email = 3;
    enum PhoneType {
        MOBILE = 0;
        HOME = 1;
        WORK = 2;
    }

    message PhoneNumber {
        required string number = 1;
        optional PhoneType type = 2 [default = HOME];
    }

    repeated PhoneNumber phones = 4;
    repeated float weight_recent_months = 100 [packed = true];
}
message AddressBook {
    repeated Person people = 1;
}
```

我们在 .proto 文件中定义了三个消息结构和一个枚举结构，其中 AddressBook 消息的定义中以Person消息类型作为其字段变量，Person以PhoneNumber消息类型作为字段变量，这与我们平时编程的数据结构嵌套方式相似。这些数据结构除了被集中定义在.proto文件中以外，还可以被分开定义在各自的.proto文件中。

由于Protobuf提供了另外一个关键字，即import关键字，该关键字相当于C++中的Include，因此我们在编写Proto结构时便可以将很多通用的message定义在同一个.proto文件中。每个模块功能的消息体定义可以由其自己管理，并分别定义在自己独立的.proto文件中或者以其他更清晰的方式分开定义，最后可以通过import关键字以动态导入的方式将需要的结构体文件导入进来，代码如下：

```
message Person {
    required string name = 1;
    required int32 id = 2;
    optional string email = 3;

    enum PhoneType {
        MOBILE = 0;
        HOME = 1;
        WORK = 2;
    }

    message PhoneNumber {
        required string number = 1;
        optional PhoneType type = 2 [default = HOME];
    }

        repeated PhoneNumber phones = 4;
        repeated float weight_recent_months = 100 [packed = true];
}
```

例如，我们先编写一个常用的数据结构体消息，将它放入Person.proto文件中，代码如下：

```
import "myproject/Person.proto"

message AddressBook {
    repeated Person people = 1;
}
```

然后编写自己模块里的结构消息，定义好自己需要的数据类型字段，再将Person.proto文件里的所有消息结构都导入。通过import可以轻松而且清晰地表达项目中的数据分块与分层。

6.5.6 限定符的规则

在Protobuf2中有三个限定符，即required、optional、repeated，并且在每个消息中至少有一个required类型的字段，以保证数据中至少有一个数据。

required 限定符表示该字段为必要字段，即在序列化和反序列化之前，数据中该字段已经被赋值。optional 限定符表示该字段为可选字段，即在序列化和反序列化前可以不进行赋值，如果没有赋值，则表示该数据为空。每个消息中可以包含 0 个或多个 optional 类型的字段。repeated 限定符则表示字段可以包含 0 个或多个重复的数据，即数组类型符号。注意，repeated 代表的是重复的数据，等价于我们常使用的数组和列表，并且可以不赋值，如果不赋值，则表示 0 个数组数据。

6.5.7 Protobuf 的原理：序列化和反序列化

Protobuf 是怎么识别和存储数据的？这是理解 Protobuf 原理即序列化和反序列的关键。JSON 和 MessagePack 都使用字符串 Key 键值作为映射到程序变量的连接桥梁，用变量的字符串名去查看对应的 Key 键值是否存在，这样免不了因 Key 键值字符串太多而消耗更多空间。

Protobuf 则用数字编号来作为 Key 键值与变量映射的连接桥梁，每个变量都必须有一个不重复的标签号（即数字编号），使用 Protobuf 结构中变量字段后跟着的数字编号来映射数据中的数字编号，进而读取数据。Protobuf 为每个结构变量都定义了一个标签号（即数字编号），这个数字编号就代表程序变量与指定编号数据的映射关系。

有了这个规则还不够，因为程序在读取的时候不知道某个变量到底对应哪个标签号，比如前面示例中 Person 的 name 变量并不知道自己该读取哪个编号的数据，除非在程序里写死 name 变量就读取编号为 1 的数据。Protobuf 就使用了这种简单粗暴的方法，“在程序里写死”这种方式让事情变得更简单，但这种粗暴的方式最讲究周边工具了，因为“在程序里写死”本身是一件危险的事，然而，如果这个程序是我们通过工具生成的，就会好很多，相当于使用了一些规则并配置了一些数据让生成的程序符合我们的预期，并可以随时通过配置来改变它们。Protobuf 的周边就为很多种语言定制了生成序列化和反序列化程序代码的工具，我们可以视 .proto 文件为配置文件，Protobuf 根据 .proto 配置文件来生成序列化程序文件。我们只需要通过提供 .proto 文件，就能生成不同语言的程序代码，代码中变量的读取与存储编号就是通过周边工具的方式“写死”在程序中的，这里所说的这些代码都是通过周边工具生成的，而我们只需要关心 .proto 文件中的结构就可以了。

简要总结一下，当 Protobuf 生成的用于序列化和反序列化的代码在读数据的时候，通过 .proto 文件中的内容把变量名与数字编号“写死”，绑定在代码中，一旦读取到某个编号的数据，就把该编号的数据解析给指定变量，例如，前面我们提到的 Protobuf 数据结构案例，当程序读取到编号为 1 的数据时，就会把此数据写入 name 变量中，当 name 变量需要写入数据文件时，则会先将编号 1 这个数字写进去，而编写这些操作的代码由 Protobuf 周边工具完成，我们无须担心。

我们来看一个具体的例子，即使用前面提到的 AddressBook 数据结构来序列化一个 Protobuf 数据。

将数据序列化后的代码如下：

```
AddressBook address_book;
Person person = address_book.add_people();
person.set_id(1);
person.set_name("Jack");
person.set_email("Jack@qq.com");
Person.PhoneNumber phone_number = person->add_phones();
phone_number.set_number("123456");
phone_number.set_type(Person.HOME);
phone_number = person.add_phones();
phone_number.set_number("234567");
phone_number.set_type(Person.MOBILE);

person->add_weight_recent_months(50);
person->add_weight_recent_months(52);
person->add_weight_recent_months(54);

//将数据写入二进制数据流中
address_book->WriteStream(stream);
```

上述代码生成出来的二进制数据流如下：

```
0a     //(1 << 3) + 2 = 0a，1为people的标签号，2为嵌入结构对应的repeated类型号
3c     //0x3c = 60，表示接下来有60个字节为Person的数据

//下面进入 repeated Person 数组的数据结构
0a     //(1 << 3) + 2 = 0a，Person的第一个字段name的标签号为1，2为string(字符串)
         对应的类型号
04     //name字段的字符串长度为4字节
4a 61 63 6b                                        //"Jack"的ascii编码

10     //(2 << 3) + 0 = 10，字段id的标签号为2，0为int32对应的类型号
01     //id的整型数据为1

1a     //(3 << 3) + 2 = 1a，字段email的标签号为3，2为string对应的类型号
0b     //0x0b = 11，email字段的字符串长度为11字节
4a 61 63 6b 40 71 71 2e 63 6f 6d                   //"Jack@qq.com"

//第一个PhoneNumber，嵌套message
22     //(4 << 3) + 2 = 22，phones字段，标签号为4，2为嵌套结构对应的类型号
0a     //0a = 10，接下来10个字节为PhoneNumber的数据
0a     //(1 << 3) + 2 =  0a，PhoneNumber的number，标签号为1，2为string对应
         的类型号
06     //number字段的字符串长度为6字节
31 32 33 34 35 36                          //"123456"
10     //(2 << 3) + 0 = 10，PhoneType type字段，0为enum对应的类型号
01     //HOME，enum被视为整数

//第二个PhoneNumber，嵌套message
22 0a 0a 06 32 33 34 35 36 37 10 00                //信息解读同上，最后的00为MOBILE
```

```
a2 06   //1010 0010 0000 0110 varint 方式，weight_recent_months 的 key
        //010 0010  000 0110→000 0110 0100 010 little-endian 存储
        //(100 << 3) + 2 = a2 06，100 为 weight_recent_months 的标签号
        //2 为 packed repeated field 的类型号
0c      //0c = 12，后面 12 个字节为 float 的数据，每 4 个字节为一个数据
00 00 48 42 //float 50
00 00 50 42 //float 52
00 00 58 42 //float 54
```

上述二进制数据流是一个紧凑的字节数组，剖析时我们将它拆解开来，这样会更加清晰。第一行的 0a 由 (1 << 3) + 2 = 0a 生成，其中 1 为 people 的标签号，2 为嵌入结构对应的 repeated 类型号。第二行中的 3c 表示 0x3c = 60，代表接下来有 60 个字节为 Person 的数据。接下来进入 repeated Person 数组的数据结构。遇到的第一个数据 0a 仍由 (1 << 3) + 2 = 0a 生成，1 表示 Person 的第一个字段 name 的标签号为 1，2 为 string（字符串）对应的类型号。后面的 04 表示 name 字段的字符串长度为 4 字节。其后紧跟着 name 字段字符串的具体数据，4a 61 63 6b 即为"Jack"的 ascii 编码。后面的数据 10 由 (2 << 3) + 0 = 10 生成，其中 2 代表字段 id 的标签号为 2，0 为 int32 对应的类型号。再接着就是 int32 的数据，01 表示数据结构中字段变量 id 的整型数据为 1。接下来是一个 email 字符串内容，先是标志标签号 + 类型号，紧跟一个数据大小，然后是字符串的具体数据。

再后面就是 PhoneNumber 的数组类型。首先，22 表示标签号与类型号，在 (4 << 3) + 2 = 22 中，4 代表 phones 字段标签号，2 代表嵌套结构对应的类型号。接着，0a = 10 表示接下来 10 个字节为 PhoneNumber 的数据。0a 由 (1 << 3) + 2 = 0a 生成，1 代表 PhoneNumber 的 number 标签号，2 代表 string 对应的类型号。再是字符串长度 06，表示 number 字段的字符串长度。31 32 33 34 35 36 为字符串"123456"的 ascii 编码。后面是一个 enum 类型，10 由 (2 << 3) + 0 = 10 生成，2 代表 PhoneType type 字段的标签号，0 为 enum 对应的类型号。接着是 enum 的具体数据，01 表示枚举值 HOME，所有的 enum 被视为整数。第二个 PhoneNumber 也有同样的数据格式。

最后是浮点数数组 weight_recent_months 字段，a2 06 由 (100 << 3) + 2 = a2 06 生成，100 为 weight_recent_months 的标签号，2 为 packed repeated field 的类型号。后面的 0c 是 0c = 12 的意思，表示后面的 12 个字节为 float 的数组数据，每 4 个字节为一个数据。于是接下来三个数据，每个数据 4 个字节都直接表示浮点数，其中，00 00 48 42 表示 float 50，00 00 50 42 表示 float 52，00 00 58 42 表示 float 54。

这个例子来自《Protocol Buffers：阅读一个二进制文件》这篇文章，从分析可知，整个二进制数据流都在遵循简单的规则，即标签号 + 类型号，其头部的标识和数据大小标识作为可选标识放入具体数据中，即如下格式：

```
标签号 + 类型号 | 数据大小 | 具体数据
```

如果具体数据中再嵌套不同种类的数据，也同样遵循"标签号 + 类型号　数据大小　具

体数据”这样的规则。

前面我们剖析了序列化的数据内容，接下来看看反序列化的过程。

在二进制数据流中，将程序对象数据反序列化时，标签号与变量的映射关系是由程序“写死”在代码中的。我们仍然拿前面的Protobuf结构来举例，重点看看其中Person结构的反序列化过程，其代码如下：

```
public void MergeFrom(pb::CodedInputStream input) {
    uint tag;
    while ((tag = input.ReadTag()) != 0) {
        switch(tag) {
            default:
                _unknownFields = pb::UnknownFieldSet.MergeFieldFrom
                    (_unknownFields, input);
                break;
            case 1: {
                name = input.ReadString();
                break;
            }
            case 2: {
                id = input.ReadInt32();
                break;
            }
            case 3: {
                email = input.ReadString();
                break;
            }
            case 4: {
                phones_.AddEntriesFrom(input, _repeated_phones_codec);
                break;
            }
            case 100: {

                weight_recent_months_.AddEntriesFrom(input, _repeated_weight_
                    recent_months_codec);
                break;
            }
        }
    }
}
```

从上述Protobuf生成的代码中可以了解到，所有的对象变量都是通过.proto文件中的标签号来识别数据是否与该变量有映射关系的。当得到具体数据时，先用标签号来判定映射到的是哪个变量名，再针对该变量的类型读取数据并赋值。

6.5.8 Protobuf更改数据结构后的兼容问题

实际开发中会存在这样一种应用场景，即消息格式因为某些需求的变化而不得不进行修改，但是对于有些仍然使用原有消息格式的应用程序，由于各种原因玩家暂时不愿意升级客户端程序，这便要求我们在更新消息格式时要遵守一定的规则，从而保证新老客户端程序都能够顺利运行。我们应该注意的规则如下。

1）不要修改已经存在字段的标签号，即 .proto 文件中结构消息变量字段后面的编号数字不应该轻易改变，这能保证旧数据协议可继续从数据中读取指定标签号的正确数据。如果更改了标签号，则新老数据不能在新旧客户端程序中兼容。

2）任何新添加的字段必须使用 optional 和 repeated 限定符，这能保证在旧数据无法加入新数据字段的情况下，新数据协议还能够在旧数据协议之下顺利解析。如果不使用 optional 或 repeated 限定符，则无法保证新老程序在互相传递消息时的消息兼容性。

3）在原有的消息中，不能移除已经存在的 required 字段，虽然 optional 和 repeated 类型的字段可以被移除，但是它们之前使用的标签号必须保留，不能被新的字段重用。因为旧数据协议在执行时还是会在旧的标签号中加入自己的数据，新数据协议如果使用了旧的标签号，就会导致新旧数据协议解析错误。

4）int32、uint32、int64、uint64 和 bool 等类型之间是兼容的，sint32 和 sint64 是兼容的，string 和 byte 是兼容的，fixed32 和 sfixed32 与 fixed64 和 sfixed64 之间是兼容的，这意味着如果想修改原有字段的类型，为了保证兼容性，只能将其修改为与其原有类型兼容的类型，否则将打破新老消息格式的兼容性。

6.5.9 Protobuf 的优点

Protobuf 全程使用二进制数据流形式，用整数代替 Key 键值来映射变量，比 XML、JSON、MessagePack 更小，也更快。

我们可以随意地创建自己的 .proto 文件，并在里面编写自己的数据结构，然后使用 Protobuf 代码生成工具生成 Protobuf 代码，用于读 / 写需要序列化和反序列化的 Protobuf 数据结构。甚至可以在无须重新部署程序的情况下更新我们的数据结构，只需使用 Protobuf 对数据结构进行一次重新描述，就可利用各种不同的语言或从各种不同的数据流中对 Protobuf 数据轻松读 / 写。

使用 Protobuf 也无须学习复杂的文档对象模型，因为 Protobuf 的编程模式比较简单易学，同时它拥有良好的文档和示例，对于喜欢简单易用工具的人来说，Protobuf 比其他技术更有吸引力。

Protobuf 语义也更清晰，不需要类似 XML、JSON 解析器的东西，它简化了解析的操作，减少了解析的消耗。

Protobuf 数据使用二进制数据流形式把原来在 JSON、XML 里使用字符串存储的数字转换成使用字节存储，大量减少了存储空间。与 MessagePack 相比，Protobuf 减少了 Key 的存储空间，将原本使用字符串来表达 Key 的方式换成了使用整数表达的方式，这不但减少了存储空间，也加快了反序列化的速度。

6.5.10 Protobuf的不足

Protobuf与XML、JSON类型的数据格式相比，也有其不足之处，它的功能简单，无法用来表示复杂的数据概念。XML和JSON已成为多种行业标准的编写工具，明文的表达方式让数据格式显得更加友好，Protobuf目前只运用在数据传输与存储上，在其他领域的应用较少。XML和JSON具有某种程度上的自解释性，可以被人直接读取和编辑；Protobuf却不行，它以二进制数据流的方式存储，除非有.proto定义，否则你无法直接读出Protobuf的任何内容。

6.6 网络同步解决方案

当前网络游戏中，网络同步解决方案有三种，即状态同步、实时广播同步、帧同步。三种方案不互相排斥，可以混合使用。我们在开发的时候，为了能让游戏显得更加逼真，会选择多种同步方案一起使用。例如，魔兽世界这种开放的多人在线RPG就使用了状态同步和实时广播同步这两种方案，绝地求生、和平精英等战地竞技类游戏也同样使用了状态同步与实时广播同步这两种方案，而传奇世界、热血传奇等传奇类游戏因为有严格的寻路同步机制，所以只使用了状态同步方案，王者荣耀等一批5v5地图类竞技游戏则使用了帧同步方案。

同步方案的目标是在多人游戏中用最少的信息同步量来逼真地“模拟”其他玩家的一举一动，让我们在玩游戏的时候能看到其他玩家的位置、动作及状态。这里的关键词是“模拟”，本地设备中获取的信息由于网络因素通常都是延后的，如何通过这些延迟的信息来模拟真实角色的位移、动作、特效，是整个方案的关键。

在同步解决方案中，不仅涉及信息同步，还涉及同步的范围，如果我们将每个玩家每次的变化信息都向游戏内的所有玩家广播一遍，那么我们需要同步的数据量非常大，不仅客户端承载不了如此大的渲染压力和信息通信压力，服务器端也同样无法承受相应的数据传输压力（会占满服务器网络带宽或让网络费用过大）。因此，同步解决方案对游戏来说不仅仅是用来逼真模拟其他玩家的一个解决方案，它还用于解决和优化网络传输数据带来的压力和部分渲染压力。下面讲解三大网络同步解决方案。

6.6.1 状态同步法

为什么要状态同步？同步机制的主要目的是模拟，若我们每帧（以每秒30帧为标准）都将自己的信息同步给所有人，那么需要传输和广播的信息量就很大，因此我们需要尝试更节省流量的方式。游戏角色通常可以用状态形式来代表某一段时间的行为，因此，如果我们使用状态信息作为同步信息广播给其他设备去模拟，就会比较节省流量，这样，收到同步广播信息后，在一段时间内不需要其他信息就能模拟出这些角色的动作、位移及特效。

为了能更逼真地模拟其他玩家的行为，可以把每个人的行为方式抽象成若干个状态，每个状态都有一套行为方式，有时尽管 3D 模型不一样，但所调用的程序是一样的。比如空闲状态下，所有人都会站在某个位置，循环播放站立动画即可，这时我们告诉玩家，我在某个位置进入了空闲状态，只要我们的状态不变，其他玩家就可以在不收到任何同步数据的情况下知道我就是一直在原地并循环播放着站立动画。当然这是最简单的状态，也可以有比较复杂的状态，比如攻击状态、追击状态、防御状态、奔跑状态、技能状态、寻路状态等。

在状态同步里，角色身上的每个状态就相当于一个具有固定逻辑的行为模式，这个固定行为模式就像一个黑盒，只要给到需要的数据，就能表现出相同的行为，比如攻击状态，就会播放一个攻击动画，并在某个时间点判定攻击效果，攻击动画完毕后结束攻击状态；打坐休息状态，就会循环播放一个打坐动画，并每隔一段时间恢复一次血量；寻路状态，就会从某点到某点做 A 星的寻路计算，边播放行走动画边跟随路线向各个路线节点移动，最终到达目的地完成寻路状态。最复杂的应该属于技能状态，技能有很多种，每种技能都有不一样的流程，同一种技能还有不同的动画和特效，一些复杂的技能更是需要配备复杂的逻辑，但有一点是可以肯定的，也必须做到，那就是向技能状态输入相同的数据应该展示出相同的表现，例如向技能状态中输入火球技能 ID、目标对象、施法速度、角色等内容，在收到数据后就需要展示火球技能的动画，在等待吟唱时间（释放技能前的准备动作）后向目标发射火球。

这些状态都有一个共同的特点，就是只要我们给予所需的相同数据，就能展现出相同画面的个体效果。现在要让这些状态连贯起来拼凑成一个拥有一系列动作的角色，当我们向这个角色发送各种各样的指令时，就是在告诉它应该先触发这个状态，然后触发那个状态。由于指令中包含状态需要的数据，因此这些数据会广播给每个需要看到的玩家，收到这些状态信息的设备就要通过这些同步数据去模拟角色的行为，从而让画面看起来像是很多玩家在操控自己的角色。

在状态同步中，服务器端扮演了幕后操纵者的角色，而客户端里渲染的对象就是那个被操纵者，这里称其为木偶人，服务器端发出指令说 ID 为 5 的木偶人开始攻击，客户端就执行它的指令，找到那个 ID 为 5 的木偶人并进入攻击状态的相关逻辑。当动画播放到一半时，服务器端又发来指令，被攻击的那个 ID 的怪兽受到 500 点伤害且已受伤，这时客户端就会在指定的怪兽头上冒出 500 点的伤害值，并且让怪兽进入受伤状态，播放受伤动画。

当攻击动画播放完毕时，服务器端发来指令继续攻击，客户端将根据这个指令找到 ID 为 5 的木偶人，将它从站立状态切换到攻击状态。这次攻击状态快结束时，服务器发来指令，被攻击的怪兽受到 600 点伤害并且死了，于是客户端根据这个指令找到这个怪物，并在其头上冒出 600 点伤害的数字，然后让怪兽进入死亡状态，播放死亡动画。木偶人也在播放完攻击动画后进入空闲状态，循环播放站立动画。

服务器端扮演着发送指令、操控木偶人的角色，这个木偶人也包括玩家自己的角色，即当玩家操控“我”自己在游戏中的角色时，也同样会经历经过服务器的同意并发送指令给玩家的过程，当玩家收到同步信息指令时，当前的角色才会进行状态的切换和模拟。

但也未必一定要经过服务器端同意才能进行模拟渲染，为了让玩家在网络环境糟糕的时候也能够看到比较顺畅的游戏画面，在制作网络同步逻辑时，可以让玩家随意操控自己的角色，不受限于服务器端的延迟指令，在稍后进行服务器端校验时再对玩家进行矫正，最明显的例子就是传奇类游戏中的状态同步，在网络环境不太顺畅的情况下，我们仍然能操作自己的角色不停地移动，但过一段时间后，当客户端接收到服务器端发来的正确数据时，它就会对角色进行位置和状态的矫正。

状态同步是指使角色的每个状态在某一段时间下的行为可以根据数据进行预测，除非状态被改变，否则相同的状态数据得到的是相同的个体状态结果，这样，角色实体的行为就可以通过状态切换来模拟表现画面。

6.6.2 实时广播同步法

在一些FPS类型的竞技游戏中，人物的行动速度和旋转速度在不断地发生变化而且频次比较高，如果想要模拟不同玩家在游戏场景中的位置与旋转角度，就要实时更新这些信息，这时状态同步就不能满足这些需求了。由于移动的速度和旋转的变化太快，频次太高，因此无法做到拆分同步状态来模拟。不过状态同步依然可以用于除了移动和旋转以外的同步方式中，因为除了移动和旋转，其他信息都不会有这样快速、多样的变化，并且很多角色数据仍旧遵守状态的规则。对于这些数据，我们可以继续用状态来划分，因此状态同步常与实时广播同步同时存在。

实时广播同步方案的主要特点是，位置和旋转信息由客户端决定。客户端将自身的位置、旋转信息发送给服务器端，再由服务器端分发给其他玩家。在其他玩家收到位置、旋转信息后，根据收到的信息预测其当前的位置、速度、加速度、旋转速度和旋转加速度，并进行模拟和展示。

在竞技性比较强、移动速度比较快的游戏中，通常都需要玩家不停地改变移动速度和旋转角度来体现其控制角色的灵活性。比较常见的为枪战类游戏CS，玩家不停地在变化自己的位移速度和旋转角速度，以适应战斗的需要。除了FPS类型的游戏外，赛车类游戏也是类似的情况，在卡丁车游戏中，玩家要在高速移动的情况下不停地调整自己的方向和速度，让自己躲过众多障碍，同时在急弯处要旋转自己的车进行漂移等。魔兽世界也会使用实时广播同步方案，这种RPG需要不停地改变自己的速度与旋转角度来让战斗显得更加丰富和灵活。不过魔兽世界在实时广播之上加了些验证机制，让客户端不能为所欲为地决定自己的位置。

为了能更加逼真地同步模拟这种变化频率很高的人物移动和旋转动作，我们不得不让客户端来决定其位置和旋转角度，这将牺牲一些数据的安全性来让画面显得更加真实流畅。

每个玩家设备上的客户端会在1秒内向服务器端发送15～30次的自身移动和旋转数据，目的是让其他玩家在收到广播数据时，能更加顺畅地模拟玩家在游戏中移动旋转的表现，也只有这样，才能让其他游戏客户端不停地更新玩家的位置、移动速度和旋转角度。不过只是单纯地更新位置和旋转数据，会导致玩家在屏幕中不停地闪跳，因此可使用速度的方式表示它们的移动，这会让角色模拟运行得流畅些。当我们收到广播的玩家实时数据时，先计算速度、预测速度，以及加速度，再让模拟的对象按计算的结果在屏幕中运动，而不只是更新位置，这会让角色在画面中模拟行走的位置和方向时更加流畅。

实时广播同步的算法和公式并不复杂，首先取得已经收到的该玩家的前 5 个位置信息，并用其除以间隔时间，就能得到一个平均速度，再取这样的 3 ～ 5 组信息，就能得到一个平均的加速度，根据这个速度和加速度，就能让角色在屏幕中模拟出相对准确的跑动位置、速度和方向。不只是速度和加速度，还需要有角色当前面向的角度，以及旋转的角速度，在角度的同步上也可以按照前面计算速度和加速度的方式去预测，取最近 5 个角度的值得到平均旋转速度，再取 3 ～ 5 组这样的数据计算得到旋转加速度。

虽然我们用前面的数据计算得到当前的位置、速度、加速度、旋转角度、旋转角速度，但还是会有偏差，由于网络延迟大且不稳定，很容易造成位移的偏差，所以我们依然需要定时地矫正。矫正会比较生硬，比如，由于网络宽带关系，我们可能很久没有收到实时广播数据，但一下子又收到很多广播数据，这时，由于位置相差太远，就会一下子将角色置于最后定位的位置上，因此这种矫正看起来会比较生硬。我们可以在生硬的基础上加入一些当前数据的预测，让矫正不是直接飞到那个位置，而是加速移动过去，速度取决于延迟的时间大小。这也正是为什么我们在玩 CF 穿越火线、卡丁车这类游戏时，有时会看到对方角色不停地一闪而过，其实也就是因为预测数据和矫正数据偏离太多，客户端在不断地矫正角色的位置和速度。

6.6.3 帧同步

状态同步既能控制数据计算的安全性，也能保证所有客户端的同步性，不过在位置和角度变化很快的竞技游戏中，状态同步已无法承受又多又快的位置和旋转变化，所以就加入了实时广播同步解决方案。实时广播同步解决方案放弃了玩家的位置和旋转角度的强校验，使得各个客户端能更加顺利和准确地模拟其他玩家的位置和旋转角度。

更加严格的同步要求既能做到移动与旋转的准确定位，也能同步角色状态，还能有比较强的同步校验，这时实时广播同步方案也已不能满足需求，此方案虽然能预测模拟玩家的位置与速度，但不能做到强校验，无法保证数据的正确性，这样容易被钻空子作弊。由于每个玩家手机和电脑端的设备配置都不一样，网络环境也不同，一台配置好的电脑和手机，在同一时间段能位移的距离可能也不一样，在差异性巨大的设备和网络通信之间做到精准同步比较困难，前面我们说的状态同步是基于状态可拆分的模式把角色分为几个状态，每个状态都做自己的事，当玩家改变状态时，发送数据给周围的人，让他们各自去模拟改变后的状态信息，但是当我们需要频次高且精确同步时，它就无能为力了。

帧同步解决方案就很好地解决了状态同步和实时广播同步解决不了的问题。

在同步性和安全性要求很高的游戏（例如，王者荣耀、拳王类格斗游戏）中，每一帧都是非常关键的，一两帧的计算就有可能决定双方的胜负，所以不能有分毫之差，这种类型的游戏，对同步要求特别高且精确计算的要求也很高，帧同步解决方案正好契合这种类型游戏。

与状态同步和实时广播同步不同的是，帧同步的逻辑不再由客户端本身的逻辑帧 Update 来决定，而是转由从网络收到帧数据包来驱动执行逻辑更新，这也是帧同步最大的特点。所有的逻辑更新都会放在收到帧数据包时的操作中，包括人物角色的移动、攻击、释放技能等，每收到一个服务器端发送过来的帧数据包，就会更新一帧或更新前面因延迟累积的帧数。

帧同步的服务器端需要向每个客户端每秒发送 15 ～ 30 个帧数据包，即每隔 0.033 ～ 0.066 秒发送一个，即使没有任何信息，也会发送空的帧数据，因为客户端要根据这些帧数据包来“演算”游戏逻辑。因此帧数据的集合被认为是一条时间线，平时我们用秒来计算时间，现在用帧来代替，例如某个动作做 5 帧而不是 5 秒，这颗子弹向前滑行 10 帧而不是 x 秒，其实质是用整数的方式来计量时间线上的位置而不再使用浮点数，因为这样更准确。

为什么要“演算”呢？原来在客户端 Update 里的角色每帧移动 x 米的逻辑转移到了从网络中收到帧数据包的时刻，每收到一个帧数据包，角色就调用一次移动逻辑（当然不只是移动逻辑，也不只会收到一个帧数据包，确切地说，应该是更新逻辑），这样使得不同的游戏设备在拥有不同帧率的情况下，执行相同数量逻辑帧的同时也执行了相同次数的逻辑指令。指令存储在帧数据里，不同的设备收到的帧数据一致，执行顺序一致，执行结果也将一致（其实这里面还有精度问题会导致结果不一样，这将在后面讨论）。

帧数据主要存储的就是指令以及与指令相关的参数，一个帧数据可能有很多个指令分别指向不同的角色。当玩家通过屏幕或摇杆操作时，将操作指令发送给服务器，服务器在随后广播的帧数据中就会有我们上传的指令数据。除了此帧数据外，其他没有任何指令的帧数据其内容是空的，空帧也需要传达到每个客户端，因为这关系到逻辑的更新。

客户端的执行步骤为，客户端不断地收到从服务器端广播的帧数据，每帧都执行一次更新逻辑，执行到某一帧带有指令数据时就执行该帧内的所有指令，同时也更新逻辑。比如，帧数据中的指令为某角色以每帧 1 米的速度向前移动，那么客户端就启动移动状态执行该指令，在接下来收到的帧数据中，客户端每执行一次逻辑更新就会执行一次每帧 1 米的逻辑，比如后面总共收到 20 帧的网络空数据帧，那么就执行 20 次每帧 1 米的行走逻辑，直到玩家再次操作停止移动指令，并把该指令发送给服务器端，服务器端再以帧数据的形式广播给所有玩家，任何玩家设备收到这个带有停止指令的帧数据时都会执行，以停止移动。

上面描述的客户端执行帧数据的逻辑步骤中，会有渲染与逻辑的差异。其原因是，渲染时我们通常会在 10 ～ 60 帧范围内变化，而帧数据的频率则是固定的每秒 15 帧，这导致了帧数据的逻辑计算和渲染存在差异。

假如帧数据在逻辑更新时不断地计算当前的位置，以此作为渲染帧中设定位置的依据，那么我们将看到角色在一跳一顿地向前“跳动”。为了能更加平滑地模拟帧数据中的移动内容，我们在渲染时也要进行预测和模拟。移动时，我们知道每个数据帧中角色的位置以及一帧代表多少秒，这样至少 2 个帧数据后就能知道当前的速度，至少 3 个帧数据就能预测加速度，这与前面介绍的实时广播同步在模拟角色速度与位移时的方法一样，可用最近 3 ～ 5 个点位数据来预测当前的速度和加速度，以及旋转角度和角速度。当因网络原因帧数据延迟很厉害时，我们就能从收发的数据中得知网络有较大的延迟。例如，最近收到一个帧数据已经是 5 秒前的事了，那么我们就知道网络造成了严重堵塞，现在的预测和模拟已经不再准确，应该停止才对，等帧数据的到来后再重新矫正位置和速度。

现在的逻辑运算在网络收发的数据帧中执行，这就相当于服务器控制了所有玩家设备上的播放帧的速率和帧数长度，让所有玩家拥有相同的帧数据，执行相同的指令数量以及相同的指令顺序，由于执行逻辑的时间点（前面说过，时间已经不再用秒计算，而是用帧的数量计算）、执行逻辑的次序和次数相同，因此所有收到帧数据的客户端的表现也相同，这就是帧同步的最大特点。由服务器端发送的帧数据来完成所有客户端的同步执行操作，在每个客户端设备中“演算”的方法一致，最终在所有设备中执行的结果也会一致，反映到屏幕画面上表现出来的行为当然是一致的。

6.6.4 同步快进

现实中的网络环境不太稳定，特别是手机设备，不是所有客户端的网络都是流畅的，客户端在接收帧数据时经常是波动的，时而会有一堆帧数据涌过来，或者又忽然收不到帧数据。因此，如何预测和模拟延迟部分的表现，以及快速同步落后很多帧的客户端画面，成了客户端解决同步问题的关键。

当网络造成延迟，帧数据一下子收到很多时，为了能同步帧数据的逻辑，可以使用最简单的方式，瞬间执行全部堆积在队列里的帧数据，这样就能一下子到达逻辑数据中的最后一帧，接着继续正常接收和模拟画面。但是这样一次性执行堆积的帧数据的方式会有问题，如果堆积的数据帧太多，会导致因执行逻辑更新太多而让游戏卡住很久，画面会因此停止不动一段时间，游戏体验会比较差。要解决这个问题，我们可以在执行帧逻辑时，采用每次执行 N 帧（N 大于 10）的方式来使画面快速推进，这样玩家既能看到动态的画面，又能快速地跟上最后的同步帧数据，同步完所有的帧数据后，再将执行速度恢复到正常，从而继续接收数据帧开始正常的同步工作。

如果落后得太多太多，比如掉线后重连，相当于落后了整个数据帧[㊀]，这时快进的方法也不管用了，因为执行的帧数落后太多，会导致按普通快进的节奏也要快进很久才能跟上大部队，如果快进的速度太快，则执行的帧数上升也会导致画面卡顿感太重。可想而知，执行全部的帧逻辑会消耗太多的 CPU，且时间很久，如果是手机设备，有可能会因消耗过大而发热发烫。

这时可以使用内存快照的方式执行快进操作。快照，在很多领域都有此概念，特别是硬盘快照，硬盘快照就是将硬盘里的数据全部复制一份作为备份，当下次要构建一个一模一

㊀ 如果是一场 20 分钟的比赛，相当于落后了 18 000（$20 \times 60 \times 15$）帧。

样的机器时就不用这么费力了，直接从快照中复制一份就可以完成装机工作。内存快照也是同样的理念，与硬盘快照不同的是，内存快照做的是内存备份，意思是把内存中关于战斗的所有数据包括玩家、怪物、可破坏的障碍物等都备份一份在文件上，存储在本地或服务器中，当客户端需要所有的帧数据时，其实需要的是最后一帧数据计算后的内存数据，这时客户端就可以直接使用该快照数据获得内存数据的结果，以此为依据渲染画面。由于这一帧的快照离最后需要同步的帧数最近，中间可能跨越了几千或上万的帧数，因此从该帧数据开始快进到最近的数据帧，相对于从头开始快进来说，要快许多，也节省了许多CPU的消耗。

上面介绍的都是模拟帧数据的画面表现，我们在发送操作指令时，要注意，发送指令过于频繁，也会造成网络数据的灾难，比如玩家控制角色不断地释放技能或者不停地旋转奔跑，就会让客户端以渲染帧的速度大量向服务器发送指令数据，这会造成帧数据混乱，一帧数据中当前玩家的指令应该最多只有一个，且每个玩家的指令在一帧数据中只能有一个，只有这样，才能不造成逻辑的混乱。

为了不发送过多的指令混乱帧数据，可以选择把需要发送的指令存储起来，等收到一个从服务器端来的网络帧数据时再发送，如果有很多指令，则不断替换未发送的指令，直到收到网络帧数据后才发送最后一个替换的指令。这也符合多端帧同步的规则，是我们规定了每帧只能有一个操作，因为需要遵循“不能在同一帧有多个操作”的规则。这个规则确保了游戏逻辑的简单化。

在实际操作中，摇杆旋转、位移的变化以及技能的释放这些操作在客户端是非常快的，如果客户端等到有网络数据帧接收时再发送当前的指令，那么用户操作的指令会被自己的指令覆盖好几次。为了解决这个问题，很多游戏会提前模拟玩家的操作，客户端模拟玩家可以根据自己的操作自由行走，甚至攻击或释放技能，而后再由网络接收到的数据来矫正位置与角度，或者先把指令序列存储起来，等到网络帧来的时候再将指令序列发送出去，这就是另一种网络延迟体验。

6.6.5 精度问题

帧同步的核心是计算逻辑放在了玩家各自设备的客户端中进行，我们前面说了，只要所有设备执行的帧数一致，执行的指令和时间点一致，执行的算法一致，就能得出相同的结果。理论上确实是这样，但是这里会出现一个问题，由于不同设备的浮点数精度损失结果不同，导致同样的浮点数公式在不同设备上计算出来的结果有细微的差别，经过多次长时间的计算后，这种误差会扩大到不可接受的地步。

因此浮点数的精确计算也是帧同步在各设备同步问题上的一大关键，其根源是帧同步方案把计算过程交给了不同的设备。

其实，我们有很多关于浮点数精度问题的解决方案，定点数就是其中之一。所谓定点数，就是把整数和小数部分分开存储，小数部分用整数来计算，整数部分继续用整数，这样计算后就不会有误差了。

通常浮点数在计算机中可表示为 $V = (-1)^s \times (1.x) \times 2^(E - f)$，也就是说，浮点数的表达其实是模糊的，它用一个数的指数来表示当前的数。而定点数则不同，它把整数部分和小数部分拆分开来，并都用整数的形式表示，这样一来，计算和表达都可以用整数的方式了。整数计算是没有误差的，因此在不同设备上也就不会存在误差；缺点是，变量占用的内存空间多了一倍，计算的量也多了一倍，同时计算范围缩小了。

C# 自带的 decimal 类型就是定点数，它在金融和会计领域中使用比较多，但在游戏项目中使用得不多，因为并不顺手，比如无法与浮点数随意互相转换，在计算前也依然需要进行封装；又比如无法控制末尾小数点，使得精度还是无法根据项目需求来控制，此外它需要用 128 位数据来存储，游戏中很少需要这么多的位数，这会大量增加内存的负担。

因此大部分项目都会自己实现定点数的重新封装，比如把整数和小数拆开，都用 32 位整数封装在某个类中，再写一些关于定点数之间，以及定点数与其他类型数字的数学计算库即可。数学计算库内的函数没有我们想象的那么多，其实就是把定点数与其他类型数字的加减乘除重写一下，如果涉及更多的图形学运算，则加入一些图形学的基本运算公式，比如线段交叉、点积、叉乘等，参数可用我们封装的定点数代替。

最快速、简单、性价比最高的方式是，将所有浮点数改为整数并乘以 1000 或者 10 000 来表达完整的数，以整数的方式来计算就不会有问题。把所有需要计算的数字都以这种方式存储，只有需要在 UI 上展示小数点的时候，才转换成浮点数再进行展示，但也仅仅是展示的用途，不涉及逻辑运算。这样既控制了精度的一致性，也不用这么麻烦去实现定点数的封装。只是这样做，原本能表达的精度范围就减少了，整数部分缩小到 2000 万或 200 万以内，小数部分只保留了 3 位或 4 位，不过仍能在部分游戏中使用。因为在很多游戏中，200 万都已经足够大，它们无须劳心费神地封装一个定点数，以及定点数数学计算库，而且封装后还难以与表现层有很好的过渡。直接乘就能达到一样的效果，大大降低了研发成本。要注意的是，两者各有利弊，不能说哪种方式一定好或者坏，按照项目的需求做不同的决策是必要的。

6.6.6 同步锁机制

这里简单了解同步锁的机制。在一些同步类游戏中，比如星际争霸 1 中，如果有玩家的网络环境不好，希望能够等待该玩家的进度，就会使用同步锁的机制。同步锁的机制要求每个客户端每隔一段时间发送一个锁帧数据，类似“心跳”数据包，服务器端在帧数据中嵌入心跳包，用这样的方式告诉其他玩家该玩家仍然在线，并正常在游戏中，如果客户端在接收帧数据后超过 50 帧没有收到某个玩家的锁帧数据，则停止播放网络帧数据，等该玩家跟上大部队后，所有客户端再同时从最近的一次锁帧数据点开始，并以该点为最后一个数据帧，一起继续各自的演算，这就是同步锁的原理。

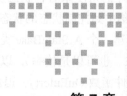

第 7 章 Chapter 7

游戏中的 AI

AI（人工智能）机器人在游戏中非常普遍，它们常模仿人类的行为在游戏中活动。游戏中机器人的自动行为比较普遍，这种简单的 AI 方式可以用几种不同的方式进行编写，本节主要介绍两种方式，一种为容易被人类思维接受的状态机，另一种是采用策略型思考方式编写的行为树。还有很多其他方式可用来编写 AI，比如，与行为树差不多的决策树，相对比较复杂的神经网络，以及现在比较流行的机器学习。由于我接触的只是皮毛，神经网络与机器学习的复杂度也超过了正常项目的周期，研发和维护成本比较高，因此本书不会对此做过多介绍。

7.1 用状态机构建 AI

状态机的概念虽然比较简单，但其在实际编程中的应用繁多，不过最终都是围绕状态的概念来做变化。状态机比较符合人类思考的方式，我们喜欢把事物的行为以状态的形式进行拆分。以时间状态为基础可以划分为当前状态、前置状态、下一个状态、状态变化条件。其中，每个状态都有自己的定义，它们可以以行为方式进行拆分，例如，拆分成行走状态、休息状态、躺下状态、攻击状态、防守状态、三连击状态、俯冲状态、平移状态等。

人们习惯把人或动物的某些连贯的行为定义为状态，所以状态其实不只是一个动作，可以是好几个动作，或者好几段位移，也就是好几段执行程序。这种好几个动作和好几段位移一起组成的组合，在程序中用状态来表示比较符合人类的思维逻辑。在游戏里，智能机器人都是人类设计出来的，行为方式也需要符合人类的思维逻辑，因此采用状态机的方式制作 AI 比较符合人类的思维方式，也更容易被接受。

从面向程序的角度来看，状态从父类开始构建，向着不同的方向继承并衍生，最后把所有的状态类集中到控制状态的状态控制器中。下面就以图文的方式构建一个 AI 状态机。

首先，新建一个 AIStateBase 类作为状态基础类，基础类中有一个识别状态类的变量（它可以是整数，也可以是枚举），以及三个必要的接口，包括更新函数 Update()、进入状态事件引发的事件函数 OnEnter()、退出状态事件引发的事件函数 OnExit()。这三个函数概括了状态的出、入及自我循环更新三个动作。状态机定义下的这三个动作也是比较重要的接口。这三个函数如下：

```
class AIStateBase
{
    private int STATE;

    public abstract OnEnter();
    public abstract OnExit();
    public abstract Update();
}
```

接下来开始扩展状态机的功能。以跑步动作状态为例，在进入跑步动作状态时，表现为机器人有跑步动画，并且向前移动。

新建一个跑步状态类，继承父类 AIStateBase 并且将跑步状态类命名为 AIRunState。对 AIRunState 进行编写，实现进入状态函数，即 OnEnter 函数，用 OnEnter 函数编写机器人跑步的动画，并让动画不断循环播放，然后在更新函数 Update 中开启不断向前移动的位置变化动画。当机器人不再需要移动时，也就是退出跑步状态事件，OnExit 既可以调用停止播放动画的方法，也可以不停止播放，因为下一个状态肯定会播放其他动画，不如让它们通过插值过渡一下，让动画看起来更顺滑。

AIRunState 的伪代码如下：

```
class AIRunState : AIStateBase
{
    public AIRunState()
    {
        STATE = STATE.AIRunState;
    }

    public override OnEnter()
    {
        PlayAnimation("run",loop);
    }

    public override OnExit()
    {
        StopAnimation("run");
    }

    public override Update()
```

```
    {
        if(target != null)
        {
            //如果有目标，则向目标移动
            MoveTo(target);
        }
        else
        {
            //如果没有目标，则向指定方向移动
            Move(dir);
        }
    }
}
```

实现了跑步状态，接下来可以扩展其他与跑步状态相似的状态了，它们可以完全按照跑步状态的方式来实现，比如，后退、侧移、漫步、打坐、跳跃、攻击等，它们都是只采用播放自身动画和持续位移组合的方式来完成状态，对复杂状态来说，这些算是比较基本的状态。

接下来再实现稍微复杂一点的“追击”状态。追击包含两个动作，一个是追，一个是攻击。我们首先锁定目标，然后寻找追击路径。当怪物进入“追击”状态时，会锁定目标，然后不断地向目标跑去，当跑到攻击范围内时，再进行攻击。

我们定义一个“追击”状态类，即AIMoveAttackState类，它同样继承自AIStateBase类。“追击”状态开始，进入OnEnter函数时先锁定目标，把目标保存下来，并且寻找追击目标的路径（Path Find)，人物寻路的解决方案将在后文中详细介绍。接下来就是“追击状态”的更新函数，每帧都会调用更新函数Update。在Update函数中，检查目标是否已在攻击范围内，如果在范围内，则立刻播放攻击动画，并且调用目标的攻击接口来攻击目标，如果不在范围内，则检查锁定目标是否超出检测范围，如果确定已超出范围，则重新寻找路径，并且根据路径来完成位移，否则不再追击。整个追击状态都是在Update函数中不断地进行判断和位移。

AIMoveAttackState的伪代码如下：

```
class AIMoveAttackState : AIStateBase
{
    public AIMoveAttackState()
    {
        STATE = STATE.AIMoveAttackState;
    }

    public void SetTarget(Actor target)
    {
        currentTarget = target;
    }

    public override OnEnter()
```

```
        {
            //寻路后播放动画
            path = Findpath(target);
            PlayAnimation("run",loop);
        }

        public override OnExit()
        {
            //没什么可做的
        }

        public override Update()
        {
            dis = Vector3.Distance(myself, target);

            if(dis > 2 && dis < 10)
            {
                //在监视范围内进行追击
                Move(path);
            }
            else if(dis <= 2)
            {
                //在攻击范围内进行攻击
                Attack(target);
            }
            else
            {
                //目标超出监视范围外，进入停止攻击状态
                Stop();
            }
        }
    }
```

在攻击函数Attack中，通常可以根据人物数据表中的数据，做一些动画和攻击时间点的变化，也可以根据技能编辑器的技能数据在某个时间点执行某个动作，或者释放某种特效，这样可方便更多的角色在游戏里做动作，后文中将会介绍技能编辑器的相关内容。

追击状态以追踪和攻击为主要行为。与追击状态类似的还有巡逻状态，当AI机器人进入巡逻状态时，机器人会在一个范围内到处行走以查看敌人是否在周围，如果在视野范围内发现敌人，则退出巡逻状态，进入追击状态。

我们来看一下编写巡逻状态的步骤。当进入巡逻状态时，进入OnEnter函数，在OnEnter里找到一个最近的巡逻点，然后在更新函数Update中持续循环，走向最近的巡逻点，在走到第一个最近的巡逻点后，继续按照巡逻点的布置顺序前往下一个巡逻点，如此不断循环往复。同时每次更新移动时，都要检查敌人是否在范围内，如果有敌人出现在检查范围内，则结束当前巡逻状态，调用OnExit，转而进入追击状态。

巡逻状态的伪代码如下：

```
class AIPatrolState : AIStateBase
{
    public AIPatrolState()
    {
        STATE = STATE.AIPatrolState;
    }

    public override OnEnter()
    {
        //获取下一个巡视点
        point = GetNextPatrolPoint();
        //寻路
        path = FindPath(point);
        //向巡逻点移动
        MoveByPath(path);
    }

    public override OnExit()
    {
        //没什么可做的
    }

    public override Update()
    {
        //检测敌人的范围
        float distance = 5;
        //获取距离在5以内的敌人
        target = GetNearestEnemy(distance);

        if(null != target)
        {
            //若有敌人则进行追击
            ChangeToMoveAttackState();
        }
        else
        {
            if(MoveFinish())
            {
                //寻找下一个巡逻点
                point = GetNextPatrolPoint();
                //寻路
                path = FindPath(point);
                //向巡逻点移动
                MoveByPath(path);
            }
            //更新移动
            Move();
        }
    }
}
```

从追击状态返回巡逻状态的条件可以设置为当追击太远时，重新转入巡逻状态，比如，在进入追击状态的 OnEnter 函数里记录起始追击位置，每次移动时都判断与起始位置的距离是否太远，如果太远，则退出当前的追击状态，转而进入巡逻状态。

熟悉了这些状态的设计以后，会了解它相对简单，但状态不能太多，以免难以维护。因此我们会引入更多通用性比较强的技能系统或 Action 系统，即一系列可编辑、可调试的动作集合，不需要设计师编写代码，只要通过对时间线和节点进行编辑，就能让设计师轻松地完成技能或一系列动作的设计，后文将有详细介绍。

无论多么复杂的行为都能在一个状态中体现出来，以状态形式编写的好处就体现在这里。现在有了众多复杂的状态还不够，还需要有控制这些状态的状态控制器，其源码如下：

```
class StateControl
{
    AIStateBase[] mStates;
    AIStateBase mCurrentState;

    public void Init()
    {
        //初始化
        mStates = new AIStateBase[STATE.Max];
        mStates[STATE.AIIdleState] = new AIIdleState(StateControl);
        mStates[STATE.AIRunState] = new AIRunState(StateControl);
        mStates[STATE.AIMoveAttackState] = new AIMoveAttackState(StateControl);
        mStates[STATE.AIPatrolState] = new AIPatrolState(StateControl);

        mCurrentState = null;
    }

    public void ChangeState(STATE state)
    {
        //切换状态
        if(mCurrentState != null)
        {
            mCurrentState.OnExit();
        }
        mCurrentState = mStates[state];
        mCurrentState.OnEnter();
    }

    void Update()
    {
        //实时更新
        if(mCurrentState != null)
        {
            mCurrentState.Update();
        }
    }
}
```

状态控制器是存储所有状态的状态管理类，我们可以暂时将其命名为StateControl类，在StateControl类里所有状态都有一个实例，而且状态控制器记录了实例当前的状态。由于所有状态都是继承自AIStateBase，因此这个当前状态的变量可以是基类AIStateBase，用于支持所有类型的状态类。又由于所有状态类的对外接口都是统一的，因此只需要有基类就能操作所有状态，而且状态的转换也完全可以由各自的状态本身来决定。状态控制器只是起到对状态实例管理和转换的作用，因此状态控制器并没有太多的逻辑，大部分AI逻辑都放在了每个状态类里，由每个从AIStateBase父类继承而来的AI子类来决定如何行动，这样可以大大降低逻辑的耦合，让代码逻辑更加清晰、更容易维护、更容易扩展。

用状态机编写AI具有诸多优点，如可维护性强、可扩展性强、逻辑耦合清晰、符合人类思维逻辑、易上手。但缺点也很多，由于每个状态都必须由设计人员亲自设定，因此编写每个状态时都要考虑到所有情况，每种情况都要有相应的处理方式，这样会导致当需要设计的AI行为过于复杂时，编写的逻辑复杂度和工期长度会呈现指数级增长，最后很有可能会无法承受太复杂的AI行为逻辑，比如，人类在战场中的随机应变能力，对于各种各样的爆炸、攻击、冲锋、防御的应变能力需要表现出各种不同的行为方式，状态机就会出现很多假设的情况，这时如果仍然使用状态机来编写AI，就很容易陷入超出人类逻辑的复杂度中。

7.2 用行为树构建AI

前面介绍了用状态机来构建游戏中的AI机器人的方法。由于状态机易于理解，容易被人类思维接受，扩展性和耦合性都很好，所以状态机的用途很广泛。但是状态机也有其缺点，就是不能处理和模仿太复杂的智能行为，比如，模拟一场大型战役中的人物时，对战场中的各种纷繁复杂的突发事件做出符合人类模式的处理，这时状态机就无能为力。因为突发情况太多，各种组合下的突发情况更多，做出反应的方式也变化多端，使用人类思维逻辑去编写每个状态，状态的数量就会呈指数级攀升，人类的思维根本无法应付如此复杂的逻辑编写，而且复杂的逻辑也很难得到有效维护。

行为树很好地弥补了状态机的缺点。行为树简化了逻辑拼凑的方式，让思维能力有限的人类能更容易编写和控制机器人的智能行为。这也是AI架构的关键点，让人能更容易地编写出复杂的AI行为，可以说是“化繁为简”。

“化繁为简”是我们大多数时候编程的重点，尤其是在AI设计上，AI的行为方式大都是由人类头脑指定的，是人类头脑所预期的行为。制作出人类所预期的AI行为逻辑，并且制作的方式和过程又在人类大脑的承受范围之内，这些都是我们所预期的。使用状态机的方式制作AI，理论上可以实现任何AI，但复杂到一定程度，人脑就会无法承受，因此只能实现一些低能的或者低阶的AI。行为树的优势就在于，通过一些简单的操作制作出能够达到人类所预期的足够复杂的机器人行为方式的效果。

行为树的本质是树状节点，每个节点都可以选择某种类型的功能节点，也可以选择某个叶子节点，即没有子节点功能，功能节点以各种逻辑顺序来选择是继续访问下面的子节点，还是直接停止，并将结果返回给父节点，子节点的结果将为父节点提供参考，以便继续运行相关的逻辑。因此，行为树本身就是一种树形的父子节点之间的逻辑结构，我们可以理解为节点逻辑通过扩展节点的功能来实现复杂的行为逻辑。

下面就来详细介绍行为树的组成，它包含了 4 大类型的节点，下面分别进行介绍。

7.2.1 复合节点

复合节点（Composite Node）具体可分为如下三种。

第一种是 Selector Node，即选择节点。选择节点的规则是当执行本类型节点时，它将从头到尾迭代执行自己的子节点，如果遇到一个子节点执行后返回 True，则停止迭代，本节点会向自己的上层父节点也返回 True，否则所有子节点都将返回 False，那么本节点也会向自己的父节点返回 False。

第二种是 Sequence Node，即顺序节点。顺序节点的规则是当执行本类型节点时，它将从头到尾依次迭代执行自己的子节点，如果其中一个子节点执行后返回 False，就会立即停止迭代，同时本节点会向自己的父节点也返回 False，相反，如果所有子节点都返回 True，则本节点会向自己的父节点返回 True。

第三种是 Parallel Node，即并发节点。并发节点的规则是当执行本类型节点时，它将并发执行自己的所有子节点。并发节点又分为三种策略，这与它们向父节点返回的值和并行节点所采取的具体策略有关。

- Parallel Selector Node，即并行选择节点。其规则为执行完所有子节点后，如果有一个子节点返回 False，则自己向父节点返回 False，只有当所有子节点全返回 True 时，自己才向父节点返回 True。
- Parallel Sequence Node，即并行顺序节点。其规则为执行完所有子节点后，如果有一个子节点返回 True，则自己向父节点返回 True，否则，只有当全部子节点返回 False 时，自己才向父节点返回 False。
- Parallel Hybird Node，即并行混合节点。其规则为执行完所有子节点后，按指定数量的节点返回 True 或 False 后再决定返回结果。

并行节点提供了并发性，由于它可以在线程或协程级别提供并发操作，所以其在性能上能够充分利用 CPU 提高性能。通常情况下，并发节点下会并行挂载多个 Action 子树，或者挂载多个条件节点，以提供实时性。并行节点在提高性能和方便性的同时，也增加了维护的复杂度。

除此以外，为了进一步提高 AI 的复杂度和随机性，选择节点和顺序节点可以进一步提供非线性迭代的加权随机变种。比如，随机权重选择节点（Weight Random Selector），每次执行不同的起点为每次执行不同的 First True 子节点提供了可能。而随机权重顺序节点

（Weight Random Sequence）每次执行的顺序不同，它可以提供不同的随机迭代顺序，能避免 AI 总是出现可预期的结果，让结果更具随机性。

7.2.2 修饰节点

修饰节点（Decorator Node）的功能为，它的子节点执行后，将对返回的结果值进行额外的修饰处理，然后再返回给它的父节点。

这里举几个修饰节点的例子，以便于读者理解。下面这些修饰节点都可以通过自定义的方式创造出来，其功能五花八门。其共同点为修饰子节点的结果，或者通过子节点的结果来运行逻辑。

- ❑ 反向修饰（Decorator Not）。其功能为将结果反置后返回给上级处理，即当子节点为 True 时，返回给自己父节点的结果为 False，反之，子节点返回 False 时，它返回给父节点 True。
- ❑ 直到失败修饰（Decorator FailureUntil）。其功能为子节点在指定的次数到达前一直向上级返回失败信息，指定的次数到达后，向上级返回成功信息。
- ❑ 总是失败修饰（Decorator Fail）。其功能为无论子节点返回的结果是否为 True，都向上级返回 False。
- ❑ 计数修饰（Decorator Counter）。其功能为只运行子节点 *n* 次，运行计数超过 *n* 次后不再运行。
- ❑ 时间修饰（Decorator Time）。其功能为在指定时间内运行子节点后都返回 True，超出这个时间范围，无论子节点返回什么结果，都向上级返回 False。
- ❑ 什么也不修饰（Decorator Nothing）。其功能就是什么都不干，只是用来提前占个位置，为后面的功能预留。

除了以上这些，还可以创造出更多类型的节点，例如，用来调试的日志（log）节点，告知开发者当前节点的位置及相关信息，或者循环修饰节点，循环执行子节点 *n* 次等，我们可以根据项目的需求来增加必要的修饰节点逻辑。

7.2.3 条件节点

条件节点（Condition Node）相对比较简单，若条件满足，则返回 True，否则返回 False。

各式各样的条件节点，都继承自基础条件节点并且返回 True 或 False。比较常用的条件节点有大于、小于、等于、与、或、判断 True 或 False。这些条件节点可以与变量组合使用，比如判断血量的条件、判断距离的条件、判断状态的条件、判断时间间隔的条件等，条件节点可用于行为树 AI 中。

7.2.4 行为节点

行为节点（Action Node）通常都是最后的叶子节点，它在完成具体的一次（或一小步）

行为之后根据计算或配置返回返回值。行为节点可以是执行一次得到的结果，也可以是分步执行很多次的行为。例如，向前行走这个行为可以一直执行，直到走出某个范围为止。

我们可以通过扩展行为节点让 AI 行为变得更丰富多彩，行为节点也是自主定义角色行为的关键，其通常会涉及角色的具体行为。常用的行为节点有行走到目标地点的行为节点、追击目标的行为节点、使用物品的行为节点、撤退的行为节点、攻击目标的行为节点、防御动作的行为节点、释放某项技能的行为节点等。这些行为节点都是根据项目的需要从基础的行为节点扩展而来，行为节点是最丰富的节点库，大部分时间程序员都在修改和扩容行为节点，以向 AI 行为提供更丰富的可编辑行为内容。

在行为树中执行任何节点之后，都必须向其上层的父节点报告执行结果：成功或失败或正在运行（还在执行并未执行完毕，例如行走到某个目的地，角色正在行走途中）。这种简单的或成功、或失败、或运行中的汇报原则将被很巧妙地用于控制整棵树的决策方向。

整棵行为树中，只有条件节点和行为节点才能称为叶子节点，也只有叶子节点才是需要特别定制的节点，而复合节点和修饰节点均用于控制行为树中的决策走向，所以有些资料中称条件节点和行为节点为表现节点（Behavior Node），而复合节点和修饰节点为决策节点（Decider Node）。

行为树能够支撑起复杂逻辑的 AI 的原因就在于我们可以使用这些简单的节点去搭建一个庞大的 AI 行为树（也可以称之为一个 AI 模型）。程序员很容易就能通过扩展节点来丰富 AI 节点库，无论是复合节点、修饰节点、条件节点，还是行为节点，在扩展时都是相对比较容易的且具有良好的耦合性，这使得我们在壮大 AI 行为时对节点的功能性扩展变得更容易，而拼装这些节点形成一个完整的 AI 行为就如同一个搭积木的过程，人脑能够搭建多复杂的积木，就能搭建多复杂的行为树 AI。

决策树的 AI 解决方案与行为树相似。决策树与行为树一样，都是树形结构，其树叶都由节点构成。在决策树中，决策的构成由树形结构的头部开始，从上往下一路判断下去，无论决策该往哪走，最后一定会执行到叶子节点，进而确定当次行为的动作。在决策树中，只有叶子节点才能决定如何行动，而且在决定后的行动中无法中途退出，必须等到当次行为执行完毕或被打断，才能开始下一次决策。从理论上讲，决策树就是为了制定决策，而行为树是为了控制行为，它们是两个不同的理念。行为树更加注重变化，而决策树则更加注重选择。因此，行为树可以定制比决策树更复杂的 AI 逻辑，且与决策树在实现的难易程度上相较，行为树的难度并没有增加多少。

行为树比状态机更容易编写复杂的 AI 逻辑，这在很大程度上得益于单个节点的易扩展性，状态机中每个状态的扩展难度相对比较大。从人们拼装节点组合的角度来看，AI 树可搭建更丰富多彩的 AI 行为，而且搭建它所需要的能力也都在人类脑力可及的范围内，而状态机在搭建稍微复杂点的 AI 行为时就非常费力了，不仅需要更多的硬编码支撑，而且状态间的连线也很容易让人陷入困惑。

不过再厉害的人脑在搭建行为树 AI 时也有极限，也就是说，无论你对搭建行为树这项技能有多熟练和精通，都有一个极限的状态。当搭建的复杂度超出人类脑力的时候，我们就会陷入混乱，或者无法完成更加复杂的AI行为。例如，如果想完全模拟人类的思维判断逻辑，对于不同的人、事、景色、物体、路面，以及以上事物的不同组合做出应对策略，就完全超出了人类脑力的极限。像这种特别复杂、完全不能由人类大脑通过搭建方式形成的AI，就需要引入“机器学习”技术，它不再由人来制定行为方式，而是通过对案例的学习，获得更多、更复杂的环境应对方式。

7.3　非典型性AI

前面介绍了状态机和行为树在AI中的运用。在实际开发过程中，特别是在游戏行业做过5～10年的人，似乎已经习惯了用这些固定的工具去编写AI逻辑，一提到游戏AI，就会想到用状态机去写，或者用行为树去写。

如果思维跳不出这些“工具”，我们就成不了大师。大师是能将“剑”运用到最高境界的人，手里“无剑”而心中有“剑”，是他们的最高境界。万事万物都是同一个道理，我们的“技术”就像剑术，在练习过程中都会经过几个阶段，具体有哪些阶段，其实每个人都不一样，但大多数人都可以总结为三大阶段。“识剑”是第一个阶段，认识“剑”是怎样的，也就是认识“技术”是怎样的，它可以用在哪里。“用剑”是第二个阶段，如何用“剑”，或者如何运用这项“技术”是大多数人会停留不前的阶段。这是一个怎么用“剑”、怎么用好“剑”的过程，非常漫长而枯燥，以至于很多人做着做着就放弃了，随着工作和学习时间的增长，已经没有了提升，没有了成就感，不再有兴趣钻研和练习，慢慢地，挫折感和自卑感彻底压垮了人的意志。如果你有幸突破“用剑”的阶段，就会进入“无剑”的阶段，手里没有“剑”而心中有“剑”，在“剑术”的造诣上达到至高的境界，即无剑胜有剑，在这个阶段体现得淋漓尽致，你可能不再在一线编程，或者你编写的程序相对比较少，但是编写的是最核心的部分。即使这样，你也清楚地知道一线的程序员们编程的习惯和方向，你尽自己所能去帮助他们编写出更好、更健壮的程序，帮助的方法并不是手把手亲自教导，因为这样效率太差，普及率太低。此时你已学会利用制度、规则、流程来提高所有人的技术高度，从而支撑企业做出更好的产品。

我们接触的面要尽量广，接受和包容的东西要尽量多，才能体验到更多内容。游戏开发也是，世界上不是只有RPG这一种游戏类型，还有SLG策略类游戏、休闲娱乐类游戏、体育竞技类游戏、教育类游戏等。只有状态机和行为树，是无法为项目开发出最好、最合适的AI的，我们应该尽量包容非典型性AI。下面就来介绍游戏项目中非典型性的AI。

7.3.1　可演算式AI

可演算式AI在策略类游戏中非常常见，页游里的大部分自动对战，以及卡牌手游中的大部分自动战斗中采用的都是可演算式AI，它可以根据两边的阵容数据和一个随机种子来演算出整场战斗的每个细节。例如，两个军队各 5 个英雄，互相间攻击，并释放技能，服务器端需要在一瞬间把所有需要在客户端演示的内容都计算出来，并以数据的形式发送给客户端，客户端根据演算的数据展示人物的动作、位移、技能释放等，客户端并不需要计算任何内容，所有内容都已经在服务器端计算好了，并以数据的形式代表整个过程。

可演算式 AI 的特点：首先，可演算式 AI 的逻辑一定是确定性的，不能是模糊的，或者会随机改变的，或者随时间变化而变化的，同样的数据第一次计算和多次计算的结果必须是相同的，才能最终体现出可演算的特征。其次，可演算式 AI 大都会根据时间轴来演化游戏的进程，"时间轴"的概念在可演算式 AI 中是比较常见的。

什么是时间轴演算路径？我们用卡牌对战算法来举几个例子。

首先介绍最简单的时间轴演算路径，例如，先由敏捷度最高的英雄进攻，等待英雄进攻完毕后，再由次高敏捷度的英雄进攻，依次进行下去，直到所有英雄进攻完毕再发起新一轮进攻。这种演算路径相对比较简单，可以把进攻看成一个个回合，每个回合都相当于是一次 for 循环，每次 for 循环之前，先对敏捷度进行排序，再在 for 循环中，依次计算进攻了谁，受到了多少伤害，以及对方和自己是否死亡。最后把进攻的数据和伤害的数据用队列的形式存储在数据中发送给客户端，客户端接收到数据后再进行演示。也可以不发送具体的数据，而是只发送随机数的种子，通过种子来产生与服务器端一样的随机数，最后再通过同一套算法来达到校验的目的，即如果前端的计算结果与后端的计算结果一致，则认为客户端的演算正确，这样就减少了数据传输的很多压力。

接下来介绍稍微复杂点的时间轴逻辑，例如，游戏里的卡牌角色不再由敏捷度来决定进攻的先后次序，而是由每个英雄的进攻冷却时间来决定。对战开始时，首先计算每个英雄的进攻冷却时间是否结束，谁的冷却时间先结束，谁就最先得到进攻权，进攻完毕，再等待下一个英雄的冷却时间，依此类推。从技术上讲，冷却时间不需要等待，把所有英雄加入一个队列，排序一下就可以得到谁的剩余冷却时间最短，立即就可以开始计算进攻细节，完毕后根据冷却时间再插入队列中，仍然还是一个有序的剩余冷却时间队列，一直这样计算下去，直到演算结束，一方胜利或失败。这种演算方式中就多了时间轴的概念。

下面我们再来看看更复杂的时间轴，前面所说的进攻逻辑都是在其他英雄都停止的状态下进行的，现在进攻时不再需要其他英雄等待了，一旦冷却时间结束，就可以立刻进攻。也就是说，每个英雄都可以在其他英雄还在进攻时执行进攻操作，只要他的冷却时间到位，并且他的进攻是需要花费固定时间的，等到进攻完毕，再判断对方和自己是否死亡。这种方式，不只是多了一个进攻消耗时间这么简单，还有死亡时间的判断。在还没有判定死亡之前，此英雄即使是即将死亡，也仍然可以进攻。从技术实现上来看，计算的量从单一的剩余时间量排序，增加了进攻消耗时间排序插入，以及死亡判定排序，我们既要在冷却时间结束时计算进攻，还要在选择进攻对象时计算该英雄是否已经判定死亡，最后在进攻完毕后，计算当前的时间并插入到排序队列中。这样我们就需要将每个关键时间点都计算出来，并依次演算。由于前面的关键时间点有可能会影响后面的角色 AI 的动作，所以我们不能演算太多的时间段，只能逐步进行AI演算。

还可以再复杂一点，英雄在进攻到一半时，可以被对方打死，也可以被其他英雄的技能打断，包括随时被回复血量魔法量、增加状态等，让战斗场景更加逼真、实时性更强。加强实时性的要求，更加考验可演算式AI的复杂度，由于需要计算的时间内容太多，所以我们必须要有一个能有效管理时间轴的方法。从技术上来看，我们必须定义“时间节点”这个概念。“时间节点”就是在整个过程的时间轴上，一个事件发生时所在的位置。

我们可以将时间节点作为计算标准，把所有人物的下一个事件的时间节点计算出来，比如，移动到达敌方位置、释放技能、回到原地、冷却时间结束、每个人只计算最近的一个时间节点，并把计算出来的结果放进队列中，然后就可以找出时间节点里离我们最近的一次事件的发生节点，即时间差最小的节点，并执行它。

由于每个时间点都有可能引起其他时间点的变化，例如，利用某个技能把对方打死了，对方的时间节点就消失了，或者是打断了别人的技能释放，对方回到冷却队列，时间节点就需要重新计算，又或者加速了友军的攻击速度，因此，所有友军正在攻击或打算攻击的时间节点都要重新计算等，这些关键点的时间节点被前面的时间节点打断之后都需要重新计算。因此，每次在执行完一个时间节点后，都要对有可能产生变化的人物的时间节点进行重新计算，并再次加入队列。这样，经过重新计算后，可以再次找出离我们最近一次事件的发生节点。如此重复这个计算过程，直到没有任何时间节点可以计算和执行为止，最终决出这场战斗的胜利或失败。

时间轴贯穿了整个AI过程，其中包括人物之间的打斗、移动、释放法术、冷却时间等待，AI每次只计算一个时间节点，因为只有最近的那个时间节点是一定不会被其他节点影响的，这样既能照顾到可演算的根本原则，也能照顾到游戏的实时性，让战斗更加精彩。最后我们可以把每个计算的结果都记录下来，这样就可以随时在客户端进行演示了，整个过程事件发生的时间都将准确无误地呈现出来。如果觉得这样传输数据太浪费网络资源，则可以使用前面提到的传输随机种子，然后用两边一致的算法各自进行演算。

7.3.2 博弈式AI

游戏项目中大部分AI都以娱乐玩家为主，并没有要真正打败玩家，最多也是与玩家达到一种平衡。而博弈式AI则不同，它的目标就是打败玩家，它是为了赢得比赛而生的。

博弈式AI的最大特点是搜索。它通过搜索将所有下一步可能会发生的，以及下几步可能会发生的事情都记录在内存中，以此来确定电脑该如何进行下一步的动作，进而获得最大的效益。

有人不理解为什么要采用搜索，在AI选择下一步的动作之前，下一步要发生的可能情况有很多，我们需要选择最佳的那个，于是把所有下一步的情况都列出来，再把下一步的后几步情况也列在下一步的下面，计算的步数太多，CPU计算量太大，因此裁剪了后面的步数。假设我们只计算和预测最近五步的结果，则需要找到第五步的最好结果，再反推到第一步来确定第一步到第五步是怎么走的。

既然我们要从第一步走到第五步，假设第一步有十多种情况，那么从第一步到第五步也有十多种情况，每一步之间都有一个结果，这就相当于从一点到另一个点的路径一样，从第一步到第五步就可以视为路径的一种，那么从第一个点到第五个点的最短路径就是从第一步到第五步的最佳结果。转换一下视角，就会发现事情变得简单了，用最短路径算法就可以解决搜索问题。

不过事情远没有这么简单，这里只是列举一个简单的例子，游戏有可能会复杂到每一步就有几百种情况，普通的搜索方式，计算机可能完全无法承受。为了让计算机能更快、更有效地计算出结果，通常会在搜索中引入枝剪和优化，设定一些固定技巧，以及裁剪掉一些明显比较差的选择，以此来改进搜索算法的效率。

除了搜索，还需要对每一步的结果进行估值。估值可以表示当前局势的好坏程度，通常用 0 到 100 的浮点数来表示估值，估值的准确性是衡量 AI 的一个关键，只有正确地计算出局势的估值，AI 才能知道当前选择的行动收益是多少，是否达到了最大效益的目的。

这里就以五子棋为例来说明，棋盘上的每一个点都是对手下一步可能走的位置，通常不会在空白处下一个完全不着边的棋，所以搜索范围缩减到当前棋盘上棋子周围的空位。AI 将所有这些空位录入程序中，并搜索下一步的最佳摆放位置，当 AI 把棋子放入该位置，对方做出反应后，AI 会由此引发后几步的对弈可能。我们假设 AI 只搜索和计算后五步的预测，也就是说，计算出来的当前落子的估值，就是所有棋盘中可落子的后五步内的最优估值。

1996—1997 年度人机国际象棋大战就是录入了大量的棋局来告诉 AI 人类的一些固定走法，让 AI 在对弈中识别人类的套路。通过录入数据对固定手法进行判断，这样做的局限性比较大，无法应付快速更新换代的技巧和想法。为了做出更强大的博弈式 AI，我们不得不让 AI 实现自学的能力，通过模仿人脑的神经系统网络，再用数据训练，让机器学习更加有效。实现的原理就是数据训练 + 估值判定，给 AI 不断地“喂”数据，同时告诉 AI 这个数据是对是错，收益如何，用不断训练数据（俗称喂数据）的方式，让 AI 的神经网络系统像人脑那样形成链路，这样就拥有了丰富的“对战经验”，进而在对弈中不断学习。对博弈式 AI 来说，每场对弈既是竞赛，也是学习。

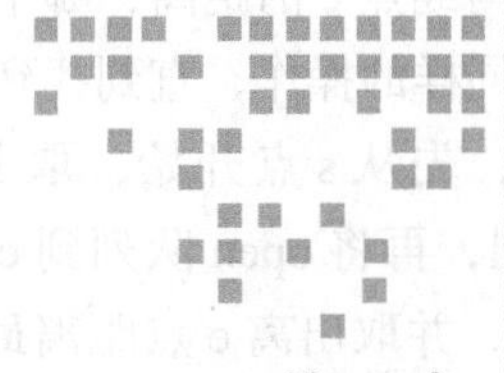

第 8 章 Chapter 8

地图与寻路

8.1 A 星算法及其优化

寻路是游戏项目中的常用功能，寻路算法中用得最多的就是 A 星算法。其他算法如传统算法中的 Dijkstra 算法与 Floyd 算法在时间和空间上的复杂度太高，因此在游戏中用得比较少。Dijkstra 算法的时间复杂度为 $O(N\text{\^{}}2)$，空间复杂度也为 $O(N\text{\^{}}2)$；Floyd 算法的时间复杂度为 $O(N\text{\^{}}3)$，空间复杂度为 $O(N\text{\^{}}2)$。这种复杂度的寻路算法小范围使用还能接受，如果应用在稍微大一点的游戏场景中，当寻路范围变大时，就会消耗 CPU 很多的计算量，甚至会出现长时间被寻路计算阻塞的情况。

A 星算法并不是最短路径算法，它的目标是以最快的速度找到通往目的地的路，该算法的时间平均复杂度为 $O(N\lg N)$，最差的情况是从起点出发将所有格子都走一遍，最后才找到目的地。可以用一句话概括 A 星算法：使用贪婪法快速寻找到通往目的地的路径。

A 星算法是如何使用贪婪法的呢？下面我们使用方格来描述 A 星算法，这样理解起来会更容易。

图 8-1 所示的为 5×5 的方格，其中 s（start）为起点（3，2），e（end）为终点（5，5）。

A 星算法寻找目的地的方法是：先将周围 4 个点加入列表中，在列表中找到与目的地 e 距离最短的点，也就是最接近目的地 e 的点，再将这个点推出来，并以这个点为基准继续向前探索，直到寻找到目的地为止。

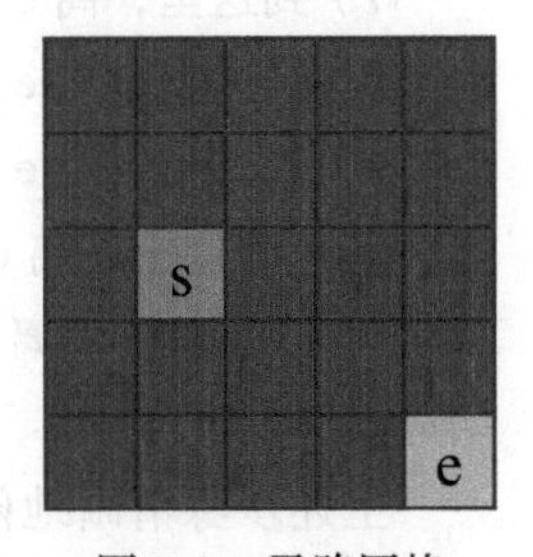

图 8-1 寻路网格

简单来说，就是从 s 点开始取出其周围的上、下、左、右 4 个点，并计算其与终点 e 的距离，哪个点离终点 e 的距离最短，就推出这个点并取其周围 4 个元素继续执行同样的操作，直到找到目的地 e。

图 8-2 中，先从 s 点开始，取其周围的 4 个点标记为 1，推入 open 队列，再将 open 队列到 e 点的距离按照从小到大的顺序进行排序，并取出离 e 点距离最短的点，然后从该元素周围取出没有被标记的元素并将其标记为 2，也推入 open 队列，计算它们与 e 的最短距离，再次进行排序，之后取出离 e 点距离最近的那个标记为 3，依次重复这种操作，直到找到 e 目的地。所有被标记过的不能被重复标记。

图 8-2 A 星寻路路径标记

下面看一个稍微复杂点的 A 星算法的例子。

图 8-3 所示的为从 s 出发到 e，图中的黑色方格为障碍物，使用贪婪的 A 星算法会怎么找到 e 呢？我们使用图 8-4 来标识它的寻路步骤。

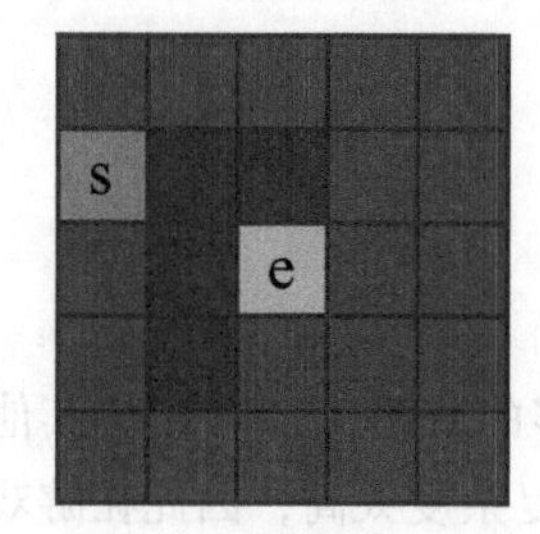

图 8-3 障碍物多的地图

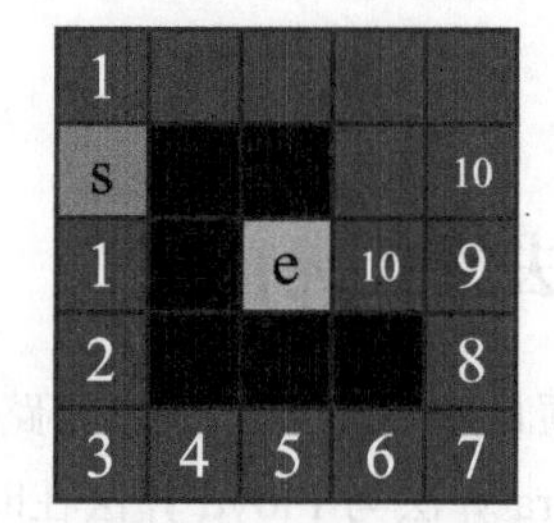

图 8-4 障碍物多的 A 星寻路路径标记

1）先取 s 周围的点标记为 1。

2）取标记里离 e 最近且没被取过的点，即 s 下面的 1 点，并将它周围的点标记为 2。

3）取标记里离 e 最近且没被取过的点，既可以是点 2 也可以是 s 上面的点 1。但我们的规则是以下面的点为标准，因此取点 2 周围的点标记为 3。

4）取标记里离 e 最近且没被取过的点，即点 3，将其周围的点标记为 4。

5）到这里，离 e 点最近的是 4，继续取它周围的点标记为 5。

6）到这里，离 e 点最近的是 5，继续取它周围的点标记为 6。

7）到这里，离 e 点最近的是 6，取它周围的点标记为 7。

8）到这里，离 e 点最近的是 7，取它周围的点标记为 8。

9）到这里，离 e 点最近的是 8，取它周围的点标记为 9。

10）到这里，离 e 点最近的是 9，取它周围的点标记为 10。

11）到这里，离 e 点最近的为图左边的 10，取它周围的点时发现已到达目的地 e，结束。

上述步骤清晰地阐述了 A 星算法的全过程，即只选择当前的最优路径，但因为只关注当前的最优解，所以会忽视全局的最优解，走“弯路”是常有的事。体现在代码上则如下面的伪代码所示：

```
function find_path(s,e)
{
    open = new List();                      //没有被取到过的点
    close = new List();                     //已经被取过的点

    open.add(s);                            //从s点开始
    close.add(s);                           //将s加入close队列

    for(!open.IsEmpty())                    //重复遍历直到没有点可以取
    {
        p = open.pop();                     //把最近的点推出来

        if(p == e)
        {
            //找到终点
            break;
        }

        p1 = p.left();                      //取左边的点
        p2 = p.right();                     //取右边的点
        p3 = p.top();                       //取上面的点
        p4 = p.down();                      //取下面的点

        plist.add(p1);
        plist.add(p2);
        plist.add(p3);
        plist.add(p4);

        for(int i = 0 ; i<plist.Count ; ++i)
        {
            pp = plist[i];
            if(null != pp && pp.IsNotInClose())
            {
                pp.f = dis(pp,e);
                if(pp.IsNotInOpen())
                {
                    pp.SetOpen();           //设置为已经在open中
                    open.Add(pp);           //加入队列
                }
            }
        }

        //p点已经被取过了
        close.add(p);

        open.sort();                        //进行排序
    }
}
```

上述伪代码诠释了用A星算法寻路的全过程。我们创建了两个队列：一个是open队列，存储的是被选中过的点周围的点，并且这些点没有被取到过；另一个是close队列，存储的是已经被遍历过的点，这样到达目的地时，close队列中的点就是从起点到终点的路径。首先把起点放入open队列中，然后开始循环，将open中最头上的数据推出来，并判断它周围的4个点是否已经“踩”过，如果没有被“踩”过，就放入open队列视为可选的节点标志，并将当前被推出来的点标记为被踩过的点，最后将整个open队列进行排序并继续循环。

当我们面对的场景地图很大时，或者场景中有很多角色使用A星算法时，普通的A星算法就会消耗比较多的CPU时间，从而导致设备性能急剧下降，可见，普通的A星性能是很难在游戏中获得好的效益的，我们需要改进它，让它变得高效。接下来介绍A星算法的几种优化方案。

8.1.1 长距离导航

长距离导航通常发生在场景地图很大的情况下，当我们需要寻路的两点距离很长，中间有很多障碍物时，A星算法就会遇到瓶颈。前面采用了A星算法的伪代码来描述算法的步骤，从代码中可知，open队列有排序的瓶颈，它会不断加入可行走的点，这会使得排序速度越来越慢，很多时候这也是最终导致CPU计算量过大而使画面无法动弹的主要原因。

也就是说，当两点的距离很长时，open队列会被塞入很多个节点，进而导致排序速度变慢。而从A星算法来看，这是不可避免的。那么，当寻路距离太长时该怎么办呢？

可以把路径寻路中实时计算的一大部分转化到离线状态下进行。在这种大地图的寻路算法中，通常不需要非常精确的寻路路线，因为它的目标只是脱手操作到达目的地，而不是走最短路径，因此我们可以把中间很长一段距离的计算放到脱机工具中去。

路径不是非要实时计算出来才好，可以把一些常用的路径在离线状态下计算好并放在数据文件中。当游戏开启时，将已经计算完毕的常用的点对点路径放在内存里，当角色需要寻路某个节点时，再从已经计算好的点对点数据中寻找起点和目的地最近的数据。在找到要寻路的起点和终点附近的离线数据节点后，就可以将这段路径取出直接使用而不需要再次计算，最后拼接两个导航点到真正起点和终点的实时路径，就组成了一个完整的从起点到目的地的路径。将离线数据与实时计算的数据拼接，节省了很大的计算量，留给我们计算的仅是从起点到伪起点、从伪终点到终点的实时路径部分。

下面举例说明这种情况。假如地图中从A点到B点的路径是我们已经计算好并存放在内存里的，当要在A点附近的C点寻路到B点附近的D点时，即从起点C到终点D，这中间有从A点到B点的相似路径。我们可以从内存中得知C点附近有A点，并且D点附近有B点。由于在离线时A点和B点的路径已经计算完毕，那么可以先计算从C点寻路到A点的路径，以及从B点到D点的路径，再调出从A点到B点的路径直接拼在这两段路径之间，就有了从C点到D点的完整路径，如图8-5所示。可以通过这种方式来规避一些寻路计算量比较大的消耗，这种方式在大型的RPG里特别常用，我们通常称这些点为导航点。只要角色附近能够找到导航点，就能直接取出路径直达目的地，节省了大量实时计算路径的时间。

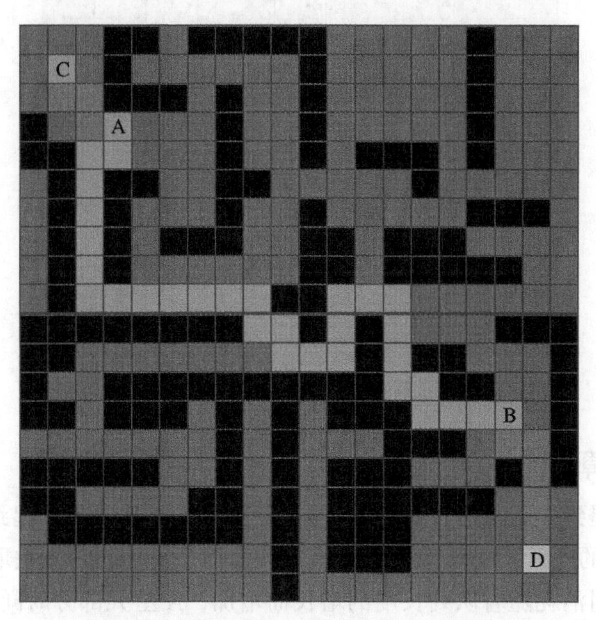

图8-5 长距离导航，离线寻路+实时寻路

实时计算中的寻路道路不能太长，太长的道路计算会耗尽CPU而让画面阻塞，离线计算的导航点也一样。即使是离线计算，也不能一口气把从最南端地图到最北端地图的寻路路径全计算完，而且离线计算也会因为路径太长、障碍太多，使得加入open队列的节点呈指数级增长，从而浪费大量的时间，整个地图点位的路径离线计算可能需要几天甚至几个星期，这也是不可取的。

为了让离线计算更快，为了缩短离线计算的路径，可在地图上多设置一些距离不是太长的导航点，如图8-6所示。若长距离导航点之间有多段短距离导航点，那么在长路径寻路前先做导航点寻路，再取出各路径上导航点之间的数据来拼接长距离路径。例如，地图上有5座城市，每座城市都有4个出口点，那么这4个出口点就可以做成离线的导航点，每座城市之间的导航点都做了离线的寻路计算并将路径存储在了数据文件上。我们在寻路时就可以先寻找到最近的一个导航点，再从最近的导航点出发寻找到目的地附近导航点的导航路径，即导航点a→c→e的导航点路径。直接取出a→c和c→e的路径，再拼凑上从实时计算的角色到a导航点的路径以及从e导航点到目的地的路径，就实现了一条完整的长距离路径链。

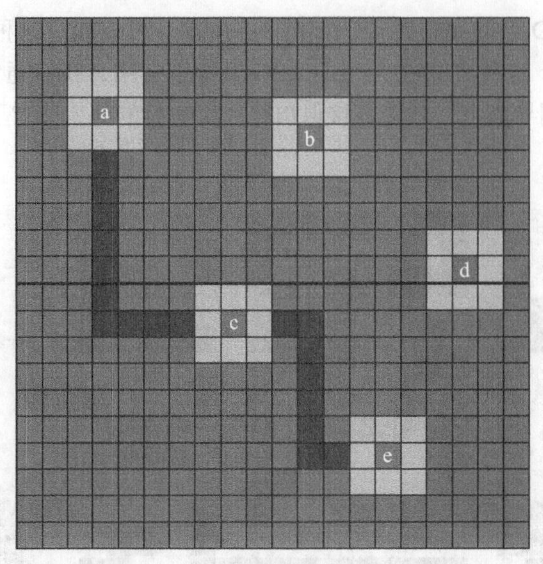

图 8-6　离线导航点之间的寻路

8.1.2　A 星排序算法优化

前面我们多次提到 open 队列，它在使用 A 星算法寻路的过程中起到了关键作用。由于每次插入 open 队列的点后，open 就不再是有序的队列了，所以每次去取最小值时都需要重新排序。排序的时间消耗随着队列长度的增长而增加，A 星大部分时间消耗在 open 队列排序上，所以对 open 排序做优化是比较重要的。

我们的优化目标是不排序，因为排序通常比较费时。先使用查找算法找到位置插入元素，让队列在不用排序的状态下做到有序，这样算法从排序算法 $N\lg(N)$ 的时间复杂度就降低到 $\lg(N)$ 的时间复杂度。

通常使用最小堆数据结构来执行插入操作。由于每次只要知道最小预期值的节点，因此最小堆数据结构比较适合 A 星算法的 open 排序。前面已经介绍了堆排序，以及最大堆、最小堆的基本知识，这里再简单阐述一下。最小堆数据结构是完美二叉树结构，每个父节点都比子节点小，因此根节点肯定是最小的那个元素，每次插入或删除时都会重新寻找最小预期值的那个节点并放在根节点上。它的插入和删除算法的时间复杂度为 $O(\lg N)$，代码如下。

```
function find_path(s,e)
{
    open = new MinHeap();              // 最小堆
    close = new List();                // 已经被取过的点
    plist = new List();

    open.add(s);                       // 从 s 点开始
    close.add(s);                      // 将 s 加入 close 队列

    for(!open.IsEmpty())               // 重复遍历直到没有点可以取
```

```
    {
        p = open.pop();                    //把最近的点推出来

        if(p == e)
        {
            //找到终点
            break;
        }

        p1 = p.left();                     //取左边的点
        p2 = p.right();                    //取右边的点
        p3 = p.top();                      //取上面的点
        p4 = p.down();                     //取下面的点

        plist.Clear();
        plist.add(p1);
        plist.add(p2);
        plist.add(p3);
        plist.add(p4);

        for(int i = 0 ; i<plist.Count ; ++i)
        {
            pp = plist[i];
            if( null != pp && pp.IsNotInClose())
            {
                pp.f = dis(pp,e);          //期望值为到终点的最短距离
                if(pp.IsNotInOpen())
                {
                    pp.SetOpen();          //设置已经在 open 中
                    open.Add(pp);          //加入最小堆
                }
            }
        }

        //p 点已经被取过了
        close.add(p);
    }
}
```

上述代码与前面代码不同的是，open 队列改为了最小堆，不需要在每次循环结束时重新排序，而是要在节点插入最小堆时对最小堆数据结构进行调整。

除了最小堆排序外，还可以使用二分查找算法代替最小堆排序，因为 open 队列在插入元素前一定是有序的，因此可以先使用二分查找算法找到插入的位置，再将元素插入队列，这样每次的插入复杂度为 $O(\lg N + N)$。最小堆排序或二分查找算法要比快速排序一次的时间复杂度 $O(N\lg N)$ 小好多。

8.1.3　寻路期望值优化

前面讲解 A 星排序算法时列举的例子中，节点都是以当前点与终点 e 之间的距离来作

为期望值的，期望值越小，越接近终点。这种方法简单但不科学，这导致A星在障碍物比较多的复杂地图中寻找路径时要绕较大的弯路，也导致在寻路过程中open队列里加入了比预期更多的节点，从而使得open队列排序速度变慢。

为了优化这个期望值的策略，我们选用一种更科学的方法：

$$F(\text{期望值})=G(\text{当前最少步数})+H(\text{当前点到终点的最短距离})$$

式中：F为需要计算的期望值，G为起点s到当前点p的最少步数，H为当前点p到终点e的最短距离，将G和H这两个值相加就是F（期望值）。其中G是已经计算好并放入节点p中的值，因为q是被open队列推出来的，所以它的最少步数肯定是计算完毕的，该值就是前面计算过程中从起点s到当前点的最少步数。我们可以把计算好的步数都放入节点中，以便需要时使用，代码如下。

```
function find_path(s,e)
{
    open = new MinHeap();           //最小堆
    close = new List();             //已经被取过的点

    open.add(s);                    //从s点开始
    close.add(s);                   //将s点加入close队列

    for(!open.IsEmpty())            //重复遍历直到没有点可以取
    {
        p = open.pop();             //把最近的点推出来

        if(p == e)
        {
            //找到终点
            break;
        }

        p1 = p.left();              //取左边的点
        p2 = p.right();             //取右边的点
        p3 = p.top();               //取上面的点
        p4 = p.down();              //取下面的点

        plist.add(p1);
        plist.add(p2);
        plist.add(p3);
        plist.add(p4);

        for(int i = 0 ; i<plist.Count ; ++i)
        {
            pp = plist[i];
            if( pp.IsNotInClose() && p.g + 1 + dis(pp,e) < pp.f)
            {
                pp.g = p.g + 1;
                pp.f = pp.g + dis(pp,e);
```

```
                if(pp.IsNotInOpen())
                {
                    pp.SetOpen();          //设置为已经在 open 中
                    open.Add(pp);          //加入最小堆
                }
                else
                {
                    open.Update(pp);       //更新最小堆中的节点
                }
            }
        }

        //p 点已被取过了
        close.add(p);
    }
}
```

与之前的代码相比，上述代码加入了新的期望值的计算方式。新的期望值计算方式的改变，相当于原来我们只关注从当前点 p 到终点 e 的距离，现在变为关注从起点 s 经过当前点 p 再到终点 e 的总距离，虽然仍是贪婪的简单预测算法，但相比起来此方法更加科学，能让我们更快地找到更好更近的点位去接近终点。

改善期望值的计算方式能更快地接近终点是一件很神奇的事。那么究竟改善期望值算法有怎样的意义呢？其实期望值的计算方法代表了寻路过程中我们探索的规则，如果计算公式只关注离终点距离最近的点位，那么在寻路过程中选择点位的顺序就会偏向离终点更近的点，无论最终能不能到达终点，只要它靠近终点就行，但通常地图中有很多点位很靠近终点却无法到达终点。而如果期望值计算公式关注的是从起点到终点整段距离最小的点位，那么寻路过程中在选择点位时也会偏向整条路径最短的方向，这间接加快了寻路的速度，即能最快找到到达终点的点位。

8.1.4　通过权重引导寻路方向

寻路网格的期望值除了能帮助算法更快地找到最快到达的节点外，它还能起到引导算法的作用。前面所说的期望值是通过实时计算得到的，每次提取临近的可行点位时都会计算一个期望值，从而了解该点通向最终目标点的预期。

期望值对于寻路的方向判断比较关键。期望值所代表的通向目的地的方向越准确，寻路算法的效率越高，寻找到路径的速度也就越快。从这个角度来看，期望值问题就变成了如何帮助期望值更加准确地判断通向目的地的方向。

在网格中加入权重值来改变期望值从而引导算法寻路走向是一种很好的方式。

图 8-7 中的浅色格子是我们为地图网格标记的引导路径。所有可行走的格子我们都会给一个权重（例如 100 的基础权重），而那些用来引导的浅色格子则标记为 10。在 A 星算法中，计算格子的期望值时应加上格子的权重值，期望值公式如下：

F（期望值）= G（当前最近步数）+ H（当前点到终点的直线步数）+ E（格子的权重值）

根据这个期望值公式，在计算期望值时，浅色引导类格子会比其他格子获得更小的值，这也意味着浅色引导类节点在 open 队列中更靠前，更容易被算法取出而成为路径搜索方向。图 8-8 中，当用 A 星算法从 A 点搜索路径到 B 点时，一旦搜索到浅色格子，就会很容易沿着浅色格子一直延伸到目标点 B 附近的格子，从而缩短了 open 队列的长度，并加快了搜索速度。

这样看来，浅色引导类格子似乎是一种快速通道，就像城市与城市之间的高速公路那样，只要上了高速公路，就能从“高速出口”直奔目的地。我们按高速公路的理念在整个地图各区域之间建立起连接，让“高速公路”能通向各个区域的“入口”。

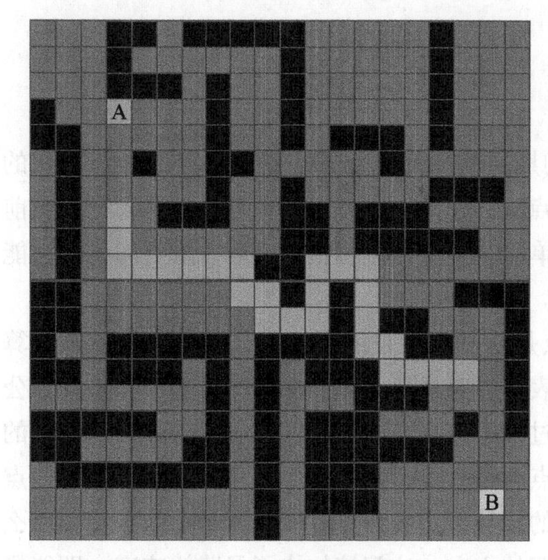

图 8-7 网格权重图

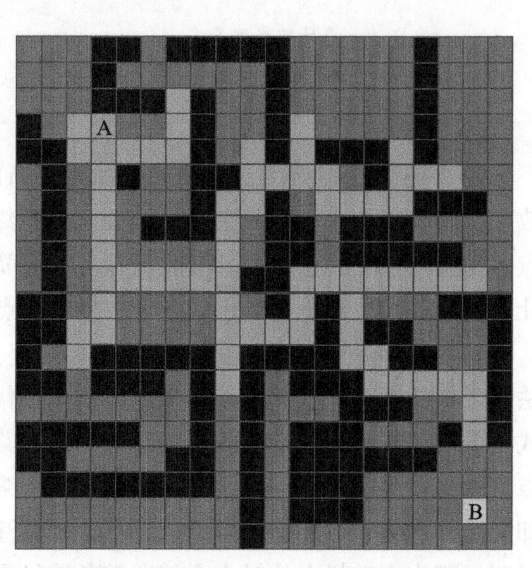

图 8-8 用浅色方块连接所有区域

我们可以将格子的权重理解为阻力值，引导类格子比普通格子的阻力小，因此速度更快。“高速公路”连接了所有区域，因此我们在点对点寻路时无论何时何地都是能上“高速”的。

8.1.5 拆分寻路区域

当地图很大时，寻路会很费劲，主要是因为节点数量太多，如果路径上的每个节点都要搜一遍，会导致 open 队列越来越大，计算量也越来越大，所以问题的关键在于如何减少搜索的次数。

设想一下，如果我们能将某个范围内的格子（节点）合并为一个区域，那么整个地图会被分成十几个或几十个区域，这相较于使用成千上万个格子作为寻路节点要好得多。有了大区域后，我们只需要寻找大区域之间的路径就知道该怎么走，大大降低了搜索的算力。

但问题在于，将地图拆分成 N 个区域并且知道寻路的区域路径后，仍然要对区域内的点对点进行寻路，仍然要消耗掉很多算力，因此必须保证拆分的可行走区域是凸形，这样区域内就不需要再寻路，任意两个点是可以直达的，即区域内是没有任何障碍物的。

只有在无障碍的凸多边形的区域内才能做到点与点可以不用计算而直接连接。把地图分成很多个凸多边形无障碍区域，并且记录区域之间的连接点，当寻路时，只要知道区域是怎样的路径，就能根据区域之间的连接点拼出格子路径来，如图 8-9 所示。

图 8-10 所示的是将整个地图拆分成 33 个矩形区域（在栅格地图中，只有矩形区域才能让区域内的点没有任何障碍，而在三角网格寻路图中则能以凸多边形为单位拆分出无障碍区域）。寻路时以区域块为寻路网格，每个区域都记录与之连接的区域以连接点，当算法找到起点与目的地点的区域路径时，只要拼接邻接的路径点就能得出两点的真实路径。

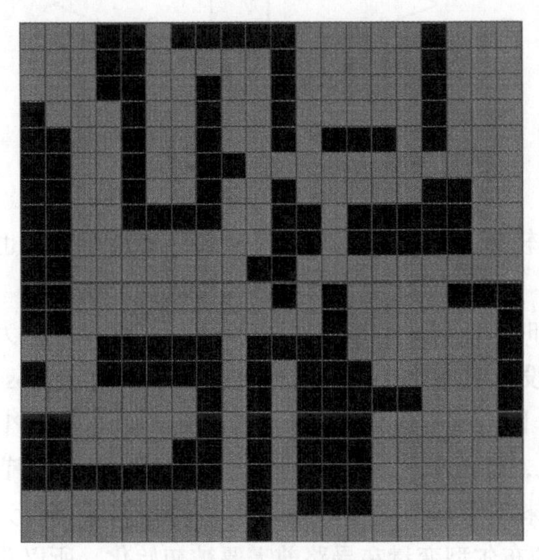

图 8-9 整个地图

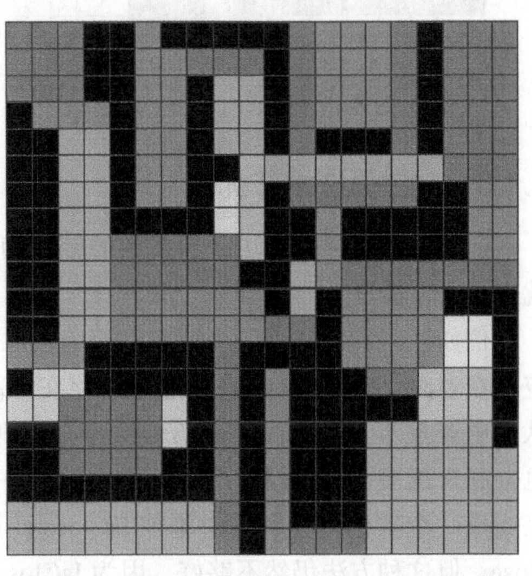

图 8-10 将整个地图拆分成 33 个矩形区域

虽然分区域块的寻路效率非常高，但也有其缺点，即如果动态添加或更改障碍物，则需要对此块区域重新计算分区。因此，对动态添加障碍物并不是非常友好，虽然会有其他方案来解决动态添加障碍物的问题，但整体上也不太方便。另外，分区域还涉及拆分区域的算法，一些区域的算法是不同的，比如栅格地图和三角网格地图的拆分区域算法就大不相同，栅格地图的区域拆分算法相对容易，而三角网格地图的区域拆分算法则较复杂。

对图 8-11 中的 33 个区块进行寻路，从起点 s 到终点 e 之间经过了 11 个区域，当知道区块的路径时就可以根据区块之间的连接点得出真实的路径。

图 8-11 中这种方式在栅格地图上使用得并不多，而在三角网格地图上则使用得比较多（见图 8-12），常见的 RecastNavigation Navmesh 就是使用这种拆分区域的方式来提高寻路效率的。

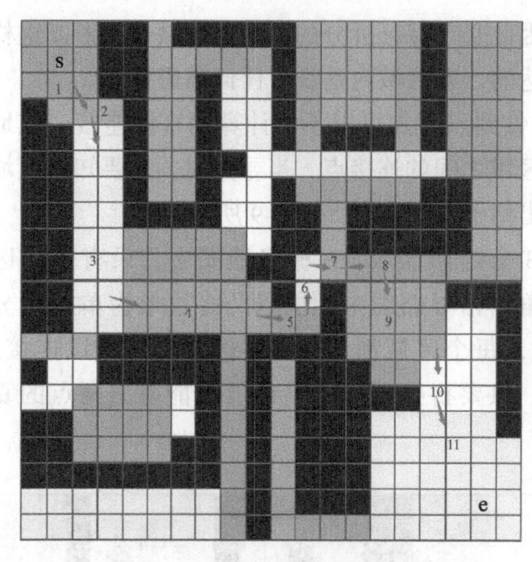

图 8-11　从起点到终点的区域

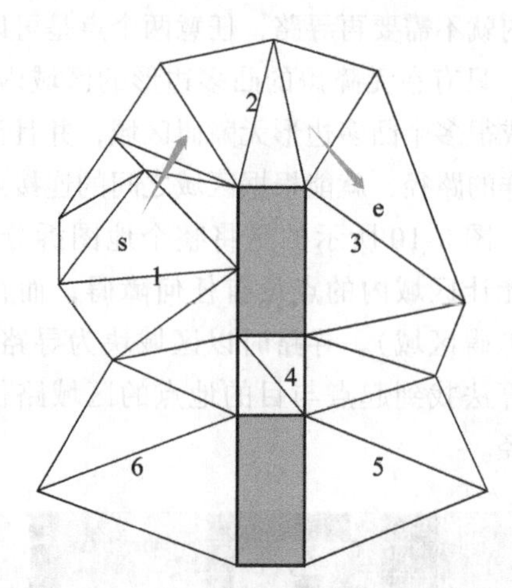

图 8-12　三角网格地图的分区域寻路

8.1.6 A 星算法细节优化

通常，A 星寻路算法在游戏中的使用频率较高，因此，对 A 星算法的细节进行优化也就成了一种考验。

例如，当我们查看一个节点是否为被取过时，需要先判断它是否为 close。很多人认为应该在 close 队列中寻找该节点是否存在，却没有考虑这类操作对性能的消耗。要在 close 队列中查找节点，相当于遍历一次整个队列，随着 close 队列里节点的增多，浪费的 CPU 也会越来越多，并且是每个循环都会浪费一次，性能损失巨大。因此，通常的做法是把节点当成一个实例，在实例中添加 IsClose 变量来判断该节点是否被取过，或者判断是否为 close。但这种方法仍然不够好，因为 IsClose 的布尔型变量在寻路前需要被初始化，所以我们必须在每次寻路前抹去旧的痕迹才能开始全新的寻路过程。这里有一个被很多人忽视的初始化的性能消耗，即每次在用 A 星算法寻路前，必须将 IsClose 的变量初始化为 false，相当于遍历整个数据结构来初始化每个实例中的变量。

若在每次寻路前都要遍历整个数据结构，那么在短路径的寻路上 A 星的优势就荡然无存了，因为初始化部分的性能消耗就已经将 A 星算法节省下来的性能完全抵消了。因此需要使用更好的方式来判断 IsClose 所实现的功能，最好不需要初始化。

可以改变判断方式，在寻路类中设置一个属性变量或者专门为寻路服务的静态整数变量，暂时将其命名为 FindIndex，让每个寻路节点中也保存一个整数变量 FindIndex 代替布尔型变量 IsClose。每次调用寻路方法时，先对静态全局变量 FindIndex 执行加 1 操作，这样全局变量 FindIndex 肯定与节点实例中的 FindIndex 不一样。判断 IsClose 时，若节点实例中的 FindIndex 与全局变量 FindIndex 相等，则说明已经被当次寻路算法取出过，否则说明这个节点没有被取出过。当节点被取出时，节点实例中的 FindIndex 应该设置为当前寻路类中的全局变量 FindIndex 值，以表明该节点已经被这次寻路算法计算过。即将下面的伪代码：

```
bool function IsClose(Point p)
{
    return closeList.Contain(p);
}
```

改为：

```
bool function IsClose(Point p)
{
    returen p.FindIndex == AStart.FindIndex;
}
```

使用整数比较方法来代替布尔型变量的初始化，节省了巨大的初始化操作工作量。不只是 IsClose 部分，其他需要判断初始化布尔型的逻辑也可以使用此方法来避免初始化的开销。

在这种 A 星算法中，一个小小的性能消耗就能放大很多倍，因此我们要特别注意调用函数的复杂度、公式的复杂度，以及逻辑运算的优化。

8.1.7 寻路规则优化 JPS

前面介绍的 A 星算法是搜索某个点附近的邻接点，再从所有被纳入的邻接点中选出最优的点继续寻路。JPS（Jump Point Search）对 A 星的搜索规则进行了改造，即不再是搜索某个点附近的点，而是想要用拐点（跳点）来代替。

我们说 A 星算法只是按部就班地逐步扩大搜索范围，在扩大搜索范围的同时再慢慢接近终点。而 JPS 则更有野心一些，它想要更快地接近目的地，因此它只找拐点，对于其他点不感兴趣。

那什么是拐点？可以认为它是障碍物附近决定上下左右方向的拐角点。图 8-13 中所示的黑色区域为障碍物，A 就是决定上下左右方向的拐点。

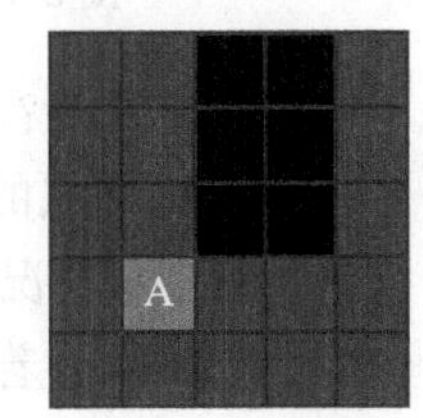

图 8-13 拐点 A

JPS 在寻路时只关心拐点，因此它以寻找拐点为主要目标，认为从起点到终点的路径可以由 N 个拐点组成，只要找到这 N 个拐点，就能将这些拐点连接起来形成一条完整的路径。于是问题就变为如何识别拐点，以及如何寻找拐点。

那么 JPS 是如何寻找拐点的呢？我们所说的拐点在 JPS 中称为跳点，JPS 算法是专门为栅格地图定制的，所以它可以从 8 个方向寻找跳点，即前、后、左、右、左上、左下、右上、右下。强迫邻居和跳点是相辅相成的，下面就来说一下什么是强迫邻居和跳点。

定义一：强迫邻居

如果节点 a 是 b 的邻居，且节点 a 的邻居有阻挡，并且 parent(b)、b、a 的路径长度比其他任何从 parent(b) 到 a 且不经过 b 的路径都短（parent(b) 为路径中 b 的前一个点），则 a 为 b 的强迫邻居，b 为 a 的跳点。

定义二：跳点

- 如果 a 为起点或终点，则 a 为跳点。
- 如果 a 有强迫邻居，则 a 为跳点。
- 如果从 parent(a) 到 a 为对角线移动，并且 a 经过水平移动或垂直移动可以到达跳点，则 a 为跳点。

如果上面的定义解释得不是很清楚，没关系，下面我们继续进行解释。

我们说 JPS 是 A 星的变种，实质上它并没有改变 A 星的算法，只是在寻找相邻点时把原来寻找四周相邻的规则改为寻找四周的跳点，因此 JPS 算法中进入 open 队列的节点必须是跳点而不是相邻节点。

从一个点出发向 8 个方向寻找跳点，其寻找过程有以下几种情况。

1）如果当前点是直线方向，则包含三种情况。

如果左后方不可走但左方可走，则沿当前点左方和左前方寻找跳点，即直线方向的第一种情况，如图 8-14 所示。

为什么要斜着走？因为当左边有阻挡时，斜着走找到方向跳点的概率大。

如果当前方向可走，则沿当前方向寻找跳点，即直线方向的第二种情况，如图 8-15 所示。

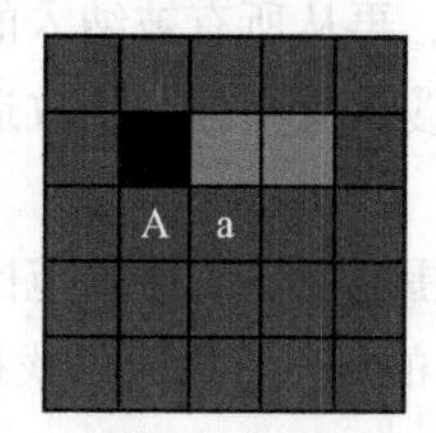

图 8-14　直线方向的第一种情况

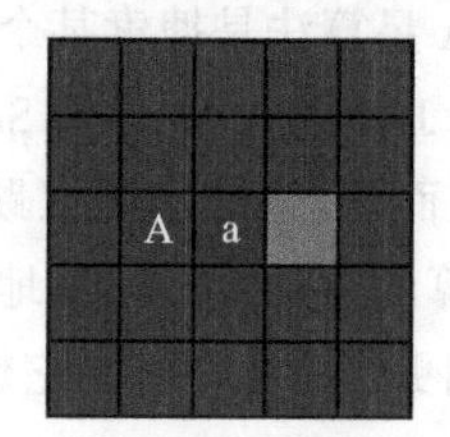

图 8-15　直线方向的第二种情况

为什么直走？因为这个方向也许有跳点。

如果当前点的右后方不可走但右方可走，则沿当前点右方和右前方寻找跳点，即直线方向的第三种情况，如图 8-16 所示。

为什么要斜着走？因为当右边有阻挡时，斜着走找到方向跳点的概率大。

2）如果当前点方向为斜线方向，则包含三种情况。

如果当前点前方的水平分量可走，则沿当前点方向水平分量寻找跳点，即斜线方向的第一种情况，如图 8-17 所示。

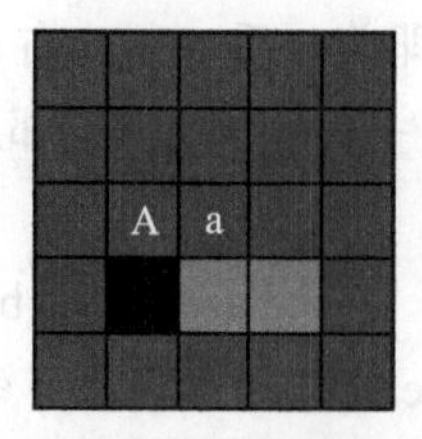

图 8-16　直线方向的第三种情况

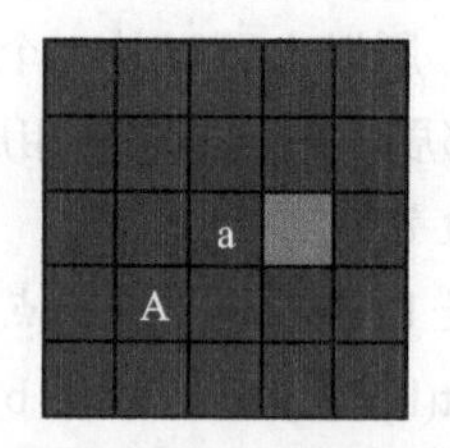

图 8-17　斜线方向的第一种情况

为什么横着走？因为这个方向可能有跳点。

如果当前方向可走，则沿当前方向寻找跳点，即斜线方向的第二种情况，如图 8-18 所示。

为什么沿着方向走？因为这个方向可能有跳点。

如果当前方向垂直分量可走，则沿当前方向垂直分量方向寻找跳点，即斜线方向的第三种情况，如图 8-19 所示。

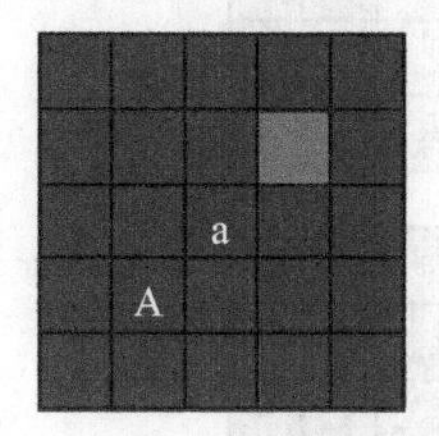

图 8-18　斜线方向的第二种情况

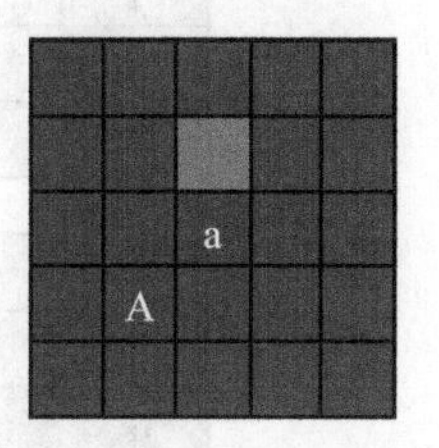

图 8-19　斜线方向的第三种情况

为什么垂直走？因为这个方向可能有跳点。

综合起来看，可以由两张图组成跳点寻找方向，即直线方向和斜线方向，分别如图 8-20 和图 8-21 所示。

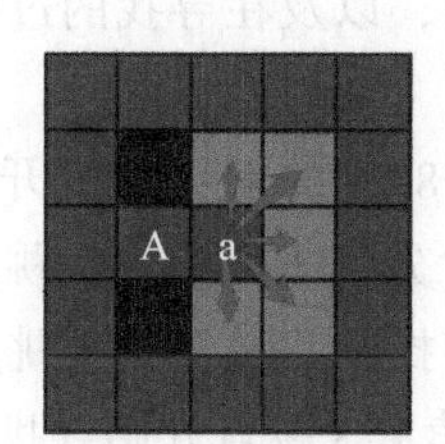

图 8-20　直线方向的寻找方向

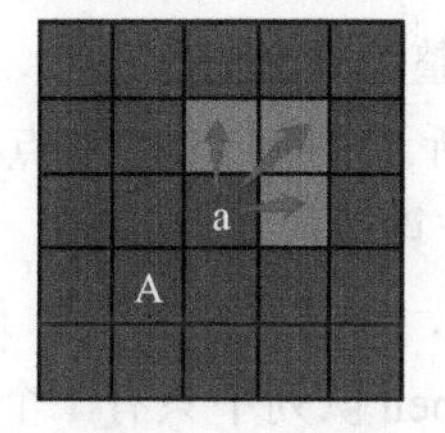

图 8-21　斜线方向的寻找方向

JPS 从点出发按照上面所说的几种情况分别寻找跳点。那么在寻找跳点的过程中，如何识别当前点为跳点呢？下面介绍几种识别跳点的情况。

当在斜方向寻找跳点时，跳点只会出现在横向和垂直方向邻居附近有阻挡的情况下，也就是有强迫邻居。图 8-22 中，A 为前置点，a 为当前点，b 为下一个寻找的节点。可见，当 b 附近有阻挡时，b 就是强迫邻居，a 就是跳点。

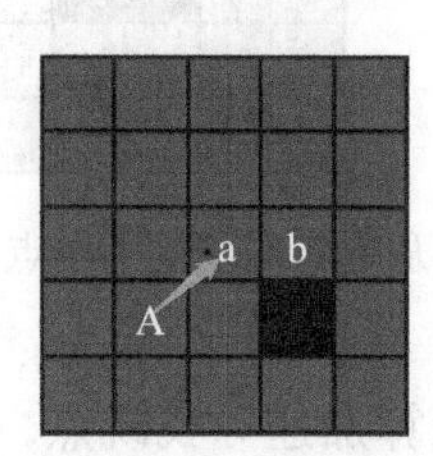

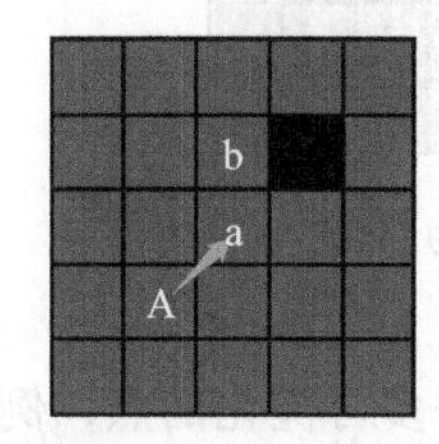

图 8-22　斜方向寻找跳点

当在横向和垂直方向寻找跳点时，跳点会出现在当前点的横向和垂直方向的邻居附近有阻挡的情况下。图 8-23 中，前置点 A、当前点 a 及邻居点 b 附近有阻挡，当 b 附近有阻挡时，b 就是强迫邻居，a 就是跳点。

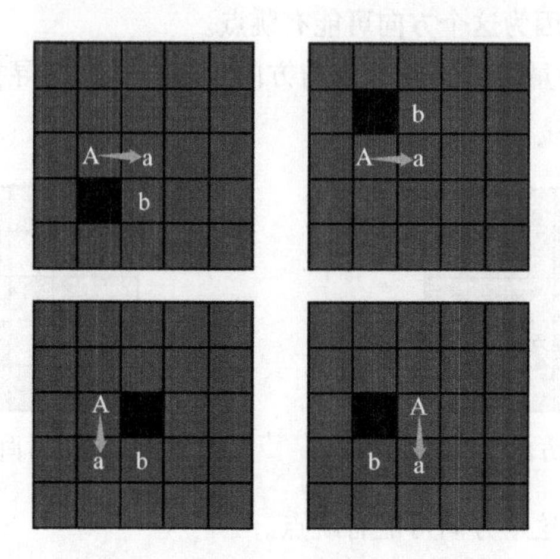

图 8-23 横向和垂直方向寻找跳点

前面我们分析了 JPS 中寻找周围跳点的几个方向，以及在寻找的过程中是如何判断跳点的。下面演示下整个算法步骤。

基于图 8-24 所示的起点和终点的位置，从图 8-25 的 s 点出发开始运用 JPS 寻路。图 8-26 展示了整个算法的寻路过程，从 s 位置出发，先从 1 方向寻找跳点，没有找到，再从 2 方向开始寻找，还是没有找到，最后从 3 方向寻找，此时找到了跳点，将该跳点推入 open 队列。由于 open 队列中只有 1 个跳点，因此继续从 3 跳点开始寻找，先从 4 方向寻找跳点，没有找到，再从 5 方向寻找跳点，也没有找到，最后从 6 方向寻找，此时找到了跳点，将该跳点推入 open 队列。由于 open 队列中只有 6 这一个跳点，因此在推出 6 这个跳点后，只在 7 这一个方向找到了终点，此时结束寻路算法。

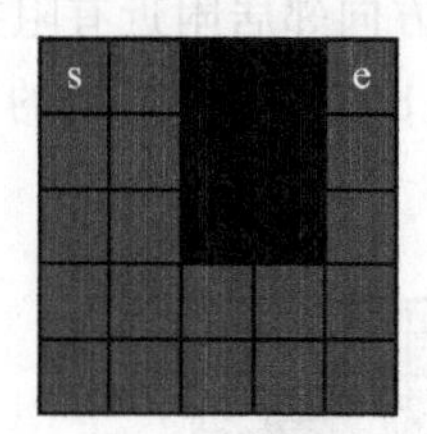

图 8-24 s 点为起点，e 点为终点

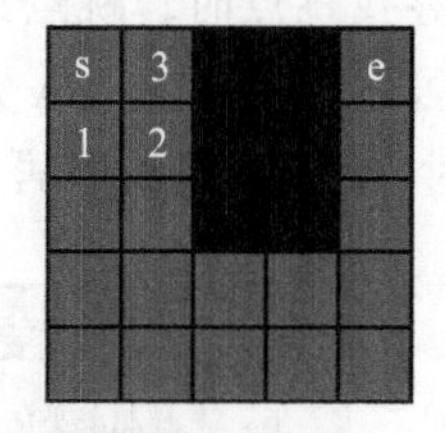

图 8-25 从起点周围的 3 个点开始寻找跳点

JPS 算法也有许多可优化的点，例如，通过位运算加速寻找跳点，以及通过剪枝优化掉不必要的中间跳点等。这里不做深入阐述，有兴趣的读者可以参阅《腾讯游戏开发精粹》一书。

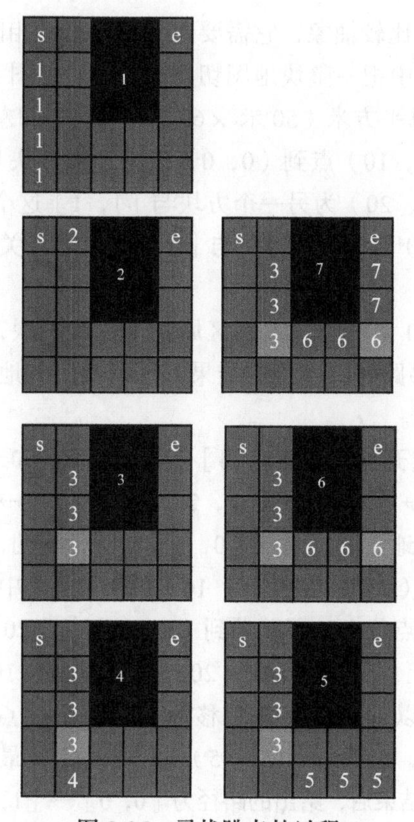

图 8-26　寻找跳点的过程

8.2 寻路网格的构建

8.1 节介绍了 A 星算法及优化方法。A 星算法只是一个寻路算法，需要有配套的模块和工具链支撑，单独使用 A 星算法无法运行游戏项目。那么需要什么样的模块和工具链来支撑整个寻路系统呢？本节将介绍寻路周边工具链中最重要的配套模块“寻路网格的构建”。

8.2.1　数组构建网格

最简单的也是最易于理解的网格构建方式要属二维数组网格。它是一个二维数组，其中的每个元素代表一个可行走的位置，我们可以假设元素中数字 0 代表无障碍，1 代表有障碍，或者也可以用数字代表阻碍难度。下面列举一个二维网格的例子。

图 8-27 是一个 5×6 的二维数组，0 代表无障碍，1 代表有障碍。我们能从图中很清晰地看到哪些是障碍点，图中的点都是连通的，因此我们从任意一个可行走的点出发都能到达任意终点。我们可以想象寻路时按照方格的排列一步步行走。

0	0	0	0	0	0
1	1	0	0	1	1
1	1	0	1	1	1
0	1	0	0	1	1
0	0	0	1	1	1

图 8-27　二维数组中的值

二维数组代表地图相对比较抽象，它需要与地图的尺寸相匹配。如何与地图真正地关联起来呢？我们需要在脑海中把一整块地图切成若干块，在图 8-27 中是 30（即 5×6）块。当一张地图的总面积为 3000 平方米（50 米 ×60 米）时，假如左下角位置为［0，0］，我们从（0，0）点开始，从（10，10）点到（0，0）点为一个方块与［0，0］这个点关联，从坐标（10，10）到坐标（20，20）为另一个方块与［1，1］这个点关联，从（0，10）点开始，（10，20）点到（0，10）点为一个方块与［0，1］这个点关联，以此类推。

在地图上，每个 10×10 大小的正方形区域都与数组关联，这样我们在使用 A 星算法寻路时，各步的结果都可以对应到地图的坐标上，如图 8-28 所示。

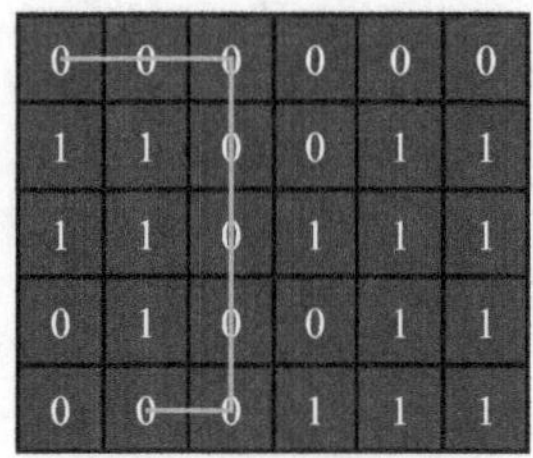

图 8-28　数组中寻路

假如寻路从［0，0］点开始，到［1，4］点的路径为［0，0］→［1，0］→［2，0］→［2，1］→［2，2］→［2，3］→［2，4］→［1，4］，反映到地图上，是从（0，0）点开始移动，先移动到第一个方块，即从（0，0）到（10，10）这个方块的中点，也就是坐标（5，5）的点位上，再移动到（10，0）与（20，10）这个方块区域的中点上，即（15，5）坐标点位上，然后移动到（20，0）与（30，10）这个方块区域的中点上，即（25，5）坐标点位上，以此类推，直到移动到最后一个点位，即（10，40）与（20，50）这个方块区域的中点上，也就是（15，45）这个坐标上，最后到达终点。

因此，在 A 星算法寻路结束后，给出的路径为［0，0］→［1，0］→［2，0］→［2，1］→［2，2］→［2，3］→［2，4］→［1，4］，即数组上的坐标路径，在实际地图中移动的路径为［5，5］→［15，5］→［25，5］→［25，15］→［25，25］→［25，35］→［25，45］→［15，45］，即坐标点位顺序。

这相当于把整个地图想象成一个矩形，将其横切 *N* 刀，竖切 *N* 刀，让它成为一个与二维数组相匹配的方块地图，每个方块与数组中的一个元素相关联，当使用 A 星算法从数组中算出一个具体的路径时，可以根据这个数组中的路径来匹配地图上的点位，即方块的中点。

在数组与地图的匹配过程中，如果这个地图很大，数组很小，就无法实现细腻的路径与障碍，所以需要在内存占用量与地图寻路细节之间权衡。数组不能过大，过大的数组会造成内存的浪费，也不能过小，过小的数组使得地图的障碍细节无法得到很好展现。那么，多大的数组与当前的地图才能匹配得更好呢？在确定数组大小的时候，需要考虑整个地图的大小，以及最小障碍物的大小。

二维数组地图编辑

这些切割与关联都是我们抽象出来的，毕竟我们在做游戏项目的时候，抽象的东西如果无法可视化，就难以灵活运用，至少难以灵活地编辑和扩展，因此可视化编辑也是一个比较重要的节点。

我们可以采用最简单的方式建立一个Excel，在Excel表中填入一个与数组大小相等的矩形方格块，在方格内添加颜色或数字，绿色代表可行方块，红色代表不可行方块。这样在Excel内就可以设置地图的元素以及障碍物，可行走区域与不可行走区域看一眼就能知道。那些标记为红色的方格是障碍物，代表不可通行，那些标记为绿色的方格是空地，代表可通行，整个地图哪些地方不可通行，哪些地方可通行一目了然。最后把Excel表里的数据导出到文件，再在游戏中读取文件中的数据，就能得到我们需要的地图二维数组里可行走与不可行走的地图数据。

除了Excel，还可以使用UnityEditor提供的编辑器API编写的地图编辑窗口将地图、方格、障碍物等以可视化的形式放在UnityEditor UI编辑窗口中，并附上保存数据到文件和从文件读取地图数据的功能，这样，地图编辑窗口就能更形象地展现地图的元素了。

如果这种可视化还不够，还可在具体的3D场景地图上实现编辑功能。先把整个地图加载并渲染到画面上，然后在地图上采用颜色方块的方式画出不同颜色的块状，以具体地图为背景来编辑地图障碍数据和可行走区域。当然，这虽然给我们带来了更多代码编写和维护的工作，但也是非常值得的，能为设计师提供更加良好的编辑工具，对游戏的创新设计会起到更好的支持作用。

除了采用以上形式的地图编辑工具外，还可采用地形贴图的形式来作为可行走点的依据，就像地形高度图那样，用一张图来存储障碍数据，比如，用一张1024×1024或其他规格的像素图代表一个地形的大小，每个像素点代表二维数组的一个元素，（255，255，255）白色代表可行走区域，（0，0，0）黑色代表不可行走区域，那么这张图就可以压缩成只有RGB通道的8比特的图。也可加入更多的元素，比如泥潭、沼泽等，分别用不同的颜色表示，这样就可以用图片代替Excel数据，Unity3D自带的地形就是这么做的。Unity3D自带的地形图中包括高度图和地图元素图，贴图中的每种颜色代表一种植被。当加载二维数组作为可行走的数据时，会加载该图片读取像素中的每个元素并录入内存中，然后依据内存中的二维数组来判定是否是可行走区域，以及相邻的格子是否是障碍物。

由于一维数组在分配内存块时的紧凑度比二维数组要好，用一维数组来读取索引中的数值会更快，因此我们常使用一维数组来代替二维数组，这样处理在调用索引时也只多了一个简单的乘法和加法操作，即二维数组［a，b］等于一维数组［$a \times \text{width} + b$］。之后，整个内存访问都是连续的，不再需要内存地址的跳转，这有利于提高指令缓存命中率，加快了指令运算速度。

8.2.2　路点网格

采用二维数组的方式来构建寻路的基础数据有一定的局限性。当场景特别大时，就要存储一个特别大的数组，编辑可行走区域的工作量也有所增加。假设地图场景有2048×2048个数组甚至更多，我们在制作可行走区域时，要把所有的障碍点都仔细设置一次，工作量会比较大。当场景中部分空间的障碍不规则，并且不密集时，也会浪费很多内存。

路点系统弥补了二维数组形式的缺点。路点系统是一个易于理解的系统，它由很多个点构成，我们称这些点为路点，也就是路上的点。将路点放入地图中，并为每个路点标记ID以及与路点相连的数据。若我们在地图中放入很多个路点，并且为这些路点配置了连线，那么就有了图8-29所示的这个画面。

地图中的每个路点都会有与其他某些路点相连接的线，我们称其为路线，此路线由路点与路点之间连线而成。如果把地图里的路点和路线铺设得更复杂一点，则所有的点和线就拼成了一张网，如图8-30所示。

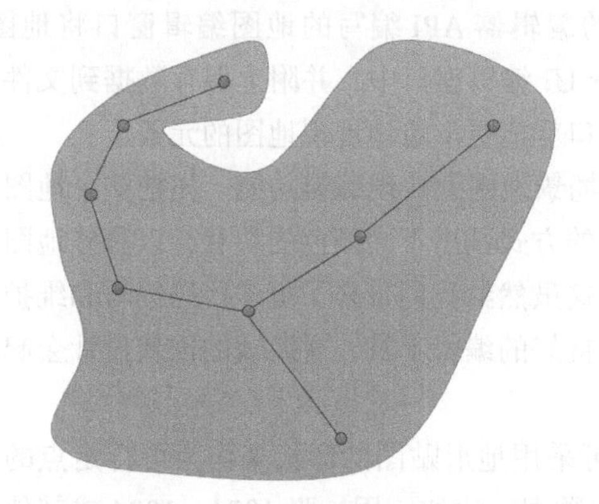

图8-29　地图中的路点

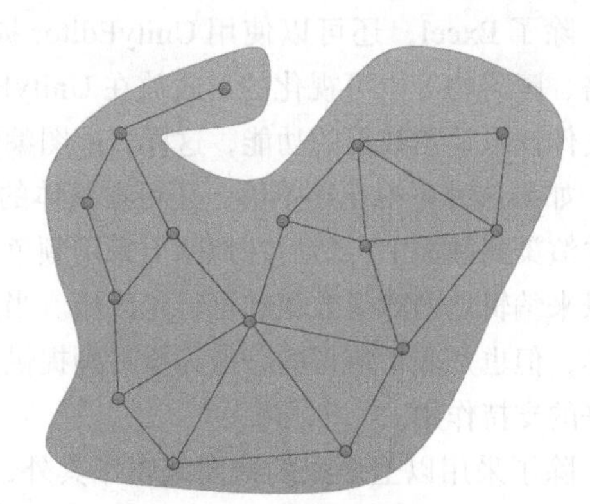

图8-30　更复杂的路点

在图8-30所示的这张网中，只要得到某个点，就能根据这个路点和路线使用A星算法来寻路，最终到达目的地。在图8-30中，当起点为A时，基于离起点最近的路点寻路，直到离终点最近的路点，它们会形成一条路径，如图8-31所示。

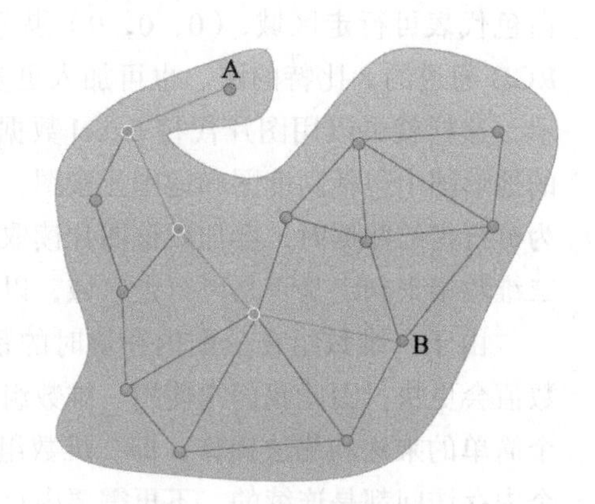

图8-31　路点系统中寻路

路点系统本身为点与点之间的连线，我们在构建时需要可视化编辑器的支撑，所有路点需要在既有的地图上编辑，所以需要编写一个专门的地图编辑器。若没有地图编辑器，至少需要路点编辑器。编辑器可用来保存路点数据到具体的数据文件、从文件加载的路点数据，以及完成增加路点、减少路点、添加和减少路点的连接信息等操作。

路点系统的缺点是，当大范围设置可行走区域时，需要通过大量的工作来编辑可寻路的路点信息与连线。由于路点系统的寻路方式无法识别碰撞，因此只能采用路点的形式绕过障碍。当在大块空地上寻路时，需要在这个大块空地上添加比较多的路点，才能平滑地适应各种寻路路径。

8.2.3　平面三角形网格

路点系统具有直观、门槛低、上手简单等特点。一般情况下，路点的数量比其他方式的网格少很多，因此内存消耗和 CPU 消耗都比较少。但它的缺点也很明显，行走路线的平滑程度依赖于添加的点的密度与形状，更糟糕的是，它无法识别障碍区域，行走的路线也依赖于路点之间的连线。三角形网格形式的寻路网格则很好地解决了路点系统的缺陷，它使用算法自动生成网格，无须手动编辑就能避开障碍区域。

那么三角形寻路网格是怎么生成的呢？这在计算机图形学里叫平面多边形的三角剖分问题，意思是在一张平面图上有很多种颜色，颜色之间的边界形成了很多的点和线，根据这些点将这幅图分解为由许多三角形组成的多边形，但应用到我们的游戏项目中，可以改为只有两种颜色，即可行走颜色和不可行走颜色。

平面多边形的三角剖分问题是计算几何研究的一个基本问题，它广泛应用于模式识别、图像处理、计算机图形学以及机器人领域。一方面，三角形作为最简单的平面图形，较其他平面图形在计算机表示、分析及处理等方面方便得多。另一方面，三角剖分是研究其他问题的前提。

Delaunay 三角剖分算法是三角剖分的一个标准，它是由数学家 Delaunay 提出来的：对于任意给定的平面点集，只存在着唯一的一种三角剖分方法，满足所谓的“最大 - 最小角”优化准则，即所有最小内角之和最大。这种剖分方法遵循“最小角最大”和“空外接圆”准则，“最小角最大”准则是在不出现奇异性的情况下，Delaunay 三角剖分最小角之和均大于任何非 Delaunay 剖分所形成三角形的最小角之和，三角形的最小内角之和最大，从而使得划分的三角形不会出现某个内角过小的情况，有利于有限的后续计算。“空外接圆”准则是指 Delaunay 三角剖分中任意三角形的外接圆内不包括其他节点。因此在各种二维三角剖分中，只有 Delaunay 三角剖分才同时满足全局和局部最优。

Delaunay 三角剖分算法有好几种，但都遵循 Delaunay 三角剖分特点，即其剖分后的多边形里的三角形必须满足以下三个要求。

- 除了端点，三角形的边不包含其他任何点。
- 除了在点上的连接，没有任何一条边是相交的。
- 所有的面都是三角形，且所有三角形的合集是所有点集合的凸包。

在前两个要求中，需要三角形的边上没有任何其他的点和相交的线，第三个说的是所有的点都是三角形的点，并且最后所有三角形会构成一个凸多边形。

Delaunay 三角剖分算法有翻边算法、逐点插入算法、分割合并算法、Bowyer-Watson 算法等，它们都只适用于凸多边形的三角剖分。这里我们仅对 Bowyer-Watson 算法进行讲解。Bowyer-Watson 算法的基本步骤如下。

1）构造一个超级三角形或多边形，把所有数据点都包围起来。

2）依次逐个加入新的顶点，找到包含新顶点的所有外接圆对应的所有三角形。

3）删除包含在所有外接圆中的边，这时新插入的点与删除边上的点相连构成一个凸多边形。

4）将新插入的点与这个凸多边形的所有点相连，构成多个新的三角形。

5）返回第二步，继续加入新的点，直到所有顶点增加完毕再结束。

可惜 Delaunay 三角剖分只合适凸多边形，因此除非我们把整个不规则区域拆分成多个凸形，就像前面介绍的拆分寻路区域时那样，否则无法使用 Delaunay 三角剖分。对于场景中凹形区域占了大量的面积和数量的情况，则需要另外考虑其他算法，Delaunay 也可以用于其他凸多边形的情况，后面会介绍。现在我们需要的不只是凸多边形和凹多边形的三角剖分，也需要考虑凹凸多边形中含有“洞”（即不规则多边形阻挡物）的情况，甚至还有更复杂的“洞”中有孤岛的情况，因此，单单是凸多边形的三角剖分还不能满足我们实际的需求。

2002 年，David Eberly 在 *Triangulation by Ear Clipping* 这篇论文中提出了用切耳算法构建简单多边形的三角化方法，正好解决了我们的问题。

1. 切耳算法

切耳（Ear Clipping）算法是一个简单实用的三角形分割算法，其步骤可以简单地分为三步，在解释这三步之前，我们先解释以下几个名词。

- 简单多边形：指所有顶点都顺时针或者逆时针排列，每个顶点只连接两条边，边与边之间没有交叉的多边形。
- 耳点：指多边形中相邻的三个顶点 V0、V1、V2 形成的三角形里，不包含任何其他顶点，并且如果 V1 点是凸点，即 V0-V1 的连线与 V1-V2 的连线之间形成的夹角小于 180 度，则认为 V1 是耳点。所以，一个由 4 个顶点组成的多边形中，至少有 2 个耳点。
- 耳朵三角形：三角形顶点中有耳点的就叫耳朵三角形。

我们知道了耳点和耳朵三角形后再来理解以下三步就容易了。

第一，找到一个耳点。

第二，记录这个耳朵三角形，然后去掉这个耳朵点，基于剩余的顶点继续回到第一步。

第三，直到剩下的最后 3 个点形成一个三角形并记录下来，把所有记录的三角形拼接起来就形成了三角化网格。

经过这三步的计算，所有的耳点都被切掉后，再把所有记录的三角形拼装成三角形网格，就完成了整个三角形剖分步骤（见图 8-32 ～图 8-36）。

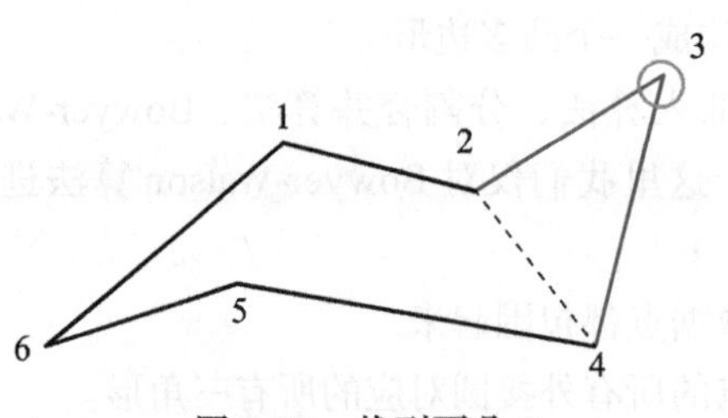

图 8-32　找到耳朵 3

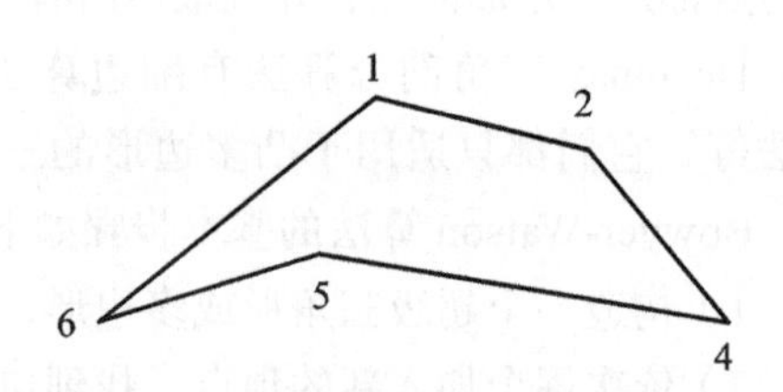

图 8-33　去掉耳朵 3 后的多边形

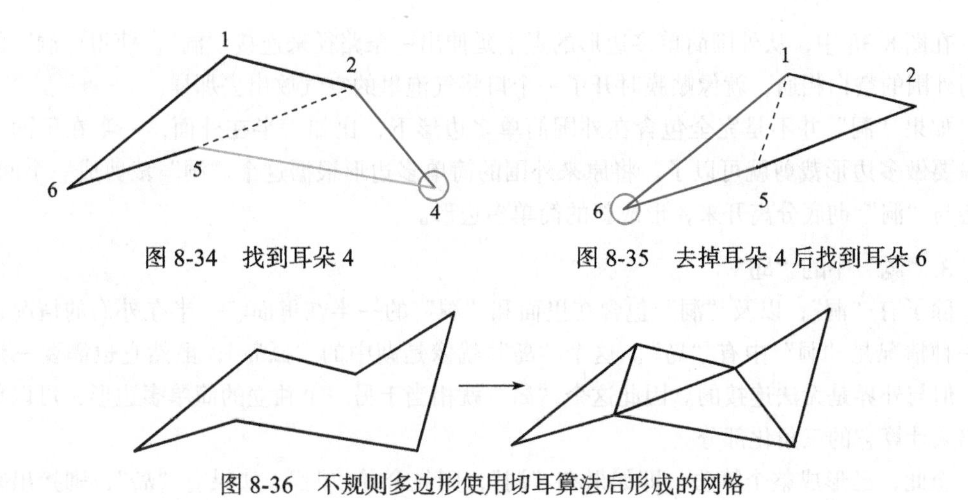

图 8-34　找到耳朵 4　　　　图 8-35　去掉耳朵 4 后找到耳朵 6

图 8-36　不规则多边形使用切耳算法后形成的网格

2. 多边形含“洞”的情况

如果简单多边形中出现“洞”怎么办？ David Eberly 的论文中给出了解决方案，即依旧使用上述三步骤来做三角剖分，只是剖分之前要把“洞”并入外围的简单多边形里，即：

1）用外围的简单多边形上的点连接“洞”的简单多边形。为了保持所有点的一致性，“洞”必须与外围多边形的点的顺序相反，即外围如果是逆时针的顺序，“洞”则需要采用顺时针的顺序。

2）在连接处，产生两个一模一样的点，即连接点。

使用这种方式可将“洞”并入成为一个单独的简单多边形里，如果有多个洞，则先并入的洞为拥有 x 轴方向最大的点的“洞”。

也就是说，最终计算的还是一个单独的简单多边形，只是在计算之前，将“洞”以凹形形态并入最外围的简单多边形中。

我们以图 8-37 为例讲解，可以看得更加清楚一点。

图 8-37 中展示了如何将一个“洞”以凹形形态并入外围的简单多边形中，就如同在外围简单多边形上修了一条小小的通路到“洞”中，其实我们完全可以将其理解为图 8-38。

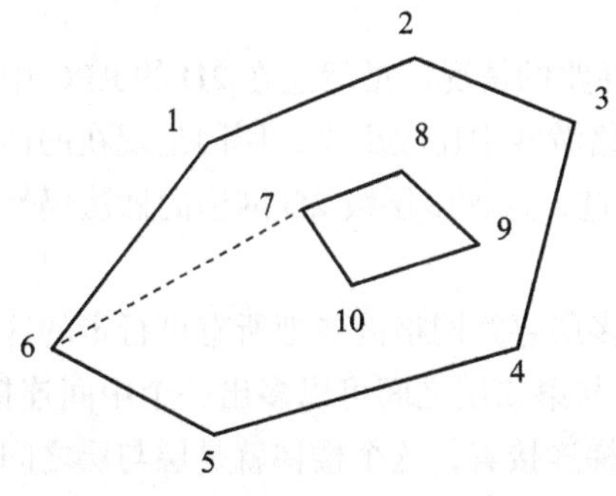

图 8-37　多边形中含“洞”的情况

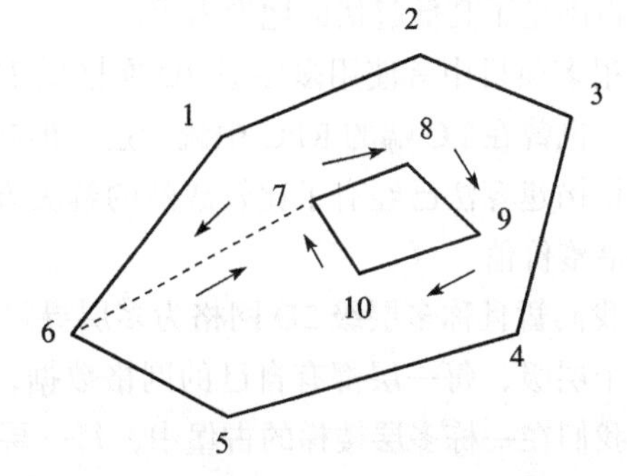

图 8-38　多边形中有“洞”时的标记顺序

在图 8-38 中，从外围简单多边形的点上延伸出一条路径来连接“洞”，使得“洞”的空白与外围的空白相通，就像贴膜时开了一个口将气泡里的空气放出去那样。

如果“洞”并不是完全包含在外围简单多边形下，比如一半在外面，一半在里面，这时只要做多边形裁剪就可以了。将原来外围的简单多边形根据这个“洞”裁剪成一个凹形，就会与“洞”彻底分离开来，形成新的简单多边形。

3. “洞”中的“岛”

除了有“洞”，以及“洞”包含在里面和“洞”的一半在里面、一半在外面的情况，还有一种情况是“洞”中有“岛”。这个“岛”就像是湖中的“孤岛”，虽然它也需要三角剖分，但与外界是无法连接的。因此这个“岛”就相当于另一个独立的简单多边形，可以单独拎出来计算它的三角化部分。

至此，已形成整个算法，即如果有“洞”，则先合并“洞”，如果有“岛”，则拎出来作为与外围的简单多边形同级别的简单多边形自行计算。所有三角化的计算过程可简单描述为找耳朵、去耳朵、记录耳朵三角形、得到所有三角形这四步。

应用到实际项目中，最外层的简单多边形就是我们在地图中定义的可行走的多边形。而“洞”则是地图上的那些静态的障碍区域，至于“洞”中的“岛”，则是不可行走范围内的可行走的“孤岛”。我们在构建三角寻路网格时，首先要找出这个最外围的简单多边形以及孤岛，再使用切耳算法。因此，我们需要根据地形来生成相应的可行走三角形网格，通过读取地图中的可行走区域的网格，以及障碍物网格，将它们竖直方向 y 轴的值忽略后，再通过多边形合并算法将其合并成为最外层的多边形。操作还包括裁切“洞”一半在里面的情况。在得到需要三角化的简单多边形，以及“洞”的数据后，将这些数据用切耳算法进行处理，进而得到一个具体的三角网格。

8.2.4 多层级网格

前面介绍了在 2D 平面上构建寻路网格的思路，在实际项目中，大多数时候 2D 平面上的寻路已经够用，即使有起伏的地面寻路，也可以采用 2D 寻路 + y 轴射线碰撞的形式获得位置坐标，然后在服务器端以 2D 平面数据的方式保存和运算数据，这样既满足了寻路的需求，也满足了高低起伏的地形需求。

很多项目中有使用多层级 2D 网格做 3D 游戏寻路的情况。虽然这在 2D 的 RPG 中比较流行，也曾在 PC 端的 RPG 中流行过，但在 3D 网络游戏中比较少见，原因是现在的体素寻路网格构建算法已经有了比较成熟的解决方案，不过，这种多层级 2D 网格的做法仍然有较好的借鉴价值。

我们暂且称多层级 2D 网格为多层寻路网格。多层寻路网格需要把所有可行走的区域分成多个层级，每一层都有自己的网格数据，第一层与第二层之间可以多出一个中间连接层，就像我们在一栋多层楼梯的古堡中，每一层都用楼梯连接着，这个楼梯就是层与层之间的中间层。

我们仍使用2D网格（无论是数组网格还是三角网格都可以）构建每一层的可行走区域。假设使用这种方法构建出四层楼的寻路网格，每一层都有自己可行走的平面寻路网格数据，每一层的数据网格中都可以包含当前层楼梯部分的数据，例如二层的寻路网格数据可以包含一层到二层楼梯部分的数据，也可将楼梯部分的数据单独拆分出来成为一个独立的层级。

有了多层寻路网格的数据，就可以开始寻路了，由于我们只关心当前层的数据，以及当前层上一层与下一层的数据，所以遍历起来非常高效。当要跨越层级寻路时，首先要确定的是“我”在哪一层，目的地是哪一层，并按次序一层一层地往上或者往下寻路。比如我们去的目的地是二层，所在的起点是大厅（一层），那么我们必须从地面层开始，先找到楼梯的入口点，从起点寻路到入口点，从入口点进入楼梯，然后从楼梯数据中找到与二层衔接的入口点并寻路，最后到达二层并向目的地寻路。

每一层都有自己独立的数据网格，跨越层级的寻路需要层与层之间的连接点或连接信息，因此需要对层级之间的入口区域进行记录，比如第一层某个矩形范围内为第一层与第二层的衔接，只要进入这个范围，就可以认为上升了一层或者下降了一层，角色身上的层级标记也相应地发生变化，此时索引到的寻路网格数据也变成当前层的数据。下楼也是同样的道理，在每一层中都有几个层与层之间的衔接区域通往下一层级，只要到达这个范围，就认为是进入了下一层级，接着在下一层级的网格数据中寻路，每次跨层级寻路时都要先寻找上楼或下楼的衔接区域。

多层寻路网格大多应用在2D的RPG中，特别是有多个楼层的场景，它也会应用在王者荣耀、Dota这类竞技游戏中，这些游戏的场景里用到了有符号距离场，它是一个方格形式的网格数据，各层级的网格数据对低洼和凸起部分做了分层的可行走区域定制。

8.2.5 三角形网格中的A星算法

前面介绍的都是网格构建，那如何才能让A星与网格数据结合呢？

在二维数组下，A星算法的邻近节点很好理解，就是周围的4个点或者8个点，与目的地的期望值可以通过计算方块之间的距离得到。在路点系统中也包含邻近节点的概念，它是与该节点有线条连接的点，与目的地的期望值可以通过计算点与点之间的距离得到。在平面三角形网格中，以三角形为单位，每条边都是其邻接三角形的共享边，与目的地的期望值可以通过计算三角形的中点与目的地之间的距离得到。下面为三者在寻路后得到的结果数据示例。

二维数组下，计算出来的路径为：

[0，0]→[1，0]→[2，0]→[2，1]→[2，2]→[2，3]→[2，4]→[1，4]。

路点系统中，计算出来的路径为：

（id=1）→（id=3）→（id=6）→（id=12）→（id=21）。

平面三角形网格中，计算出来的路径为：

（trangle_id=1）→（trangle_id=4）→（trangle_id=8）→（trangle_id=13）。

前两者的路径很好理解，三角形网格寻路后，虽然知道了路径上的三角形，但是，如果行走的路径定位在三角形中心点上，那么行走的路径会比较诡异，每次都要先到达三角形的中点后才能去下一个三角形，这样导致中点与中点连线的路径不够平滑。折中的办法是考虑用边的中点来记录路径，因为相邻三角形之间的穿越都是靠邻边来实现的，所以邻边的中点更适合三角形穿越，从 ID 为 1 的三角形穿越到 ID 为 2 的三角形上时，穿越的是 ID 1 与 ID 2 三角形的共同边，这种采用邻边中点计算出来的路径更平滑。

但是这种三角形进出邻边中点时路径依然会存在许多折线的情况，为了更好地解决路径平滑问题，我们采用拐点路径算法来优化寻路后的路径。拐点算法有点像射线，所以也常被称为射线优化路径算法。下面看看算法的步骤。

1）从起始坐标点出发，连接下一个三角形入口边的两个顶点 V1、V2 产生两个向量 line1、line2，再连接下一个三角形入口边的两个顶点 V3、V4 产生两个向量 line3、line4。

2）通过计算这四个向量的叉乘，可以判定一个向量是在另一个向量的左边还是右边。还可以通过计算出 V3、V4 的值来判断 line3 和 line4 是否在 line1、line2 所形成的夹角内。

通过上述步骤计算拐点时，针对第二步结果中的多种情况，我们执行了如下对应的操作。

1）若 line3 和 line4 在 line1 和 line2 的夹角范围内，则把使用 line3 和 line4 的线作为下一次判断的基线。

2）若 line3 或 line4 超出了 line1 和 line2 的夹角范围（这里指的是 line3 超出 line1 或 line4 超出 line2，而不是 line3 反向超出 line2 或 line4 反向超出 line1），则使用未超出的线或原始线作为下次判断的基线，例如 line3 超出 line1 和 line2 的夹角，而 line4 未超出，则使用 line1 和 line4 作为下次判断的基线。如果 line3 和 line4 都在 line1 和 line2 夹角范围外，则使用 line1 和 line2 作为下次判断的基线。

3）当 line3 和 line4 都在 line1 的左边时，则 line1 的坐标点成为拐点。类似地，当 line3 和 line4 都在 line2 的右边时，则 line2 的坐标点成为拐点。

4）当 line3 和 line1 是同一个坐标时，它们的坐标点成为拐点。同样，当 line4 和 line2 是同一个坐标时，这个坐标点成为拐点。

5）当寻路达到最后一个多边形时，可以直接判断终点是否在 line1 和 line2 的中间，如果不在中间，则用 line1 或 line2 的坐标点增加一个拐点，依照夹角偏向判定是使用 line1 还是使用 line2 的坐标。

下面通过图 8-39 ～图 8-46 举例说明从右边

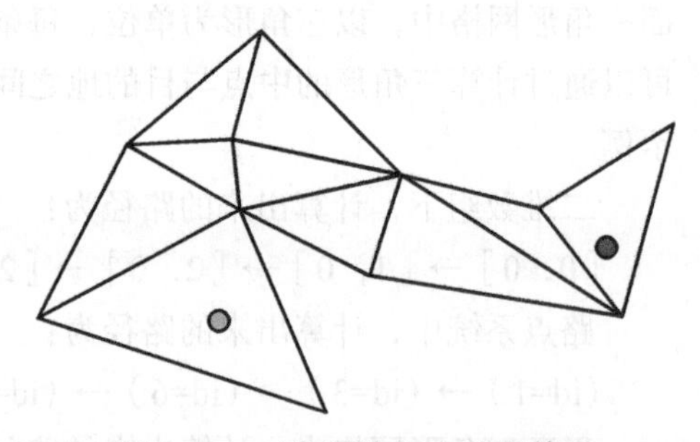

图 8-39　三角网格拐点路径算法

的点开始往左边的那个点寻路的过程。

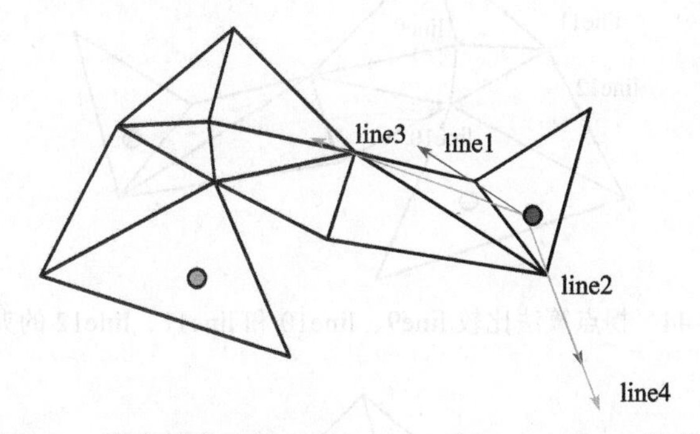

图 8-40　拐点算法比较 line1、line2 和 line3、line4 的夹角

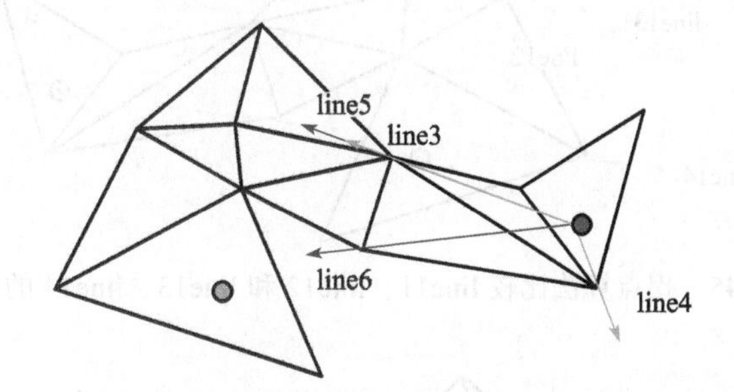

图 8-41　拐点算法比较 line3、line4 和 line5、line6 的夹角

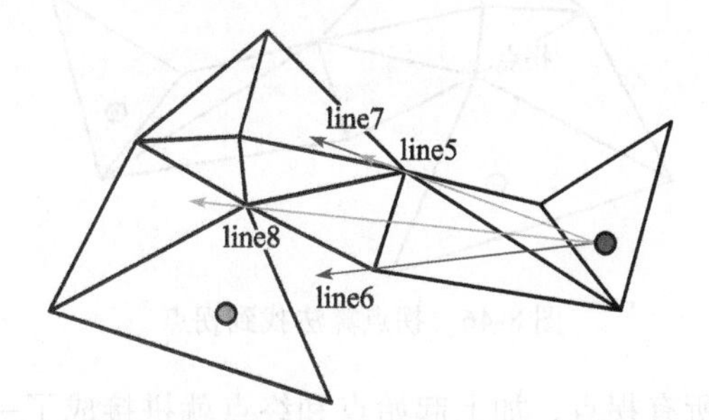

图 8-42　拐点算法比较 line5、line6 和 line7、line8 的夹角

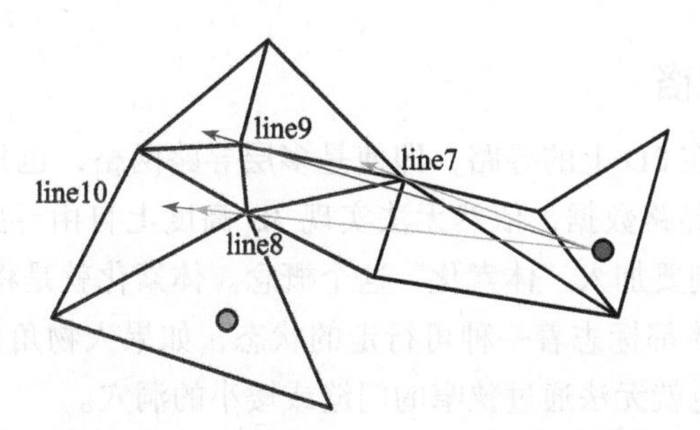

图 8-43　拐点算法比较 line7、line8 和 line9、line10 的夹角

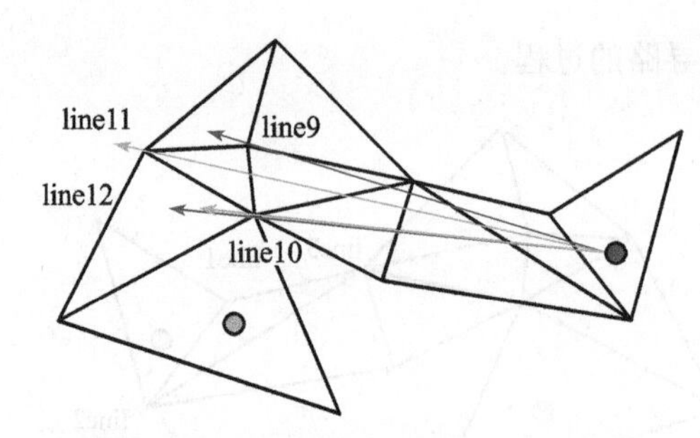

图 8-44　拐点算法比较 line9、line10 和 line11、line12 的夹角

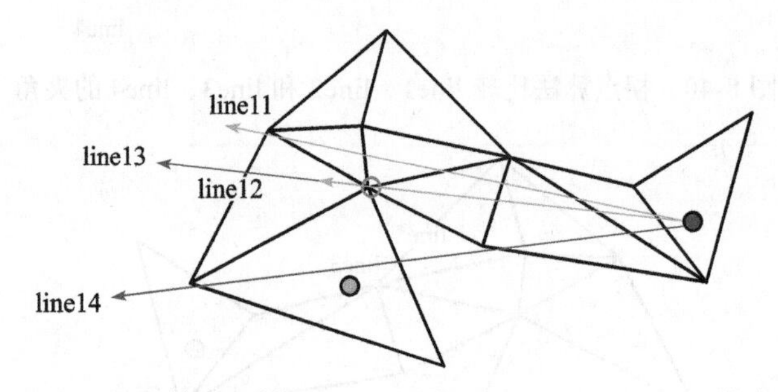

图 8-45　拐点算法比较 line11、line12 和 line13、line14 的夹角

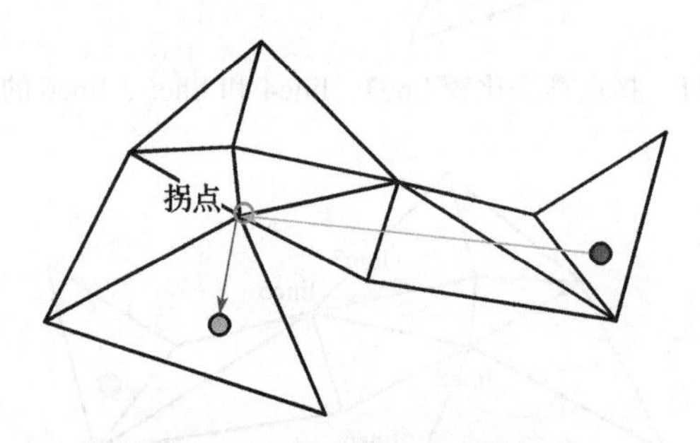

图 8-46　拐点算法找到拐点

到达终点后，收集所有拐点，加上起始点和终点就拼接成了一条经过优化的路径点。拐点算法能将原本在三角形网格寻路后诡异的路径转化为更加平滑的直线路径。

8.2.6　体素化寻路网格

前面介绍的大都是在 2D 上的寻路，即使是多层寻路网格，也只是使用多个 2D 寻路网格数据来建立多层次的寻路数据，依然无法实现 3D 高度上自由寻路的功能。如果要在 3D 高度上做到自由寻路，则要加入“体素化”这个概念。体素化就是将空间分割成一个个的立方体小方块，每个立方体都标志着一种可行走的状态，如果人物角色有高度和宽度等细节，那么太高或者太宽的角色就无法通过狭窄的门缝或矮小的洞穴。

体素化相当于把二维数组变为三维数组，这样，三维数组的每个单元就能代表空间中的一个立方体了。立方体可以是可行走的，也可以是不可行走的障碍物。由于空间太大，使得用三维数组来代表整个空间中的可行走关系就要申请很大一块内存，这是最不能接受的。大部分时候，体素化寻路网格会对空间进行拆分，因为大部分空间都是无障碍的，因此只需要针对小部分空间的障碍进行记录就可以了。

我们可以使用八叉树的数据结构将空间分成均等的八块，再将每块内容中有障碍物的部分拆分成更小的八块空间，直到单个空间能够被障碍物填满为止。

这样，我们在行走时查询前方是否有障碍物就会更快，例如，当前位置为（1，3，5），正在向位置（1，3，6）行走，则可以通过向八叉树数据结构查询（1，3，6）处是否为障碍物来判断当前行走是否有效。但树形结构的查找效率仍然逃不过 O（lg$n$）的魔咒，也就是说，在大型网络游戏中它仍然是低效的查询。

这样看来，我们仍然要区分对待寻路区域。怎么区分对待呢？由于地面没有高度，所以地面可以作为独立的一块寻路内容，地面以上则为另一块内容，再对不同区域的网格进行分块。由于很多区域完全没有地面以上的建筑物，因此不需要任何数据。在对非地面内容进行处理时，记录体素 Y 轴方向上的障碍物高度，以及不同障碍物高度的起点和终点，这样非地面的障碍物数据也变成了一个二维数组，每个数组单元中记录了 Y 轴方向上的障碍物高度（见图 8-47）。

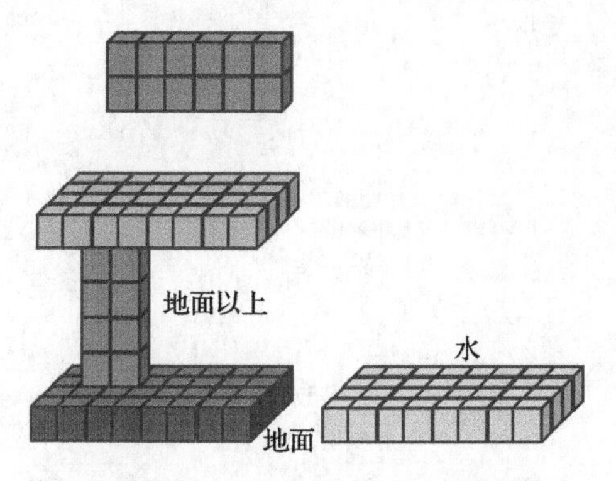

图 8-47　地面、水及地面以上区域的体素

对不同区域区分对待后，数据结构就变成：

```
Struct Unit
{
    Struct Block
    {
        int startY;                 //障碍物起点
        int endY;                   //障碍物终点
    }
    int x,y;                        //坐标
    List<Block> blocklist;          //障碍物数据
}
```

此时，查询就可以直接通过数组的索引来进行，查询效率就变成了 $O(1)$。这种区分对待不同类型不同区域的方法也大大降低了内存的消耗。

8.2.7 RecastNavigation Navmesh

RecastNavigation Navmesh 解决方案在各大引擎上非常流行，当然，它们也对 RecastNavigation Navmesh 做了相应的优化，不过其核心算法并没有变化。由于相关内容太多、太深，我们并不打算将 RecastNavigation Navmesh 里的所有算法都讲解一遍，这里主要是将其制图的步骤和思路讲解一下，以便各位读者能更深入理解。

RecastNavigation Navmesh 的大体流程如下：

1）体素化。

2）生成区域。

3）拆分区域为多个凸多边形。

4）生成多边形网格。

体素化比较重要，相当于把空间分割成三维方块，每一块都是一个立方体，每个立方体都有着是否可行走的标记。图 8-48 所示为对场景进行体素化分析。

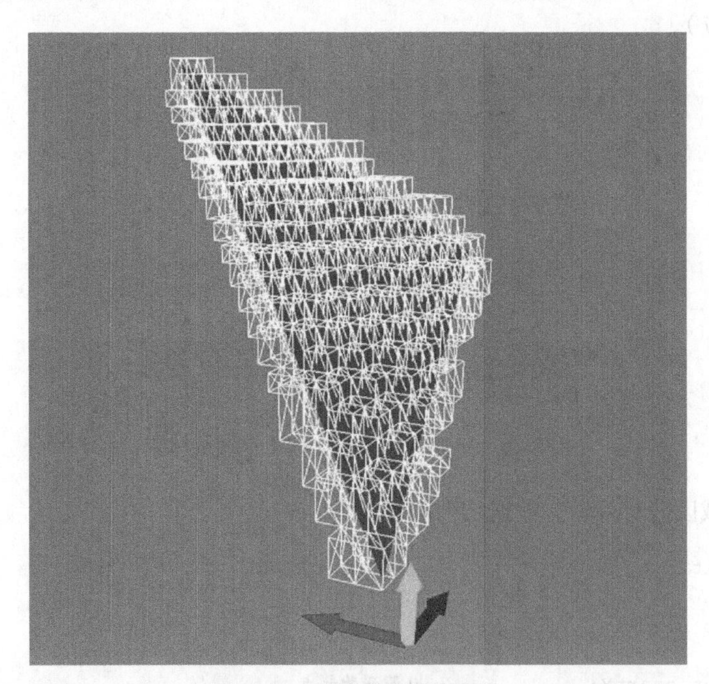

图 8-48　对模型进行体素化

接着对这些体素进行整理，并生成不同的区块，为后面生成多边形做准备。生成区域时需要对一些不可行走的区域进行过滤，比如，障碍物以及障碍物周边角色宽度的体素部分、邻接体素的高度不符合要求的部分、邻接有空心体素的部分等。再将剩下部分的体素集合起来进行体素分区。区分区域有好几种算法可以选择，都是将上下左右连续的体素进行识别并分割成不同的区域，例如构成阶梯的区间能够当作邻居被连接在一起，阻挡物前方和阻挡物后方这两块区域被分开来，狭窄的入口前后两部分被区分开来等，如图 8-49 所示。

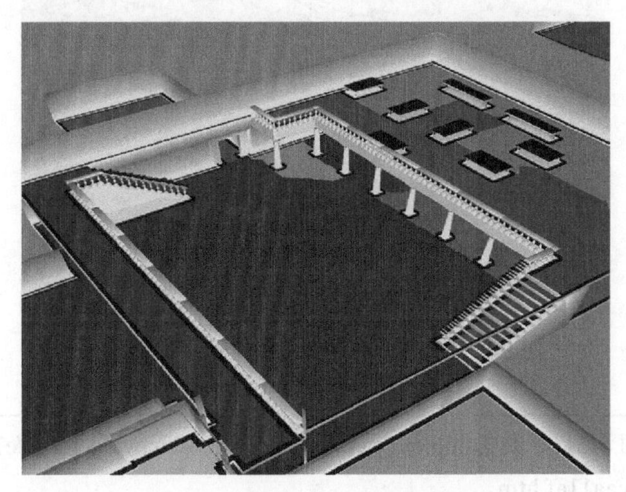

图 8-49　对可行走部分进行分区域

区域化后就有了图 8-48，去除障碍物周围角色宽度的体素、剔除邻接高度衔接不符的体素、去除邻接有空心的体素，再将剩下的体素进行识别，并分割成为不同的区域。

接着检测划分区域的轮廓并构造成简单多边形，再将轮廓分割成多个凸多边形。图 8-50 所示为对每个区域进行凸包拆分。

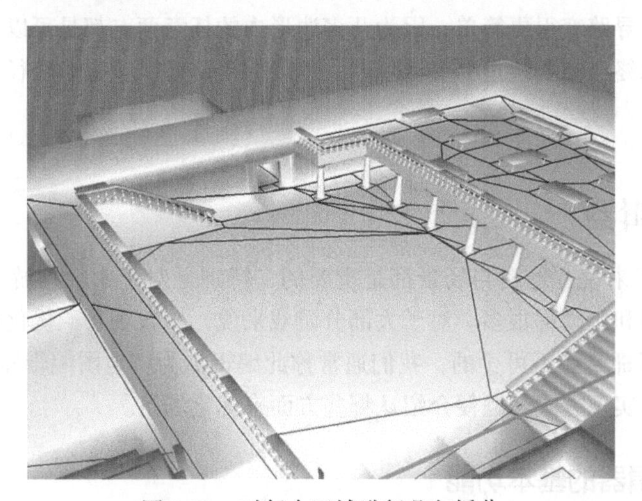

图 8-50　对每个区域进行凸包拆分

接着会对所有的多边形网格进行三角化，并且基于多边形中高低不平的地面部分插入顶点，构建三角形，最后得到如图 8-51 所示的三角形寻路网格。

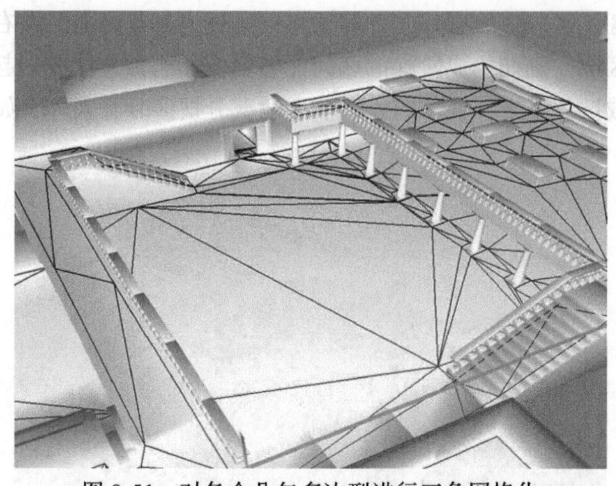

图 8-51 对各个凸包多边型进行三角网格化

说明 图 8-48 至图 8-51 均源自 http://critterai.org/projects/cainav/doc/html/e72bd1ee-04b0-4bbb-a21d-d8d7ecaa11af.htm。

整个过程中用到了体素化算法、区域划分算法、多边形轮廓构建算法、轮廓分割成凸多边形的算法及三角剖分算法。

RecastNavigation Navmesh 最关键的部分是分区域，以及将区域拆分成多个凸多边形。因为拆分区域会加速寻路，所以使用 A 星算法寻路时只要关心区域与区域之间的路径即可，拆分凸多边形则让寻路变得更简单，因为凸多边形内的任意两点都是可以直达的，这使得当我们知道从起点到终点需要经过哪些区域时，就能根据这些区域得出路径，最终提高寻路的效率。

8.3 地图编辑器

对于任何游戏来说，地图与场景都是重要的，特别是对于中大型游戏来说，在地图和场景上花费的时间和精力都很多。对于大部分游戏来说，布置场景、优化场景、为地图与场景编写一套编辑器都是必不可少的，我们通常称此编辑器为“地图编辑器”。下面将介绍地图编辑器有哪几种实现方式，顺便介绍从哪些方面来优化场景。

8.3.1 地图编辑器的基本功能

什么是地图编辑器？Unity3D 本身的编辑器属于场景编辑器，此编辑器为场景中的 3D 物体以及逻辑脚本提供服务。我们通过 Unity3D 的场景编辑器向场景添加物件，同时执行移动、旋转、缩放等操作。编辑器将场景里的物体数据保存下来形成具体的文件数据，即

Unity3D 的 Scene 资源文件，只是这并不是我们需要的，我们需要的是可自定义的可解析的地图数据文件。在还没有太多商业引擎的时代，我们会自己另成立一个小部门来制作游戏中的场景编辑部分，现在有了 Unity3D，它自带的场景编辑器可帮助我们缩短开发周期。

对于一张完整的地图来说，我们需要生成一个包含地图中所有元素数据的文件，并且可以通过这个文件还原整个地图。这个数据文件不只可以在视觉上还原地图，还可以还原我们已经设定好的地图中的逻辑参数，这些参数包括障碍碰撞检测范围、触发事件、机关走向、剧情动画、摄像机移动速度和位置等。因此，我们需要制作一个跟游戏逻辑相关的地图编辑器，以便设计师们能在地图中实现相应的理念设计。下面介绍地图编辑器是怎么实现的。

地图编辑器一般分为三部分：一是可行走区域与障碍区域的构建；二是地形与物件编辑；三是游戏逻辑，包括关卡、触发、事件、怪物出生点等业务逻辑的参数配置。可行走区域与障碍区域的构建，前面章节中已提及过。在地图编辑器中，可以使用不同颜色的多边形来展示可行走区域与障碍区域，如果是二维方格形式的寻路，可以通过展示方格来编辑可行走区域和障碍区域；如果是三角网格，则可以通过多边形或者标记障碍物体的 flag 来设置障碍物，最后通过读取地表网格与障碍物网格来生成三角寻路网格，也可以使用 RecastNavigation Navmesh 来扫描、制作三角寻路网格。最好是能够理解其原理，熟悉其 API，这样就可以在编辑器中用颜色区分出生成的可行走区域和障碍区域。

地形一般是指一个或几个大的网格模型，但也有用高度图来编辑的地形。与 Unity3D 的地形组件原理一样，它们都是基于高度图和元素分布图来确定场景中的地形高低和植被范围的。物件则以元素的形式存在，是以坐标、旋转角度、缩放大小为基准形成的数据，大部分元素都是节点、模型、特效，因此坐标、角度、缩放这三个数据记录是必不可少的。其他需要记录的数据包括配置表 ID、物件类型、范围大小、脚本名字等，每个元素的数据代码如下：

```
struct map_unit
{
    position,           // 坐标
    rotation,           // 旋转角度
    scale,              // 缩放
    type,               // 类型
    table_id,           // 配置表 ID
    size,               // 大小
    function_type,      // 功能
}
```

其中，position、rotation、scale 是基础数据类型，记录了需要被展示在场景中的位置、旋转角度、缩放大小。其他数据，如 type 可以用来表示这个物件的类型，是人、是怪、是门、是机关，还是不会动的静态场景物件等。talbe_id 可以用来表示 type 类型所对应的配置表 ID，它可以映射到具体的数据表或 Excel 表里的某一行数据。type 下的各种展示效果根据 talbe_id 的不同而不同，例如，怪物有很多种，每个 talbe_id 代表怪物表里的一种怪物。size 则可以认为是物体所触发事件的范围，比如，当角色进入 5×5 这个 size 的范围时，将触发

机关、剧情、任务、生成怪物等。

function_type一般会指向某个功能性逻辑或者功能性逻辑系统的配置文件。当某个物件在size范围内被触发时，功能性逻辑会根据function_type调用配置文件执行操作，或者直接执行操作。使用function_type的意图是通过它指向某个具体的功能。指令可能是纷繁复杂的，每个物件都可能具有不同类型的操作指令，因此function_type通常不指向某个具体函数，而是指向某个配置文件，这个配置文件的背后是一套执行流水线的系统，根据这个配置文件，可执行一套固定的指令流水线。

为了配合地图上的其他系统逻辑，一般使用地图管理类来管理地图上的元素，这样其他系统才能用接口来调用地图上的元素，从而执行逻辑。地图管理类主要起到存储、查找、更新元素，以及存储和更新可行走区域数据的作用。

8.3.2 数据协议格式在编辑器中的选择

关于数据的存储与解析，前面章节中已做了详细讲解，本节将讲解如何选择地图数据的数据格式和存储协议，此外，也会介绍各类协议不同的优势。

当选定某一种协议格式来存储数据文件时，就需使用相同的协议读取。使用每种协议都有其原因，假设我们在众多协议中选择JSON协议，那么选择JSON协议的意义是什么呢？乍一看，JSON占用的空间大，解析慢，很多人都摒弃它，为什么我们还要使用它？肯定是因为JSON具有简单、易学、易懂等特性。只要有一点编程知识的人都知道JSON的格式，即使不知道，也只需要花费几分钟就能明白其原理，对于众多新手来说，能更快上手、快速融入团队。除此之外，JSON的容错率和支持协议更新的能力也很强，这让JSON在整个项目的不断更新迭代中有着很好的适应能力。

相比于JSON，也有很多协议的空间占用小、解析快、效率高，自定义格式的数据协议就是其中一种。有什么理由让我们使用自定义格式的数据协议呢？假设我们使用自定义格式的数据协议将每个变量都转换成byte流形式存储起来，那么将会最大化节省空间，而且这也是最能掌控数据的方式。使用自定义格式的数据协议做存储，可能是想把空间压缩到最小，并且同时掌控存储过程，不让第三方干扰。自定义格式的数据协议在开发过程中也有很大的缺陷，因为整个项目在不断地迭代，因此数据常有变化，自定义二进制数据流格式对变化的适应能力非常弱，虽然有办法处理，但要付出点代价，代价就是要为每个版本的数据格式编写一个完整读取和存储的程序。为了维护旧的数据，每增加一个版本，都要在原有数据解析的程序外增加一个新的数据解析程序，如以下伪代码所示：

```
void ReadData(io_stream)
{
    version = io_stream.read_int();
    if( version == 1 )
    {
        Read_version1(io_stream);
    }
```

```
    else if(version == 2)
    {
        Read_version2(io_stream);
    }
}

voi Read_version1(io_stream)
{
    id = io_stream.read_int();
    level = io_stream.read_int();
}

voi Read_version2(io_stream)
{
    id = io_stream.read_int();
    name = io_stream.read_str();
    gold = io_stream.read_int();
}
```

以上代码在读取数据时考虑了多种版本的兼容问题，它使用不同函数应对不同版本，为每个版本说明一个特有的读取顺序，在开头用一个 int 元素来解释应该使用哪个版本来读取数据，得到数据版本号后就能对应到不同版本的读取方法。

相比 JSON 协议，自定义格式的数据协议大大节省了空间，提高了效率，但也同时增加了维护复杂度。如果非要使用二进制数据流格式，那么不如使用 Protobuff。使用 Protobuff 协议作为存储格式，即使是数据格式升级和改变，也都能轻松应对，对于存储二进制格式的数据来说，这确实是一个比较好的选择，此协议具有数据小、解析速度快、升级方便等优点。但 Protobuff 协议的一个最大缺点是不能明文显示。在项目迭代过程中，我们常会对协议进行重大改动，或者希望查找数据中的某项内容，由于不是明文，所以查找起来很不方便。

而 JSON 协议则具备了明文的特点，我们一眼就能知道内容，使用文本查找就能找出数据的问题和位置。因此我们在项目中可以使用两种协议：一种是 JSON 协议，在编辑时使用；另一种是 Protobuff 协议，在真正发布的游戏中使用。即平时使用 JSON 编辑存储和编辑数据，发布打包时再将数据转换成 Protobuff 协议，这可使加载和使用更加高效。对工程项目来说，这种方式可能是两全其美的方案。

8.3.3 地图加载方式

地图编辑器的主要作用是对场景地图进行编辑，且它有一个地图数据文件可供前后端使用。可视化体验良好的地图编辑器能够更好地帮助场景设计师、关卡设计师编辑更好、更绚丽、更好玩的地图场景。有了地图数据，才能更有序地在游戏中实例化地图场景，在加载地图时也才有更明确的目标。

从地图数据到场景还原都是通过加载资源实例化的方式进行的，下面我们来了解地图加载的几种形式。地图加载的形式有两种：一种是根据地图数据加载全部地图资源后实例化到场景中；另一种是采用异步的方式加载，即在加入地图前，先加载一些必要的资源，然后边玩边加载和替换。边玩边加载也分好几种，其中一种是按需加载地图中的元素模型。

全部加载资源并展示显然是最容易和方便的，通过地图数据文件把所有数据反序列化到内存，针对每个元素的数据，加载它们所指定的模型或效果的资源并实例化到指定的位置，设置旋转和缩放参数，如果需要，再对挂在物体上的脚本参数进行设置。

一次性加载这么容易和方便，有时甚至可以不需要地图编辑器，一个 Prefab 就能搞定整个场景，那为什么还要地图编辑器呢？对于场景比较单一的项目来说，确实可能不需要地图编辑器，但对于复杂一些的项目，随着功能和需求的增加，游戏开始时可能很多物件并不需要加载到场景中，而是要根据玩家的游戏进度来判断加载的内容，或者根据玩家选择的游戏方式来组合场景，这样，场景就是千变万化的。这时如果还是通过 Prefab 把所有的资源都加载进来，势必会浪费很多内存和 CPU。制作一个地图编辑器就能帮助我们拆分地图中的元素，按需加载物件，为我们节省很多不必要的 CPU 和内存开销。

对于场景比较大的项目，场景中物体的种类和数量会越来越多，加载全部资源需要消耗的 CPU 及时间都会大大增加。比如从原本只需要加载几个面片当作地形的 Prefab，发展成带有众多山、路、草、石头、桥、人、建筑等的一整个大场景，这时即使是按需加载，也可能会在加载整个场景时阻塞很长时间，加载的体验会越来越差。在这种情况下异步边玩边加载的方式就能够体现出更好的体验。

此外，根据地图编辑器的数据进行异步流式的动态加载，让人能有逐步出现的视觉体验，相对画面等待的阻塞方式会更好。异步加载缓解了 CPU 在某个瞬间的消耗，使得 CPU 在场景加载和实例化上的消耗更加平滑。

8.3.4 地图九宫格

RPG 中的场景常常比较大，很多时候是一张大地图无缝连接，这样才能具有真实世界无缝的行走和旅行的体验。我们不可能把整个世界都加载到内存里，因此分块、分批加载成了迫切需求。

九宫格原本是一种在服务器端用来快速查找物体或玩家的数据结构，它把每个角色的信息都存放在一个格子里，当一个角色信息变动时，只要通知周围 8 个格子的玩家更新它们角色状态即可，更远的格子由于太远而不需要同步，每次有新角色进入附近的格子都需要通知玩家，告诉它有新的角色信息，以便玩家的客户端添加模型更新状态；附近格子中的角色有离开的也会通知玩家，好让玩家的客户端程序删除指定角色，每次变化通知的范围其实都是以自己为中心的九宫格，因为只有它们是离自己最近并且是在视线范围内出现在场景里的。

我们可以把整个世界横切 N 刀，竖切 M 刀，这样就将其分成了（$N+1$）×（$M+1$）个块，地形被拆分到各个块里，这样每块放的内容都是独立的，可以被独立加载或独立卸载。

在游戏中，当玩家进入地图场景时，一般我们会限制玩家看到的场景范围，因为范围太广，视野内的内容太多会导致渲染压力过大，因此通常只让玩家看到周围800～1200米范围内的画面，远处的景色通常会用迷雾或天空或面片背景遮起来。我们可使用九宫格规则来加载场景地图，假设每块是500米×500米大小，当前所在的地块加上周围的八个分割块足以展示我们需要的画面，即九块的地图内容足以成为我们展示的画面内容。图8-52所示的是用数据表示的九宫格地图展示规则。

在图8-52中角色所在的地图块为九宫格的中心块，周围8块为已经被加载进来的地图内容。

设想一下我们控制的角色在不断地向前行进，离开了当前的地图块进入了另一个地图块，这时九宫格内容发生了变化，以角色为中心点的地图块周围的九块已经不是原先的九块。我们需要加载之前九块中没有被加载进来的那三块内容，如图8-53所示。

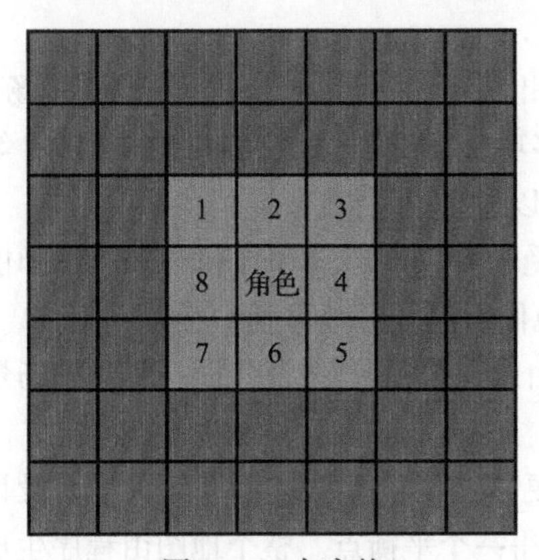

图8-52　九宫格

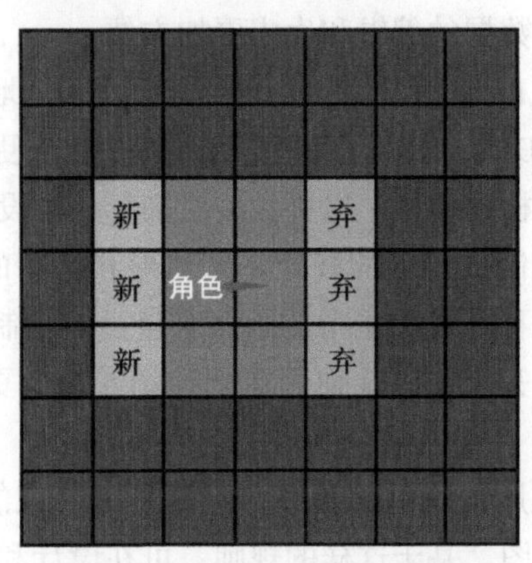

图8-53　角色移动时九宫格的变化

图8-53中的角色向左移动到了另一个地图块中，周围的九块地图也发生了相应的变化。此时我们需要加载新的地图块，以确保展示的内容仍然是完整的，同时我们还需要卸载被废弃的三块内容。

图8-53中标记为“弃”的内容块是被废弃的内容块，是需要我们卸载的内容块，这里卸载的不必要的地图内容元素包括物体实例、角色实例、模型、贴图、音效等。就这样，这个角色不断地向不同的方向行走，不断地跨越不同区块的内容，地图模块也跟着不断地加载需要的地图内容块并卸载不需要的内容块，角色始终能看到完整的地图内容，内存仍然能保持在一个范围内上下波动，因为我们在不断地卸载那些不需要的地图块。

当然，我们也可以将地图划分得更细致一些，然后采用25宫格、49宫格的形式来进行加载和释放，在玩家不断移动的同时加载那些进入视线范围内的地图元素，卸载那些不需要的地图方块。加载时可以将阻塞加载和异步加载结合使用，比如，最关键的部分使用阻塞的加载方式，包括地形、碰撞体及主要景观模型等，其他物件则使用异步加载方式并使用由近及远的加载顺序，对于加载和卸载过程，也可以加入缓冲时间，这样就能减少内存和I/O上的消耗。平滑地加载完整个场景，带来的游戏体验将是绝佳的。

8.4 地图的制作与优化

在项目成本中，场景的制作通常会占很大一部分，这里说一说场景制作在技术层面上的技巧。8.3节学习了地图编辑器，本节就来介绍地图场景的制作与优化。

8.4.1 地图的制作方式

目前比较常见的是定制式地形，即将3D设计师制作出来的网格模型作为地面的地形放置在场景中，相当于将一个模型放置在场景中，再给这个网格模型加入MeshCollider碰撞组件。也有不需要自己制作地形网格模型的，这种通常使用高度图来存储位置坐标，此方式让地形数据的编辑和生成更加方便。

有的项目会使用Unity3D内置的地形，这相当于将一个网格模型放置在场景中。Unity3D的地形可以通过地形高度图来更改。很多项目的地图使用Maya和3DMax等模型软件来构建地形，这种做法更加容易被设计师掌控以及自由发挥。

定制式地形的好处在于地形和地图的制作不受限制，地形设计师和场景制作师能根据自己的喜好和想象中的画面来自由地定制场景，他们可以任意地移动、旋转、缩放、更换、修整、完善，这让他们在把控场景时有更大的自由度，这是比较常用的一种单一场景制作方式。

使用程序拼接地形的主旨是在一定的规则下更方便设计人员自由搭配，从而设计出更好的地图。基于这样的规则，可在设计和性能上求得一个平衡点。整个地图由程序生成，通常会由一个或几个模型拼接后再铺满整个地图。

使用程序拼接的方式制作地图，最常见的要属2D的RPG。在2D的角色扮演类游戏中，几乎整个屏幕的地形都需要用地图编辑器来建立和拼凑。运行时，程序将地图数据加载进来，由于每个方块地图都是一个矩形面片，因此每一块地图都是实时生成后拼接起来的。这样一来，整个地图就只有一个drawcall，因为它只使用了一个网格（程序生成的）和一个材质球（贴图也是动态生成的一张图）。

下面分析2D地图，先来看看2D的RPG中是如何动态拼接整个地图的。现在很多2D游戏都是通过Unity3D来实现的，原因是2D也有网格、顶点、UV的概念，与3D相比，只是少了1个维度，因此在2D游戏中，地图程序拼接是通过生成顶点和三角来完成的。我们可以设想，整个地图就是一个大的矩形，地图中的方块是这个大矩形中的格子，每个格子都由两个三角形构成。既然我们能计算出每个方块的位置，那么就能计算出每个三角形的顶点和位置。简单来说，地图是一个大矩形，它由很多个大小相同的小方块构成，小方块的大小可以通过配置文件来调整，有了规则、大小一致且位置可寻的网格，我们就可以通过程序生成，从而让drawcall大幅下降。

我们只需要用两个三角形就能拼接一个方块，地图方块上顶点的UV指向的是地图贴图中的某一块，而地图贴图会以图集的方式来存储地图上不同类型的贴图。拼接前可以让贴图先自动拼接，拼接后记录每个部位的UV信息，以便拼接地图时使用。这样，所有的方块合成了一个大网格，每个方块顶点上的UV都会指向地图贴图中的某一地块内容，地块贴图内容全部集中在一张图集里。

伪代码如下：

```
//生成地图
void Generate_map()
{
    //遍历每块矩形的方块位置
    for i to width_count then
        for j to height_count then
            meshInfo = Generate_trangle_by_rectangle(i,j,_type, texture_info);
                //生成单个网格信息
            meshList.Add(meshInfo);     //汇总
        end
    end
    CombineMeshList(meshList);          //合并所有Mesh
}

//生成矩形方块所需要的4个顶点、4个索引、2个三角形、2个三角形的顶点索引，以及三角形的UV位置
void generate_trangle_by_rectangle(int _x, int _y, int _type, texture_info _tex)
{
    //矩形的4个顶点
    point1 = vector2( (_x - 0.5) * width, (_y + 0.5) * height);
    point2 = vector2( (_x + 0.5) * width, (_y + 0.5) * height);
    point3 = vector2( (_x + 0.5) * width, (_y - 0.5) * height);
    point4 = vector2( (_x - 0.5) * width, (_y - 0.5) * height);

    //顶点增加后的索引位置
    point_index1 = add_point(point1);
    point_index2 = add_point(point2);
    point_index3 = add_point(point3);
    point_index4 = add_point(point4);

    //三角形生成时的顶点
    trangle1 = [point1, point2, point3];
    trangle2 = [point3, point4, point1];

    //三角形顶点的索引信息
    trangle_index1 = [point_index1, point_index2, point_index3];
    trangle_index2 = [point_index3, point_index4, point_index1];

    //4个UV点位的信息
    point_uv1 = vector2(_tex.uv_x, _tex.uv_y);
    point_uv2 = vector2(_tex.uv_x + _tex.width, _tex.uv_y);
    point_uv3 = vector2(_tex.uv_x + _tex.width, _tex.uv_y + _tex.height);
    point_uv4 = vector2(_tex.uv_x, _tex.uv_y + _tex.height);
```

```
    Mesh mesh = new Mesh();
    mesh.trangles = [trangle1 , tangle2];
    mesh.trangles_index = [trangle_index1 , trangle_index2];
    mesh.uvs = [point_uv1, point_uv2, point_uv3, point_uv4];

    return mesh;
}
```

上述伪代码中，对所有地图中的方块进行了遍历，在遍历中生成每个方块所需要的顶点、顶点索引、UV 数据，进而生成三角形网格。遍历完毕后，将所有网格数据合并，让整张地图成为一个一体化的网格，渲染时只产生一个 drawcall。使用程序拼接的地图可以通过地图编辑器来改变地形、地貌，拼接完成的地图在渲染上的代价也相当小。假如想换一种地图样式，只需更换贴图即可，非常方便。

注意，地图是需要一些工具链支撑的，由于地图元素仅限于图集中的元素，所以每次增加、删除元素都需要操作地图图集，因此使用工具链对于动态图集来说会更友好些。图集太大，就有拆分图集的必要，可把不同的地图图集拆分为共享图集和各自地图的图集，但这样一来，就需要我们改变地图和 drawcall 的策略了，比如，渲染多个图集让多个网格凑成一个地图，每个网格代表一种类型的地图图集。

不仅是 2D 游戏，在 3D 的 RPG 中，也常常会使用这种技巧来绘制游戏地图，曾经在日本风靡一时的“白猫计划”就使用了这种方式。

使用这种程序拼合的地图，策划设计师、关卡设计师都可以在地图编辑器上任意地绘制、拼接同种类型的不同样式的地图，因此大大缩短了场景试错时间。这种方式能快速生成不同样式的地图，同时又不需要制作大量不同类型的 3D 模型，深受游戏制作人的喜爱。

那么在 3D 地图中是如何拼接方块地形的呢？这看上去要比 2D 更加复杂，其实并非如此。

在制作 3D 地形前需要先制定一下模型的规范。先固定地形模型的大小，即把每个地形模型都制作成一个固定大小的立方体。假设每块地形的大小规定为 10 × 10，那么每个 3D 地形模型都必须以 10 × 10 的标准来定制（允许有空白处）。单个模型的尺寸大小按照项目的地图来拆分，也可以是 20 × 20 或 30 × 30。只是在标准制定完毕后，地形模型的制作都必须按照标准来执行，每个元素都相当于一个地图块。

其次，同一个地图上的地形模型的纹理贴图最好合并到一张图集上来制作，因为只有这样，才能在合并模型时合并材质球，并且在合并后让这么多的 3D 小方块只需要一个 drawcall 渲染调用就可以绘制所有的地图，也只有这样，才能解决太多模型需要渲染导致的大量 drawcall 的问题。

3D 地形模型的制作需要提前设计和考虑，因为地图被拆分成了 *N* 种类型的地形立方体，所以在制作初期，需要先了解整个地形有哪些类型的需求并进行设计。在读取地图编辑器中的地图数据后，除了拼合地形模型立方体外，实例化场景地图时还需要增加一些逻辑，为的就是更好地适应模型拼合。就像我们在制作和拆分城墙时，如果城墙处于拐角处，那么需要先判断它的前后左右有没有其他城墙。如果有，则应该选择适当的连接城墙来适应周边的模型，这其中共包括左连接、右连接、前连接、后连接、前后双向连接，以及左右双向连接等9种情况，根据不同的情况选择不同的模型，这样才能完美契合周围的地块模型。

最后一步是合并模型，相对简单，将地形模型放在地图数据文件所描述的指定位置上，并采用前面所说的方式选择适配的模型，调用Unity3D的API方法Mesh.CombineMeshes合并所有模型。合并时，也会有三角面数的限制，合并后的模型的三角形数量不能超过65 535（即$2^{16}-1$）个面，如果超过，则应该另创建一个网格实例进行合并。关于网格合并的详细步骤，前面已有详细介绍。

8.4.2 常规场景的性能优化

前面几节阐述了地图的拼接方式，使用程序拼接合并地图块大大降低了drawcall的数量，提升了渲染的性能，但在拼接网格和贴图时会有卡顿的情况。另外，此方法也只能针对可拆分的地图类型项目，很多游戏地图是不能拆分成小块的立方体的。因此，还需要更多针对常规场景讲解优化的方法和技巧。

首先我们要清楚性能分逻辑、引擎和渲染三部分。逻辑性能瓶颈主要在业务逻辑上，每个项目的逻辑性能瓶颈都不一样，解决方案也不同，这里主要介绍渲染和引擎上的性能优化。下面罗列几个主要问题。

1）同屏渲染面数太多，GPU压力太大。

2）渲染管线调用次数太多（drawcall太多），GPU的并行处理没有很好地发挥作用。

3）贴图太大，压缩格式不合适，占内存多，导致显存的带宽负荷大。

4）动画太多，蒙皮在骨骼上的计算消耗的CPU多。

5）复杂的着色器开销太大，GPU的计算量开销太大。

还有很多其他问题，比如，实时阴影导致的drawcall太多，以及透贴太多导致Overdraw问题比较严重，以及物体需要的管线渲染太多，一个物体需要绘制多次才能完成等。本节主要讲解场景中的优化技巧及其来龙去脉。

1. 渲染面数太多，GPU压力太大

渲染面数太多，一般都是因为同屏展示的面数太多，如果整个场景的网格面数太多，只会让内存上升，可见，摄像机里同屏的渲染面数才是比较重要的。

Unity3D引擎会裁切掉摄像头之外的物体，不让它们进入渲染管线，以减少消耗，虽然裁切会消耗小部分CPU，但相比渲染整个物体要小得多。

部分第三人称固定摄像头视角的游戏并不会将摄像机抬起来让更多的画面进入摄像机，但有很多游戏的摄像机的旋转角度是自由的，这会导致在摄像机抬起时有许多模型会进入摄像机的渲染范围。Unity3D引擎在提交GPU前会对模型物体进行一次裁剪，在进入渲染管线前，每个3D物体都能计算出或者已经计算好了一个包围盒，即Bounds，这个包围盒由8个顶点组成，加上旋转矩阵就能计算出每个顶点是否在摄像头的锥形体范围内。

在裁切算法中，包围盒的 8 个点中只要有 1 个点在锥形体范围内，就认为是需要渲染的，不可被裁剪。如果 8 个顶点都不在摄像头的锥形体范围内，则不需要被渲染，这时 Unity3D 引擎会阻止这个模型渲染，在渲染调用前抛弃它。因此我们要格外注意模型的包围盒，在制作模型时，有时会因为错误的操作导致包围盒并不适应模型大小，过大的包围盒会导致 GPU 性能浪费。这种 Unity3D 引擎上的裁剪，帮助我们屏蔽掉了很多不需要渲染的物体，虽然裁剪也会消耗些许 CPU，但比起绘制一个 3D 物体的计算量来说要少得多。

场景中的模型如果很大、很长，则会让裁剪失效。在我们的项目中常会有模型从南延伸到北，贯穿整个场景，这样的模型包围盒会很大、很长，这会让引擎的裁剪优化失效。一旦模型长到覆盖了整个场景，且包围盒总有一段在摄像头内，就会导致它一直不会被引擎裁剪，这样就会浪费很多不必要的 GPU 计算（因为网格被传入后，是由 GPU 来负责对每个三角形进行裁剪的，这比用包围盒的方式裁剪要费力得多）。因此我们在场景中要考虑对过大、过长的模型进行拆分，不能让它跨很多个区域，但要注意的是，拆分得过细也不行，因为这样会带来更多的 drawcall。理解了裁剪原理会对场景物件的颗粒度大小的把控更加清晰。

另外，若摄像机的远切面太长，也会包含太多物体在视野范围内，这同样会导致前面介绍的引擎裁剪失效，更多的物体会被送去渲染，增大了 GPU 的压力。

最简单直接的方法就是，拉近摄像头的远切面距离，减少模型进入视野内的数量。视野范围内的物体减少了，需要渲染的模型面数也就减少了，CPU 和 GPU 的消耗自然会下降。要让视线在一个合理的范围内，则需要关注摄像机参数。

上述方法裁切得太狠，因为它缩短了视野直接裁剪三角形，让画面不那么细腻美观，很多时候我们希望看到更远的地方。我们既希望看到更多、更远的物件，也想降低渲染带来的压力。世上没有免费的午餐，想降低 CPU 和 GPU 的消耗，至少得用大量内存来换。LOD，即 Level of detail，就精通此道，它可使用内存换 CPU 和 GPU。

使用 LOD 时，需要我们把 3D 模型制作成多个不同细节级别的模型文件，每个级别的模型都比上一级模型的面数少，这样就可以让面数少的模型用于远距离的渲染，而面数多的则用于近距离渲染。当摄像头拉远时，启用面数更少的模型；当摄像头拉近时，则启用面数更多的模型。这样，即使众多的模型在摄像头范围内等待渲染，也只有几个面数多的模型靠近摄像头，而大部分模型离摄像头比较远，启用的是面数比较少的模型。这些远离摄像头的 3D 模型面数很少，即使数量众多，它们所展示的低面数的总和也是可以接受的。当同屏需要渲染的面数少时，GPU 需要处理的三角面也少。另外，通常低级别的模型材质球数量会比高级别的模型少一些，因此 GPU 需要处理的 drawcall 数量也会变少（渲染状态和渲染指令时串行处理），处理的量少了，处理速度自然就快了。

我们常提到的 Mipmap 其实也有点使用 LOD 方式运作的意思，只是 Mipmap 的主要意图不是优化性能，而是处理因物体像素比导致的画面瑕疵问题，由于 Mipmap 会根据远近来选择贴图大小，因此在绘制场景时也节省了不少 GPU 与内存之间传输数据的带宽，具体将在后面详细讲解，这里只是简单陈述一下。Mipmap 和 LOD 的理念差不多，区别在于 Mipmap 是对于离摄像机远的像素启用更小的纹理贴图，对离摄像机距离近的像素则使用正常的或放大的纹理贴图。LOD 是根据物体的远近来判断模型级别的，Mipmap 则根据渲染时像素与贴图像素块的大小比例来判断使用哪个级别的贴图。

当然，天下没有免费的午餐，提升了 CPU 和 GPU 的性能就得增大内存的消耗，内存消耗太多也会有得不偿失的时候，因此在使用 LOD 时，我们要在分多少级的细节上斟酌一下。针对不同的项目，分级的层数不同，就大型 MMORPG 来说，那种可以在天上飞的游戏，看到的物体自然就很多，如果 LOD 分级少了，画面就会显得突兀，而中小项目里 LOD 分级太多，则会加大内存量和制作时间，得不偿失。

2. 渲染管线调用次数太多，GPU 的并行处理没有很好地发挥作用

除了渲染面数太多带来的 GPU 压力，渲染调用次数太多也是造成 GPU 瓶颈的一大问题。drawcall 的大多数问题都是因为场景中的模型物体太多引起的，也可能附带存在着色器中的管线太多使得渲染压力更大。

解决这个问题的最简单办法是“干掉”场景中众多的模型物体，以及“注释掉”着色器中不必要的管线。这无疑会将美术设计师和场景设计师辛勤工作的成果给白白浪费了，我们尽量不考虑这种方式，不过适当地移除些许不必要的模型也有助于场景制作，特别是针对低端机型进行性能优化时。

如果希望在不毁坏场景的前提下做些优化，关键点就在于“合并模型”。我们不希望破坏场景的美观，不想让设计师们辛苦设计的场景毁于性能优化，那么就需要更多的合并渲染。在制作完场景后，同屏内需要渲染的面片数量已经确定，在不减少场景中的模型数量以及不减少单个模型面数的情况下，同屏画面上需要渲染的三角形面数已经不会变化。从整体上看，我们每次调用的管线渲染（即调用 drawcall）都会传送给渲染管线三角形，如果传送的三角形数量比较少，则调用的 drawcall 次数就会增多，因为三角形数量是确定的。因此，我们需要合并这些三角形面片，然后一并传递给管线，将多次调用变成一次，只有这样，才能大大降低 drawcall 的数量，降低渲染调用次数。

那么减少渲染管线，即减少 drawcall 的数量究竟有什么好处？减少了渲染管线的数量，即降低了 drawcall 的数量后，并没有减少任何需要渲染的面片数量，只是每次传递给渲染管线的顶点和面片数增多了，这使得传递的次数减少了，三角形数据在进入渲染管线后开启的是 GPU 并行处理，CPU 原本的单行线处理变成了多线处理，像是将单车道扩展为八车道那样，行驶速度翻了很多倍。

原本调用一次渲染后都要在队列中等待管线渲染完毕后才进行下一次渲染，合并后就不同了，不再像以前那样要调用这么多次 drawcall，合并后，排队的数量少了，队伍短了，虽然每个排队的数据都很“胖”（数据量很多），但是一旦进入 GPU 处理阶段，上百条生产线就会并行处理这些数据，因此我们要想方设法地合并模型，从而减少 drawcall。

Unity3D 引擎自带了多种合批方式，前面章节已详细介绍，这里再简要阐述一下，Unity3D 引擎中有动态合批、静态合批、GPU Instancing 合批这三种方式，其中动态合批在合并模型时的要求比较高，对模型面数、法线、切线、管线数等都有要求；静态合批的要求稍低，但也有自己的规则，它通过消耗硬盘和内存来换取 CPU，而 GPU Instancing 的原理则是在渲染一个模型时通过传递更多数据来让它绘制在不同的位置，从而达到减少 drawcall 的目的。

大多数项目都会使用 Unity3D 引擎中的这三种合批方式，将合批力度放到最大，我们在前面的章节中也详细介绍了这三种方法的使用。这里不讨论如何通过 Unity3D 引擎里的功能来执行“合批”的操作，只介绍如何通过自己编写的程序来掌控“合批”的效率和效果。引擎自带的通常都是通用的合批方式，规则比较严格，合批率比较低，所以有时我们需要自己编写程序来实现合批，毕竟自己动手丰衣足食嘛。

自己动手丰衣足食，也是有前提的，前提是引擎给的合批方式已经用尽，需要自己动手合批那些引擎无法合批的部分。自己合批也分“实时合批”与“静态合批”两种方法。实时合批会消耗大量的 CPU，因为它需要读取多个模型，并创建新模型数据，不断地创建新模型数据，就会导致 CPU 更多的消耗。对此前面章节已经详细阐述过，这里只简单阐述一下。合批模型时要求模型使用的是相同的材质球，读取所有具有相同材质球的模型数据，生成一个新的合批后的模型需要隐藏原有的模型，以免两个重叠显示。倘若我们在制作时发现很多模型材质球使用的着色器的参数一样，只是贴图不一样，那么可以离线合批它们的贴图后再放到实时渲染时进行合批。也可以先实时合批贴图，再将贴图传入材质球，这样就拥有了相同的材质球和相同的贴图，当然，此时 UV 也需要重新设置。

非实时合批则是线下的合并，即大家常说的静态合批。Unity3D 静态批处理的规则比较严格，即要求材质球相同，贴图的模型相同。此方式内存消耗比较大，因此我们还是建议使用自己手动合批的方式，既可以自己手动拼接场景中静态不动、有相同材质球的模型，也可以用程序或插件来拼接，比如通过 MeshBaker 来制作和合批模型与纹理贴图。静态合批网格的好处就是，游戏中不需要实时消耗 CPU 合并模型，节省了不少实时开销的 CPU，同时也减少了 drawcall 的数量。

合批网格也存在过犹不及的情况，如果把所有在场景内的物体全部合成一个模型，即无论摄像头能否看到的地方都合批了，那么 GPU 的压力也同样会很大，因为这样一来，前面提到的引擎自身做的第一层包围盒裁剪就不能生效了。渲染时会一股脑地将整个模型数据塞进渲染管线中由 GPU 来裁剪三角形，这样会增大 GPU 的计算压力，GPU 要裁剪整个地图的所有模型面片，计算量会是巨大的。因此我们在静态合批时也要适度，即合批附近距离不太远的、可以称为一块范围内的模型，这样既减少了 drawcall 次数，也为引擎裁剪让出了空间，降低了 GPU 裁剪的压力。

3. 贴图占内存大，导致显存的带宽负荷太重

贴图太多、宽带压力太大，主要是因为需要将内存的纹理复制到显存中才能在 GPU 中

渲染，而且这样做显存的消耗也很大。在现代设备中，显存只存在于主机和PC游戏中，在手机中没有显存的概念，手机设备中的显存都是内存内部的复制，即手机中会为GPU预留出一块用于渲染的内存块作为缓存。

手机与PC的架构完全不一样，这导致内存的存取方式也不同，在PC中向GPU传输纹理贴图是从内存向显存复制，这意味着贴图纹理有两份，一份在内存，一份在显存。当引擎调用渲染指令时会向GPU传输纹理贴图，通常GPU会复制一份纹理到显存中，不过这也是短暂的，显存只相当于缓存，引擎的每次渲染调用都会重置渲染状态，并向GPU传输纹理贴图，如果纹理贴图已经存在于显存中，则不用再传输，如果显存不够，则要清除掉显存中的一部分内容，以空出空间来应付当前的指令。理论上，显存越大越好，这样每次渲染调用就不用覆盖缓存上的贴图，在下一帧渲染时就可以重复利用前面已经传输过的纹理。

在安卓和iOS的架构下，不存在纹理在内存和显存的复制，CPU和GPU的纹理地址指向同一个物理地址。当手机设备需要纹理时，系统会从纹理文件中直接加载至指定的物理内存中，不再复制到其他地方。

除此之外，有两份内存的情况也会在引擎内发生，Unity3D中的贴图有一个选项Read/Write，当Write被勾上时，在引擎的内存中就会有另一份复制，这是因为Write属性的贴图随时会被更改，为了不影响GPU贴图的渲染在CPU与GPU之间运作，系统采用三重缓存机制，即系统会另起一份贴图来使得CPU与GPU之间无障碍协作。因此我们在设置贴图时，首先要注意Read/Write选项是否需要被开启。绝大部分贴图是不需要开启此选项的，这些贴图开启后造成2倍内存，也是不必要的。

贴图太大太多会影响GPU的复制过程，最好的办法是缩小和压缩贴图。看起来挺简单，其实在实际项目中，我们不能为了性能随意去缩小和压缩贴图，这样会导致项目因贴图质量太糟糕而影响画面效果。我们需要针对每个部分的贴图逐一去了解和设置参数，或者用Unity Editor脚本对某些文件夹下的贴图统一做强制性的设置。其实每个功能部分的贴图都有其用途，比如UI中的贴图大部分是图集和Icon图片，图集一般都是无损质量，不同级别的设备会采用离线LOD的方式做多份备份，每份的设置则会有所区别。大部分UI贴图都不需要Mipmap采样，Icon图也一样。低端设备会对UI贴图做些压缩，压缩后UI的质量会有所降低，换来的是性能速度提升，这是因为无损的贴图和压缩的贴图在内存上通常有5～10倍的差距，贴图传入GPU所执行的复制过程会消耗一部分算力。

3D模型的贴图也有其自己的特点，模型纹理贴图通常都是2的幂次大小。2的幂次大小的纹理贴图GPU处理起来比较顺手。以前GPU只能处理2次幂大小的贴图，现在GPU已经强大到可以处理非2次幂大小的贴图了，但速度和效率还是会相对慢一些。这些贴图通常也是可以压缩的，并且大都需要带有Mipmap采样生成标记。要压缩多少，压缩到什么比例才适合，可能并没有绝对统一的标准，大部分项目都会针对不同的设备和平台去压缩，压缩的格式通常为ETC、ETC2、PVRTC和ASTC，现在比较流行的是ASTC压缩格式，在这种格式下，压缩比例和画质能达到平衡。ETC和ETC2压缩比例很大，对画质损伤也大。

贴图的大小也比较重要，每个项目在开始前最好能规范一下，我们在前面章节中介绍了许多规范的制定，只有遵守良好规范的项目，才能稳步前进。幸运的是，无论美术设计师将贴图做得多大，都可以在 Unity3D 里重新设置成我们需要的大小，Unity3D 会将所有贴图都重新制作，进而导出成我们指定大小的贴图和格式。因此，即使前期贴图很大，也可以在 Unity3D 的项目中将贴图设置成我们希望的尺寸大小。

4. 动画太多，蒙皮计算消耗的 CPU 太多

模型动画确实是令人头疼的一块内容，它是动态的，而且时时刻刻都在计算网格的位置，不像静止的 3D 物件，即使它们有时会出现或消失，也不会消耗网格算力。模型动画不停地在你的眼前动来动去，即使不在屏幕上，大部分时候也需要一直保持动画的计算过程。

对于模型动画的优化，在模型动画章节讲得比较详细，这里主要是基于实际的应用场景讨论一下。

模型动画消耗得最多的是 CPU 的蒙皮计算，如果有 100 个动画在屏幕中播放，CPU 在蒙皮计算上的消耗将会极大。蒙皮计算的实质就是骨骼与顶点的计算，骨骼动画用骨骼点去影响顶点，因此每帧都需要计算骨骼点与顶点的偏移、缩放与旋转。如果动画模型的顶点数量很多，骨骼数量也很多，由于顶点关联着骨骼点，多个骨骼点影响着顶点，因此计算量就会很大，消耗的 CPU 的算力也就会很多。想要减少计算量，减少顶点数是最直接的办法，当然，也可以减少骨骼点的数量。

3D 模型设计师和动画设计师实现减面和减动画骨骼绝非易事，因为它涉及画面质量削减平衡，在削减的时候，设计师们需要顾及画面质量。作为程序员，我们能做的就是从程序上尽量减少开销。由于每帧都要计算网格的形状，所以很费 CPU，如果能把计算好的每帧顶点偏移量保存起来，播放的时候直接偏移过去就会好很多，这样就不需要计算了，只需要存储与偏移。我们可以把每个动画网格分批计算好，并将其另存为一个文件，这样有多少帧动画就会有多少个具体的网格，每次播放动画时，直接拿出这些网格替换就省去了网格顶点的计算。

这种方法虽省去了骨骼计算的消耗，但使得内存占用量上升了，另外这么多模型网格无法合并，每个动画模型至少需要一个 drawcall 来支撑，假设有 100 个这样的动画，就需要至少 100 个 drawcall 来支撑。这种方式的消耗还是太大，能不能合并 drawcall 呢？就像合并普通网格一样，相同的材质球合并成为一个 drawcall。Unity3D 的 GPU Instancing 为我们提供了合并的可能。它可以合并相同的材质球，相同模型的 drawcall。其原理是将一个模型以不同的状态在不同的位置渲染，只需提交一次 GPU。

SkinMesh Instancing 使用这种方式解决了动画渲染的问题，它是一种建立在 GPU Instancing 功能之上的动画优化方案。它把动画的模型数据在离线状态下计算好并存储在贴图中，这样就解放了 CPU 的算力，转移到 GPU 中渲染了。它把动画文件中的数据与模型数据结合起来，分批计算好网格顶点的偏移量并存储在贴图中，由可编程的顶点着色器根据参

数来完成顶点的偏移，这样我们不仅不需要计算，而且能一次提交就渲染很多个位置的模型，每次渲染只需将顶点偏移就可以了，省去了大量的 CPU 计算蒙皮的消耗。

着色器也是使用上述方式来解决动画问题的，包括一些场景中的草、树、飘带和红旗的摇动等，这里的 CPU 消耗主要来自于顶点动画蒙皮计算。这些摇动的动画是使用纯顶点算法计算出来的，它在计算顶点的偏移位置时，消耗的是 GPU 算力，而不是 CPU 算力，因为 GPU 是并行的且更擅长顶点计算。

当然这几种方法各有利弊，在实际项目中需要根据实际情况做出选择，也可以混合使用，使用时应该衡量它们在项目中的限制和作用，尽量做出合理的选择。

5. 着色器开销太大，消耗 GPU 算力

使用着色器时，如果不注意也会引起不少麻烦。下面介绍针对着色器优化时所采取的策略。

在片段着色器中计算复杂逻辑会消耗更多的算力，因为片段着色器是针对每个像素进行计算的，而顶点着色器则是针对每个顶点进行计算的，两者的数量有很大的差别，如果我们能将片段着色器的计算量转移到顶点着色器中，就能节省很多 GPU 消耗。

使用复杂的数学函数也会导致性能开销大，比如 pow、exp、log、cos、sin、tan 等，如果能使用近似公式代替它们，就能为 GPU 节省很多开销。

我们在编写着色器时很喜欢用变体，因为这能节省很多工作量，在使用 multi_compile 或 shader_feature 后，着色器会编译出很多的变体，引擎在识别功能时会选择对应的着色器，这导致很多没有被初始化的着色器会被临时初始化，这会造成卡顿。另外，变体的使用也加大了内存的使用量，有些项目的变体内存占用量就达到 50MB，因此使用时需要谨慎些。

我们常认为 AlphaTest 会让 Overdraw 的性能问题减少，但在手机设备上，AlphaTest 的使用会让前置深度测试 Pre Depth Test 失效，这会导致性能开销反而增加。因此要小心使用 AlphaTest。

此外，在着色器中有很多计算，对此可以采用预先计算好的值来代替实时计算，从而降低消耗。

其他小细节的优化包括在着色器中要控制变量精度，减少不必要的精度开销等，这些很容易被忽视。使用过多的 ifelse 也同样会让着色器开销过大，因为着色器编译器并不会真的有 ifelse 的分支。

Chapter 9 第9章

渲染管线与图形学

9.1 图形学基础

游戏编程可分为应用层与引擎层的编程。应用层可分为基础组件、核心架构、业务架构这三部分。本章不深入讨论引擎层，但会向大家介绍一些必须知道的引擎层知识。基础组件是架构的基础，我们要特别重视和谨慎地去编写其代码；核心架构则是项目的骨架，它支撑着项目不断进行良性扩展。本章将以业务架构的知识点为主，基础组件、核心架构、引擎层的知识点为辅进行介绍。对于大多数人来说，平时会将大部分精力都投入在业务架构上。在业务架构上，除了业务逻辑形成的模块、框架、架构、算法外，图形学也是非常重要的学习方向。很多人在业务层面打拼多年始终无法突破的原因是，对图形学研究不够重视。对一个游戏客户端开发人员来说，这一点限制了他 / 她的技术视野，特别是当我们要对游戏性能进行优化时。我们需要有更广阔的技术视野，以便能对当前的状况提出更多的解决方案，CPU 和 GPU 的相关知识都需要我们深入了解。本质上，我们面对的是图形绘制和计算，业务逻辑虽然支撑起了图形绘制的骨架，但图形学底层的知识仍然是基础逻辑，只是在使用了现代图形引擎之后，特别是使用了 Unity3D 之后，它为我们提供了很多工具和接口，使用起来非常方便，这使得初期我们可以不需要学习图形原理，但随着编程技术的进步，我们越来越需要知道图形绘制的原理。

虽然图形学和 GPU 的知识都是比较重要的内容，但我们不能存有偏见，因为 CPU、GPU 的知识缺一不可，如果不懂各个模块的编写手法、框架的搭建、架构、算法及图形绘制原理，就会无法完整体现一个优秀程序员真正的知识宽度，特别是对于一个要在项目中担当起顶梁柱的主程序员来说，更是需要对程序技术的每个部分都有深刻的了解。尤其是图形绘制原理，由于该原理在编程初期比较容易被忽视，因此需要我们静下心来学习、理解和掌握它。我本想将基础部分写得详尽些，但由于篇幅有限，因此只能挑重点的介绍，并以言简意赅的方式说明具体细节。书中特意挑出图形学中比较重要的部分与Unity3D结合起来进行讲解。

9.1.1 向量的意义

Vector3有x、y、z三个变量，它通常用于表示坐标数据，但也可以代表距离、速度、位移、加速度及方向。

我们先用方向来举例。设Vector3的两个点坐标变量分别为a和b，相减后就能得到一个从b点到a点的向量$\boldsymbol{c}$。向量$\boldsymbol{c}$可以认为是一个从a点到b点的长度且拥有b点到a点方向的向量，向量$\boldsymbol{c}$与a和b同样是Vector3类型。

那为什么a和b是坐标，而$\boldsymbol{c}$是向量呢？任何一个Vector3变量，要确定它是坐标还是向量，得看我们如何定义它。我们可以定义a是坐标，也可以定义a是速度向量。至于如何定义以及如何计算，则要看我们在公式中或者在程序中如何对待它，不管是速度、位移，还是加速度，都是这个道理。

我们再举一个例子，还是将a和b定义为Vector3的坐标点，a减去b，再除以常量1，那么可以认为向量除以一个时间单位（即1秒）后得到了我们需要的有方向的速度$\boldsymbol{c}$，此时$\boldsymbol{c}$被认为是速度矢量，因为距离除以时间等于速度，$\boldsymbol{c}$就是这个有方向的速度。再比如，坐标a点减去b点就能得到$\boldsymbol{c}$向量，任意坐标加上$\boldsymbol{c}$就会得到与a和b同样的相对位置，此时$\boldsymbol{c}$被认为是偏移量。

现在有四个坐标a、b、c、d，当a减去b后除以1秒就得到了从a到b的速度，那么b减去c后除以1秒就得到了从b到c的速度，这两个速度再相减依然是Vector3类型，而此时得到的结果Vector3已经不再代表坐标和速度，而是一个由两个速度相减得到的加速度。最终我们会发现，赋予Vector3什么样的意义，取决于我们用它们计算的过程。

为了更深入地理解Vector3的计算意义，下面就来有选择性地讲解Vector3在图形数学中的计算意义。

9.1.2 点积的几何意义

向量$\boldsymbol{a}$与向量$\boldsymbol{b}$点积的计算公式如下：

$$\boldsymbol{a}\cdot\boldsymbol{b}=(x1,y1,z1)\cdot(x2,y2,z2)=x1\times x2+y1\times y2+z1\times z2$$

除上述公式外，点积还有另外一个计算公式，如下：

$$\boldsymbol{a}\cdot\boldsymbol{b}=||\boldsymbol{a}||\times||\boldsymbol{b}||\times\cos\beta$$

也可以使用更直观的方式来表示它们，如图9-1所示。

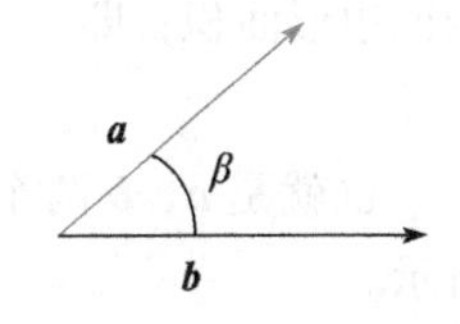

图9-1 两个向量的点积

图9-1中，$\boldsymbol{a}$向量与$\boldsymbol{b}$向量的夹角为β，在$\boldsymbol{a}$向量和$\boldsymbol{b}$向量长度不变的情况下，计算出来的值越大，$\cos\beta$的值也越大，而

β角与$\cos\beta$的值成反比，因此要让$\cos\beta$的值越大，则$\boldsymbol{a}$和$\boldsymbol{b}$的夹角得越小。当β大于90°时，计算出来的是一个负数，这就说明此时$\boldsymbol{b}$指向的方向与$\boldsymbol{a}$指向的方向是相反的。

采用这种方式可以得到一个判断依据，即当$\boldsymbol{a}$和$\boldsymbol{b}$两个向量点积得到的结果为正数时，两者的方向比较一致，并且这个正数越大，$\boldsymbol{a}$和$\boldsymbol{b}$两个向量的方向越一致，直至得到的正数最大时，两者的方向完全相同。当$\boldsymbol{a}$和$\boldsymbol{b}$两个向量点积得到的结果为负数时，$\boldsymbol{a}$和$\boldsymbol{b}$两个向量的方向则相反，得到的负值越小，$\boldsymbol{a}$和$\boldsymbol{b}$的方向相反的程度越厉害，当负数最小时，两者方向完全相反。

点积除了可以判断两个向量的方向外，还可以用来计算β的角度，即：

$$\beta = \arccos((\boldsymbol{a}\cdot\boldsymbol{b})/(|\boldsymbol{a}|\times|\boldsymbol{b}|))$$

现在用程序来表达计算$\boldsymbol{a}$和$\boldsymbol{b}$夹角的计算过程，其中Vector3.Dot为Unity3D中点积的计算接口，Vector3.magnitude为矢量距离值，代码如下：

```
public static float Dot(Vector3 lhs, Vector3 rhs)
{
    return lhs.x * rhs.x + lhs.y * rhs.y + lhs.z * rhs.z;
}

public float magnitude { get { return Mathf.Sqrt(x * x + y * y + z * z); } }
```

我们用Mathf.Acos(float f)来获取反三角函数值，于是就有了：

$$\beta = \text{Mathf.Acos}(\text{Vector3.Dot}(\boldsymbol{a}, \boldsymbol{b})/(\boldsymbol{a}.\text{magnitude}\times\boldsymbol{b}.\text{magnitude}))$$

9.1.3 叉乘的几何意义

与Vector3点积一样，Vector3的叉乘也是向量与向量之间的计算公式，不同的是，叉乘的结果不再是一个数值，而是一个同样维度的向量，即

$$\boldsymbol{c} = \boldsymbol{a}\times\boldsymbol{b} = (a1, a2, a3)\times(b1, b2, b3) = (a2\times b3 - a3\times b2, a3\times b1 - a1\times b3, a1\times b2 - a2\times b1)$$

式中，两个向量$\boldsymbol{a}$、$\boldsymbol{b}$叉乘后，得到与$\boldsymbol{a}$、$\boldsymbol{b}$向量形成的平面垂直的向量$\boldsymbol{c}$。其中$\boldsymbol{c}$的长度又可以用另一个公式来表示，即$\boldsymbol{a}\times\boldsymbol{b}$的长度等于向量的大小与向量的夹角sin值的积：

$$|\boldsymbol{c}| = |\boldsymbol{a}\times\boldsymbol{b}| = |\boldsymbol{a}|\times|\boldsymbol{b}|\times\sin\beta$$

式中，$\boldsymbol{c}$的长度与$\boldsymbol{a}$和$\boldsymbol{b}$向量的夹角大小有关。如此，我们可以反推一下，当$\boldsymbol{c}$的长度为0时，$\boldsymbol{a}$和$\boldsymbol{b}$是两个相互平行的矢量，当$\boldsymbol{a}$和$\boldsymbol{b}$的叉乘的模等于$\boldsymbol{a}$的模乘以$\boldsymbol{b}$的模时，$\boldsymbol{a}$和$\boldsymbol{b}$是两个互相垂直的向量。

此外，$\boldsymbol{a}$向量和$\boldsymbol{b}$向量叉乘的模就是$\boldsymbol{a}$向量和$\boldsymbol{b}$向量形成的四边形面积，即

$$\boldsymbol{a}\times\boldsymbol{b}\times\sin\beta$$

也就是$\boldsymbol{a}$、$\boldsymbol{b}$两个向量形成的四边形的面积值，如图9-2所示。

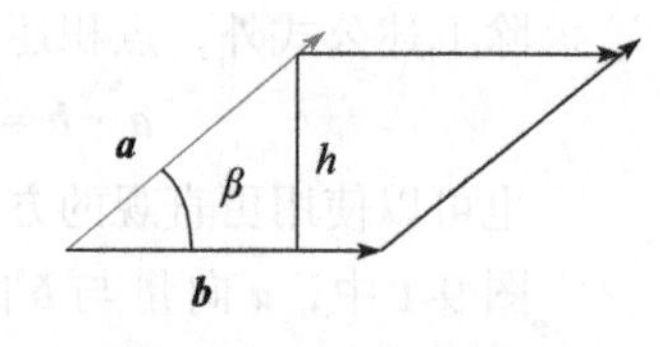

图9-2 两个向量的叉乘

四边形的面积公式为一条边乘以它的垂直高度，即$b\times h$。

在四边形中，垂直高度 h 是怎么得到的呢？可以使用 $a \times \sin\beta$ 得到，因此就有了这个公式的演变算式，即

$$四边形面积 = |\boldsymbol{b}| \times h$$

由于 $h = |\boldsymbol{a}| \times \sin\beta$，将其代入上式后，得

$$四边形面积 = |\boldsymbol{b}| \times |\boldsymbol{a}| \times \sin\beta$$

于是可以推出：

$$四边形面积 = |\boldsymbol{b}| \times |\boldsymbol{a}| \times \sin\beta = |\boldsymbol{a} \times \boldsymbol{b}|$$

经过四边形面积公式的转换，得到向量叉乘后的模就是四边形的面积。这在 3D 中也同样适用，由于两个向量可以确定一个平面，所以两个向量也可以确定一个四边形的平面，从而可以用叉乘算出它们的面积。

在 Unity3D 中，叉乘的函数就是 Vector3.Cross，代码如下：

```
// 两个向量的叉积
public static Vector3 Cross(Vector3 lhs, Vector3 rhs)
{
    return new Vector3(
        lhs.y * rhs.z - lhs.z * rhs.y,
        lhs.z * rhs.x - lhs.x * rhs.z,
        lhs.x * rhs.y - lhs.y * rhs.x);
}
```

9.1.4 向量之间的投影

在几何计算过程中，我们经常采用“投影”这种方式进行计算。在向量中，投影也是一种常用的技巧，如图 9-3 所示。

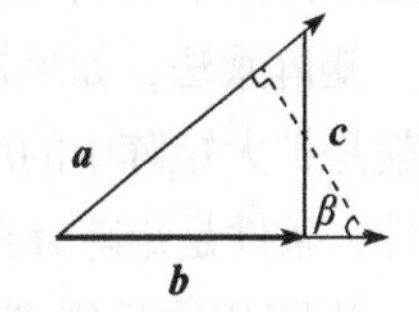

图 9-3 向量之间的投影

图 9-3 中，向量 $\boldsymbol{b}$ 往向量 $\boldsymbol{a}$ 投影得到向量 $\boldsymbol{c}$。从图中可以看到，$\boldsymbol{c}$ 向量其实就是向量 $\boldsymbol{a}$ 乘以某个系数得到的。这个系数可以认为是 $\boldsymbol{c}$ 的模除以 $\boldsymbol{a}$ 的模得到的数值。即

$$\boldsymbol{c} = \boldsymbol{a} \times (|\boldsymbol{c}|/|\boldsymbol{a}|)$$

这里，$\boldsymbol{c}$ 的值是未知的，但是通过 $\boldsymbol{c}$ 和 $\boldsymbol{b}$ 的夹角为 β 又能得出如下的算式：

$$|\boldsymbol{c}| = |\boldsymbol{b}| \times \cos\beta$$

将上述算式套入计算投影向量 $\boldsymbol{c}$ 的算式中，就变成：

$$\boldsymbol{c} = \boldsymbol{a} \times (|\boldsymbol{b}| \times \cos\beta/|\boldsymbol{a}|)$$

进一步，在除号的两边乘以 $\boldsymbol{a}$ 的模可以得到：

$$\boldsymbol{c} = \boldsymbol{a} \times (|\boldsymbol{b}| \times \cos\beta \times |\boldsymbol{a}|)/(|\boldsymbol{a}| \times |\boldsymbol{a}|)$$

可以从上式中发现，$|\boldsymbol{b}| \times \cos\beta \times |\boldsymbol{a}|$ 组合起来等于 $\boldsymbol{a}$ 向量与 $\boldsymbol{b}$ 向量点积的结果，于是就有了如下的简化共识，投影向量 $\boldsymbol{c}$ 为：

$$\boldsymbol{c} = \boldsymbol{a} \times (\boldsymbol{a} \cdot \boldsymbol{b})/(|\boldsymbol{a}|\verb|^|2)$$

至此，经过算式的转换，得到了 $\boldsymbol{b}$ 向量向 $\boldsymbol{a}$ 向量投影 $\boldsymbol{c}$ 向量的算式。下面给出的是

Unity3D 的 Vector3 中向量间的投影程序：

```
//计算一个向量到另一个向量的投影
  Project(Vector3 vector, Vector3 onNormal) { float sqrMag = Dot(onNormal, onNormal);
  if (sqrMag < Mathf.Epsilon) return zero; else return onNormal * Dot(vector,
  onNormal) / sqrMag; }
```

上述代码中，Dot(onNormal,onNormal) 很巧妙地计算了矢量模的平方，即 Dot(onNormal, onNormal) 等于 onNormal*onNormal*cosβ，很明显，β 为 0，cosβ 为 1，于是就有了 Dot (onNormal,onNormal)=onNormal*onNormal。

9.1.5 矩阵的意义

很多人看到矩阵这个词就头痛，其实静下心来研究，会发现矩阵很有意思。虽然矩阵五花八门，但大部分矩阵的使用频率非常低，我们常用的矩阵就几种而已。

在图形学计算中，常用的矩阵大小是 2×2、3×3、4×4，这种行与列数量相同的矩阵，称为“方阵”矩阵。在众多方阵矩阵中，常用的是比较特殊的矩阵，如对角矩阵，即只有行号和列号相同的位置有数字，其他位置都为 0 的方阵矩阵，再如单位矩阵，即行号和列号相同的对角线上的数字都为 1，其他位置都为 0 的方阵矩阵。这两种特殊的矩阵简单易懂，在图形学计算中是比较常用的矩阵。

矩阵间的计算罗列如下。

转置矩阵，就是把矩阵沿着对角线翻转一下，由于我们常用的是“方阵”矩阵，所以转置矩阵后，方阵矩阵还是同样的大小，只是将对角线两侧的数字进行了对调。

矩阵乘法，如果是数字和矩阵相乘，则直接代入矩阵中的所有变量即可，这种标量的乘法其实就是扩大矩阵中的所有数值。如果是矩阵与矩阵相乘，即 **A** 矩阵 ×**B** 矩阵，则需要一些附加条件，条件是矩阵 **A** 的列数必须与矩阵 **B** 的行数相等，否则无法相乘，或者说相乘是无意义的。

矩阵相乘后得到的矩阵，其中每个位置 C_{ij}（即 **C** 矩阵的第 i 行第 j 列）都是 **A** 矩阵的第 i 行向量与 **B** 矩阵的第 j 列向量点乘的计算结果。下面以 2×2 方阵相乘作为示例来说明：

$$\boldsymbol{A}\times\boldsymbol{B}=[a11, a12]\ [b11, b12]$$

$$[a21, a22]\ [b21, b22]=[a11\times b11+a12\times b21, a11\times b12+a12\times b22]$$

$$[a21\times b11+a22\times b21, \mathrm{a}21\times b12+a22\times b22]$$

上面对矩阵乘法公式进行了清晰的描述，即 $C_{ij}=A_{i1}\times B_{1j}+A_{i2}\times B_{2j}+A_{i3}\times B_{3j}\cdots$，可以归纳 ij 位置的值等于 **A** 的 i 行向量与 **B** 的 j 列向量点乘的值。

逆矩阵由运算矩阵相乘而来。由于矩阵与矩阵相乘也会得到标准的单位矩阵，即对角线是 1 其余是 0 的方阵矩阵，于是就有了当一个矩阵与某个矩阵相乘等于单位矩阵时，这“某个”矩阵就为该矩阵的“逆矩阵”。

不是每个矩阵都有逆矩阵的，典型的例子是，若矩阵的某一行或某一列上的元素都是 0，则用任何矩阵乘以该矩阵，结果都是一个带有某行或某列全为 0 的矩阵，这样的结果一定不是单位矩阵。因此可以说，如果一个矩阵有逆矩阵，则称这个矩阵为可逆矩阵；相反，如果这个矩阵没有逆矩阵，那么就称这个矩阵为不可逆矩阵。

最后我们了解一下齐次矩阵。齐次矩阵并没有我们想象的那么神秘，它只是从认知的角度上划分了矩阵分量和 w 分量，下面进行详细介绍。

我们应该听过齐次坐标，齐次坐标就是将一个原本是 n 维的向量用一个 $n+1$ 维的向量来表示，例如三维向量用四维向量来表示，即 Vector3 变为 Vector4，除 x、y、z 外，又多了一个 w，齐次矩阵也是同样的道理，n 维表达不了的事情可用 $n+1$ 维来表达，3×3 矩阵表达不了的事情可以用 4×4 来表达，下面我们由浅入深地来讲解齐次坐标与齐次矩阵。

在欧几里得几何空间里，两条平行线永远都不会相交（引自《齐次坐标》）。但是在投影空间中，如图 9-4 中的两条铁轨在地平线处却是相交的，在无限远处两条平行线看起来会相交于一点。

图 9-4 平行的双轨在图像镜头中相交

在欧几里得（或称笛卡儿）空间里描述 2D/3D 几何物体是很理想的，但在投影空间里却不见得。我们用（x，y）表示笛卡儿空间中的一个 2D 点，而处于无限远处的点（∞，∞）在笛卡儿空间里是没有意义的。投影空间里的两条平行线会在无限远处相交于一点，但笛卡儿空间里无法搞定这个问题（因为无限远处的点在笛卡儿空间里是没有意义的），因此数学家想出齐次坐标这个点子。由 August Ferdinand Möbius 提出的齐次坐标（Homogeneous Coordinates）让我们能够在投影空间里对图像进行几何处理，齐次坐标用 $N+1$ 个分量来描述 N 维坐标。比如，2D 齐次坐标是在笛卡儿坐标（X，Y）的基础上增加一个新分量 w，变成（x，y，w），其中笛卡儿坐标系中的大 X、Y 与齐次坐标中的小 x、y 有如下对应关系：

$$X = x/w$$
$$Y = y/w$$

笛卡儿坐标中的点（1，2）在齐次坐标中就是（1，2，1）。如果这点移动到无限远（∞，∞）处，在齐次坐标中就是（1，2，0），这样就避免了用没意义的“∞”来描述无限远处的点。

那为什么要称之为齐次坐标呢？前面提到，我们分别用齐次坐标中的 x 和 y 除以 w 就得到了笛卡儿坐标中的 x 和 y，如图 9-5 所示。

仔细观察下面的转换例子（见图 9-6），可以发现一些有趣的东西：

$$(x, y, w) \Leftrightarrow \left(\frac{x}{w}, \frac{y}{w}\right)$$

Homogeneous　　Cartesian

图 9-5 笛卡儿坐标与齐次坐标的转换

```
(1,2,3) => (1/3,2/3)
(2,4,6) => (2/6,4/6) => (1/3,2/3)
(4,8,12) => (4/12,8/12) => (1/3,2/3)
```

图 9-6 齐次坐标转化的具体例子

图 9-6 中，点（1，2，3）、（2，4，6）和（4，8，12）对应笛卡儿坐标中的同一点（1/3，2/3）。任意数量积的（1a，2a，3a）始终对应笛卡儿坐标中的同一点（1/3，2/3）。因此这些点是“齐次”的，因为它们始终对应笛卡儿坐标中的同一点。换句话说，齐次坐标描述的是缩放不变性（Scale Invariant）。

向量在空间中的运用还不够广泛，矩阵可以表达空间中的缩放、旋转、切变，但无法表达偏移，因此，我们增加一个维度的矩阵来表达当下维度的偏移，即齐次矩阵。

9.1.6 矩阵旋转、缩放、投影、镜像和仿射

很多人难以理解矩阵为什么能旋转和缩放，或者无法理解矩阵的旋转和缩放，本节就介绍如何理解矩阵的旋转和缩放。

下面先介绍向量与矩阵的乘法。

首先要明白我们使用的都是方阵矩阵，即 2×2、3×3、4×4 的矩阵。由于矩阵与矩阵相乘必须是前置的列数与后置的行数相等才有意义，向量与矩阵相乘也一样，如果向量不是前置的左乘矩阵，或者向量是以竖列表达的右乘矩阵，那么对于向量与矩阵的乘法来说，这些都是无意义的，如图 9-7 所示。

$$\begin{Bmatrix}1,2,3\\4,5,6\\7,8,9\end{Bmatrix}\times\begin{Bmatrix}1,2,3\end{Bmatrix}\qquad \begin{Bmatrix}1,\\2,\\3\end{Bmatrix}\times\begin{Bmatrix}1,2,3\\4,5,6\\7,8,9\end{Bmatrix}\qquad \begin{Bmatrix}1,2,3\end{Bmatrix}\times\begin{Bmatrix}1,2,3\\4,5,6\\7,8,9\end{Bmatrix}\qquad \begin{Bmatrix}1,2,3\\4,5,6\\7,8,9\end{Bmatrix}\times\begin{Bmatrix}1,\\2,\\3,\end{Bmatrix}$$

a）无意义　　b）无意义　　c）有意义　　d）有意义

图 9-7　矩阵相乘

图 9-7a 所示为向量左乘矩阵，是无意义的结果，图 9-7b 所示为向量以竖列方式表达的右乘矩阵，也是无意义的结果，只有如图 9-7c 和图 9-7d 所示，向量横向表达右乘矩阵或者竖向表达左乘矩阵才有意义。

我们知道向量与矩阵的乘法公式，其中最常用的是三维向量与三维方阵矩阵相乘，公式如下：

$$(x,\ y,\ z)\times\begin{matrix}[m_{11},\ m_{12},\ m_{13}]\\ [m_{21},\ m_{22},\ m_{23}]\\ [m_{31},\ m_{32},\ m_{33}]\end{matrix}$$

$$=(x\times m_{11}+y\times m_{21}+z\times m_{31},\ x\times m_{12}+y\times m_{22}+z\times m_{32},\ x\times m_{13}+y\times m_{23}+z\times m_{33})$$

至于向量的行向量的表达方式和列向量的表达方式都是可以行得通的，那么我们为什么要选择行向量呢？因为行向量表达更方便，无论是书写还是计算，行向量更符合人类的思维习惯，因此我们选择行向量来表达向量。

1. 理解旋转矩阵

要想理解旋转矩阵，就应该从 2×2 矩阵讲起，相比 3×3 矩阵，2×2 矩阵更易于理解。

假设一个 2×2 的矩阵如下：

$$[2, 1]$$
$$[-1, 2]$$

我们可以认为它是由两个行向量 ***a***、***b*** 构成，***a*** 为（2，1），***b*** 为（-1，2），即

$$[2, 1] = [\boldsymbol{a}]$$
$$[-1, 2] = [\boldsymbol{b}]$$

在平面坐标系中，***a*** 和 ***b*** 的表达如图 9-8 所示。

图 9-8 中，***a***、***b*** 向量在 2D 坐标系中是两个互相垂直的向量。我们可以把 ***a***、***b*** 这两个向量看成是从两个标准向量（1，0）和（0，1）旋转并且放大后的向量，如图 9-9 所示。

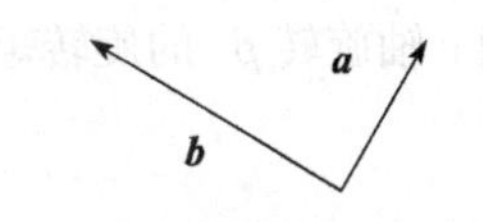

图 9-8　矩阵用向量表达

图 9-9 中，（1，0）和（0，1）向量缓缓地旋转，并且放大，逐步变成（2，1）和（-1，2），即从原来的（1，0）和（0，1）向量上旋转了 $\beta°$ 角并放大了 2.236 倍。我们可以说矩阵是由标准矩阵旋转并缩放而来的，这是矩阵的几何解释。对于标准矩阵来说，旋转缩放后形成另一个矩阵，这个结果矩阵就是我们计算的“变换矩阵”。对于任何一个向量来说，乘以“变换矩阵”就能得到我们所要表达的旋转和缩放值。我们列举的矩阵就表达了向量旋转 $\beta°$ 和缩小到 2.236 分之一，那么任何二维向量乘以这个矩阵，就会得到在标准坐标系中以标准轴为基准旋转 $\beta°$，并且以标准轴为基准放大 2.236 倍。

上面所列举的数字和角度还不够直观，下面我们来看看更直观的表达方式，如果一个矩阵要表达旋转 $\beta°$，那么它的 ***a***、***b*** 的向量该如图 9-10 所示。

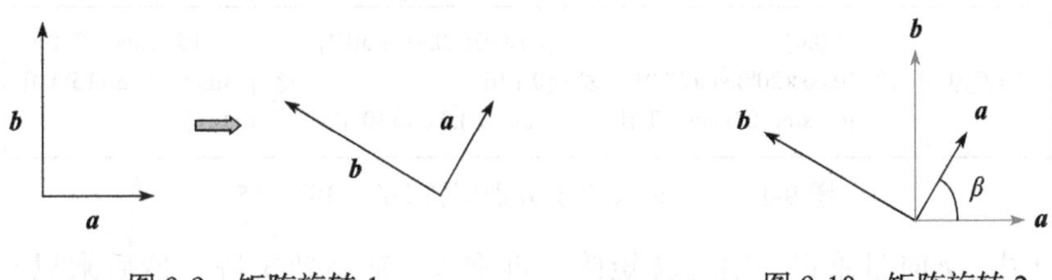

图 9-9　矩阵旋转 1　　　　图 9-10　矩阵旋转 2

一个矩阵想要旋转 $\beta°$，那么旋转矩阵的第一行是 [$\cos\beta$，$\sin\beta$]，第二行是 [$-\sin\beta$，$\cos\beta$]，它们分别表达了标准向量（1，0）和（0，1）旋转 $\beta°$ 后的向量。

$$[\cos\beta, \sin\beta]$$
$$[-\sin\beta, \cos\beta]$$

因此，任何向量乘以这个旋转矩阵都会在标准坐标系中以标准轴为基准旋转 β°。

理解了二维空间的矩阵旋转原理，下面延伸到三维空间就容易多了。三维空间的矩阵也可以像二维空间一样，用三个向量来表示空间中的矩阵，即

$$[\boldsymbol{a}]\quad [Ax, Ay, Az]$$
$$[\boldsymbol{b}] = [Bx, By, Bz]$$
$$[\boldsymbol{c}]\quad [Cx, Cy, Cz]$$

一个绕 x 轴旋转 $\beta°$ 的旋转矩阵为

$$[1, 0, 0]$$
$$[0, \cos\beta, \sin\beta]$$
$$[0, -\sin\beta, \cos\beta]$$

一个绕 y 轴旋转 $\beta°$ 的旋转矩阵为

$$[\cos\beta, 0, -\sin\beta]$$
$$[0, 1, 0]$$
$$[\sin\beta, 0, \cos\beta]$$

一个绕 z 轴旋转 $\beta°$ 的旋转矩阵为

$$[\cos\beta, \sin\beta, 0]$$
$$[-\sin\beta, \cos\beta, 0]$$
$$[0, 0, 1]$$

用 $\beta°$ 形成的向量表达坐标空间中的旋转矩阵，可以帮助我们更加清晰地理解旋转矩阵的几何表达意义。上述只是让某一个轴旋转 $\beta°$，如果要对某个向量做各个方向轴上的旋转，比如在 x 轴上旋转 20°，在 y 轴上旋转 30°，最后在 z 轴上旋转 15°，相当于这个向量在坐标系中分别旋转了 20°、30°、15°，这时我们该怎么办？有了上述各轴的旋转矩阵，就能很容易地计算出各方向上的矩阵，就如上面提出的问题，在各轴上都有旋转角度，就可以采用先旋转 x 轴、再旋转 y 轴、最后旋转 z 轴的方式来计算最后的结果，如图 9-11 所示。

		[1,0,0]		[cos(30°),0,−sin(30°)]		[cos(15°),sin(15°),0]
[Cx,Cy,Cz]	✖	[0,cos(20°),sin(20°)]	✖	[0,1,0]	✖	[−sin(15°),cos(15°),0]
		[0,−sin(20°),cos(20°)]		[sin(30°),0,cos(30°)]		[0,0,1]

图 9-11　x、y、z 轴上分别旋转 20°、30°、15°

图 9-11 中，$\boldsymbol{c}$ 向量乘以 x 轴旋转矩阵，再乘以 y 轴旋转矩阵，最后乘以 z 轴旋转矩阵，即

$$\boldsymbol{c} \times \boldsymbol{Mx} \times \boldsymbol{My} \times \boldsymbol{Mz} = \boldsymbol{c}' \text{（得到旋转后的结果向量）}$$

其中：$\boldsymbol{Mx}$ 为以 x 轴为基准旋转 20° 的旋转矩阵，$\boldsymbol{My}$ 为以 y 轴为基准旋转 30° 的旋转矩阵，$\boldsymbol{Mz}$ 为以 z 轴为基准旋转 15° 的旋转矩阵。$\boldsymbol{c}$ 乘以 $\boldsymbol{Mx}$ 得到旋转 x 轴后的向量，再乘以 $\boldsymbol{My}$ 得到旋转 y 轴后的向量，最后乘以 $\boldsymbol{Mz}$ 得到旋转 z 轴后的向量，最终得到结果。矩阵乘法满足结合律，也就是说，

$$\boldsymbol{c} \times \boldsymbol{Mx} \times \boldsymbol{My} \times \boldsymbol{Mz} = \boldsymbol{c} \times (\boldsymbol{Mx} \times \boldsymbol{My} \times \boldsymbol{Mz})$$

其中：$\boldsymbol{Mx} \times \boldsymbol{My} \times \boldsymbol{Mz}$ 得到的结果就是我们需要的“x 轴上旋转 20°，再在 y 轴上旋转 30°，

最后在z轴上旋转15°”的旋转变化矩阵。任何一个向量乘以我们计算出来的这个变化矩阵都会依次在各轴上旋转同样的度数。

2. 绕任意轴旋转

前面介绍的都是绕标准轴，即x轴、y轴、z轴的旋转，在这个标准空间上得到的矩阵远远不够，很多时候我们需要计算绕任意向量或绕任意轴的旋转。

现在来推导绕轴N旋转角度为β的矩阵，先定义旋转矩阵为$\boldsymbol{F}(N, \beta)$，$\boldsymbol{v}$为需要旋转的向量，算式满足如下条件：

$\boldsymbol{v}\times\boldsymbol{F}(N, \beta)=\boldsymbol{v}'$（$\boldsymbol{v}$向量绕$N$轴，旋转$\beta$角后的结果$\boldsymbol{v}'$）

上式中的向量$\boldsymbol{v}$为已知，绕轴N为已知，绕轴旋转角度β为已知，还需要知道哪些变量，如图9-12所示。

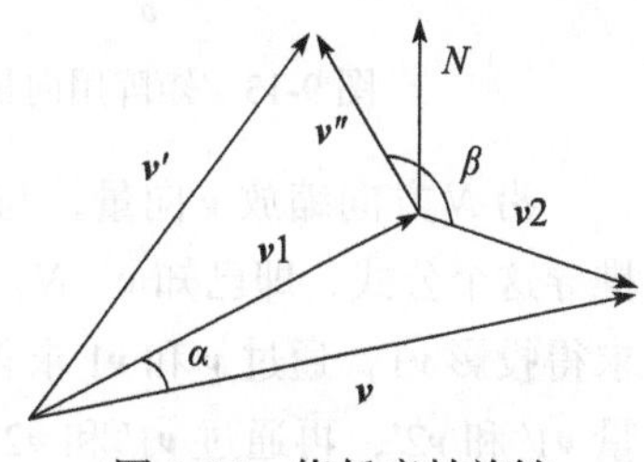

图9-12 绕任意轴旋转

图9-12中，通过从$\boldsymbol{v}$到N的投影分量可以计算得到$\boldsymbol{v1}$，进而可以计算得到从$\boldsymbol{v}$到$\boldsymbol{v1}$的垂直向量$\boldsymbol{v2}$，再用垂直向量$\boldsymbol{v2}$与旋转角度β可以计算得到$\boldsymbol{v}'$与$\boldsymbol{v}$到N的投影分量的垂直向量$\boldsymbol{v}''$，最后由$\boldsymbol{v}''$和$\boldsymbol{v1}$计算得到$\boldsymbol{v}'$。其中用到的计算方式有向量投影计算公式、向量旋转计算公式、垂直向量计算公式，最后结果为：

$$R(n,\beta)=\left\{\begin{array}{l} n_x^2(1-\cos\beta)+\cos\beta,\ n_xn_y(1-\cos\beta)+n_z\sin\beta,\ n_xn_z(1-\cos\beta)-n_y\sin\beta \\ n_xn_y(1-\cos\beta)-n_z\sin\beta,\ n_y^2(1-\cos\beta)+\cos\beta,\ n_yn_z(1-\cos\beta)+n_x\sin\beta \\ n_xn_z(1-\cos\beta)+n_y\sin\beta,\ n_yn_z(1-\cos\beta)-n_x\sin\beta,\ n_z^2(1-\cos\beta)+\cos\beta \end{array}\right\}$$

虽然推导得到的结果公式是一个相对比较复杂的公式，但结果并不重要，重要的是我们用心推导的过程，只有这样，才可以加深对旋转矩阵的理解，推导的过程中运用了很多其他方面的知识，巩固了投影等公式。

3. 理解矩阵表达缩放的几何意义

缩放矩阵与旋转矩阵在几何意义上的解释类似，我们同样可以用二维坐标系来表达缩放矩阵的$\boldsymbol{a}$、$\boldsymbol{b}$两个向量。列举一个二维标准轴的旋转矩阵如下：

$$[1.5,\ 0]=[\boldsymbol{a}]$$
$$[0,\ 0.75]=[\boldsymbol{b}]$$

我们把$\boldsymbol{a}$和$\boldsymbol{b}$表现在二维坐标系中，如图9-13所示。

图9-13中，$\boldsymbol{a}$、$\boldsymbol{b}$两个向量可以形成一个矩形，我们假设这个矩形图像表达了$\boldsymbol{a}$、$\boldsymbol{b}$向量的缩放关系。当$\boldsymbol{a}$、$\boldsymbol{b}$被拉长时，这个矩形图像同样也会拉长。其原理为向量与矩阵的乘法：

二维向量与二维矩阵相乘$=(x\times m_{11}+y\times m_{21},\ x\times m_{12}+y\times m_{22})$

对图9-13中的标准坐标系上的缩放矩阵带入向量，得到：

$(x\times m_{11}+y\times m_{21},\ x\times m_{12}+y\times m_{22})=(x\times 1.5+y\times 0,\ x\times 0+y\times 0.75)=(1.5\times x,\ 0.75\times y)$

这个结果比较直观地表达了缩放矩阵对向量的缩放，矩阵除了对角线上的数字外，其他位置的数字都是 0。这种简单的旋转矩阵，仅限于标准坐标系中对标准轴的缩放，我们在使用缩放矩阵时，更多时候需要对任意轴进行缩放。那如何计算任意轴方向上的缩放呢？请看图 9-14。

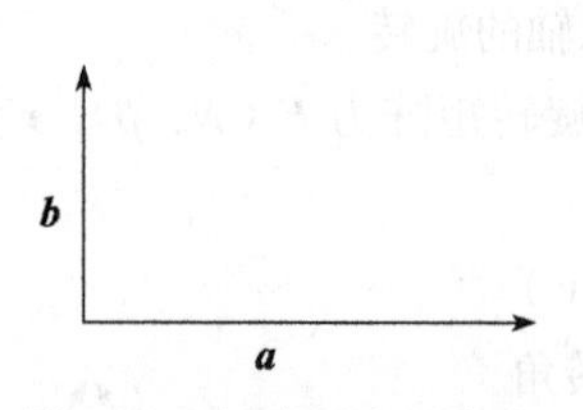

图 9-13 矩阵用向量表达

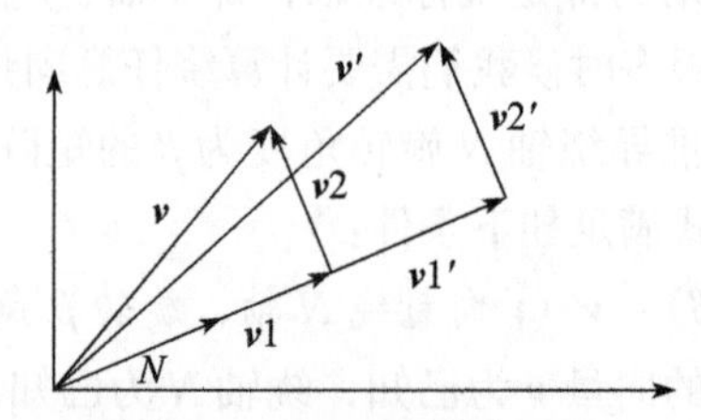

图 9-14 向量缩放前后对比

沿 N 方向缩放 $\boldsymbol{v}$ 向量，与上文中绕 N 轴旋转 $\boldsymbol{v}$ 向量的原理相似。下面根据已知的变量推导这个公式，即已知 $\boldsymbol{v}$、N、缩放因子 k（k 是一个单纯的数字），要求 $\boldsymbol{v}'$。可以通过 N 和 $\boldsymbol{v}$ 求得投影 $\boldsymbol{v1}$，通过 $\boldsymbol{v}$ 和 $\boldsymbol{v1}$ 求得其垂直向量 $\boldsymbol{v2}$，再通过缩放因子 k 求得 $\boldsymbol{v1}$ 和 $\boldsymbol{v2}$ 缩放后的向量 $\boldsymbol{v1}'$ 和 $\boldsymbol{v2}'$，再通过 $\boldsymbol{v1}'$ 和 $\boldsymbol{v2}'$ 求得缩放后的结果向量 $\boldsymbol{v}'$，最后推导出二维上沿任意轴缩放的矩阵为

$$\boldsymbol{R}(n,k)=\begin{Bmatrix} 1+(k-1)n_x^2, & (k-1)n_xn_y \\ (k-1)n_xn_y, & 1+(k-1)n_y^2 \end{Bmatrix}$$

其中：n 为缩放方向，k 为缩放因子。

同样，在三维空间中，如果在标准坐标系上缩放，则缩放矩阵可以是简单的对角线矩阵，即

[scale_x，0，0]
[0，scale_y，0]
[0，0，scale_z]

类似地，这种标准坐标系上的缩放满足不了我们的计算需求，因此需要计算沿任意向量上的缩放矩阵公式。这里不再重复叙述推导的过程，只要理解缩放矩阵的由来和推导的方式即可，我们的最终目的是通过解释原理来理解缩放矩阵的几何意义。

$$\boldsymbol{R}(n,k)=\begin{Bmatrix} 1+(k-1)n_x^2, & (k-1)n_xn_y, & (k-1)n_xn_z \\ (k-1)n_xn_y, & 1+(k-1)n_y^2, & (k-1)n_yn_z \\ (k-1)n_xn_z, & (k-1)n_zn_y, & 1+(k-1)n_z^2 \end{Bmatrix}$$

与二维缩放矩阵的推导类似，三维上的向量变化可以采用类似的方法推导，最终获得 3D 沿任意方向缩放的矩阵。其中 n 为缩放方向，k 为缩放系数。

4. 平行投影、镜像、切变的几何意义

（1）平行投影

上面讲解了可以用矩阵去缩放任意点和向量，如果在缩放时某个轴上的缩放因子为零，

那么结果会怎样呢？如图9-15所示。

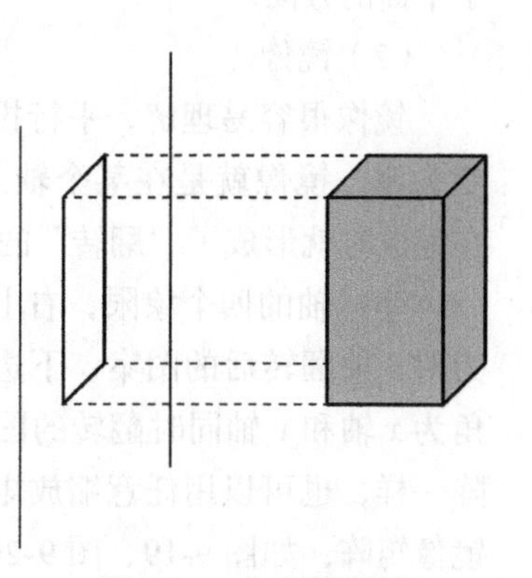
图9-15 立方体投影

图9-15中，模型所有的点都被挤到了一个平面上，这种所有点都被拉平至垂直轴或平面上的做法称为平行投影，或者也可以称为正交投影。在标准坐标轴上的平行投影可以用一个简单的矩阵来表示，只要把那个投影轴上的缩放因子置零即可。

二维上 x 轴的平行投影如下：

[1，0]
[0，0]

二维上 y 轴的平行投影如下：

[0，0]
[0，1]

三维上 xy 平面上的平行投影如下：

[1，0，0]
[0，1，0]
[0，0，0]

三维上 xz 平面上的平行投影如下：

[1，0，0]
[0，0，0]
[0，0，1]

三维上 yz 平面上的平行投影如下：

[0，0，0]
[0，1，0]
[0，0，1]

当然，只是标准坐标轴上的平行投影还不够，还需要任意直线或任意平面的投影矩阵，不过这次我们不需要再次计算任意轴上的平行投影，只需要通过前面计算过的在任意方向或任意轴上的缩放矩阵，就可以得到平行投影的矩阵，如图9-16、图9-17所示。

$$\mathrm{P}(n)=\begin{Bmatrix} 1-n_x^2, & -n_xn_y \\ -n_xn_y, & 1-n_y^2 \end{Bmatrix}$$

图9-16 二维任意轴缩放公式

$$\mathrm{P}(n)=\begin{Bmatrix} 1-n_x^2, & -n_xn_y, & -n_xn_z \\ -n_xn_y, & 1-n_y^2, & -n_yn_z \\ -n_xn_z, & -n_zn_y, & 1-n_z^2 \end{Bmatrix}$$

图9-17 三维任意轴缩放公式

使缩放方向上的缩放因子变为零的方式，可以获得平行投影矩阵。三维空间中也一样，但要注意的是，在对任意轴三维缩放的矩阵中，要让 N 方向为垂直平面的方向而不是平行于平面的方向。

（2）镜像

镜像很容易理解，平行投影是将某个轴上的缩放因子变为零，镜像就是在某个轴上将缩放因子变为 –1，这样在缩放时就形成了“翻转”的局面，如图 9-18 所示。

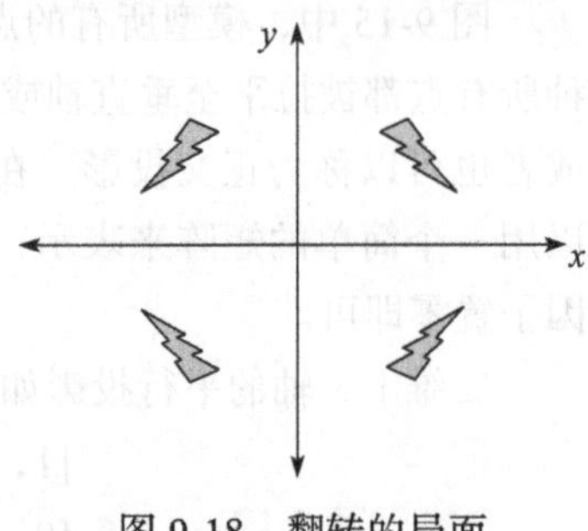

图 9-18　翻转的局面

坐标轴的四个象限，右上角的图为正常的图案，左边为对 x 轴翻转后的图案，下边为 y 轴翻转后的图案，左下角为 x 轴和 y 轴同时翻转的图案。镜像矩阵与平行投影矩阵一样，也可以用任意缩放矩阵来得出对任意方向和轴的镜像矩阵，如图 9-19、图 9-20 所示。

$$P(n)=\begin{Bmatrix} 1-2n_x^2, & -2n_xn_y \\ -2n_xn_y, & 1-2n_y^2 \end{Bmatrix}$$

图 9-19　二维任意轴镜像公式

$$P(n)=\begin{Bmatrix} 1-2n_x^2, & -2n_xn_y, & -2n_xn_z \\ -2n_xn_y, & 1-2n_y^2, & -2n_yn_z \\ -2n_xn_z, & -2n_zn_y, & 1-2n_z^2 \end{Bmatrix}$$

图 9-20　三维任意轴镜像公式

图 9-19 和图 9-20 为任意方向的缩放矩阵当缩放因子为 –1 时的公式，不难理解镜像不过是缩放的一种特殊形式。

（3）切变

切变非常特殊，也很有趣，它是一种对坐标系的“扭曲”变换。这种坐标系的“扭曲”变换将会被运用到对次级空间的坐标平移上。切变的形式如图 9-21 所示。

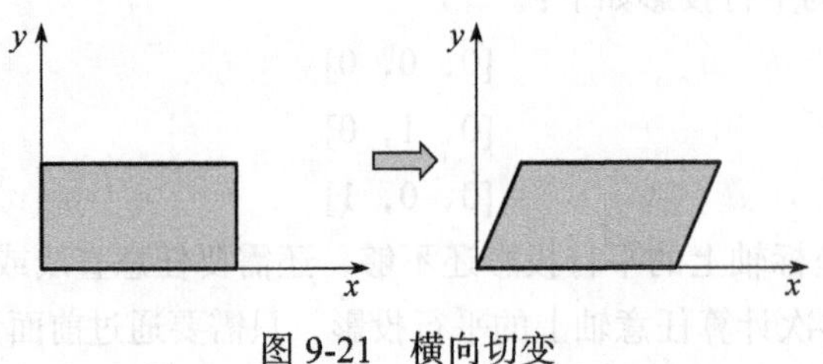

图 9-21　横向切变

图 9-21 中，y 轴方向的向量中，x 坐标被平移了。这是切变在 x 轴上的变化，我们也可以让切变在 y 轴上发生变化，如图 9-22 所示。

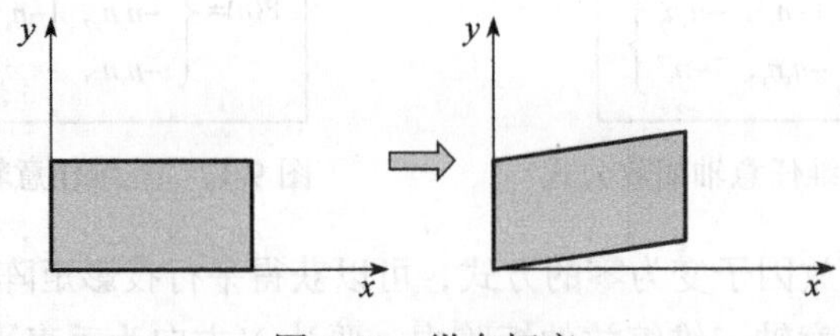

图 9-22　纵向切变

这两种形式的切变都是通过位移 x 轴方向上的坐标或 y 轴方向上的坐标来实现的，其实我们可以将其理解为对次级维度坐标系的"扭曲"。为什么要这样理解呢？因为它在仿射变化中起到了非常关键的作用，我们将在下面几节的内容中详细介绍。

切变的矩阵如下。

二维 x 轴方向的"扭曲"如下：

[1，0]
[s，1]

二维 y 轴方向的"扭曲"如下：

[1，s]
[0，1]

三维 x、y 轴方向的切变如下：

[1，0，0]
[0，1，0]
[s，t，1]

三维 x、z 轴方向的切变如下：

[1，0，0]
[s，1，t]
[0，0，1]

三维 y、z 轴方向的切变如下：

[1，s，t]
[0，1，0]
[0，0，1]

我们用向量与矩阵相乘来看看它们的结果会是怎样的：

向量 $\boldsymbol{p}$ 为 (x, y, z)，与 3×3 矩阵 $\boldsymbol{M}$ 的乘法算式如下：

$\boldsymbol{p}\times\boldsymbol{M}=[x\times\boldsymbol{M}11+y\times\boldsymbol{M}21+z\times\boldsymbol{M}31，x\times\boldsymbol{M}12+y\times\boldsymbol{M}22+z\times\boldsymbol{M}32，x\times\boldsymbol{M}13+y\times\boldsymbol{M}23+z\times\boldsymbol{M}33]$

当 $\boldsymbol{p}$ 向量与上面5个切变矩阵相乘时：

- 第一个切变矩阵为向量 x 轴方向的偏移，$(x+y\times s, y)$。
- 第二个切变矩阵为向量 y 轴方向的偏移，$(x, x\times s+y)$。
- 第三个切变矩阵为向量 x、y 轴方向的起偏移，$(x+s\times z, y+t\times z, z)$。
- 第四个切变矩阵为向量 x、z 轴方向的起偏移，$(x+s\times y, y, t\times y+z)$。
- 第五个切变矩阵为向量 y、z 轴方向的起偏移，$(x, s\times x+y, t\times x+z)$。

由上述经过矩阵乘法得到的切变结果可知，切变中坐标的变化都是在当前轴中以其他轴坐标方向为标准进行偏移的。9.1.7 节中的平移就会应用到切变。

9.1.7 齐次坐标的平移矩阵

前面介绍的 3×3 矩阵的线性变换中并不包括平移操作，因为在三维空间中无法执行平移操作，零向量就能很好地证明这一点。由于矩阵乘法的性质，任何矩阵乘以零向量都是零，因此零向量无法平移。通过上面的介绍，我们已经知道矩阵乘法很强大，可以表达旋转、缩放、投影、镜像、切变，但无法表达平移，怎么办？齐次矩阵恰好可以满足我们的需求，齐次矩阵在原来的维度上增加了一个维度，用多出来的那个维度来表达平移操作，即如下矩阵：

$$[1,\ 0,\ 0,\ 0]$$
$$[0,\ 1,\ 0,\ 0]$$
$$[0,\ 0,\ 1,\ 0]$$
$$[x,\ y,\ z,\ 1]$$

上述矩阵为在 3×3 矩阵中增加一个维度，用 x、y、z 上的切变表示在 x、y、z 轴上的偏移。

为什么这种方式能表达平移操作呢？我们回顾一下 9.1.6 节介绍的切变原理和过程，在某个轴不变的情况下对其他轴进行偏移，就是切变。与此同时，在同一维度下我们无法对当前维度空间的矩阵进行偏移，但可以通过增加一个维度，用新增的维度切变方式来偏移次级维度，齐次矩阵正好用切变解决了次级维度的平移问题。

上述矩阵中描述了 4×4 维矩阵，我们可以认为它在第四维用到了切变，平移了次级维度的空间。为了让向量与齐次矩阵顺利相乘，坐标也必须是齐次的，即在坐标末尾补上 1。

$$(x,\ y,\ z,\ 1)\times[1,\ 0,\ 0,\ 0] = (x+x',\ y+y',\ z+z',\ 1)$$
$$[0,\ 1,\ 0,\ 0]$$
$$[0,\ 0,\ 1,\ 0]$$
$$[x',\ y',\ z',\ 1]$$

现在有了平移矩阵，就可以通过用 3×3 矩阵增加一个维度的方式把原来无法表达的操作只用一个矩阵全部表达出来。假设我们先旋转后平移，先将向量 $\boldsymbol{v}$ 乘以旋转矩阵，旋转后得到的结果再乘以平移矩阵，平移得到 $\boldsymbol{v}'$，假设旋转矩阵为 $\boldsymbol{R}$，平移矩阵为 $\boldsymbol{T}$，就可以用向量与矩阵的乘法，以及矩阵的结合律来表达：

$$\boldsymbol{v}' = \boldsymbol{vRT}$$

其中，$\boldsymbol{R}$ 为：

$$[r_{11},\ r_{12},\ r_{13},\ 0]$$
$$[r_{21},\ r_{22},\ r_{23},\ 0]$$
$$[r_{31},\ r_{32},\ r_{33},\ 0]$$
$$[0,\ 0,\ 0,\ 1]$$

$\boldsymbol{T}$ 为：

$$[1,\ 0,\ 0,\ 0]$$
$$[0,\ 1,\ 0,\ 0]$$

$$[0,\ 0,\ 1,\ 0]$$
$$[x,\ y,\ z,\ 1]$$

通过结合律 $\boldsymbol{v}' = \boldsymbol{vRT} = \boldsymbol{v}(\boldsymbol{RT})$，$\boldsymbol{R}$ 与 $\boldsymbol{T}$ 相乘的结果为：

$$[r_{11},\ r_{12},\ r_{13},\ 0]$$
$$[r_{21},\ r_{22},\ r_{23},\ 0]$$
$$[r_{31},\ r_{32},\ r_{33},\ 0]$$
$$[x,\ y,\ z,\ 1]$$

我们既可以通过先乘以旋转矩阵再乘以平移矩阵得到结果，也可以使用结合律先将矩阵相乘。在实际计算过程中，如果矩阵的操作比较频繁，则可以先用结合律计算一个固定的变化矩阵，后面所有的变化计算都可以通过变化矩阵来得到结果，这样就节省了重复计算矩阵的算力。我们常用的顶点着色器中的顶点坐标空间转换就是这样做的，它在整个程序开始执行前就已经计算好了一个变化的矩阵，这个变化的矩阵称为MVP（Model View Projection）。MVP是由模型空间矩阵、观察者空间矩阵、投影空间矩阵相乘得到的结果，乘以此矩阵就会从模型坐标系变换为世界坐标系，再变换为观察者坐标系，最后变化为视锥体的裁剪空间，供渲染绘制所用。

通过齐次矩阵，以及增加一个维度的方式，可以表达当前维度无法表达的计算，使用高一个维度的切变，可以操作次级维度的平移。

9.1.8 如何理解四元数

1. 为什么不是欧拉角

欧拉角的定义是，（*x*，*y*，*z*）分别表达 *x* 轴上的旋转角度、*y* 轴上的旋转角度、*z* 轴上的旋转角度，即（20，40，50）表达在 *x* 轴上旋转20°、*y* 轴上旋转40°、z轴上旋转50°。看起来简单易懂，又能定义坐标系上的旋转角度，为什么不能使用欧拉角来表达所有的旋转角度，还要使用四元数（Quaternion）呢？原因在于欧拉角存在别名，100°的旋转角度可以用−260°来表示，370°角、10°角及−350°角是相同的旋转角度，这种表达方式在计算上特别难以统一。欧拉角在插值上也存在一些问题，对一个−260°角和一个50°角进行插值是需要先进行转换的，先将−260°角转换成100°角，再进行插值才可以得到正确的结果。简单的别名问题虽然讨厌，但是可以通过转换角度的方式解决，只是转换角度这种方式并不是一种靠谱的方式，在计算过程中会遇到很多麻烦。

欧拉角这种周期性和旋转之间的不独立性导致欧拉角在线性变化的计算中会存在很多困难，因此需要寻找在计算过程中更加便捷的方法，不需要转换，没有别名，统一规格。四元数恰好能够满足这些需求，它在线性变换中能统一且灵活。但它也有一个致命缺陷，就是在表现上会让人难以理解，较难看出四元数所表达的旋转的方向和角度。

2. 四元数的由来

四元数是图形数学中的“异次元”，这也是普通人难以理解它的原因。为什么说它是一个“异次元”呢？所有的向量、坐标、矩阵、旋转、缩放、平移都建立在使用坐标系和空间矩阵计算的这一套计算体系上，而四元数则不是，它特立独行，它的计算公式并不是建立在传统的坐标系矩阵上的，而是拥有一套“自有”的公式体系，即复数体系。

四元数有两种记法，即：

向量 $\boldsymbol{v}$ 加 $\boldsymbol{w}$ 分量（$\boldsymbol{v}$，$\boldsymbol{w}$）

四个分量都分开（x，y，z，$\boldsymbol{w}$）

某些情况下，$\boldsymbol{v}$ 分量更方便，而在另一些情况下，分开记会更清楚。$\boldsymbol{w}$ 分量与 x、y、z 相关但关联度不高，因此我们不要被迷惑了。

早期的数学家们用复数系统来表达二维中的旋转。现在来回顾一下什么是复数？

我们把形如 $z = a + b\mathrm{i}$（a、b 均为实数）的数称为复数，其中 a 称为实部，b 称为虚部，i 称为虚数单位，$\mathrm{i} \times \mathrm{i} = -1$。

当 z 的虚部等于零时，称 z 为实数；当 z 的虚部不等于零、实部等于零时，称 z 为纯虚数。

数学家使用复数对（a，b）来表达二维平面中的旋转，他们把向量也定义为复数对，如果（a，b）为向量，那么就定义 $a + b \times \mathrm{i}$，i 为虚数，满足 $\mathrm{i} \times \mathrm{i} = -1$，$a$ 为实轴的坐标，b 为虚轴的坐标，也可以理解为 x、y 轴上的坐标。

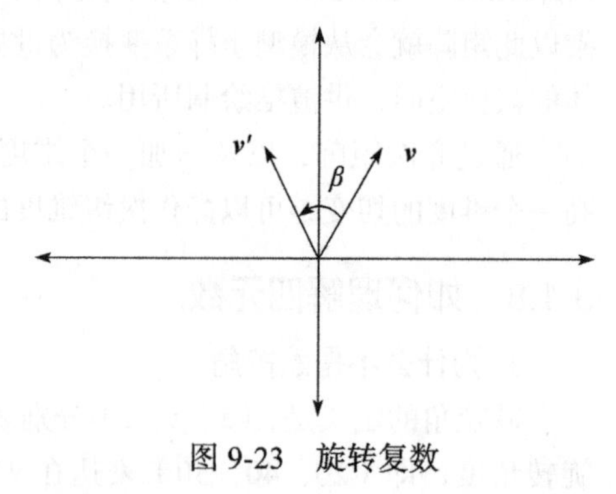

图 9-23 旋转复数

定义一个旋转复数（cosβ，sinβ）的表达式为 $\cos\beta + \sin\beta \times \mathrm{i}$（见图 9-23），其中 i 为虚数，$\beta$ 为旋转的角度。若从平面上求得某个向量旋转 β 角的结果，可以通过向量复数对乘以旋转复数对的方式来获得，即

$$\boldsymbol{v} = x + y \times \mathrm{i}$$

$$r = \cos\beta + \sin\beta \times \mathrm{i}$$

$$\begin{aligned}\boldsymbol{v}' = \boldsymbol{v}r &= (x + \mathrm{y} \times \mathrm{i})(\cos\beta + \sin\beta \times \mathrm{i}) \\ &= (x \times \cos\beta - y \times \sin\beta) + (x \times \sin\beta + y \times \cos\beta) \times \mathrm{i}\end{aligned}$$

乘法运算与传统的计算存在差异，因为表达式中有复数运算，其中复数 i 满足 $\mathrm{i} \times \mathrm{i} = -1$。

这是最早指出的二维向量旋转运算法则，16 世纪意大利学者卡当提出复数后，经过达朗贝尔、棣莫弗、欧拉、高斯等的优化扩展，最后形成数学体系。但二维上的旋转公式很快就不够用了，无法操作三维的旋转，旋转复数局限性太大。爱尔兰数学家 William Hamilton 于 1843 年找到一种表达三维旋转的复数表达方式，于是四元数就此诞生。

3. 四元数的几何意义

四元数扩展了复数系统，它使用了三个虚部，即 i、j、k，因此四元数的复数表达方式为：

$$q = w + i\times x + j\times y + k\times z$$

其中，i、j、k 为虚数，即满足：

$$i\times i = j\times j = k\times k = -1$$

$$i\times j = k,\ ji = -k$$

$$j\times k = i,\ k\times j = -i$$

$$k\times i = j,\ i\times k = -j$$

与复数能用来旋转二维中的向量类似，四元数也能用来旋转三维中的向量。

四元数可解释为角位移的轴—角方式。什么是轴—角？绕某个单一轴旋转一个角位移就能表达旋转的方式称为轴—角。角位移就是一个与向量类似的表达方式，即 (x, y, z)，只不过四元组是用 4 个元素来表达。四元组可以理解为绕某个轴 N 旋转的角位移，与欧拉角用 x、y、z 表达绕标准坐标轴旋转的道理相同，只是这个轴不再是标准轴，而是任意轴。

这也说明了四元组不再受到标准轴的限制，它可以表达绕任意轴旋转的角位移。四元组表示为对任意轴 N 的角位移，即

$$q = [\cos(\beta/2),\ \sin(\beta/2)\times N]$$

$$=[\cos(\beta/2),\ \sin(\beta/2)\times Nx,\ \sin(\beta/2)\times Ny,\ \sin(\beta/2)\times Nz]$$

假设绕某个单轴旋转，也就是在 x 轴上旋转 A 度，或者在 y 轴上旋转 B 度，或者在 z 轴上旋转 C 度，根据上述四元组公式，可以得到三个供旋转的四元数，即

$$A' = [\cos(-A/2),\ \sin(-A/2)\times 1,\ 0,\ 0]$$

$$B' = [\cos(-B/2),\ 0,\ \sin(-B/2)\times 1,\ 0]$$

$$C' = [\cos(-C/2),\ 0,\ 0,\ \sin(-C/2)\times 1]$$

上述公式中的角度为什么是负的呢？因为在旋转点时的角度，与在旋转坐标系时的角度正好相反，因此操作旋转点的角度就是旋转坐标系反方向的角度，即负的角度。

现在要计算绕 x 轴上旋转 A 角度，绕 y 轴上旋转 B 角度，绕 z 轴上旋转 C 角度的四元组，可以将 A'、B'、C' 这三个四元组相乘，即 $A'B'C' = (A'B'C')$ 最终通过计算可得到

$$[x,\ ]$$

$$[y,\ ]$$

$$[z,\ ]$$

$$[w]$$

等于

$$[\cos(B/2)\sin(A/2)\cos(C/2) + \sin(B/2)\cos(A/2)\sin(C/2),\ ]$$

$$[\sin(B/2)\cos(A/2)\cos(C/2) - \cos(B/2)\sin(A/2)\sin(C/2),\ ]$$

$$[\cos(B/2)\cos(A/2)\sin(C/2) - \sin(B/2)\sin(A/2)\cos(C/2),\ ]$$

$$[\cos(B/2)\cos(A/2)\cos(C/2) + \sin(B/2)\sin(A/2)\sin(C/2)]$$

上述公式为从欧拉角转换到四元数的计算公式，其中 A、B、C 分别代表 x、y、z 轴的旋转度数。

四元数虽然在计算上方便且通用，但在辨识度上存在严重缺陷，肉眼很难分辨某个四元数的旋转情况。但是没关系，我们只要理解它的原理，并且知道四元数的几何意义，就能对四元数运用自如。

9.2 渲染管线

编程的世界很纯粹，没有什么高深的技术，就是进程、线程、内存、硬盘、CPU。随着现代编程技术的发展，很多时候引擎或框架可帮我们屏蔽很多底层上的接口调用和引擎的业务逻辑，这使程序员可以将所有精力放在应用层的业务架构和逻辑上，这些是符合社会进步发展规律的，我们只有站在巨人的肩膀上，才能走得更快、更远。Unity3D 就是一个能帮助我们快速建立业务架构的好引擎，有了 Unity3D，我们才能在较低的门槛下快速实现自己的创意。

除了进程、线程、内存、硬盘、CPU 这些程序员在编程时需要考虑的因素外，前端程序员还要考虑 GPU 的技术范畴。因此前端程序员需要考虑的问题比其他程序员更多、也更高阶。Unity3D 虽然封装了所有引擎需要的 GPU 接口，但还是要了解渲染管线是如何处理的，以及它是如何将渲染数据显示在屏幕上的。底层的知识和原理是打通“任督二脉”的关键。

9.2.1 OpenGL、DirectX 图形接口

OpenGL 和 DirectX 都是图形渲染应用程序的编程接口，是一种可以调用图形硬件设备特性的软件库。它们的区别在于所服务的系统可能不同，接口的命名方式也可能不同，DirectX 专门服务于微软开发出来的系统，如 Windows 和 Xbox，它们分别是由两个不同的组织开发的。

两个不同的组织开发出来的两套软件的功能为什么会差不多，并且同时运行在相同的领域呢？OpenGL 是由 SGI（Silicon Graphics，美国硅图公司）开发的，而 DirectX 是由微软公司开发的。由于市场竞争，两家公司做了同样的事，最后导致了现在的局面。这种局面很正常，比如，你会用微信聊天也会用旺旺聊天，都是聊天工具，只是聊天的场景不同，目标不同而已，图形接口也一样，不只是 OpenGL 和 DirectX，还有专门为苹果系统服务的 Metal。从现在的局面我们可以想象，在当初还没有形成统一的硬件渲染接口时，各家公司的图形编程接口有多混乱、情况有多复杂，对标准统一接口的竞争有多激烈。在这种严峻的环境下，两家公司才会为了各自的利益，不断地维护和升级各自的驱动接口，直到今天。

幸运的是，Unity3D 已经帮我们封装好了 OpenGL 和 DirectX 的接口，我们无须关心到底是调用 OpenGL 还是 DirectX。下面以 OpenGL 为例来讲解渲染过程，DirectX 的原理和过程与之类似。

OpenGL 究竟处在哪个位置呢？Unity3D 通过调用 OpenGL 的图形接口来渲染图像。OpenGL 定义各种标准接口，就是为了让像 Unity3D 这样的应用程序，在面对不同类型的显卡硬件时可以统一应对，也由于 OpenGL 的存在，Unity3D 完全不需要关心硬件到底是哪个

厂家生产的，以及它们的驱动是什么。与其说 OpenGL 在标准接口中适配了硬件厂商的驱动程序，不如说硬件厂商的驱动程序适配了 OpenGL，事实上也确实如此。

当 Unity3D 渲染调用时，会设置 OpenGL 的渲染状态，OpenGL 会检查显卡驱动程序里是否包含了该功能，若有就调用，若没有就不调用，某些比较特殊的渲染功能接口底端的硬件上没有该功能。显卡驱动与 OpenGL 不同的是，显卡驱动是在硬件之上专门为硬件服务的程序，它是用来将指令翻译成机器语言并调用硬件的程序，而 OpenGL 调用的只是显卡驱动。

显然，OpenGL 是位于驱动程序之上的应用程序接口，可以将它看成适配了很多不同驱动程序的中间件，如图 9-24 所示。

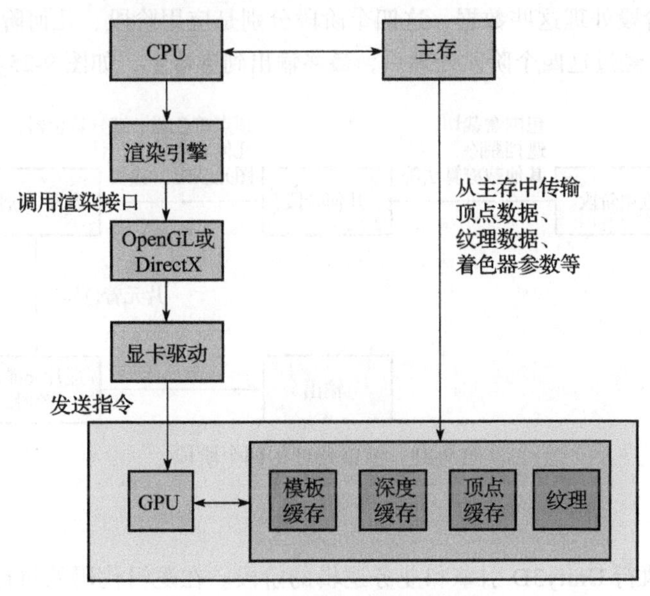

图 9-24 各设备及中间件位置

图 9-24 指出了 OpenGL 所处的位置，Unity3D 调用 OpenGL 图形接口，旨在告诉 OpenGL 某个模型数据需要渲染，或者某个渲染状态需要设置，再由 OpenGL 发送指令给显卡驱动程序，显卡驱动程序将指令翻译为机器码后，将指令机器码发送到 GPU，最后 GPU 根据指令进行相应处理。从这个过程中我们可以看到，显卡驱动程序只是做了传递指令消息的工作，指令从 OpenGL 那里发起，到 GPU 接收到指令，显卡驱动起到了翻译指令的作用。

当然，这里 GPU 不只处理了一次，OpenGL 会通过显卡驱动发送很多次指令给 GPU，让它处理一连串的操作，每次指令都有可能不一样，经过一系列的处理，最终形成一张屏幕大小的图像存放在缓存中，这时 GPU 才向屏幕输出最终画面。

下面详细介绍这条渲染管线的处理过程。

9.2.2 渲染管线是什么

上面所说的 OpenGL 通过驱动程序向 GPU 发送多个指令，这一系列指令加起来才形成一整个渲染画面。

渲染管线就是在指令中完成一个绘制命令（drawcall）的流水线。这条流水线包含了多个环节，每个环节自己负责自己的事，就像工厂里的流水作业一样，每个节点的工人都会拧属于自己的螺丝，完全不用管前面的节点发生了什么。现今的GPU也会做些流程上的优化，比如，某种情况下跳过某些节点以节省开销，但节点还是自顾自地工作，关于这一点，后文中会讲解。

我们可以将渲染管线理解为一系列数据处理的过程，这个过程的最终目的是将应用程序的数据经过计算后输出到帧缓存上，最后输出到屏幕上。渲染管线从接收到渲染命令开始，会分为四个阶段处理这些数据，这四个阶段分别是应用阶段、几何阶段、光栅化阶段、逐片元操作阶段，经过这四个阶段处理后，最终输出到屏幕上，如图9-25所示。

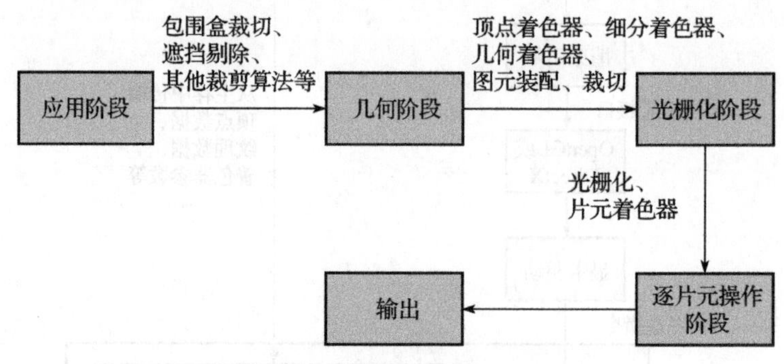

图9-25　渲染处理的四个阶段

1. 应用阶段

应用阶段是执行Unity3D引擎和业务逻辑的阶段。在逻辑代码的执行过程中，我们实例化多个模型或UI（UGUI的UI也是网格，与渲染场景中的3D模型从根本上来说没有区别），这些模型有贴图、材质球、网格。对于引擎来说，在这个阶段代码执行完毕后，引擎会知道需要渲染哪些模型、存在哪些光源，以及摄像头的位置。总之，这个阶段是准备渲染数据的阶段，需要为调用渲染做准备。

引擎除了知道哪些东西（数据）要被提交到GPU渲染外，还会在提交之前对这些数据做很多优化工作，从而节省做很多不必要的渲染工作的时间，以提高性能。前面已经介绍了很多关于在逻辑端上进行优化的工作，这里重点介绍引擎的“剔除”优化部分。

Unity3D引擎会对不需要渲染的物体进行剔除，这原本是在GPU中做的事，现在迁移到CPU上完成。为什么要搬到CPU上做呢？因为在引擎端掌握的是第一手数据信息，引擎可以从粗颗粒上着手剔除工作，这样GPU的负担就会减轻很多，倘若所有的网格都放到GPU上剔除，则会浪费很多算力，同时也会降低渲染的功效。

引擎在粗颗粒上是怎么完成剔除操作的呢？引擎当然不会像GPU那样去计算每个三角面的有效性，而是计算比较粗的模型颗粒，即以包围盒的形式判断模型是否需要被剔除。

引擎会计算一个模型的包围盒，包围盒信息存放在Unity3D的Mesh.bounds变量中，这个包围盒是一个长方体，我们称之为AABB包围盒，即由一个顶点与长、宽、高四个变量组成。我们可以将包围盒理解为一个立方体，共有8个顶点，这8个顶点决定了这个模型是否会被剔除。判断模型是否需要渲染，只要判断有1个顶点在摄像机的可视范围内（锥视体内或正交范围内），就不会被剔除，否则将直接剔除。

引擎通过上述方式，快速地判断包围盒与锥视体的关系，剔除不需要渲染的物体，以实现对模型粗颗粒的渲染优化。除此之外，对粗颗粒的剔除判断还有遮挡剔除（occlusion culling），它也属于应用阶段的优化剔除。遮挡剔除其实是业务逻辑层的优化方案，并不是所有项目都会使用，通常只有在第一人称视角的游戏上才会使用这种剔除方式，通过对场景的离线计算来确定每个点所能看到的物体的列表数据，将这份数据保存下来，当角色在此场景中时，可以根据当前点的位置寻找已经计算好的可见物体列表。既然展示物体，那就不需要实时去判定物体是否可见，也能轻松得到可见物体的列表，即离线时在该位置计算为被遮挡的物体不会进入渲染队列。

应用阶段的最后是向GPU提交需要渲染的数据。通常数据会被复制到显存中，接着设置渲染参数，最后调用渲染接口。在PC端口中，显存的位置是最接近GPU的内存设备。将数据复制到显存中能提升GPU的工作效率。由于移动端没有显存，安卓和iOS系统的架构决定了它们只能用内存来为GPU提供服务，因此，手机端中没有将数据复制到显存这个过程，它们使用的是同一个物理内存地址。除非要读/写这块内存的内容，才会将它们另外复制一份，以调节CPU与GPU之间的协作（三重缓存机制）。

那什么是渲染状态呢？很多人都有这个困惑，其实就是一连串的开关或方法，以及方法的地址指向。比如要不要开启混合，使用哪张纹理，使用哪个顶点着色器，使用哪个片元着色器，剔除背面还是剔除前面抑或是都不剔除，使用哪些光源等。通俗地说，设置渲染状态，就是设置并决定接下来的网格如何渲染。有了具体的渲染方法之后，具体的渲染工作则由GPU来执行。

根据具体的渲染方法，调用具体的渲染对象，这就是渲染调用所要做的工作。实际上，drawcall就是一个渲染指令，发起方是CPU，接收方是GPU，这个指令仅指向一连串的图元（即点、线、面，可以将其理解为网格拆分后的状态），并不会包含其他任何材质信息。每个drawcall前面都伴随着一连串渲染状态的设置，因此，整个渲染命令队列中，渲染指令与渲染状态都是交替出现的。

那为什么要有渲染命令队列呢？因为CPU和GPU相当于两个大脑，它们是分离的，数据后调用GPU就像两个线程那样，如果没有很好的协调机制，那么它们将无法相互配合工作。命令缓冲队列就是用来协调CPU与GPU的，CPU向命令缓冲队列中推入指令，并从中取得指令。这个命令缓冲队列成了CPU与GPU的关系纽带，这条关系纽带（命令缓冲队列）很好地连接了CPU与GPU，但也成了它们之间交互的瓶颈，即当drawcall太多时，CPU负担过重，导致帧率下降。其根本原因是，CPU发送了渲染状态后，需要控制总线将数据从CPU内存搬运到GPU内存，这个搬运过程要耗费大量的时间。

2. 几何阶段

在几何阶段之前，引擎已经准备好了要渲染的数据，同时向GPU发送渲染状态的设置命令和渲染调用命令，接下来的工作就完全属于GPU了。首先GPU会完成几何阶段的工作。几何阶段的工作目标是将需要绘制的图元（三角形、点、线、面）转化到屏幕空间，因此它将决定哪些图元可以绘制，以及怎么绘制。图元即点、线、面，可以理解为网格的拆分状态，是着色器中的基础数据，在几何阶段所起的作用最大。

几何阶段会经过几个处理过程，这些过程中数据处节点按顺序排列依次为顶点着色器、细分着色器、几何着色器、图元装配、归一化设备坐标、裁切。几何阶段的数据处理节点如图9-26所示。

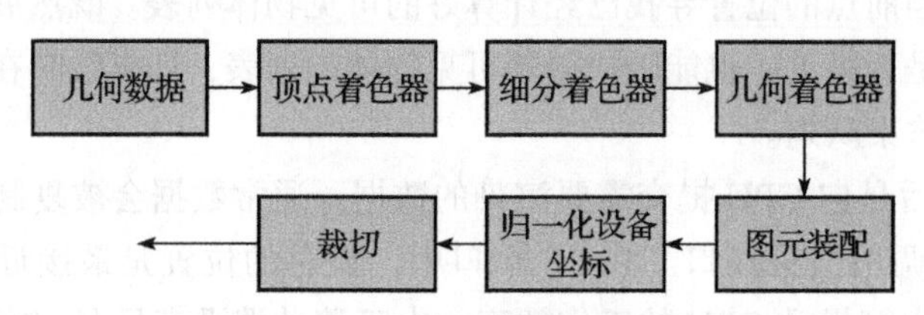

图9-26　几何阶段的数据处理节点

其中顶点着色器会对每个顶点逐一进行计算，OpenGL会调用渲染状态设置时的顶点处理函数来处理顶点数据。

顶点处理函数就是可编程的部分，它可以很简单地只将数据传递到下一个节点，也可以采用变换矩阵的方式来计算顶点在投影空间的位置，或者通过光照公式的计算来得到顶点的颜色，或者计算并准备下一阶段需要的信息。

细分着色器几何着色器是非必要的着色器，很多手机设备上的GPU并没有这几个功能。细分着色器包括曲面细分着色器和细分计算着色器，其使用面片来描述一个物体的形状，并且增加顶点和面片的数量，使得模型的外观更加平顺。几何着色器允许自定义增加和创建新的图元，这是唯一一个能自定义增加新图元的着色器。

这几个着色器节点处理的都是顶点数据，到了图元装配节点，它会将这些顶点与相关的几何图元组织起来，为下一步的裁切工作做准备。

经过几个阶段的变换后，顶点着色器将顶点从模型空间转换到投影空间，这个转换过程为从模型空间到世界空间到视口空间再到投影空间。Unity3D的着色器中，常见的UNITY_MVP宏定义变量就是坐标空间转换的变化矩阵，它在渲染之前就已经计算好并存储起来了，不需要再次计算。在转换了坐标空间之后，会通过硬件上的透视除法得到归一化后的设备坐标，归一化后的设备坐标会让裁切变得更加容易。不仅如此，还会对后面的深度缓冲和测试有很大的帮助。

可以将归一化后的设备坐标（Normalized Device Coordinates，NDC）看成是一个矩形内的坐标体系，这个经过转化后的坐标体系是一个限制在立方体内的坐标体系，无论 x、y、z 轴，所有在这个坐标体系内的顶点坐标的范围为（–1，1）。

为了更好地理解经过空间转换后的顶点在后面几个阶段上应用的数据，这里有必要展示一下空间坐标系转换前后的样子，如图 9-27 所示。

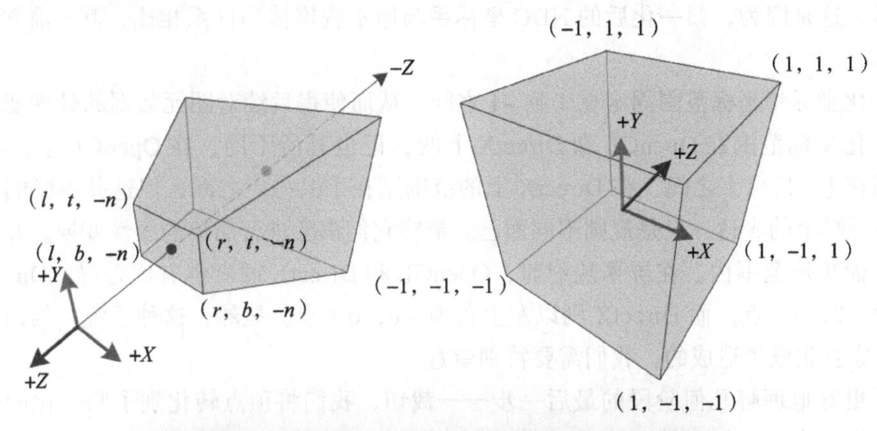

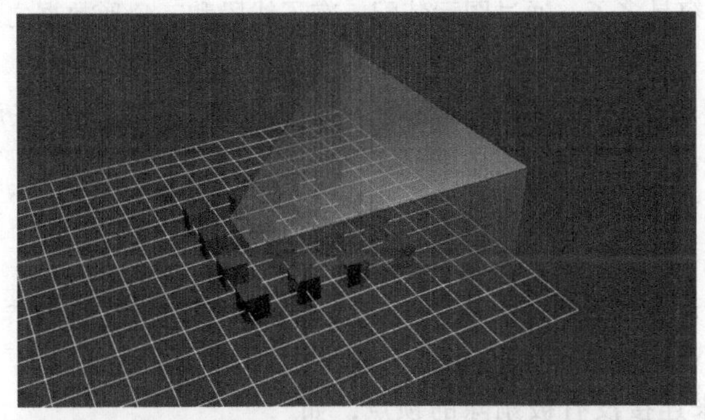

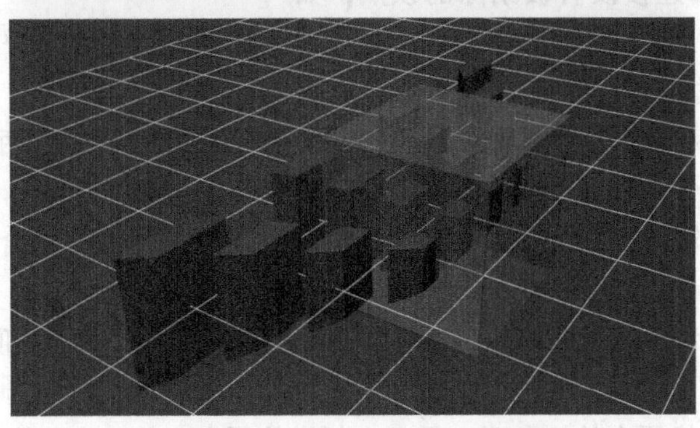

图 9-27 归一化后的设备坐标

注：图片来源为 http://www.songho.ca/opengl/gl_projectionmatrix.html 和 http://www.opengl-tutorial.org/beginners-tutorials/tutorial-3-matrices/。

从图 9-27 中可以看到，原本在视锥体上的物体，经过空间矩阵转换后，视口从锥体变为立方体，而原本在视锥体中的物体则从长方体变成了锥体，这是空间坐标系转化后的结果。需要特别注意的是，原本在视锥体坐标系上方向向前（forward）的 x 坐标轴变为了 z 轴方向，平面由 x、y 组成二维坐标。

相当于 x、y 坐标成为可以映射到屏幕上的相对坐标，z 坐标则被用作离视口有多远的数值参考，这是因为，归一化后的 NDC 坐标系与原本视锥体坐标系相比，其 z 轴方向发生了翻转。

归一化坐标将坐标范围固定在 1 到 -1 之间，从而使得后续对图元数据的处理变得更简单。归一化坐标范围在 OpenGL 和 DirectX 上的标记也有所不同，在 OpenGL 上，x、y、z 坐标范围在［-1，1］之间，在 DirectX 上的范围则在［0，1］之间，但这并不影响图元数据最终在屏幕上的表达，只是规则不同而已。最终它们都会进行简单的线性变换，并映射到屏幕的平面矩形范围内。在屏幕映射时，OpenGL 和 DirectX 两者也有所差异，OpenGL 以左下角为（0，0）点，而 DirectX 则以左上角为（0，0）点，显然，这种不统一的做法是由于两个商家互相竞争造成的，我们需要特别留意。

为了更好地理解几何阶段的最后一步——裁切，我们将顶点转化到了归一化的坐标空间，这样裁切就变得容易多了。通过图元装配，有了线段和三角形数据之后，裁切就可以开始了。

三角形是否需要裁切，将由归一化后的坐标来判断，它或许完全在范围之内，或许完全在范围之外，或许部分在里面部分在外面。若三角形完全在可视的长方体范围内，则数据会被继续传递下去；若完全在范围外，则会被剔除掉，不再进入后面的阶段；若部分在视野内，则需要做进一步的切割处理，把在范围外的部分剔除掉，并在边界处生成新的顶点来连接没有被剔除的顶点，如图 9-28 所示。

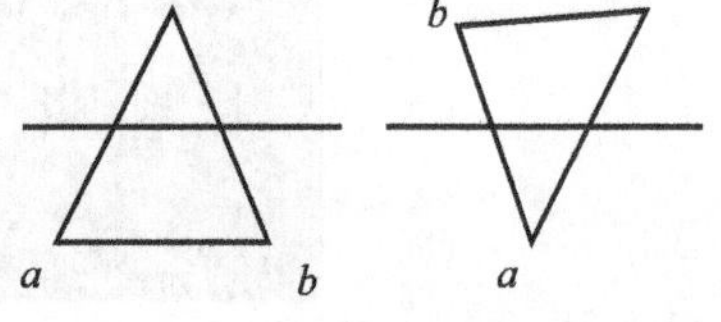

图 9-28　三角形被切割处理的两种情况

图 9-28 中，左边的这个三角形有两个顶点在范围内、一个顶点在范围外，裁切后在边界上增加了两个顶点，再由这两个顶点与原来三角形的两个顶点生成两个不同的三角形。图中右边的三角形相对比较简单，即一个顶点在范围里、两个顶点在范围外，裁切后形成的两个新顶点，与范围内的顶点结合后替换了原来的三角形。

下面再来分析一种更复杂的情况。经过裁切，原来的三角形由三个顶点变成四个顶点，成为四边形，所以需要对这个四边形进行切割。切割的方法很简单，选一个新增的顶点与原本的两个旧顶点替换原来的三角形，另一个新增的顶点与前一个新增的顶点加上一个旧顶点（这个旧顶点一定是剪切后新增的这个顶点的线段里的）形成新的三角形，如图 9-29 所示。

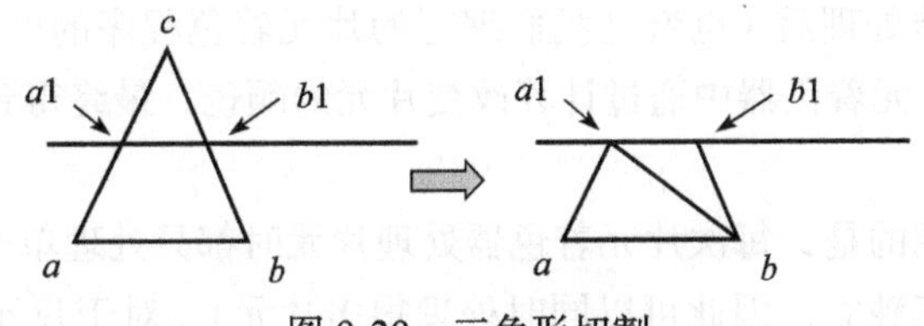

图 9-29 三角形切割

不仅有视口的裁切，还有背面的裁切（Back-Face Culling），即剔除面朝视口反方向的面片，关于背面的裁切将在后文中详细讲述。

至此，所有几何阶段的操作都介绍完毕。总的来说，几何阶段处理的是顶点，以及计算并为下一个阶段需要用到的数据做准备。

3. 光栅化阶段

光栅化阶段分为光栅化、片元着色器、逐片元操作三个节点。其中光栅化又可以分为三角形设置、三角形遍历两个节点。

三角形设置即 Triangle Setup。前面阶段都是空间意义上的顶点和三角形，而光栅化阶段需要的是屏幕上的像素，因此可以认为三角形设置是将所有三角形都铺在屏幕坐标平面上，这样就知道了三角形面片在屏幕上的情况。三角形面片会以三条线的边界形式来表达面片的覆盖面积。覆盖面积并不是关键，因为屏幕中展示的画面都以像素为单位进行计算，因此三角形覆盖哪些像素需要依靠扫描变换（Scan Conversion）得到，这个像素扫描阶段就是三角形遍历（Triangle Traversal）的环节，如图 9-30 所示。

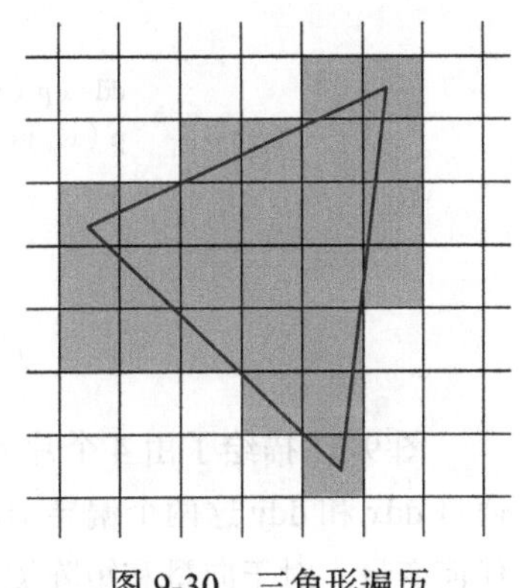

图 9-30 三角形遍历

图 9-30 中，在三角形遍历节点中，像素通过三角形的三条边计算得到像素的覆盖范围，再通过三个顶点中信息的插值获得每个像素需要具备的信息，这些信息包括像素坐标、像素深度、像素颜色、像素法线、像素纹理坐标等。

经过光栅化阶段，可以得到三角形覆盖的像素上的信息，我们称这些像素为片元。每个片元包含通过三个顶点中信息的插值获得信息。接着这个片元被传递到下一个阶段，即片元着色器。

片元着色器（Fragment Shader）如字面意思，指的是处理片元的地方，即上面介绍的光栅化后三角形覆盖的像素。在现今的渲染管线上，片元着色器也可以编程，可以编写很多技巧来改变片元的颜色，或者可以直接丢弃（discard 或 clip）该片元。

每个片元相当于一个像素，但相比像素，片元装载了很多信息，这些信息是通过三角形遍历时对三个顶点中的信息插值得到的（插值就是，如一个点在 0.5 这个地方，如果 0 为白色（1，1，1）、1 为黑色（0，0，0），那么 0.5 这个位置得到的插值就是灰色（0.5，0.5，

0.5）。经过片元着色器处理后（也就是我们编写的片元着色程序的处理），最终输出的也是片元。我们通常会在片元着色器中通过计算改变片元的颜色，最终得到一个我们想要的输出到屏幕的片元。

这里需要重点强调的是，每次片元着色器处理片元时都只处理单个片元（只处理片元的单元有很多，它们相互独立，因此可以同时处理很多片元）。对于片元着色器来说，它并不知道相邻的片元是什么样的，因此每个片元在处理时无法得到邻近片元的信息。

得不到邻近的片元信息，并不代表我们无法让片元受到邻近片元的影响，虽然每次片元着色器传入的和处理的都是单个片元，但GPU在运行片元着色器时，并不是只运行一个片元着色器，而是将其组织成2×2的一组片元块，同时运行4个片元着色器，如图9-31所示。

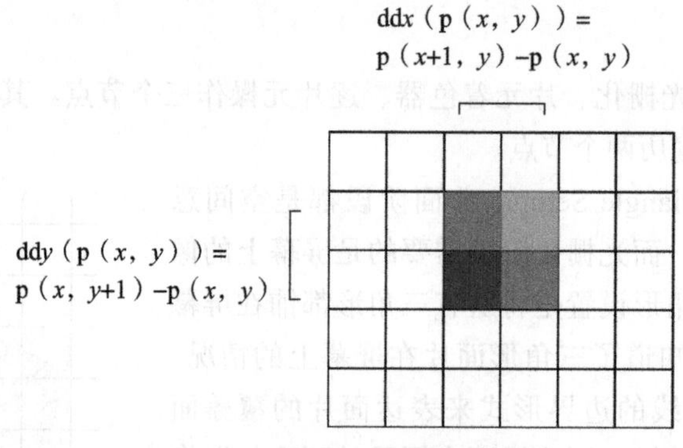

图9-31　一组片元被同时处理

图9-31描绘了由4个片元组成的片元组，以及偏导函数对它们的计算过程。我们可以通过ddx和ddy这两个偏导函数来求得邻近片元的差值。偏导函数可以用于片元着色器中的任何变量。对于向量和矩阵类型的变量，该函数会计算变量的每一个元素的偏导数。偏导数函数是纹理Mipmaps实现的基础，关于这一点将在后文中详细讲解。

除了计算片元的颜色外，我们还可以在片元着色器中丢弃（discard或clip）某些片元，我们常说的Alpha Test就是一个使用丢弃片元函数来实现的效果，后文会详细讲解Alpha Test的原理与利弊。

片元着色器和顶点着色器是着色器编程最重要的两个节点，如果想要更通俗地理解顶点着色器和片元着色器的区别，则可以认为顶点着色器（包括细分着色器和几何着色器）用于决定三角形应该放在屏幕的什么位置，而片元着色器则用于计算三角形范围内的像素拥有什么样的颜色。

片元着色器输出片元后，进入逐片元操作阶段，这也是渲染管线的最后一步。下面继续看一下逐片元着色器到底做了什么。

4. 逐片元操作阶段

逐片元操作（Per-Fragment Operations）是OpenGL的说法，在DirectX中称为输出

合并阶段（Output-Merger）。其实只是说法不同，包含的内容是相同的，其包括剪切测试（Scissor Test）、多重采样的片元操作、模板测试（Stencil Test）、深度测试（Depth Test）、混合（blending）及逻辑操作。

这几个节点都是以片元为基础的元素操作，它们大都可决定片元的去留问题。所以逐片元操作阶段是决定片元可见性问题的一个重要阶段，如果片元在这几个节点中的任意一个节点没有通过测试，管线就会停止并丢弃它，之后的测试或操作都不会继续执行；反之，执行测试全部通过，就会进入帧缓存等待输出到屏幕。每个节点的实际测试过程是一个相对复杂的过程，而且不同的图形接口实现的细节也不一样，但只要理解其基本的原理和大致的实现过程就会相对简单一些。

所有这些测试和操作都可以看成是以开关形式存在的，因为它们的操作命令大都包含On和Off操作指令，在OpenGL里以glEnable()和glDisable()来表示功能是否被开启或关闭，不过这里除了开关操作外，还需要为各个开关指定参数。

第一步，可见性测试即剪切（Scissor）测试，它主要针对片元是否在矩形范围内进行判断，如果片元不在矩形范围内，则丢弃该片元。这个范围是一个矩形的区域，可以通过OpenGL的函数调用来设置矩形的位置和大小，我们称之为剪切盒。实际上，我们可以设置很多个剪切盒，只是默认情况下所有渲染测试都应在第一个剪切盒上完成，要访问其他剪切盒就需要借助于几何着色器。剪切测试在Unity3D中并不常用，并不是因为其视口设置不同，Unity3D不会限制屏幕的清理操作。

第二步，多重采样的片元操作。普通的采样只采集一个样本或一个像素，而多重采样则是分散采集到多个样本，这些样本可能是附近的几个位置，也可能是通过其他算法得到的。因此在多重采样中，采样的片元都有各自的颜色、深度值、纹理坐标，而不是只有一种（具体有多少个取决于子像素的样本数目）。这里的多重采样操作是我们可以自定义的操作模式，自定义部分为受Alpha Test影响的采样覆盖率，以及我们可以设置掩码与采样的片元进行与操作。默认情况下，多重采样在计算片元的覆盖率时不会考虑Alpha Test的影响。

第三步，模板测试（Stencil Test）。模板测试与比大小无异，只是在模板测试中比的方式和比的数字可以自定义设置。

在模板测试中，模板缓存块是必要的内存块，它与屏幕缓冲大小一致，每个片元在测试时都会先取得自己位置上的模板缓冲位置并与之比较，在通过测试后才被写入模板缓存中，在整个渲染帧结束前它是不会被重置的，也就是说，所有的模板测试共享一个模板缓存块。

在模板测试中，开发者通常需要指定一个引用参考值（Reference Value），这个参考值为当前物体的片元提供了标准参考，然后这个参考值会与模板缓存（Stencil Buffer）中当前片元位置的模板值进行比较，模板缓存中的值是前面物体的片元通过测试时写入的值，比较两个值后，根据比较的结果判断是否抛弃片元，判断依据可以是大于、等于、小于或其他等，一旦结果不符合判断依据时，片元将被抛弃，反之则继续向下传递。另外，即使判断成功，也可以对其值执行其他操作，这类操作可以是替换旧的片元，或者在增加一定的参考值后再替换，或者将参考值设置为零等。

我们来看看有多少种判断和多少种对模板缓存的操作。

- Greater：大于模板缓存时判断通过。
- GEqual：大于等于模板缓存时判断通过。
- Less：小于模板缓存时判断通过。
- LEqual：小于等于模板缓存时判断通过。
- Equal：等于模板缓存时判断通过。
- NotEqual：不等于模板缓存时判断通过。
- Always：总是通过。
- Never：总是不通过。

上述是用于判断是否通过测试的种类，其在Unity3D的着色器中的完整模板测试代码如下：

```
Stencil {
    Ref 2           //指定的引用参考值
    Comp Equal      //比较操作
    ReadMask 255    //读取模板缓存时的掩码
    WriteMask 255   //写入模板缓存时的掩码
    Pass Keep       //通过后对模板缓存执行的操作
    ZFail IncrSat   //深度测试失败时对模板缓存执行的操作
}
```

上述模板测试的步骤简单明了，用当前值2与模板缓冲相比较，2可以是从业务层传递进着色器内的参数，若2与模板缓存中的值比较后通过，则执行Keep操作并保留当前模板缓存中的值，若数值2没有通过测试，则抛弃片元，并且在模板缓冲位置加上2这个数值。读取与写入掩码，意思就是读取模板缓存和写入模板缓存时都要与相应的数值进行与操作，这里的255就是十六进制的0xFF，相当于二进制的8个1。

Unity3D模板命令中，Pass的操作是对通过测试后的参考值与模板缓存执行操作，它有如下几种方式可选。

- Keep：不做任何改变，保留当前缓存中的参考值。
- Zero：当前缓存中置零。
- Replace：将当前的参考值写入缓存中。
- IncrSat：将当前的参考值添加到缓存中，缓存量最大为255。
- DecrSat：将当前的参考值从缓存中删除，缓存量最小为0。
- Invert：翻转当前缓存中的值。
- IncrWrap：将当前的参考值添加到缓存中，当缓存量达到最大值255时，则变为0。
- DecrWrap：将当前的参考值从缓存中删除，当缓存量达到最小值0时，则变为255。

不同的物体可以有不同的引用值，可以通过 Unity3D 设置材质球参数的接口，将数值传递进着色器。比较操作也可以多种多样，包括掩码值、成功后的操作动作。这为原本看上去简简单单的比大小行为赋予了更多的花样。不止如此，模板缓存里的值除了比较和通过测试后的操作指令外，深度测试还可以影响模板缓存中的值。我们可以通过图 9-32 来理解模板测试的美妙之处。

图 9-32　模版测试例子

注：图片来源 https://docs.unity3d.com/Manual/SL-Stencil.html。

图 9-32 中，三个球叠加后只显示了一个球，并且在这个球上显示了三个球叠加的部分。因为其他两个球的模板测试没有通过，所以叠加部分通过了模板测试。

第四步，深度测试。深度测试的作用是根据深度来判断和覆盖帧缓冲中的片元。片元中有深度信息，来源就是在归一化坐标后三角形顶点 z 轴上的值，三角形经过光栅化后，三角内片元的深度是三个顶点的 z 坐标的插值，深度测试依靠这个深度来判定是否需要覆盖已经写进帧缓冲里的片元（片元就是带有诸多信息的像素）。

深度测试是为了判定最后的片元是否要写入帧缓存。在判定过程中，深度测试也有自己的缓存，即深度缓存，它可读可写，就是为片元深度信息判定而存在的。深度测试工作分为两块，其中一块是片元与缓存的比较，即 ZTest，另一块是片元信息写入缓存，即 ZWrite。所有片元只有在 ZTest 中与缓存中的数据进行比较，并被判定通过，才有被 ZWrite 写入深度信息的资格。

当然，也可以关闭 ZWrite 的写入权限，这样渲染物体的所有片元都只能通过做比较操作来判定是否覆盖前面的片元，而无法写入深度信息，这也导致其片元深度无法与其他物体比较。这种写法在半透明物体中很常见，其他时候，大部分都是默认开启深度值写入操作，即 ZWrite On。

深度测试是怎么比较的呢？还记得前面介绍的模板测试吗？重点就是“比大小”，这次比的是片元上的深度与深度缓存中的深度信息，判定通过的就有权利写入深度缓存。相较于模板测试的流程和方法，深度测试的 ZTest 对应于模板测试的 Comp 指令，深度测试的 ZWrite 对应于模板测试的 Pass 指令，先根据当前片元情况比较缓存中的值，再操作缓存，由此看来，深度测试与模板测试基本上一模一样。我们来看一个例子，代码如下：

```
Pass
{
```

```
    ZTest LEqual
    ZWrite On
}
```

这组深度测试的参数表明，深度判定规则为，当物体的这个像素的Z值小于当前深度缓存中相同位置的深度时，通过ZTest，然后将该像素深度信息写入深度缓存。其中，ZTest的可选参数如下。

- Less：小于深度缓存中的值。
- LEqual：小于等于深度缓存中的值。
- Greater：大于深度缓存中的值。
- GEqual：大于等于深度缓存中的值。
- Equal：与深度缓存中的值相等。
- NotEqual：与深度缓存中的值不相等。
- Always：永远通过ZTest。
- Never：永远不通过ZTest。
- Off：等同于ZTest Always。
- On：等同于ZTest LEqual。

与模板测试一样，深度测试也有自己的缓存块，不同的是，深度测使用的是像素深度值，而不是某个固定的值，写入缓存的操作也没有模板测试那么多花样。

那什么是深度值呢？深度值又是从何而来的呢？前面在顶点着色器中介绍过，顶点在变化坐标空间后，z轴被翻转成为视口朝外的轴。摄像机裁剪空间从锥视体变成长方体，x、y轴则成为视口平面上的平面轴，z轴上的坐标变成顶点前后关系的深度值。坐标归一化后的变化如图9-33所示。

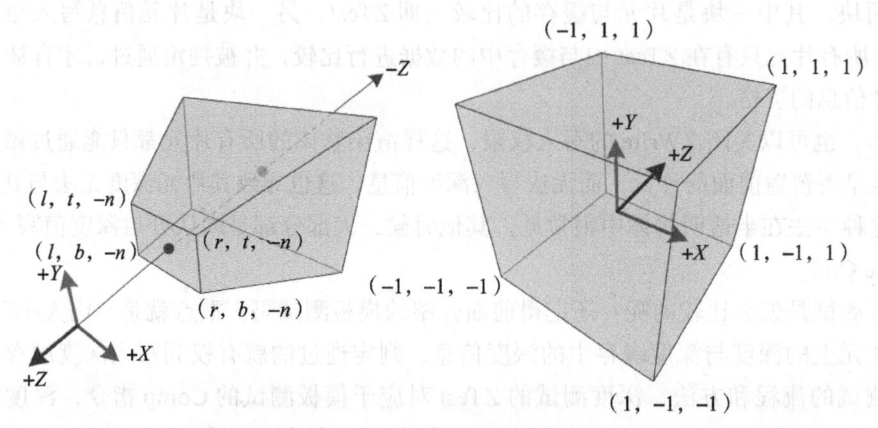

图9-33 坐标归一化后的变化

正是因为空间坐标的转换和最后的归一化，使得所有顶点的坐标都在一个长方体空间内，长方体的大小限制范围为（-1，1），于是x、y就成了屏幕相对参考坐标，而z则成为了前后关系的深度参考值。以上这些只是顶点上的坐标变化，在后面的步骤中，三角形被光栅化，每个像素中加入了更多的信息，并形成片元，三角形顶点信息在插值后，z 坐标也进入片元数据中，于是 z 值成为片元在深度测试中判断的依据。

9.2.3 混合

如果片元能够冲破前面多种测试，就会进入第五个阶段——混合（Blend）阶段。混合阶段实质上并没有丢弃任何片元，但可以让片元消失不见。

如果一个片元通过了上面所有的测试，那么它就有资格与当前帧缓存中的内容进行混合。最简单的混合方式就是直接覆盖已有颜色缓冲中的值。实际上这样还不算混合，只是覆盖而已，我们需要两个片元真正的混合。

那什么才是混合呢？为什么要混合呢？混合是两个像素对颜色和Alpha值的计算过程，其中一个像素来自要渲染的物体，另一个像素则来自已经写入的帧缓存。我们可以按照指定的操作来制定混合公式，通过配置的公式运算我们想要获得的效果。

由于渲染物体的像素都是一个接一个地写入缓冲中的，因此当前物体网格在光栅化成为片元后要写入缓存时，前面已经渲染的物体的片元会直接被覆盖掉，这样前后两个片元就没有了任何关联性的操作，开启混合则可以对前后两个片元在颜色上执行更多的操作，这是我们所期望的。

大多数情况下，混合可能与像素的Alpha值有关，也可能与颜色有关，混合阶段用得最多的是半透明材质。Alpha值是颜色的第四个分量，OpenGL中，片元的颜色都会带有Alpha值，无论你是否需要它，无论你是否对它进行了显性设置，Alpha值默认为1，即不透明。我们可以通过它实现各种半透明物体的模拟，就像有色玻璃那样。

混合就是当前物体的片元与前面渲染过的物体的片元之间的操作。那么混合具体包含哪些操作呢？我们来看看Unity3D中的混合指令，代码如下：

```
Blend SrcFactor DstFactor

Blend SrcFactor DstFactor, SrcFactorA DstFactorA
```

这里有两种操作方式，第一种是混合时颜色包括了Alpha值，第二种是将颜色和Alpha值分开混合。其中，SrcFactor因子（变量）会与刚刚通过测试的物体片元（即当前物体片元）上的颜色相乘，DstFactor因子（变量）则会读取已在帧缓存中的片元（即缓存中的像素）的颜色，并与之相乘。类似地，SrcFactorA因子（变量）会与刚刚通过测试的物体片元（即当前物体片元）上的Alpha值相乘，而DstFactorA因子（变量）会读取帧缓存中的像素，并与Alpha值相乘。

这个过程包含两个步骤，第一步是相乘操作，第二步是将相乘后的两个结果相加（还可以选择其他操作模式）。我们称之为混合方程，即 Src × SrcFactor + Dst × DstFactor，或 SrcColor × SrcFactor + DstColor × DstFactor、SrcAlpha × SrcFactorA + DstAlpha × DstFactorA。

通常情况下，相乘的结果再相加可以得到最终的混合片元。当然，我们也可以改变这种方程式，让两个结果相减，或者调换位置后相减，读取最大值函数，读取得最小值函数，来代替源数据与目标数据之间的操作符，即可以选择以下操作符。

- BlendOp Add：加法。
- BlendOp Sub：减法。
- BlendOp RevSub：置换后相减。
- BlendOp Min：最小值。
- BlendOp Max：最大值。

上述 5 种操作符的修改分别代表了因子相乘后相加，或相减，或置换后相减，或取最小值，或取最大值。这里以 Sub、Max 来举例说明。

当写入 BlendOp Sub 时，方程式就变成：Src × SrcFactor – Dst × DstFactor。

当写入 BlendOp Max 时，方程式就变成：Max(Src × SrcFactor，Dst × DstFactor)。

除操作符可以变化外，SrcFactor、DstFactor、SrcFactorA、DstFactorA 这四个变量可以有如下选择。

- One：代表 1，相当于一个完整的数据。
- Zero：代表 0，相当于抹去了整个数据。
- SrcColor：代表当前刚通过测试的片元上的颜色（即当前物体片元），相当于乘以当前物体片元的颜色。
- SrcAlpha：代表当前刚通过测试的片元上的 Alpha 值（即当前物体片元），相当于乘以当前物体片元的 Alpha 值。
- DstColor：代表已存在于缓存中的颜色，相当于乘以当前缓存颜色。
- DstAlpha：代表已存在于缓存中的 Alpha 值，相当于乘以当前缓存的 Alhpa 值。
- OneMinusSrcColor：代表对缓存上的片元执行 1 – SrcColor 的操作后，再相乘。
- OneMinusSrcAlpha：代表对缓存上的片元执行 1 – SrcAlpha 的操作后，再相乘。
- OneMinusDstColor：代表对当前刚通过测试的片元上的颜色执行 1 – DstColor 的操作后，再相乘。
- OneMinusDstAlpha：代表对当前刚通过测试的片元上的颜色执行 1 – DstAlpha 的操作后，再相乘。

通过操作符号及变量因子的选择，可以在 Blend 混合中玩出很多花样。

SrcFactor、DstFactor、SrcFactorA、DstFactorA 这 4 个变量因子的选择和操作符的选择决定了混合后的效果，下面看看常用的混合方法和效果。

1）透明度混合 Blend SrcAlpha OneMinusSrcAlpha，即常用的半透明物体的混合方式，如图 9-34 所示。

这是最常用的半透明混合，首先要保证半透明绘制的顺序应在实体的后面，所以 Queue 标签是必要的，即 Tags{ “Queue”= “Transparent” }。Queue 标签告诉着色器，此物体为半透明物体排序。渲染排序 Queue 的前因后果将在后文中介绍。

接下来解释 Blend SrcAlpha OneMinusSrcAlpha。以图 9-34 为例，图中的油桶是带着色

器的混合目标。

绘制油桶时，后面的实体 Box 已经绘制好，并且放入屏幕里了，所以 ScrAlpha 与油桶渲染完的图像相乘，部分区域的 Alpha 值为 0，即相乘后为无（颜色），这时正好另一部分 OneMinusSrcAlpha（也就是 1 – ScrAlpha）的计算结果为 1，即相乘后原色不变，两个颜色相加后就相当于油桶的透明部分叠加后面实体 Box 的画面，于是就形成图 9-34 所示的这幅画面。

反过来也一样，当 ScrAlpha 的值为 1 时，源图像为不透明状态，则两个颜色在相加前最终会变成源图像颜色 + 无颜色 = 源图像颜色，于是就有了图 9-34 中油桶覆盖实体 Box 的图像部分。

2）加白加亮叠加混合 Blend One One，即在原有的颜色上叠加屏幕颜色，以加白或加亮，如图 9-35 所示。

图 9-34　透明度混合

图 9-35　加白加亮叠加混合

第一个参数 One 代表本物体的颜色，第二个参数代表缓存上的颜色。两种颜色没有任何改变并相加，导致形成的图像更亮白。这样我们就看到了一个加亮加白的图像。

3）保留原图色彩 Blend One Zero，即只显示自身的图像色彩，不加任何其他效果，如图 9-36 所示。

混合时的计算方式为本物体颜色 + 目标值（即零），结果就是本物体颜色。

4）自我叠加（加深）混合 Blend SrcColor Zero，即源图像与源图像自我叠加，如图 9-37 所示。

图 9-36　保留原图色彩混合

图 9-37　自我叠加混合

与图 9-36 相比，图 9-37 加深了本物体的颜色。先是本物体的颜色与本物体的颜色相乘，加深了本物体的颜色，第二个参数为零，使得缓冲中的颜色不被使用。所以形成的图像为颜色加深的图像。

5）目标源叠加（正片叠底）混合 Blend DstColor SrcColor，即把目标图像和源图像叠加显示，如图 9-38 所示。

第一个参数，本物体颜色与缓存颜色相乘，颜色叠加。第二个参数，缓存颜色与本物体颜色相乘，颜色叠加。两种颜色相加，加亮加白。这个混合效果如同两个图像颜色叠加后的效果。

6）软叠加混合 Blend DstColor Zero，即把刚测试通过的图像与缓存中的图像叠加，如图 9-39 所示。

图 9-38　正片叠底混合

图 9-39　软叠加混合

与前面的叠加混合效果相似，图 9-39 只做一次叠加，并不做颜色相加的操作，使得图像看起来在叠加部分并没有那么亮白和突出。因为第二个参数为零，所以后面的屏幕颜色与零相乘即为零。

7）差值混合 BlendOp Sub 和 Blend One One，即注重黑白通道的差值，如图 9-40 所示。

差值混合中使用了混合操作改变，从默认的加法改成了减法，让两个颜色从加法变为了减法，不再是变白变亮的操作，而是反其道成为色差的操作。

除了对源片元和目标片元相乘再相加以外，还可以改变相乘后的加法计算。比如采用减法，取最大值、最小值等。

Blend 混合如同 Photoshop 中对图层执行操作，Photoshop 中的每个图层都可以选择混合模式，混合模式决定了该层与下层图层的混合效果，而我们看到的都是混合后的图片。

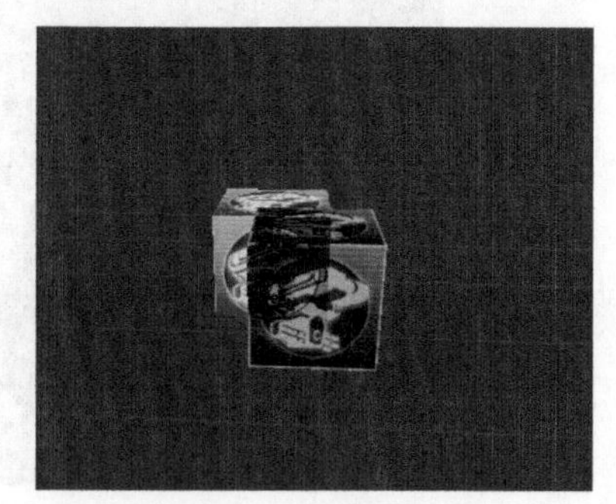

图 9-40　差值混合

Blend 混合结束后还要执行两个步骤，其一是逻辑操作，其二是缓冲机制。

1. 逻辑操作

像素混合结束后，片元将被写入缓存中，在写入缓存前还会做一次逻辑操作，这是片元的最后一个操作。它作用于当前刚通过测试的片元和当前帧缓存中的数据，逻辑操作会在它们之间进行一次操作，最后再写入帧缓存。

由于这个过程的实现代价对于硬件来说非常小，因此很多系统都允许采用这种做法。逻辑操作不再有因子，只在两个像素之间进行操作，操作可以选择异或（XOR）操作、与（AND）操作、或（OR）操作等。由于它使用得比较少，也可以由其他方式代替，因此Unity3D 中并没有自定义设置逻辑操作的功能。

2. 双缓冲机制

片元最后都会以像素的形式写入帧缓存中，帧缓存一边由 GPU 不断写入，一边由显示器不断输出，这会导致出现画面还没形成就绘制到屏幕的情况，所以 GPU 通常采用双缓存机制，即前置缓存用于呈现画面，后置缓存继续由 GPU 不断写入，写入所有像素后再置换两个缓存，置换时只要置换指针地址即可。

当整个画面绘制完成时，后置缓存与前置缓存进行调换，于是原来的后置缓存成为新的前置缓存并呈现到屏幕上，原来的前置缓存成为新的后置缓存交由 GPU 作为帧缓存继续绘制下一帧，这样就可以保证显示与绘制不会互相干扰。

9.2.4　渲染管线总结

渲染管线已经全部介绍完毕，现在我们来总结一下。

渲染管线从大体上可分为应用阶段、几何阶段、光栅化阶段。

数据在应用阶段被记录、筛选（或者称为裁剪）、合并。在此过程中，有些是运用算法来达到裁剪的目的，有些是放大颗粒度来加速筛选（裁剪），有些则是利用 GPU 工作原理合并渲染数据来提高 GPU 的工作效率。

几何阶段则着重于处理顶点的数据，顶点着色器是其中最重要的一个着色器，它不但需要计算顶点在空间上的转换，还要为下一个阶段（光栅化阶段）做好准备。顶点着色器中计算和记录了片元着色器所需要的数据，这些数据都会放入顶点（图元）数据中。顶点上的数据会在下一个阶段经过插值计算后放入片元中，每个像素中的数据都是三角形顶点上的数据经过插值计算后所得到的。

光栅化阶段的主要任务是将三角形面转化为实实在在的像素，并且根据顶点上的数据进行插值计算得到片元信息，一个片元相当于一个像素附带了很多插值过的顶点信息。片元着色器在光栅化阶段起到了很重要的作用，它为我们提供了可自定义计算片元颜色的编程节点，不但如此，我们还可以根据自己的喜好抛弃（discard）某些片元。

片元在片元着色器中计算后，还需要经过好几道测试才能最终呈现在画面上，包括判断片元前后覆盖的深度测试、可以自定义条件的模板测试，以及常用来做半透明的像素混合操作。片元只有经过这几道“关卡”，才能最终写入帧缓存中。双缓冲机制可让 GPU 尽情地写缓存而无须关心是否会存在写了一半时就被呈现到画面的问题。

至此，渲染管线虽然已经讲解了很多，但还是有很多细节被忽略，后面章节会为大家详细讲解。这些细节可能会出自各个图形编程接口（OpenGL 和 DirectX）背后的实现原理，也可能是出自某种渲染方法和技巧背后的原理。

Unity3D 为我们封装了很多东西，让我们能尽快上手运用。但它为了方便，也隔离了很多原理上的知识，这使得我们在面对底层问题时常会感到迷茫。本书虽然不是致力于 GPU 的教学，但也会尽最大努力让读者从根本上理解 GPU 的工作原理，以及引擎背后的理论知识，从而帮助读者在面对工作上的困难时能一眼看透问题的本质，从根本上解决问题。

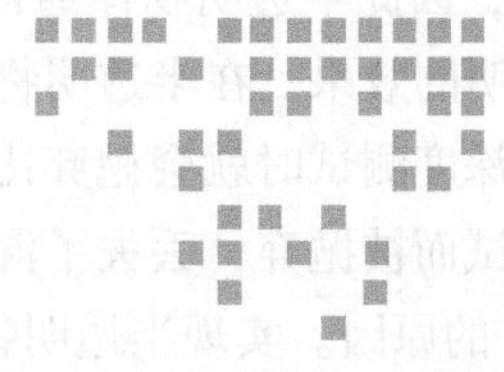

第 10 章 Chapter 10

渲染原理与知识

前面非常详尽地介绍了渲染管线的整个流程以及渲染管线上每个节点的来龙去脉。本章将介绍渲染的概念和原理，以及前几章中没有提及的渲染管线细节与GPU中已经被优化的部分。本章内容比较零散，但也是比较重要的知识，由于相关操作涉及的知识点太多，因此这里只挑选出了重要的内容进行介绍，这样能达到事半功倍的效果。

10.1 渲染顺序

前面章节已经介绍了深度测试这个模块，它基于片元的深度值与深度缓存中的值进行对比，由测试结果来决定是否写入深度缓存中，如果深度测试通不过，则抛弃片元，不再继续下面的流程。这个过程会涉及ZTest On/Off状态开关和ZWrite On/Off状态开关，其中ZTest用于控制是否开启深度测试，ZWrite用于控制是否写入深度缓存。

渲染管线中深度测试的最大好处是帮助我们尽早发现不需要渲染的片元，及时抛弃它们以节省GPU的开销，从而提高效率。大部分情况下，我们使用ZTest LEqual来做深度测试的判断，也就是离摄像机越近的物体越容易遮挡住离得远的物体。从这个角度看渲染机制，如果能先把离屏幕近的物体放前面渲染，那么离屏幕远的物体则能在深度测试的机制下早早地屏蔽掉很多片元的渲染，提升GPU效率。

我们发现，从上述角度看，渲染顺序是提高GPU效率的关键，Unity3D引擎对所有不透明物体在渲染前都做了排序工作，离摄像机近的排在前面渲染，离摄像机远的排在后面渲染，这个渲染队列就有了排序规则。

那么半透明物体怎么办呢？因为半透明物体需要混合（Blend），而混合需要先完成不透明物体的渲染，因此半透明物体通常被引擎安排在所有不透明物体渲染后渲染，只有这样，才能实现半透明的效果。在半透明物体中，ZWrtie 通常处于关闭状态，如果将 ZWrite 开启，半透明物体在深度测试时就会抛弃比它深度高的像素，这会导致多个半透明物体在叠加渲染时由于深度测试而被抛弃，丢失了混合的效果，会让画面有点错乱，这也是半透明物体通常不开启 ZWrite 的原因。实现半透明物体的主要方式还是混合而非测试。

Unity3D 引擎在提交渲染时有这么一条规则，即对所有半透明物体的渲染都排在不透明物体的后面，这样就确保了半透明物体在不透明物体渲染完毕后才开始渲染，从而保证半透明物体的混合效果。在渲染前，半透明物体的队列同样会使用排序算法排序，只是排序算法与不透明物体相反，即离摄像机越远的物体越会先渲染。

那怎么判定是不透明物体还是半透明物体呢？虽然混合是半透明的特色，但不是唯一标准，不透明物体同样可以使用混合增强效果。Unity3D 引擎为了解决这个问题，在着色器中使用了标记功能，将渲染顺序放在着色器中去标记，即用着色器中的 Queue 标签来决定模型归属于哪个渲染队列。

Unity3D 在内部使用了一系列整数索引来表示渲染的次序，索引小的则排在前面渲染。Queue 标签如下。

- Background：背景层，索引号 1000。
- Geometry：不透明物体层，索引号 2000。
- AlphaTest：AlphaTest 物体层，索引号 2450。
- Transparent：半透明物体层，索引号 3000。
- Overlay：覆盖层，索引号 4000。

在着色器中选择 Queue 标签，就会指定索引类型，请来看下面的代码：

```
Shader "Transparent Queue Example"
{
    SubShader
    {
        Tags { "Queue" = "Transparent" }
        Pass
        {
            // rest of the shader body...
        }
    }
}
```

上面的代码是将物体标记为半透明队列，标记为半透明物体后，Unity3D 引擎就会将这些物体放在不透明物体渲染之后渲染。

从前面已经了解到，不透明物体的排序与半透明物体的排序是相反的，因为半透明物体需要混合，必须先绘制远处的物体，这样混合的效果才正确。在渲染队列标签中，Unity3D 的每个标签都有一个索引号，Unity3D 规定 2500 以下的索引号的排序规则是，可以根据摄像机的距离由近及远地渲染，2500 以上的索引号的排序规则是根据摄像机的距离由远及近地渲染。

为什么要这么排序呢？因为 2500 以下的物体都是不透明物体，渲染在深度测试阶段越早剔除越好，所以摄像机由近及远的渲染方式对早早剔除不需要渲染的片元有莫大的帮助，这种方式提高了 GPU 效率。而索引号在 2500 以上的物体，通常都是半透明物体或者置顶的物体（例如 UI），如果依然保持由近及远的渲染规则，那么它就无法混合到被它覆盖的物体。

半透明物体的排序问题通常让人很头痛，为什么呢？因为它需要由 Blend 完成半透明物体部分的操作，而 Blend 操作必须在前面物体已经绘制好的情况下才能实现，从而形成半透明或全透明效果。

着色器中的 Queue 标签在 Transparent 半透明索引号下，如果是相同的索引号，则从远到近渲染。用 Queue 排序上可以解决部分叠层渲染问题，即两个物体模型没有相交部分，前后关系的混合可以依靠模型中点离摄像机的远近进行排序，Unity3D 引擎就是这么做的。但是，如果两个物体的网格面片相交，或者同一个物体中的面片相互交错，则无法再区分片元的前后关系。原因是它们没有写入片元的深度值，即 ZWrite 为关闭状态，不能用深度值去判定片元是否覆盖或被覆盖；若为打开状态，则又会出现混合失效的情况，因为片元底下覆盖的片元被彻底抛弃，所以没有混合一说了。

因此，使用 Blend 制作半透明物体，在复杂的半透明交叉情况下，通常很难做到前后关系有序，特别是当模型物体有交集的时候。此时我们通常采用手动排序的方法来纠正问题，例如，在 Queue 标签上使用 +1 的方式表明层级被优先渲染，即 Tag{Queue = " Transparent + 1" } 的形式。

所有物体的渲染顺序都是引擎自主排列的，而不是由 GPU 排序的，GPU 只知道渲染、测试、裁切，完全不会去管物体的前后次序。这也是称 GPU 渲染为“渲染流水线”的原因，它就像工厂里的作业流水线一样，每个工人只是一个节点的螺丝钉（代表渲染流水线中各个阶段的节点），大部分时候，它们只要记住一个动作，就可以“无脑”地重复劳动，GPU 就是这样做的。

10.2　Alpha Test

前面介绍了很多关于半透明物体的知识，Alpha Test 也属于半透明物体的特征，但它不是混合，而是裁切。

在制作模型的过程中，很多模型的边角都需要极其细微的面片，比如树上的叶子、一堆乱糟糟的草，以及许多圆形的洞等，这些模型如果用网格来表达，则会多出很多面片，制作时间长，调整起来慢，同屏面数多，问题滚滚而来。

那怎么办呢？ Alpha Test 能很好地解决这些问题。Alpha Test 使用纹理图片中的 Alpha 来判定该片元是否需要绘制。当我们尝试展示一些很细节的模型时，如果使用 Alpha Test，原本要制作很多细节网格，现在只要用一张图片和两三个面片就能代替巨量的面片制作效果，即使有时需要调整，也只需要调整纹理图片和少量顶点就可以完成。

这种方式被大量用在节省面片数量的渲染上，因为它的制作简单，调整容易，被大多数模型设计师和开发人员所喜爱。其渲染过程也相对比较简单，可在片元着色器中判断该片元Alpha值是否小于某个阈值，一旦判定小于某个阈值，就调用clip或者discard丢弃该片元，该片元不再进行后面的流水线，代码如下：

```
Shader "Example Alpha Test"
{
    Properties
    {
        _MainTex ("Base (RGB)", 2D) = "white" {}
        _Cutoff("Cut off",range(0,1))=0.5
    }

    ...

    SubShader
    {
        ...

    //Alpha Test示例
        Pass
      {
        struct v2f {
            float4 pos : SV_POSITION;
            float4 uv:TEXCOORD0;
        };

        v2f vert(appdata_base v)
        {
            v2f o;
            o.pos = UnityObjectToClipPos(v.vertex); //转换顶点空间
            o.uv = v.texcoord; //传递UV值
            return o;
        }

        fixed4 frag(v2f i) : SV_Target
        {
            fixed4 _color = tex2D(_MainTex,i.uv.xy); //根据UV获取纹理上的纹素

            //clip函数非常简单，就是检查它的参数是否小于0。如果是，就调用discard舍
              弃fragment；否则就放过它
            clip(_color.a - _Cutoff);

            return _color;
        }
      }
    }
```

```
    ...
}
```

上述着色程序剥离了干扰因素，代码极简地表现了 Alpha Test。先将顶点 UV 从顶点着色器上传到片元着色器，再用 UV 坐标数据取出纹理中的颜色，使用 clip 函数判断片元是否通过测试。clip 函数非常简单，就是检查它的参数是否小于 0，如果是，就调用 discard 舍弃 fragment，否则就放过它。我们来看看使用 Alpha Test 制作草地的画面效果，如图 10-1 所示。

图 10-1　Alpha Test 制作草地的画面效果

注：图片来自 https://docs.unity3d.com/2019.2/Documentation/Manual/SL-Blend.html。

图 10-1 中的这些小草只是使用了少许的面片，GPU 在渲染片元时会先判定该片元的 Alpha 是否小于某个阈值，如果小于，则不渲染该片元，否则继续渲染。

这种裁剪片元的方式对于只需要不透明物体和全透明物体很有用，而且 Alpha Test 不需要混合，它完全可以开启 ZTest 的深度测试和 ZWrite 的深度写入，这在渲染遮挡问题上完全没有问题。不过它并不是万能的，也存在很多缺陷。下面介绍 GPU 中 Alpha Test 存在的问题。

10.3　Early-Z GPU 硬件优化技术

前面介绍过深度测试的知识，即深度测试在片元着色器之后对片元顺序做了遮挡测试，这使得 GPU 对哪些片元需要绘制、哪些片元因被遮挡而不需要绘制有了数据依据。不过深度测试是在片元计算完毕后才做的测试，因此大部分被遮挡的片元在被剔除前就已经经历了着色器的计算。当片元重叠遮挡比较多时，许多片元的前期计算会造成资源浪费，因为被遮挡部分的片元计算完就会被抛弃。

这种情况频繁发生，特别是在摄像机需要渲染很多物体的时候，相互叠加遮挡的情况会越来越严重，每个物体生成的片元无论是否被遮挡，都经过了差不多一整个渲染流程，深度测试前的渲染计算几乎全部浪费掉了。

Early-Z 技术专门为这种情况做了优化，我们可以称它为前置深度测试。它会在几何阶段与片元着色器阶段之间（光栅化之后，片元着色器阶段之前）先进行一次深度测试，如果深度测试失败，就认为是被遮挡的像素，直接跳过片元阶段的计算，节省了大量的 GPU 算力。

Early-Z 前置测试流程如图 10-2 所示。该图展示了 Early-Z 前置深度测试的流程，光栅化后的片元先进入 Early-Z 前置深度测试阶段，如果片元测试被遮挡，则直接跳过片元着色的计算，如果没有被遮挡，则继续片元着色的计算，无论是否通过 Early-Z 前置深度测试，最终都汇集到 ZTest 深度测试再测试一次，由后置的深度测试最终决定是否抛弃该片元。由于前置深度测试已经测试了片元的前后关系，因此所有跳过着色计算的片元都会在后置深度测试的节点上被抛弃，反之，则会继续渲染流程，最终进入屏幕像素缓冲区。

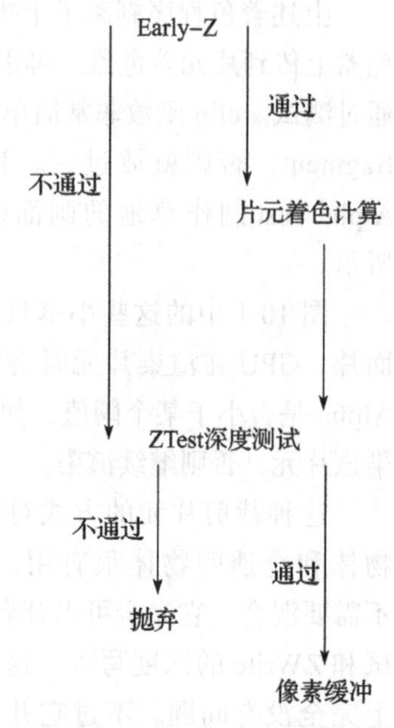

图 10-2 Early-Z 前置测试流程

Early-Z 是通过 GPU 硬件自动调用实现的，这里面涉及两个 Pass：第一个是 Z-pre-pass，对于所有写入深度数据的物体，先用一个超级简单的 Pass 写入深度缓存，这里不写入像素缓存；第二个 Pass 关闭深度写入，开启深度测试，使用正常渲染流程进行渲染。

由于 Alpha Test 的做法让我们在片元着色器中可以自主抛弃片元，因此问题又出现了。片元在着色器中被主动抛弃后，Early-Z 前置深度测试的结果就会出现问题，因为测试通过的可见片元被抛弃后，被它遮挡的片元就成为可见片元，导致前置深度测试的结果出现问题。因此 GPU 在优化算法中，对片元着色器抛弃片元和修改深度值的操作做了检测，如果检查到片元着色器中存在抛弃片元和改写片元深度的操作，则 Early-Z 将被放弃使用。

简单来说，Early-Z 对遮挡处理做了很大优化，但是，如果我们使用 Alpha Test 来渲染物体，Early-Z 的优化功能将被弃用。

10.4 Mipmap 的原理

Mipmap 是目前应用最为广泛的纹理映射技术之一，Mip 来源于拉丁文中的 multum in parvo，意思是“在一个小区域里的很多东西”。引擎将 Mipmap 技术与材质贴图技术相结合，根据物体与摄像机之间距离的不同，分别使用不同分辨率的纹理贴图，不仅提升了画面效果，还提高了 GPU 渲染效率。Mipmap 在 3D 游戏中非常常见，但仍有人不太了解 Mipmap 的原理，这里将进行详细介绍。

在为 3D 物体渲染纹理贴图时，经常会出现物体离摄像机很远的情况，此时屏幕像素与纹理大小的比率非常小，而纹理采样点的变化却非常大，这会导致渲染图像上存在瑕疵。

假设要渲染一面墙，这面墙的纹理大小为 1024 × 1024 像素，当摄像机与墙之间的距离适当时，渲染的图像是没有问题的，因为每个像素都有各自对应纹理贴图上合理的像素。但是，当摄像机渐渐远离这面墙时，在屏幕上的像素范围越来越小，这时就会出现问题，原因是物体所呈现的像素点越来越少，使得纹理采样的坐标变化比较大，可能会在某个过度点上突然发生变化，从而导致图像产生瑕疵，特别是在屏幕上前后运动的物体，可能会使屏幕上的渲染产生类似闪烁的劣质效果。

为了修正这种劣质效果，Mipmap 将纹理贴图提前存储成不同大小的层级，并在渲染时将它们传入 OpenGL，OpenGL 会判断当前应当使用哪个层级的贴图，判断依据是物体在屏幕上所渲染的像素大小。

除了能更平滑地渲染物体像素上的瑕疵和闪烁问题外，Mipmap 还能很好地提高采样的效率。由于那些远离摄像机的物体采用了更小分辨率的纹理贴图，因此采样时内存与 GPU 缓存之间传输的带宽压力减轻了不少，从而获得了更高的效率。实际项目中，大部分物体都离摄像机较远，这使得 Mipmap 在渲染中发挥了重要的作用。

使用 Mipmap 时，OpenGL 负责计算细节层次并得到应该选择的 Mipmap 层级，再将采样结果返回给着色器。我们也可以自己取代这个计算过程，再通过 OpenGL 纹理获取函数（textureLod）来选取指定的纹理层次。

在 OpenGL 中，Mipmap 是如何决定采用哪层分辨率的贴图的呢？首先有两个概念要介绍。

1）屏幕上的颜色点叫像素，纹理贴图上的颜色点叫纹素。

2）屏幕坐标系用的是 XY 坐标系，纹理贴图坐标系用的是 UV 坐标系。

在片元着色器中，每个片元即屏幕空间 XY 上的像素都会找到对应纹理贴图中的纹素来确定像素的颜色。这个查找纹素的过程就是一个从 XY 空间到 UV 空间的映射过程。可以通过分别求 x 和 y 的偏导数来求屏幕单个像素宽度纹理坐标的变化率。

由于物体离得远，像素覆盖屏幕的范围比较小，因此屏幕上的像素区块对应到实际的纹理贴图中可能是一个矩形的区域。那么 x 轴方向上的纹理贴图大小和屏幕上的像素区域大小有一个比例，y 轴方向上同样有一个比例。Mipmap 各层大小图例如图 10-3 所示。

图 10-3　Mipmap 各层大小图例

若获取纹理贴图上的纹素大小为 64×64，屏幕上的像素区域大小为 32×32，那么它们在 x 轴上的纹素和像素大小比例为 2.0（即 64/32），y 轴上的也为 2.0。如果纹理贴图上的纹素大小为 64×32，屏幕上的像素区域大小为 8×16，那么它们在 x 轴上的纹素和像素大小比例为 8.0（即 64/8），在 y 轴上的纹素和像素大小比例为 2.0（即 32/16）。

这个比例就是纹素的覆盖率，当物体离摄像机很远时，纹素的覆盖率很大；当物体离摄像机很近时，纹素的覆盖率很小，甚至小于 1（若纹素覆盖率小于 1，则会调用纹理放大滤波器；反之则使用 Mipmap；如果刚好等于 1，则使用原纹理）。

要在着色器中求覆盖率，可以使用 ddx 和 ddy 求偏导数的方式分别求这两个方向上的覆盖率，然后取较大的覆盖率。为什么求 ddx 和 ddy 的偏导数就能计算覆盖率呢？我们知道在光栅化时，GPU 会在同一时刻并行运行很多片元着色器，但并不是一个像素一个像素地放入片元着色器中执行，而是将其组织成以 2×2 为一组的像素块后再并行执行。而偏导数正好能计算这一块像素中的变化率。

我们来看看偏导数的真相：

$$ddx(p(x, y)) = p(x+1, y) - p(x, y)$$

$$ddy(p(x, y)) = p(x, y+1) - p(x, y)$$

x 轴上的偏导数就是 2×2 像素块中 x 轴方向附近的数值之差。同理，y 轴上的偏导数就是 2×2 像素块中 y 轴方向附近的数值之差。因此，Mipmap 层级的计算可以描述为：

```
float MipmapLevel(float2 uv, float2 textureSize)
{
    float dx = ddx(uv * textureSize.x);
    float dy = ddy(uv * textureSize.y);
    float d = max(dot(dx, dx), dot(dy, dy));
    return 0.5 * lg2(d);
}
```

上述函数中，先求出 x 轴和 y 轴方向上的覆盖率，再取得 dx 和 dy 的最大值（dot（dx, dx）其实就是 dx 的平方，dy 同理），然后计算 lg2 并获得 Mipmap 层级。大部分时候，OpenGL 已经帮我们做了 Mipmap 层级的计算，也就是说，在着色器中使用 tex2D（tex,uv）获取颜色的时候，就相当于在 GPU 内部执行如下代码：

```
tex2D(sampler2D tex, float4 uv)
{
    float lod = CalcLod(ddx(uv), ddy(uv));
    uv.w= lod;
    return tex2Dlod(tex, uv);
}
```

可以从这段代码中得知 UV 所求的导数越大，在屏幕中占用的纹理范围就越大。如果在片元计算中发现 UV 导数很大，就说明这个片元离摄像机很远，从这个角度来理解 UV 在片元着色器中的偏导数会稍微容易些。这样，只需要通过 UV 求偏导数就能间接计算出 x 轴和 y 轴方向的覆盖率。在 OpenGL 中，Mipmap 的计算依赖于片元中的 UV 求偏导数，片元所映射的 UV 范围越大，计算出来的 Mipmap 层级越高，纹理贴图选取的分辨率也就越小。

10.5 显存的工作原理

显存经常被我们忽视，手机设备上没有显存的概念，因为在手机中，GPU 与系统共用一块内存，所以通常情况下，我们认为显存只在 PC 端存在。事实上，在安卓和 iOS 这样的设备中，虽然没有大块独立的显存，GPU 仍然有自己的缓存。

GPU 可以在显存中存储很多数据，包括贴图纹理、网格数据等，除了渲染必需的资源外，缓存还是更接近 GPU 内核的地方，顶点缓存、深度缓存、模板缓存、帧缓存大都存放在那里。GPU 自己的缓存就相当于 GPU 内部的共享缓存，GPU 中有很多个独立的处理单元，每个处理单元都有自己的缓存，用于存储一部分需要自己处理的数据。

除了这几个必要的缓存外，显卡中还存放着渲染时需要用到的贴图纹理、网格数据等，这些内容需要从系统内存中复制过来。在调用渲染前，应用程序可以调用图形应用接口 OpenGL 将数据从系统内存复制到显卡内存中，当然，这个过程只存在于 PC 端和主机端，因为只有它们拥有显存。显存更接近 GPU 处理器，这直接导致存取数据会更快，因此，从系统内存中复制过来是值得的。

手机端没有这样的复制过程，手机端大都是 ARM 架构，芯片中嵌入了各种硬件系统，包括 SoC（即芯片级系统，包含完整的系统及嵌入软件的全部内容）、图像处理 GPU、音频处理器等。而显存由于种种限制并没有被设计加入 ARM 中，因此在手机端中，CPU 和 GPU 共用同一个内存控制器，也就是说，没有独立的显存，只有系统内存。但 GPU 仍然需要将数据复制到自己的缓存中，只是这一步由从显存复制转换成了从系统内存中复制而已，GPU 中每个处理单元也仍然要从共享缓存中复制自己需要处理的数据。

由此可见，GPU 处理数据前复制的过程仍然存在，变成从系统内存直接复制到缓存中后，速度自然没有原来的快，这种复制过程每帧都在进行。当然，也有缓存命中的情况，但仍避免不了重复复制，图片大小、网格大小也会成为复制的瓶颈点，我们通常称它们为带宽压力。从前面介绍的显存运行原理可知，压缩纹理贴图、使用大小适中的纹理贴图、减少网格数据是优化性能的一个重要部分。

10.6　Filter 滤波方式

纹理贴图的 Filter 滤波在图形引擎中常被用到，但我们在做项目时却很少察觉，事实上，它的重要性是不容忽视的。现在来讲讲滤波的来龙去脉。

每张纹理贴图可能都是大小不一的贴图，渲染时它们被映射到网格三角形的表面上，转换到屏幕坐标系之后，纹理上的独立像素（纹素）几乎不可能直接与屏幕上的最终画面像素对应起来。这是因为物体在屏幕上显示的大小会随着摄像机距离的变化而变，当物体非常靠近摄像机时，屏幕上的一个像素有可能对应纹理贴图上纹素中的一小部分（因为物体覆盖了摄像机视口的大部分面积），而当物体离摄像机很远时，屏幕上的一个像素包含纹理贴图上的很多个纹素（因为物体只覆盖了相机视口的很小一部分）。因此贴图中的纹素与屏幕上的像素通常无法有一比一的对应关系。

无论是哪种情况，我们都应该对这些纹素进行插值计算。OpenGL 就为我们提供了多种 Filter 滤波方式来实现插值算法，不同的滤波方式在速度和画质上会有所不同，这也是我们需要做出的权衡。

滤波方式分三种：一种是最近采样，即 Nearest；一种是线性采样，即 Linear；另一种是各向异性采样。在 Unity3D 中，Point 类型的采样就是最近采样（Nearest Point Sampling）。线性采样又分为双线性（Bilinear）采样和三线性（Trilinear）采样。

最近采样，当纹素与像素大小不一致时，它会取位置最接近的纹素。这种方法只是寻找了位置最接近的纹素，所以并不能保证连续性，即使使用了 Mipmap 技术，像素点与纹素也仍然没有得到很好的匹配，因此这种方法让纹理在屏幕上显得有些尖锐。

线性采样是使用坐标值从一组离散的采样信号中选择相邻的采样点，然后将信号曲线拟合成线性近似的形式。在图像采样中，OpenGL 会将用户传递的纹理坐标视为浮点数值，然后找到两个离它最近的采样点。从坐标到这两个采样点的距离就是两个采样点参与计算的权重，进而可以得到加权平均后的最终结果。双线性采样是取离纹素最近的 4 个纹素，这 4 个纹素在线性计算上的权重值为纹素与中心点的距离，把所有采样得到的纹素进行加权平均后可得到最终的像素颜色。

最近采样与双线性采样的不同之处，假设源图像长度为 m 像素，宽度为 n 像素，即 $m \times n$ 像素大小，目标图像为 $a \times b$ 像素，那么两幅图像的边长比分别为 m/a 和 n/b。目标图像的第（i, j）个像素点（i 行 j 列）可以通过边长比对应到源图像。其对应坐标的关系为（im/a, jn/b）。显然，这个对应坐标一般不是整数，非整数坐标是无法在图像中取得正确像素的。最近采样直接取小数最接近的整数（小数部分四舍五入取整）作为纹理对应的坐标点，显然这样做有些突兀，双线性采样则是先寻找坐标附近的 4 个像素点，再通过这 4 个像素点做加权平均来计算该点的像素坐标。双线性滤波映射点（见图 10-4）的计算方法如下：

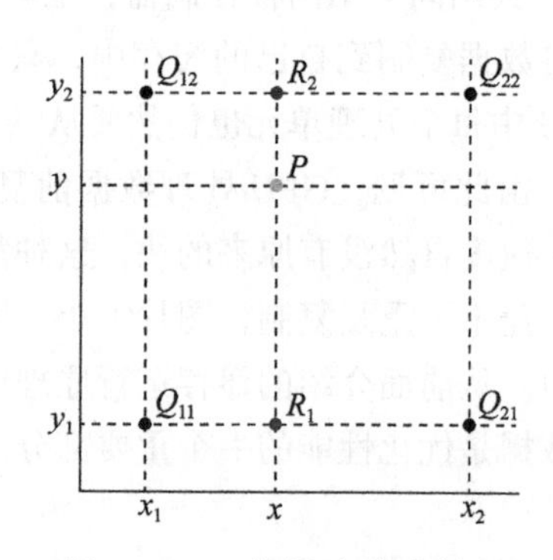

图 10-4 双线性滤波映射点

注：图片来源为 https://zh.wikipedia.org/zh-hk/%E5%8F%8C%E7%BA%BF%E6%80%A7%E6%8F%92%E5%80%BC。

$$\mathrm{src}X=\mathrm{dst}X\times(\mathrm{srcWidth}/\mathrm{dstWidth})+0.5\times(\mathrm{srcWidth}/\mathrm{dstWidth}-1)$$

$$\mathrm{src}Y=\mathrm{dst}Y\times(\mathrm{srcWidth}/\mathrm{dstWidth})+0.5\times(\mathrm{srcWidth}/\mathrm{dstWidth}-1)$$

双线性采样在像素之间的过渡比最近采样方式更加平滑，但双线性采样只选取一个 Mipmap Level，即选取纹素和像素之间大小最接近的那一层 Mipmap 进行采样，这导致当像素大小匹配的纹素在两层 Mipmap 之间时，双线性采样在有些情况下的效果就不太理想，这时三线性采样则能更好地达到平滑的效果。

三线性采样会在双线性采样的基础上对像素大小与纹素大小最接近的上下两层 Mipmap 分别进行一次双线性过滤，然后对在两层 Mipmap 纹理上得到的像素结果进行插值计算，最终得到合理的纹素。

除了上面介绍的几种滤波方式外，还有各向异性采样。什么是各向异性和各向同性呢？当需要贴图的三维表面平行于屏幕时就是各向同性。当要贴图的三维表面与屏幕有一定角度的倾斜时就是各向异性。

各向异性采样，除了会把 Mipmap 因素考虑进去外，还会把纹理与屏幕空间的角度考虑进去。它会考虑一个像素对应到纹理空间中在 U 和 V 方向上与 U 和 V 的比例关系，如果 U：V 不是 1：1，将会按比例在各方向上选取不同数量的点来计算最终的结果。各向异性采样的多少取决于 *X* 值，所以在 Unity3D 的纹理图片设置上有一个 Aniso Level 选项，用来设置各向异性采样的级别。

这里介绍几种纹理滤波方式，它们主要的区别是采样和计算方式不同。采样方式从最近采样、双线性采样、三线性采样，再到各向异性采样，采样次数也在逐级提高。最近采样的次数为 1 次，双线性采样为 4 次，三线性采样为 8 次，各向异性采样随着等级的不同各有不同，随着采样次数的提高，需要消耗的 GPU 也会逐级增大（这些采样与计算都是在 GPU 中完成的），因此在设置图片滤波时要考虑画质与性能开销。

下面再介绍一下 GPU 上的多重采样（Multisampling）。多重采样是一种对几何图元的边缘进行平滑处理的技术，它是反走样（Antialiasing）技术之一。

OpenGL 支持几种不同的反走样技术，比如多重采样、线段反走样、多边形反走样、纹理图像压缩的质量以及导数精度设置等。事实上，这几种反走样技术都是以开关的形式在 OpenGL 中存在的，我们无法修改它们，只能开启、关闭或设置几个简单的参数。其中图形上走样算法大致是将原本单一的线条或像素块周围填充更多的像素块，具体细节比我们想象的要复杂得多，而且不同 OpenGL 版本的算法也有细微的差异，这里不深入介绍。

多重采样的工作方式是对每个像素的几何图元进行多次采样。在多次采样后，每个像素点不再仅仅是单个颜色（除了颜色外的深度值、模板值等信息），它还记录了许多样本值。

这些样本值类似于将一个像素分拆成更小型的像素，每个像素存储着颜色、深度值、模板值等信息，当需要呈现最终图像的内容时，这个像素的所有样本值会被综合成最终像素的颜色。也就是说，采样的数量越多，线条与周围像素点的融合越平滑，也就是说，颜色与颜色之间会有平滑过渡的颜色，例如红色线条周围是白色的背景，于是红色线条上的像素与白色背景的交接处会有粉色、浅粉色来过渡。

Unity3D 对反走样功能也提供了支持，我们可以通过 Quality Settings 中的 AntiAliasing 来设置，它将开启图形接口（OpenGL 或 DirectX）中多边形的反走样算法，并且开启多重采样，根据多重采样信息对多边形边缘进行像素填充。

AntiAliasing 可以设置为 3 档采样质量，分别为 2 倍、4 倍和 8 倍。总的来说，GPU 上的反走样代价是消耗更多的 GPU 算力和显存，不过，它并不会消耗任何 CPU 算力。

10.7 实时阴影是如何生成的

前面介绍了关于 Mipmap 和纹理采样的知识，对理解底层画面渲染有很大的帮助。本节介绍实时光照阴影的生成，3D 渲染阴影模拟实际生活中的光照效果，让原本虚拟的画面更加真实。

为了让画面中的场景和人物看起来更贴近真实场景，被人们所接受，光影效果是不可或缺的。我们经常能在画面中看到阴影跟随物体摆动而变动，并且物体被光照遮挡的阴影会投射在其他物体上，这样的效果十分动人。那么阴影是如何产生的呢？下面将详细解析，通过解析我们能够更加深刻地理解阴影的生成原理，还可以基于此有针对性地优化阴影对性能的消耗。

我们可以先想想真实生活中阴影的产生过程，当一个光源发射一条光线遇到一个不透明物体时，它周围的地面和物体都被照亮了，但这条光线不能再继续照亮它背后的物体，这块没有被光照到的区域就变成了阴影。

在计算机的实时渲染中，我们无法表达出每条光照的射线，这样的算力计算机承受不了，那么我们如何表达阴影的投射呢？

其实很简单，假设我们将摄像机放在光源的位置上，摄像机的方向与光源照射的方向一致，相机中那些看不到的区域就是阴影产生的地方。只是我们不可能真的将摄像机放在那里，但可以用这种方式单独渲染一次摄像机在该位置的图像。只是我们需要的不是图像，而是阴影，刚好物体从该位置渲染出来的片元深度值提供了我们需要的参照数据，在光源位置上，摄像机渲染的所有片元深度值都被写入深度缓存中，我们可以用这个深度缓存进行阴影计算，深度值越大的片元，被遮挡的可能性越大，深度值最小的片元则不会被遮挡。

这就是阴影映射纹理技术，在渲染中，第一个渲染管线负责在光源点位置计算得到深度值，输出像素到阴影映射纹理。这时我们得到的是一张深度图，它记录了从该光源的位置出发，能看到的场景中距离它最近的表面位置的深度信息。

阴影图有了，应该怎么投射呢？主动计算投射到其他物体上所产生的阴影是比较难的，反之，根据阴影图主动计算当前渲染物体上的片元是否有阴影相对较容易。我们会看到 Unity3D 在渲染物体上有生成阴影和接受阴影两个选项，即 Cast Shadows 和 Receive Shadows。

传统的接受阴影的方式是将当前顶点的位置变换到光源点的空间下，从而得到它在光源空间中的位置，再根据 x、y 轴分量对阴影映射纹理进行采样，从而得到阴影映射纹理中该位置的深度值，如果这个深度值小于该顶点的深度值，即 z 轴分量，那么说明该点位于阴影中，于是在片元颜色输出上加深阴影颜色，反之，则没有被阴影遮盖。

另一种方式为屏幕空间阴影投影技术，该技术需要显卡支持 MRT（Multiple Render Targets），有些移动平台并不支持这种特性。屏幕空间阴影投影技术将从光源出发的深度图与摄像机产生的深度图做比较，如果摄像机的深度图中记录的点的表面深度大于转化到光源生成的深度图的点的深度，就说明表面虽然可见，但处于该光源的阴影中。

通过这样的方式，屏幕空间阴影投影技术得到了当前摄像机屏幕空间中的阴影区域，即得到了当前摄像机屏幕的阴影图。因为已经得到了当前摄像机整个屏幕的阴影图，所以，只要在当前像素位置对阴影图进行采样，便能知道该像素是否在阴影下，即只要知道像素坐标采样阴影图中的像素即可得到阴影系数，不需要再将坐标转换到光源空间。相对于传统的阴影渲染来说，屏幕空间阴影投影技术提高了 GPU 的性能效率，代码如下：

```
Shader "Example ShadowCaster"
{
    SubShader
    {
        Tags { "Queue" = "Geometry" }
            //渲染阴影图
            Pass
            {
            Name "ShadowCaster"
            Tags { "LightMode" = "ShadowCaster" }

            ZWrite On ZTest LEqual Cull Off

            CGPROGRAM
            #pragma vertex vert
            #pragma fragment frag
            #pragma target 2.0
            #pragma multi_compile_shadowcaster
            #include "UnityCG.cginc"

            struct v2f {
                V2F_SHADOW_CASTER;
                UNITY_VERTEX_OUTPUT_STEREO
            };

            v2f vert( appdata_base v )
            {
                v2f o;
                UNITY_SETUP_INSTANCE_ID(v);
            UNITY_INITIALIZE_VERTEX_OUTPUT_STEREO(o);
            TRANSFER_SHADOW_CASTER_NORMALOFFSET(o)
                return o;
            }

            float4 frag( v2f i ) : SV_Target
            {
                SHADOW_CASTER_FRAGMENT(i)
            }
            ENDCG
        }
    }
```

```
    //Fallback "Legacy Shaders/VertexLit"
}
```

在 Unity3D 中，将使用 LightMode 为 ShadowCaster 的 Pass 标记为阴影生成管线，可通过它为渲染产生阴影图。Unity3D 在渲染时，首先会在当前着色器中找到 LightMode 为 ShadowCaster 的 Pass，如果没有，则会在 Fallback 指定的着色器中继续寻找，如果还没有，则无法产生阴影，因为无论是传统的阴影投影还是屏幕空间阴影投影，都需要先产生阴影纹理图（Shadow Map）。在找到 LightMode 为 ShadowCaster 的 Pass 后，Unity3D 会使用该 Pass 绘制该物体的阴影映射纹理。

有了阴影图，就可以将物体的阴影部分绘制出来了，代码如下：

```
Shader "Example ShadowReceive"
{
    SubShader
    {
        //从阴影图中绘制阴影
        Pass
        {
            struct a2v {
                float4 vertex : POSITION;
            };

            struct v2f {
                float4 pos : SV_POSITION;
                SHADOW_COORDS(1)                          //阴影 UV 变量
            };
            v2f vert(a2v v)
            {
                    v2f o;
                    o.pos = UnityObjectToClipPos(v.vertex); //转换顶点空间

                    TRANSFER_SHADOW(o);    //计算顶点坐标在阴影纹理中的位置
                    return o;
            }

            fixed4 frag(v2f i) : SV_Target
            {
                fixed4 _color = fixed4(1,1,1,1);

                fixed shadow = SHADOW_ATTENUATION(i);  //从阴影纹理图中计算阴影系数

                _color.rgb *= shadow; //颜色与阴影系数相乘，系数范围为 0 ~ 1，完全在阴
                                      //影中为 0，完全不在阴影中为 1

                return _color;
            }
        }
    }
```

```
    Fallback "Example ShadowCaster"
}
```

上述着色代码中已将其他干扰因素去除，只剩下阴影绘制。阴影图的绘制我们使用了 Fallback 策略，引用了 Fallback 中的 ShadowCaster 管线。着色器中的 SHADOW_COORDS、TRANSFER_SHADOW、SHADOW_ATTENUATION 这三个宏在 Unity3D 已经为我们准备好了，它们包含在 AutoLight.cginc 中。这三个宏有针对不同的情况、不同的设备的变种，大致分为实时阴影、离线烘焙阴影、传统阴影、屏幕空间阴影等。我们可以理解为，SHADOW_COORDS 是定义阴影图 UV 的变量，TRANSFER_SHADOW 是计算顶点坐标在阴影纹理中的位置，SHADOW_ATTENUATION 是从阴影纹理图中获得深度值来计算阴影的明暗系数，完全被遮挡的情况下系数为 0，此时颜色应该为黑色，完全没有被遮挡的情况为 1，此时不影响像素颜色显示。当然，还有中间状态，阴影的绘制也很讲究，包含软阴影和硬阴影的计算方式，这里不再深入。

10.8 光照纹理烘焙原理

随着硬件技术的发展，人们对场景画质效果的要求越来越高，实时光照已经满足不了人们对画质的需求。想要更加细腻、真实的光照效果，可以使用离线烘焙技术。

全局光照（Global Illumination，GI）是在真实的大自然中，光从太阳照射到物体和地面，再经过无数次的反射和折射，使地面上的任何物体和地面反射出来的光都叠加着直接照射的光和许许多多物体反射过来的间接光（反射光），让我们的眼睛看到的画面是光亮又丰富的。这种无数次反射和折射形成的高质量画面，才是人们意识当中真正的世界的模样。但是，即使今天硬件技术发展如此迅速，也无法做到实时进行全局光照（Realtime Global Illumination），实时计算量太大，CPU 和 GPU 都无法承受。

离线全局光照就担负起了丰富画面光照效果的重任，它不需要实时的 CPU 和 GPU 算力，只要一张或几张光照纹理图就能将全局光照的效果复原到物体上，但也仅限于场景静态物体的光照烘焙。

如果要深入工程上的实现，涉及的算法和图形学知识比较多，这里并不打算深究，只是讲讲相对容易获得的关于光照纹理的原理和知识。

什么是烘焙？它是由 Bake 翻译过来的，个人认为翻译有点偏差，其实 Bake 更应该理解为制作或制造。场景烘焙简单来说就是把物体光照的明暗信息保存到纹理上，实时绘制时不再需要进行光照计算，因为结果就在光照纹理中，只需从光照纹理中采样便能得到光照计算的结果。

我们在渲染 3D 模型时用到的基本元素有顶点、UV、纹理贴图等（这里不多展开）。顶点上的 UV 数据在形成片元后就成了顶点间插值后的 UV 数据。我们通常使用 UV 坐标去纹理贴图上采样，取得纹素作为像素，再将像素填充到帧缓存中，最后显示到画面上。光照纹理的显示也同样，用 UV 坐标来取得光照纹理上的纹素作为像素，将这个像素叠加到片元颜色上输出给缓存。

我们在制作模型时，顶点数据中的 UV 数据可以不止一个，其中 UV0 是为了映射贴图纹理而存在的，它在模型的蒙皮制作过程中就记录下来了，UV1 就是程序中的 UV2 或俗称的 2U，通常都是为光照纹理准备的。除了 UV0、UV1，还有 UV2，它是为实时全局光照准备的。只有 UV3 才是程序可以自定义使用的 UV 数据，其实 UV 可以有很多个，如 UV4、UV5，但 Unity3D 的网格类暂时只提供 UV3 的获取接口，即程序中的 mesh.uv4。

既然光照纹理存储的是光照信息，那么它到底存储了哪些信息呢？图 10-5 解释了烘焙的简单模型，它共分为三个部分：第一部分为光线射到墙壁后反射到模型上；第二部分为光线照射过来时被其他模型挡住，导致当前模型没有被光线照射到并且有阴影产生；第三部分为光线直接照射到模型上产生的颜色信息。这三者之和最终形成完整的光照颜色。可以用一个简单的公式来说明这三者的结合方式：

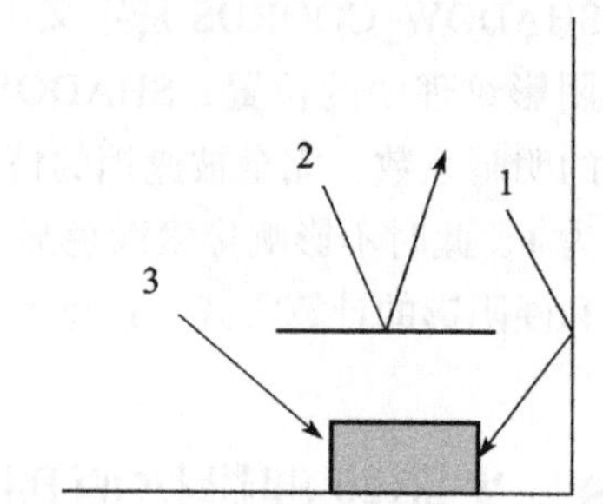

图 10-5 光照纹理中光线反射的几种情况

光照颜色 = 间接光照颜色 + 直接光照颜色 × 阴影系数（0 到 1）

其中直接光照的计算代价不高，在一些光照并不复杂的场景中并不记录直接光照的信息，而是由着色器自己计算直接光照。因此我们能看到，很多项目中并没有记录直接光照，而只是记录间接光照，即光照纹理中只记录从其他物体反射过来的光产生的颜色的总和。除了直接光照和间接光照之外，场景烘焙还会产生一张阴影纹理来记录阴影信息。如果你希望记录主要光的方向，也可以开启 Directional Model 的 Directional 来获得另一张保存有光照方向的图，这个贴图上存储的光方向信息可以被用在着色器中作为计算的变量。

现在我们知道了烘焙最多会产生三种贴图，一种是光照纹理图（可能是间接光照纹理图，也可能是间接光照 + 直接光照 + 阴影合并的纹理图，取决于你在 Unity3D 中 Lighting Mode 的设置），一种是阴影纹理图，一种是主要光方向纹理图及模型的 UV1 数据。

UV1 会被存储到模型网格信息中，也就是烘焙后模型 Prefab 的 mesh.uv2 的数据会被改写。我们在制作和导出模型时要注意，烘焙需要用到模型的 UV1 数据，在导出模型时，如果没有加入 UV1 数据，则可能无法得到正确的烘焙结果。

那么烘焙器是如何生成 UV 和贴图的呢？我们需要介绍 UV Chart。在烘焙时，烘焙器会对所有场景中的静态物体上的网格进行扫描，按块大小和折线角度大小来制作和拆分网格上对应的 UV 块，这个 UV 块就是 UV Chart。

UV Chart 是静态物件在光照纹理上某块网格对应的 UV 区块，一个物体在烘焙器预计算后会有很多个 UV Chart。因此每个物件的 UV Chart 由很多个 UV Chart 组成，每个 UV

Chart 为一段连续的 UV 片段。默认情况下，每个 Chart 至少是 4×4 的纹素，无论模型的大小，一个 Chart 需要 16 个纹素。UV Chart 之间预留 0.5 个像素的边缘来防止纹理溢出，如图 10-6 所示。

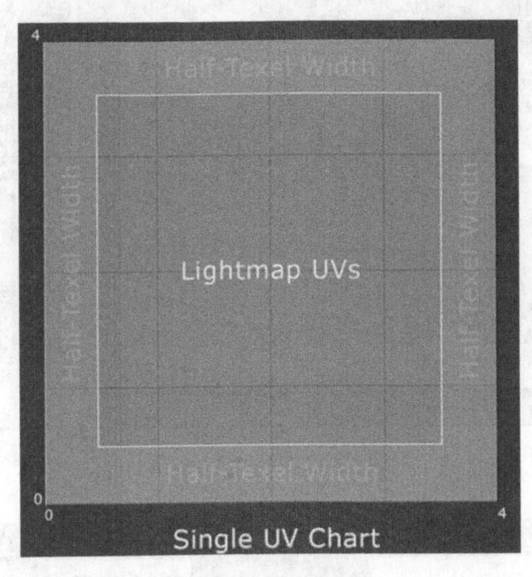

图 10-6　UV Chart

注：图片来源为 https://docs.unity3d.com/Manual/LightingGiUvs.html。

图 10-7 中描述了当一个场景只有一个立方体物体时，这个立方体网格物体被烘焙后，6 个面上的 UV Chart 是如何映射到烘焙纹理上的。图 10-8 描述了当场景中有多个简单的立方体时，每个物体被扫描后制成 UV Chart 的情况。图 10-9 描述了当烘焙场景更加复杂时，扫描后 UV Chart 的制作情况，不同规格的模型，UV 被映射到光照纹理图上。

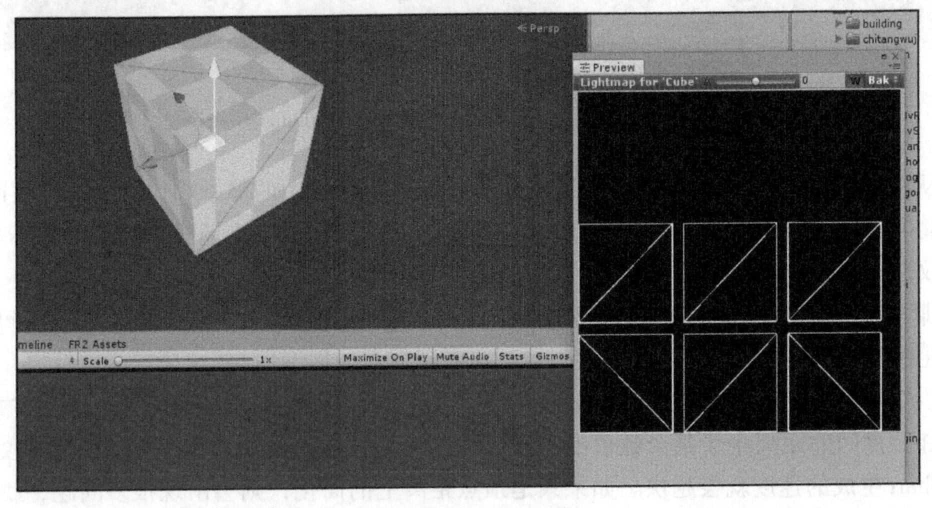

图 10-7　UV Chart 组

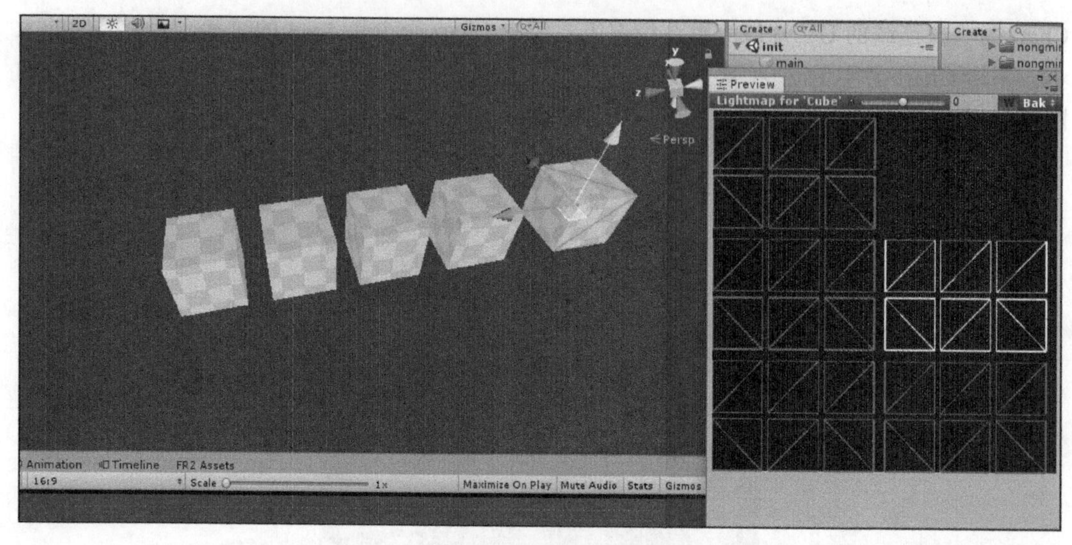

图 10-8　UV Chart 组

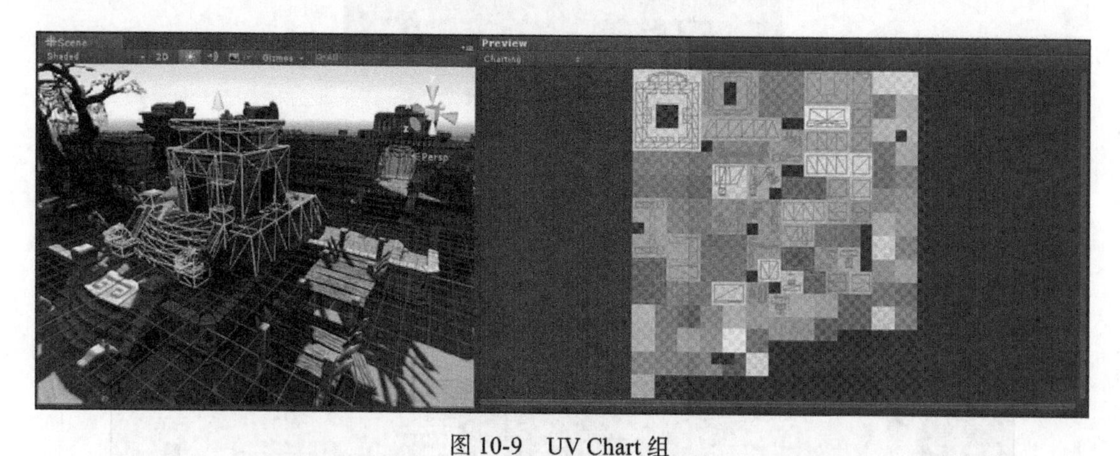

图 10-9　UV Chart 组

注：图片来源为 https://docs.unity3d.com/Manual/LightingGiUvs.html。

从图 10-6 ～图 10-9 中可以了解到，在烘焙时每个场景中的静态物体都会被扫描网格，并且将其计算出来的 UV Chart 合并起来制作成一张或几张（可能场景太大，一张不够用）光照纹理图。

那是什么决定了烘焙中扫描网格时形成的 UV Chart 大小和数量呢？是相邻顶点间的最大简化距离和最大夹角值。

烘焙器为了能加快计算出 UV Chart，需要对模型网格顶点扫描进行简化。简化方式为，将相邻顶点间的距离小于某个数值的顶点归入一个 UV Chart，这个合并间距的数值越大，UV Chart 生成的速度就会越快。如果只是顶点距离上的简化，则会出现很多问题，我们需要从相邻面的角度对合并进行约束。当相邻面间的角度大于某个值时，即使顶点距离符合合并间距也不能简化成同一个 UV Chart。这两个参数在 Unity3D 中都有设置，点击静态物体，在右侧界面上就能看到，如图 10-10 所示。

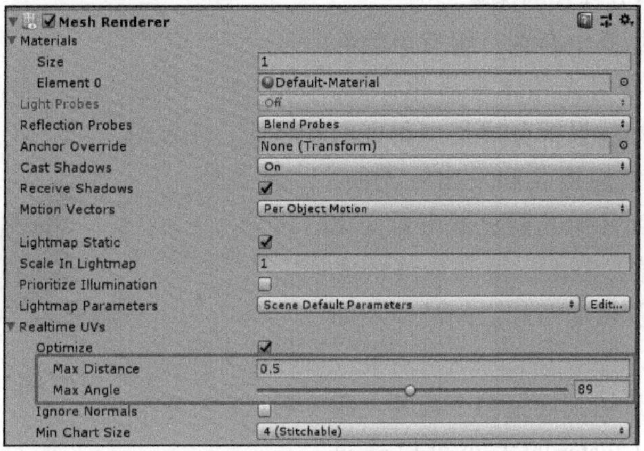

图 10-10 最大距离和最大角度的配置

图 10-10 展示了在静态物体的 Mesh Renderer 中设置光照纹理 UV 参数，参数包括最大简化顶点距离和最大邻接面角度。

当设置的最大简化距离和邻接面最大角度数值比较大时，计算生成 UV Chart 的数量就会比较少，反之，当设置的最大简化距离和最大邻接面角度比较小时，则需要计算和生成的 UV Chart 的数量会比较多，此时烘焙的速度也会比较慢，因为在预计算实时全局光照（GI）时，每个 UV Chart 上的像素都会计算灯光，预计算的时间跟 Chart 的数量有直接关系。

上面描述了烘焙前置制作中光照纹理分布和场景中物体的 UV 映射的原理，那么绘制光照纹理贴图时，纹理上的颜色是怎么生成的呢？

我们知道，如果不用烘焙技术，在实时渲染中，因为算力的原因，我们只能计算直接光照对物体的明暗影响。如果想要在实时渲染中计算间接光照的影响，则非常消耗 GPU 的算力，即使有足够强大的显卡支撑，使用光线跟踪计算，也只能在带有 RTX 的显卡计算机上使用，因此离线烘焙成了我们解决间接光照的主要手段。

在一个场景中，如果这些物体只考虑直接光照的影响，则会缺乏很多光影细节，导致视觉效果很“平”。而间接光照则描述了光线在物体表面之间的折射，增加了场景中的明暗变化以及光线折射的细节，提高了真实感。

光照纹理贴图的像素主要根据光的折射与反射现象来计算得到，那么它具体是用什么算法来得到光照纹理图中的像素颜色的呢？这里我们来简单了解一下 Unity3D 中采用的 Enlighten 和 Progressive Lightmapper 两种算法的解决方案。

全局照明可以用一个称为渲染方程的复杂方程来描述：

$$L_o(x, \omega_o, \lambda, t) = L_e(x, \omega_o, \lambda, t) + \int_{\Omega} f_r(x, \omega_i, \omega_o, \lambda, t) L_i(x, \omega_i, \lambda, t)(\omega_i \cdot n)\, \mathrm{d}\omega_i$$

上述渲染方程定义了光线是如何离开表面上某个点的，但这个积分方程太复杂，计算机无法在较短的时间内计算出结果。Unity3D 中，Enlighten 采用的近似方法即辐射算法，可以大大提高计算渲染方程式的速度。

辐射算法假设场景中存在一组有限的静态元素，以及仅由漫射光传输来简化计算。在计算过程中，它把场景拆分成很细很细的面片，再分别计算它们接收和发出的光能，逐次迭代直到每个面片的光能数据不再变化（或者到一定的阈值）为止，得到最终的光照图。场景拆分后及每个面片之间的作用如图 10-11 所示。

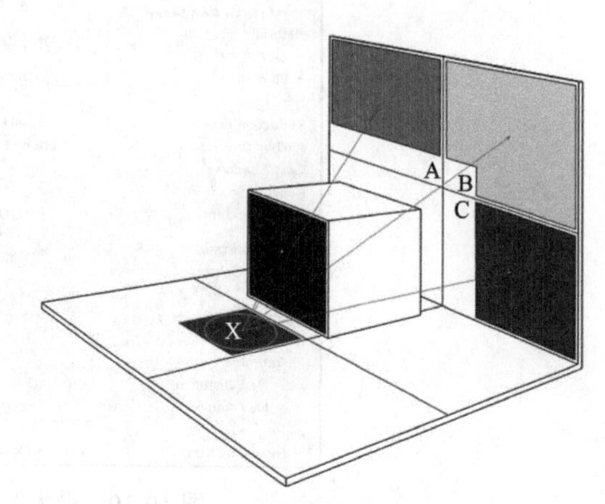

图 10-11 辐射算法的拆分图

注：图片来源为 https://zhuanlan.zhihu.com/p/34477578。

Enlighten 将场景切割成很多个面片，我们称其为 Cluster（Cluster 的大小可以通过 Unity3D 的烘焙参数来设置），这些 Cluster 会对其映射的静态物体的纹理中的反射系数进行采样，然后计算 Cluster 之间的关系，使得光在 Cluster 之间传递。

Enlighten 将渲染方程简化成迭代公式，如下：

$$B_i = L_e + \rho_i \sum_{j=1}^{n} F_{ij} L_j$$

其中：B_i 为在 i 点最终的光，L_e 是 i 点本身的光，而两个 Cluster 之间光的反弹系数由 F_{ij} 来决定，L_j 则是 J 点的光。这也是 Enlighten 能够在场景物体不变的情况下允许光源发生变化的原因：几何体素化和辐射系数计算的代价比较大，需要离线计算，而迭代每个 Cluster 形成最终结果则计算量相对比较小，可以实时进行。

Progressive Lightmapper 即渐进式光照贴图，是 Unity3D 2018 版本后才能使用的烘焙算法。

Progressive Lightmapper 是一种基于路径追踪（Fast Path-Tracing-Based）的光照贴图系统，它能在编辑器中逐步刷新烘焙光照贴图和光照探针。

Progressive Lightmapper 的主要优势是能随着时间的推移逐步细化输出画面，及时看到画面效果，这样能够实现更完善的交互式照明工作流。另外，Progressive Lightmapper 还提供了一个预估的时间，所以烘焙时间更加可预测。

10.9 GPU Instancing 的来龙去脉

初次听到 GPU Instancing 这个名词时还有点疑惑，其实翻译过来就是 GPU 实例化渲染。它本身是 GPU 的一个功能接口，Unity3D 将它变得更简单实用。

前面介绍过一些关于Unity3D的动态合批（Dynamic Batching）与静态合批（Static Batching）的功能，GPU Instancing实际上与它们一样，都是为了减少drawcall而存在的。有了动态合批和静态合批，为什么还需要GPU Instancing呢？它们之间有什么区别？我们不妨来简单回顾一下Unity3D动态合批与静态合批。

开启动态合批时，Unity3D引擎会检测视野范围内的非动画模型（通过遍历所有渲染模型，计算包围盒在视锥体中的位置，如果完全不在视锥体中，则抛弃），筛选符合条件的模型进行合批操作，将它们的网格合并后与材质球一并传给GPU绘制。

动态合批需要符合以下条件。

1）900个顶点以下的模型。

2）如果使用了顶点坐标、法线、UV，则最多为300个顶点。

3）如果使用了UV0、UV1和切线，则最多为150个顶点。

4）如果两个模型缩放大小不同，不能被合批，则模型之间的缩放必须一致。

5）合并网格的材质球的实例必须相同，即材质球属性不能区别对待，材质球对象实例必须是同一个。

6）如果它们有光照纹理的数据，必须是相同的才有机会合批。

7）有多个Pass的着色器绝对不会被合批。

8）延迟渲染无法被合批。

动态合批的条件比较苛刻，很多模型都无法达到合并的条件。为什么要使用如此苛刻的条件呢？我们来了解设计动态合批这个功能的意图。

动态合批的目标是以最小的代价合并小型网格模型，减少drawcall的开销。

很多人认为，既然合并了，为什么不把所有的模型都合并呢？这样不是更能减少drawcall的开销吗？其实如果把各种情况的网格都合并进来，就会消耗巨大的CPU算力，而且它不只在一帧中需要计算，而是在摄像机移动过程中每帧都会合并网格从而消耗算力，这使得CPU算力消耗太大，相比减少的drawcall数量，得不偿失。因此Unity3D对这种极其消耗CPU算力的功能做了很多限制，就是为了让它在运作时性价比更高。

与动态合批不同，静态合批并不实时合并网格，而是在离线状态下生成合并的网格，并将它以文件的形式存储合并后的数据，这样，当场景被加载时，这些合并的网格数据也一并被加载进内存中，渲染时提交给GPU。因此，场景中所有被标记为静态物体的模型，只要拥有相同实例的材质球，都会被一并合并成网格。

静态合批虽能减少drawcall的开销，但也存在弊端。被合批的模型必须是静态的物体，是不能被移动、旋转和缩放的，只有这样，离线状态下生成的网格才是有效的（离线的网格数据不需要重新计算），因为合并后的网格内部是不能动的，必须与原模型吻合。其生成的离线数据被放在Vertex Buffer和Index Buffer中。

静态合批生成的离线网格将导致存放在内存的网格数据量剧增，因为在静态合批中，每个模型都会独立生成一份网格数据，无论它们使用的网格是否相同，也就是说，场景中有多少个静态模型，就有多少个网格，与原本只需要一个网格就能渲染所有相同模型的情况不一样。

其优点是，静态合批后同一材质球实例（材质球实例必须相同，因为材质球的参数要一致）调用 drawcall 的数量合并了，合批不会额外消耗实时运行中的 CPU 算力，因为它们在离线时就生成了合批数据（也就是网格数据），在实时渲染时，如果该模型在视锥体范围内，三角形索引将被部分提取出来，简单地合并后提交，而那些早就生成的网格将被整体提交，当整体网格过大时，则会导致 CPU 和 GPU 的带宽消耗过大，整个数据必须从系统内存复制到 GPU 显存或缓存，最后由 GPU 处理渲染。

简而言之，动态合批为了平衡 CPU 消耗和 GPU 性能优化，将实时合批条件限制在比较狭窄的范围内。静态合批则牺牲了大量的内存和带宽，以使合批工作能够快速有效地进行。

GPU Instancing 不像动态合批那样对网格数量有限制，也不像静态网格那样需要很大的内存，它很好地弥补了这两者的缺陷，但也存在一些限制，下面逐一阐述。

与动态合批和静态合批不同的是，GPU Instancing 并不通过对网格的合并操作来减少 drawcall，它的处理过程只提交一个模型网格让 GPU 绘制，这些不同地方绘制的网格可以对缩放大小、旋转角度和坐标有不一样的操作，材质球虽然相同，但材质球属性可以各不相同。

从图形调用接口上来说，GPU Instancing 调用的是 OpenGL 和 DirectX 里的多实例渲染接口。OpenGL 的代码如下：

```
void glDrawArraysInstanced(GLenum mode, GLint first, GLsizei count, Glsizei
    primCount);

void glDrawElementsInstanced(GLenum mode, GLsizei count, GLenum type, const
    void* indices, GLsizei primCount);

void glDrawElementsInstancedBaseVertex(GLenum mode, GLsizei count, GLenum
    type, const void* indices, GLsizei instanceCount, GLuint baseVertex);
```

这三个接口正是 GPU Instancing 调用 OpenGL 多实例渲染的接口，第一个接口是无索引的顶点网格集多实例渲染，第二个接口是索引网格的多实例渲染，第三个接口是索引基于偏移的网格多实例渲染。这三个接口都会向 GPU 传入渲染数据并开启渲染，与平时渲染多次执行整个渲染管线不同的是，这三个接口会分别将模型渲染多次，并且是在同一个渲染管线中。

如果只在一个坐标上渲染多次模型是没有意义的，我们需要将一个模型渲染到不同的多个地方，并且需要有不同的缩放大小和旋转角度，以及不同的材质球参数，这才是我们真正需要的。GPU Instancing 为我们提供了这个功能，上面三个渲染接口告知着色器开启一个叫 InstancingID 的变量，这个变量可以确定当前着色计算的是第几个实例。

有了这个InstancingID，就能让我们在多实例渲染中辨识当前渲染的模型到底使用哪个属性参数。顶点着色器和片元着色器可以通过这个变量来获取模型矩阵、颜色等不同的参数。我们来看看在Unity3D的着色器中应该做些什么，代码如下：

```
Shader "SimplestInstancedShader"
{
    Properties
    {
        _Color ("Color", Color) = (1, 1, 1, 1)
    }

    SubShader
    {
        Tags { "RenderType"="Opaque" }
        LOD 100

        Pass
        {
            CGPROGRAM
            #pragma vertex vert
            #pragma fragment frag
            #pragma multi_compile_instancing //开启多实例的变量编译
            #include "UnityCG.cginc"

            struct appdata
            {
                float4 vertex : POSITION;
                UNITY_VERTEX_INPUT_INSTANCE_ID //顶点着色器的 InstancingID定义
            };

            struct v2f
            {
                float4 vertex : SV_POSITION;
                UNITY_VERTEX_INPUT_INSTANCE_ID //片元着色器的 InstancingID定义
            };

            UNITY_INSTANCING_BUFFER_START(Props) //定义多实例变量数组
                UNITY_DEFINE_INSTANCED_PROP(float4, _Color)
            UNITY_INSTANCING_BUFFER_END(Props)

            v2f vert(appdata v)
            {
                v2f o;

                UNITY_SETUP_INSTANCE_ID(v); //装配 InstancingID
                UNITY_TRANSFER_INSTANCE_ID(v, o); //输入到结构中并传给片元着色器

                o.vertex = UnityObjectToClipPos(v.vertex);
                return o;
            }
```

```
            fixed4 frag(v2f i) : SV_Target
            {
                UNITY_SETUP_INSTANCE_ID(i); //装配InstancingID
                return UNITY_ACCESS_INSTANCED_PROP(Props, _Color);
                                              //提取多实例中当前实例的Color属性变量值
            }
            ENDCG
        }
    }
}
```

上述着色器是一个很常见的 GPU Instancing 写法，使用 Instancing 在着色器中作为选取参数的依据。着色器中的 _Color 和 unity_ObjectToWorld（模型矩阵）是多实例化的，它们通过 InstancingID 索引来确定数组中的变量。

我们无法看到 InstancingID 被包含在宏定义中。现在来看看上述着色器中包含 INSTANCE 字样的宏定义是怎样的，以此来剖析 GPU Instancing 是如何用 InstancingID 来区分不同实例变量的。

首先编译命令 multi_compile_instancing，告知着色器我们将会使用多实例变量。

其次在顶点着色器和片元着色器的输入 / 输出结构中，加入 UNITY_VERTEX_INPUT_INSTANCE_ID，告知结构中多了一个变量，即

```
uint instanceID : SV_InstanceID;
```

这么看来，我们就知道每个顶点和片元数据结构中都定义了 instanceID 变量，这个变量将用于确定使用多实例数据数组中的索引，它很关键。

接着在着色器中定义需要用到的多实例变量参数：

```
UNITY_INSTANCING_BUFFER_START(Props)
UNITY_DEFINE_INSTANCED_PROP(float4, _Color)
UNITY_INSTANCING_BUFFER_END(Props)
```

上述代码中的宏很容易从字面看出，它们为“开始多实例宏定义”“对多实例宏属性定义参数”，以及“结束多实例宏定义”。这三个宏定义可以在 UnityInstancing.cginc 中看到，如下：

```
#define UNITY_INSTANCING_BUFFER_START(buf) UNITY_INSTANCING_CBUFFER_SCOPE_
    BEGIN(UnityInstancing_##buf) struct {
#define UNITY_INSTANCING_BUFFER_END(arr)        }
    arr##Array[UNITY_INSTANCED_ARRAY_SIZE];UNITY_INSTANCING_CBUFFER_SCOPE_END
#define UNITY_DEFINE_INSTANCED_PROP(type, var)  type var;
```

从上述宏定义代码中可以看到，这三个宏组合起来可以对 GPU Instancing 的属性数组进行定义。

```
UNITY_INSTANCING_BUFFER_START(Props)
UNITY_DEFINE_INSTANCED_PROP(float4, _Color)
```

```
UNITY_INSTANCING_BUFFER_END(Props)
```

等于

```
UNITY_INSTANCING_CBUFFER_SCOPE_BEGIN(UnityInstancing_Props) struct {
    float4 _Color;
} arrPropsArray[UNITY_INSTANCED_ARRAY_SIZE];
UNITY_INSTANCING_CBUFFER_SCOPE_END
```

从以上代码中可以看到，三个宏加起来组成了一个颜色结构的数组，从 Unity3D 接口传进去的参数会装入这样的结构中，由顶点和片元着色器使用。

在顶点着色器与片元着色器中，我们对 InstancingID 进行装配，它们分别为：

```
UNITY_SETUP_INSTANCE_ID(v) 和 UNITY_SETUP_INSTANCE_ID(i);
```

装配过程其实就是基数偏移的过程 unity_InstanceID=inputInstanceID+unity_BaseInstanceID。最终通过 UNITY_SETUP_INSTANCE_ID 装配得到 unity_InstanceID，即当前渲染的多实例索引 ID。

有了多实例的索引 ID，就可以通过这个变量获取对应的当前实例的属性值，于是就有了宏定义 UNITY_ACCESS_INSTANCED_PROP。通过这个宏定义，我们能提取多实例中的变量。

```
#define UNITY_ACCESS_INSTANCED_PROP(arr, var) arr##Array[unity_InstanceID].var
```

使用这个宏定义的代码如下：

```
//提取多实例中当前实例的 Color 属性变量值
UNITY_ACCESS_INSTANCED_PROP(Props, _Color);
```

等于从属性数组中通过 InstanceID 获取 Color 数据：

```
arrPropsArray[unity_InstanceID]._Color
```

类似 _Color 的多实例属性操作，在模型矩阵变化中也需要具备同样的操作，我们没看到模型矩阵多实例是因为 Unity 在编写着色器时用宏定义把它们隐藏起来了，它就是 UnityObjectToClipPos。

UnityObjectToClipPos 是一个宏定义，当多实例渲染开启时，它被定义成如下：

```
#define unity_ObjectToWorld      UNITY_ACCESS_INSTANCED_PROP(unity_Builtins0,
    unity_ObjectToWorldArray)
inline float4 UnityObjectToClipPosInstanced(in float3 pos)
{
return mul(UNITY_MATRIX_VP, mul(unity_ObjectToWorld, float4(pos, 1.0)));
}
inline float4 UnityObjectToClipPosInstanced(float4 pos)
{
return UnityObjectToClipPosInstanced(pos.xyz);
}
#define UnityObjectToClipPos UnityObjectToClipPosInstanced
```

这个定义同样可以在UnityInstancing.cginc中找到，其中unity_ObjectToWorld是关键，它从多实例数组中取出当前实例的模型矩阵，再与坐标相乘后计算投影空间的坐标。也就是说，当开启多实例渲染时，UnityObjectToClipPos会从多实例数据数组中取模型矩阵来制作模型到投影空间的转换。而不开启时，UnityObjectToClipPos则只是用当前独有的模型矩阵来计算顶点坐标投影空间的位置。

至此，我们从着色器中获取了多实例的属性变量，根据不同实例的不同索引获取不同的属性变量（包括模型矩阵），进而渲染不同的位置、不同的旋转角度和不同的缩放大小，如颜色、反射系数等属性都可以通过传值的方式传入着色器中，使用GPU Instancing的方式渲染。

了解了GPU Instancing如何渲染还不够，还要了解数据是如何传进去的。下面以OpenGL接口代码进行分析：

```
//获取各属性的索引
int position_loc = glGetAttribLocation(prog, "position");
int normal_loc = glGetAttribLocation(prog, "normal");
int color_loc = glGetAttribLocation(prog, "color");
int matrix_loc = glGetAttribLocation(prog, "model_matrix");

//按正常流程配置顶点和法线
glBindBuffer(GL_ARRAY_BUFFER, position_buffer);      //绑定顶点数组
glVertexAttribPointer(position_loc, 4, GL_FLOAT, GL_FALSE, 0, NULL);
                                                    //定义顶点数据规范
glEnableVertexAttribArray(position_loc); //按上述规范，将坐标数组应用到顶点属性中去
glBindBuffer(GL_ARRAY_BUFFER, normal_buffer);        //绑定发现数组
glBertexAttribPointer(normal_loc, 3, GL_FLOAT, GL_FALSE, 0, NULL);
                                                    //定义发现数据规范
glEnableVertexAttribArray(normal_loc);    //按上述规范，将法线数组应用到顶点属性中去

//开始多实例化配置
//设置颜色的数组。我们希望几何体的每个实例都有不同的颜色
//将颜色值置入缓存对象中，然后设置一个实例化的顶点属性
glBindBuffer(GL_ARRAY_BUFFER, color_buffer);          //绑定颜色数组
glVertexAttribPointer(color_loc, 4, GL_FLOAT, GL_FALSE, 0, NULL);
                                    //定义颜色数据在color_loc索引位置的数据规范
glEnableVertexAttribArray(color_loc); //按照上述规范，将color_loc数据应用到顶点属性上

glVertexattribDivisor(color_loc, 1); //开启颜色属性的多实例化，1表示每隔1个实例共用1个数据

glBindBuffer(GL_ARRAY_BUFFER, model_matrix_buffer); //绑定矩阵数组
for(int i = 0 ; i<4 ; i++)
{
    //设置矩阵第一行的数据规范
    glVertexAttribPointer(matrix_loc + i, 4, GL_FLOAT, GL_FALSE, sizeof(mat4),
        (void *)(sizeof(vec4)*i));

    //将第一行的矩阵数据应用到顶点属性上
```

```
    glEnableVertexAttribArray(matrix_loc + i);

    //开启第一行矩阵数据的多实例化，1 表示每隔 1 个实例共用 1 个数据
    glVertexattribDivisor(matrix_loc + i, 1);
}
```

以上代码很精准地表达了数据是如何从 CPU 应用层传输到 GPU 上，再进行实例化的。我在代码上做了比较详尽的注释，首先获取需要推入顶点属性的数据的索引，再将数组数据与 OpenGL 缓存进行绑定，这样才能注入 OpenGL 中；接着告诉 OpenGL 每个数据对应的格式；然后根据前一步描述的格式应用到顶点属性中去；最后开启多实例化属性接口，让 InstancingID 起作用。

我们解析了 GPU Instancing 在 Unity3D 中的工作方式，得知它能用同一个模型、同一个材质球渲染不同的位置、角度、缩放大小及不同颜色等属性。GPU Instancing 并没有对模型网格做任何限制，也没有占用大量内存来换取性能，很好地弥补了动态合批与静态合批的不足。只是它毕竟只能围绕一个模型来操作，只有在相同网格和相同的材质球实例（参数可以不同，但必须使用 API 来设置不同的参数）的情况下才能启动多个实例在同一个渲染管线中渲染的优化操作，而动态合批和静态合批却只需要材质球实例一致，网格可以不同。

GPU Instancing、动态合批、静态合批三者所擅长的各不相同，各自存在着不同的优缺点。从整体来看，GPU Instancing 更适合同一个模型渲染多次的情况，而动态合批更适合同一个材质球并且模型面数较少的情况，静态合批则更适合我们能容忍内存扩大的情况。

10.10 着色器编译过程

我们在知道 GPU 渲染管线如何运作后，对着色器的编译过程仍然需要深入了解一下。还是以使用 OpenGL 为例来学习着色器在 Unity3D 中从编译到执行的全过程。

着色器程序的编译过程与 C 语言等语言的编译过程非常类似，只是 C 语言在编译时是以离线的方式进行的，而着色器程序的编译是当引擎需要时，通过引擎调用图形接口（OpenGL 或 DirectX）的方式读取代码再编译。着色器程序只需要编译一次后即可重复利用，这和我们通常所说的 JIT（Just in Time，即时编译）有点相似。

着色器编译前的准备工作都是由 Unity3D 控制和执行的。当需要某个着色器程序时，Unity3D 引擎通过判断是否存在已经编译好的着色器程序来决定是编译着色器代码，还是重用已经编译好的着色器程序。

那么着色器程序从编译到执行的过程到底是怎样的呢？让我们来了解一下。

首先当 Unity3D 引擎得知渲染需要用到的着色器不曾被编译过时，就会调用图形接口 OpenGL 的 glCreateShader 为着色器创建一个新的着色器对象。然后通过文件程序从着色器文件中获取着色器内容（字符串），并调用 OpenGL 的 glShaderSource 将源代码（字符串）交给刚刚创建的着色器对象。这时一个空的着色器对象已经关联了着色器源代码，我们可以通

过调用编译接口 OpenGL 的 glCompileShader 对这个着色器对象进行编译。

编译完成后，我们可以通过 OpenGL 的 glGetShaderInfoLog 来获得编译信息并判断其结果是否成功。

到此为止，一个着色器对象编译完成。这个着色器对象可能是顶点着色器，可能是片元着色器，也可能是细分着色器或几何着色器。通常情况下，有好几个着色器需要编译，顶点着色器和片元着色器通常都成对出现。我们会创建相应的着色器对象来分别编译它们的源代码。

有了着色器对象还不够，我们需要把这些着色器关联起来。首先 Unity3D 引擎会使用 OpenGL 的 glCreateProgram 接口创建一个空的着色器程序，然后多次调用 glAttachShader 来一个个地绑定着色器对象。

在所有必要的着色器对象关联到着色器程序之后，就可以通过链接对象来生成可执行程序了。引擎将调用 OpenGL 的 glLinkProgram 接口为所有关联的着色器对象生成一个完整的着色器程序。

当然，着色器对象也可能存在某些问题，因此在链接过程中依然可能失败。通常引擎会通过 glGetProgramiv 来查询链接操作的结果，也会通过 glGetProgramInfoLog 接口来获取程序链接的日志信息，由此我们就可以判断错误原因。

成功完成了着色器程序的链接后，Unity3D 引擎就可以通过调用 glUseProgram 来运行着色器程序。

我们平常在 Unity3D 中会用到着色器的 Pass，这里的每个 Pass 中都有着色器需要编译，因此每次在绘制不同的 Pass 时都会对 Pass 中的顶点着色器和片元着色器进行编译。也就是说，Unity 引擎会为每个 Pass 标签生成一个着色器程序，生成这些着色器程序后，执行顺序仍然按照 Pass 的先后次序来。

现在我们了解了着色器的编译过程（见图 10-12），它通过编译和连接的方式将一个着色器中的多个着色器制作成一个着色程序，当渲染需要时交给 GPU 去执行渲染。只是这样的编译过程都是以阻塞的方式进行的，因此我们在引擎运行的过程中常常会在某帧消耗些许 CPU 来编译着色器，如果着色器的量非常大，可能会造成卡顿现象。

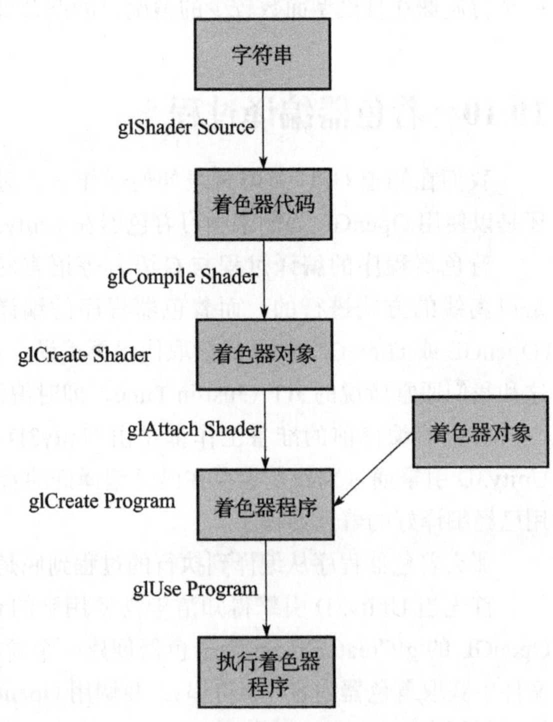

图 10-12　创建和执行着色器程序的过程

着色器变体常常会发生这种我们不

希望的编译卡顿，因为它的量比较大，我们在 Unity3D 中使用着色器变体时常常有比较严重的编译和内存困扰。

那么什么是“变体”呢。其实它是由 Unity3D 自身的宏编译指令引发的多种变化实体生成的着色器文件，它会为不同的情况编译生成不同的着色器程序。从引擎端的做法来看，Unity3D 把不同的编译版本拆分成了不同的着色器源代码文件，在运行时选择合适的着色器源文件，再通过图形接口将这些着色器源代码编译成着色器程序关联到渲染中。

为什么要使用宏编译指令导致生成这么多的着色器程序呢？因为为了简化着色器，Unity3D 要让一个着色器在不同材质球上应用不同效果时更加便捷。有了引擎识别变体的功能后，我们修改和完善着色器时会更加方便和高效。

假如没有变体，我们在编写很多同风格但不同效果的着色器时，在使用和维护过程中会有诸多麻烦。为了统一风格、提高工作效率，也为了能更好地打通各部门之间的沟通渠道，以及能让美术工程师更好地调整画面效果，将同一个风格、不同效果的着色器写在同一个着色器文件里是必不可少的。这样能更加容易地统一美术风格和制作流程，其目的就是让沟通更加便捷、效率更加高。

我们来看看 Unity3D 是怎么通过编译指令来编写变体的，以及编写变体后它是怎么生成着色器源代码的。

在 Unity3D 的着色器中我们使用如下代码：

```
#pragma multi_compile
#pragma shader_feature
```

上面两个指令可以实现着色器程序的自定义宏。它既适用于顶点片元着色器，也适用于表面着色器。我们通过 multi_compile 指令编写，例如：

```
#pragma multi_compile A_ON B_ON
```

这样会生成并编译两个着色器变体，一个是 A_ON 的版本，一个是 B_ON 的版本。

在运行时，Unity3D 会根据材质（Material）的关键字（Material 的对象方法 EnableKeyword 和 DisableKeyword）或者全局着色器关键字（着色器的类方法 EnableKeyword 和 DisableKeyword）来选择使用对应的着色器。运行的时候，Unity3D 会根据材质的关键字或者着色器的全局关键字判断应该使用哪个着色器，如果两个关键字都为 false，那么会使用第一个 Shader 变体（A_ON）。

我们也可以创建多个组合关键字，例如：

```
#pragma multi_compile A B C
#pragma multi_compile D E
```

这种多组合关键字会使着色器的变体数量成倍增加，如上述预编译方式会生成 $3\times2=6$ 个变体，分别是 A+D、B+D、C+D、A+E、B+E、C+E 共六种。

假如 multi_compile 组合多到 10 行，每行 2 个，就是 2^{10} 个着色器变体，即 1024 个。

把这 1024 个着色器变体全部加载到内存中会占用非常多的内存，每个着色器 50KB，一共就会占用 50MB 内存。不仅如此，实时编译着色器是非常耗时的操作，如果没有提前编译着色器而在场景中使用着色器，就会不断地有不同的着色器被实时编译，这是导致游戏卡顿的重要原因之一。

除了 multi_compile 之外，另外一个指令 shader_feature 也可以设置预编译宏。与 multi_compile 的区别是，shader_feature 不会将没有用到的着色器变体打包进包内，因此 shader_feature 更适合材质球的关键字指定预编译内容。Unity3D 只生成和编译用到的预编译情况，而 multi_compile 更适合全局着色器指定关键字，因为它会把所有组合都编译一遍，无论有没有用到。

除了这两个自定义预编译指令，Unity3D 本身自带的一些 multi_compile 的快捷写法也会导致着色器变体的产生：

multi_compile_fwdbase 为前向渲染编译多个变体，不同的变体处理不同的光照贴图的计算，并且控制主平行光的阴影的开关；

multi_compile_fwdadd 为前向渲染额外的光照部分编译多个变体，不同的变体处理不同的灯光类型，如平行光、聚光灯、点光，以及它们附带的 cookie 纹理版本；

multi_compile_fwdadd_fullshadows 和 multi_compile_fwdadd 一样，包含了灯光的实时阴影功能；

multi_compile_fog 为处理不同的雾效类型（off/linear/exp/exp2）扩展了多个变体。

总之，无论是 multi_compile 还是 shader_feature，抑或是内建预编译指令，都会造成着色器变体数量的增多，从而使得内存增加，运行时编译次数增多，每次编译着色器都会消耗 CPU。当 Unity3D 在运行时检测到需要渲染的材质球里是不曾被编译的着色器时，会将与自己匹配的着色器变体拎出来编译一下生成一个着色器程序。因此为了应对变体在运行时的编译消耗，我们通常会在运行时提前将所有着色器变体编译一下，使得运行中不再有着色器编译的 CPU 消耗。

10.11 Projector 投影原理

1. Projector 投影的原理与应用

Unity3D 中的 Projector 组件投影像是一个很神秘的组件，但其实它运用的依然是以着色器为基准的渲染流程。从本质上来看它和普通的 3D 模型渲染并没有区别，唯一的区别是它从自己的视体（视锥体或平视体）中检测到模型后，会根据默认或者自定义的材质球与着色器将这些物体重新绘制一遍。

从 Unity3D 引擎上来讲，可以这样解释 Projector 组件。

根据 Projector 组件自身的视体范围（平视体或视锥体），遍历并计算出视体范围内与视体沾边的所有物体。接着 Projector 组件取得这些物体模型数据，并计算投影矩阵。这个投影矩阵其实就是前面说的 Projector 组件视体空间的投影矩阵。最后将投影矩阵传入着色器中，根据这个投影矩阵对这些物体再渲染一次。

投影中的着色器是投影绘制的主要手段，Projector 组件的工作只是检测了所有范围内的模型，并传递了投影空间的矩阵而已。投影着色器时，通常会结合传入的投影矩阵，将顶点转为 Projector 组件投影到空间中，并以此为投影贴图的 UV 来渲染模型。

例如这个简单的投影着色器：

```
sampler2D _MainTex;
float4x4 unity_Projector;
struct v2f{
    float4 pos:SV_POSITION;
    float4 texc:TEXCOORD0;
}

v2f vert(appdata_base v)
{
    v2f o;
    o.pos = mul(UNITY_MAXTRIX_MVP, v.vertex);
    o.texc = mul(unity_Projector, v.vertex);
    return o;
}

float4 frag(v2f i) : COLOR
{
    float4 c = tex2Dproj(_MainTex, i.texc);
    return c;
}
```

在投影着色器中，unity_Projector 变量就是由 Projector 组件传入到材质球的投影矩阵的。在顶点着色器中，unity_Projector 矩阵被用来构造投影坐标，与普通的空间投影转换矩阵 MVP（Model View Project）不同的是，其中的 V 是 Projector 空间的相关矩阵，即 Projector 组件所属的 Transform 的 worldToLocalMatrix 变量，而 P 则是和 Projector 远近裁切相关的矩阵。用 unity_Projector 矩阵计算出 vertex（顶点）在投影空间中的坐标后，我们就可以以此坐标为 UV 坐标绘制物体了。

投影着色器中为什么可以将顶点坐标视为 UV 坐标呢？在坐标变换到投影空间后，其坐标空间就变成了投影平面视角，在这个视角中如果将平面视为纹理大小，就相当于一一匹配上顶点的 UV 坐标。

这个转化后的投影空间中的坐标，也就是我们常说的“投影纹理坐标”。“投影纹理坐标”不能直接以 UV 作为纹理坐标来使用，而需要调用 tex2Dproj 方法来获取纹理坐标：

```
tex2Dproj(texture,uvproj);
```

这个纹理投影函数，其实就是在使用之前会将该投影纹理坐标除以透视值，可以等价于按如下方法使用普通二维纹理查询函数：

```
float4 uvproj = uvproj/uvproj.w;
tex2D(texture,uvproj);
```

投影的技巧还有很多，下面介绍几种投影技巧在游戏项目中的运用。

2. 平面阴影

平面阴影也是投影技巧的一种，它需要运用一些图形计算。其主要原理是在着色渲染模型时，另外做一个 Pass 将模型上的顶点转换到平面上再渲染一次，以此作为平面的阴影，而且无论地上有没地形，都以平面呈现。

要计算这个平面阴影，我们需要从光源点、顶点、法线、平面等已知数据出发，计算顶点转换到平面上的点（见图 10-13）。

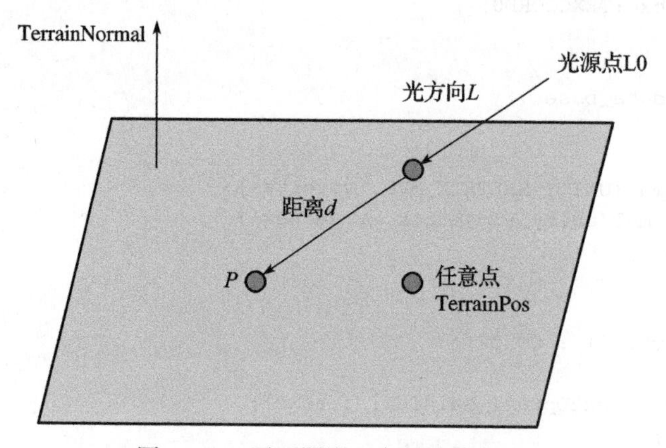

图 10-13 平面阴影上点的计算方式

我们首先已知的是地面法线向量 TerrainNormal 和平面上的一个初始点坐标 TerrainPos，并假设我们需要计算的点为 p 点。

由平面表达公式得知，平面上的任意向量与该平面法线的点乘所得值为零，因此地面上的方向向量 TerrainNormal 与要投影的坐标和初始点所形成的方向向量点乘的值也为零，即

$$(p - \text{TerrainPos}) \cdot \text{TerrainNormal} = 0$$

又由于平面映射的 P 点是由光射到顶点延伸到平面而得到的，所以

$$p = d \times L + \text{L0}$$

其中 L0 为顶点，L 为光到顶点的射线方向，d 为 L0 射到 p 点的距离。

因此根据这两个公式，代入得到

$$(dL + \text{L0} - \text{TerrainPos}) \cdot \text{TerrainNormal} = 0$$

解析后为

$$dL \cdot \text{TerrainNormal} + (\text{L0} - \text{TerrainPos}) \cdot \text{TerrainNormal} = 0$$

于是再得到 d：

$$d = ((\text{TerrainPos} - \text{L0}) \cdot \text{TerrainNormal}) / (L \cdot \text{TerrainNormal})$$

再代入 $p = d \times L + \text{L0}$ 公式得到 p，即如下着色器中的顶点函数所写：

```
Pass
{
    CGPROGRAM

    #pragma vertex vert
    #pragma fragment frag
    #include "UnityCG.cginc"
    struct appdata
    {
        float4 vertex : POSITION;
    };

    struct v2f
    {
        float4 vertex : SV_POSITION;
    };

    float4 TerrainPos, TerrainNormal;
    v2f vert (appdata v)
    {
        v2f o;
        float4 wPos = mul(unity_ObjectToWorld, v.vertex);
        //光的方向
        float3 direction = normalize(_WorldSpaceLightPos0.xyz);
        //d值的计算
        float dist = dot(TerrainPos.xyz - wPos.xyz, TerrainNormal.xyz) /
            dot(direction, TerrainNormal.xyz);
        //代入p = d * L + L0 公式
        wPos.xyz = wPos.xyz + dist * direction;
        //空间顶点转换
        o.vertex = mul(unity_MatrixVP, wPos);
        return o;
    }

    fixed4 frag (v2f i) : SV_Target
    {
        return fixed4(0,0,0,1);
    }
    ENDCG
}
```

上述着色程序中，利用了 _WorldSpaceLightPos0 来确定光的方向，也可以用光的坐标与顶点的差值来得到光的方向。计算过程中的公式转换可以用图 10-13 作为参考。

图 10-13 清晰地标明了所有已知向量、可计算向量，以及最终需要计算的点，上述公式转换都是基于这个图形成的。

3. 利用深度信息计算图片投影

图片投影其实就是贴花的动态版，其做法也有很多种，我们在这里简单讲讲其中一种方法：

绘制一个 Box，其纹理的展示方式以深度信息为依据，纹理贴近其绘制的模型。这种方式可以随着这个 Box 的移动贴到不同的物体上。

该方法大致的方向是，以一个 Box 为渲染对象，渲染时在片元着色器中重新判定渲染纹理与渲染坐标。那么怎么判定呢？先从顶点着色器上获得顶点坐标的屏幕坐标，当片元着色器中传入的屏幕坐标成了片元在屏幕上的坐标时，用屏幕坐标获取对应的深度值，再以深度值作为 z 坐标来形成一个三维坐标。这时三维坐标只是屏幕空间上的坐标，我们让此屏幕空间转换到相机空间，再从相机空间转换到世界空间，最后转换到投影空间。这样坐标就到了投影空间，再将它除以透视值，就得到坐标在 0 ～ 1 范围内的坐标值，用这个值去提取纹理上的颜色，然后用这个颜色绘制片元。

这个方法的计算消耗主要是在片元着色器中重新计算渲染坐标的时候。这个坐标会以深度信息为 z 轴，信息需要经过几个空间的转换，导致计算量比较大。不能放在顶点着色器中的原因是，只有在片元着色器中才能得到片元深度信息。

推荐阅读

Flutter实战

作者：杜文 编著 ISBN：978-7-111-64452 定价：99.00元

Flutter中文网社区创始人倾力撰写的网红书《Flutter实战》正式出版

从入门、进阶到应用开发实战详细阐述Flutter跨平台开发技术

Flutter技术入门与实战 第2版

作者：亢少军 编著 ISBN：978-7-111-64012 定价：89.00元

本书由资深架构师撰写，从实战角度讲解Flutter

从基础组件的详解到综合案例，从工具使用到插件开发，包含大量精选案例和详细实操步骤，还有配套视频课程可帮助读者快速入门

推荐阅读

音视频开发进阶指南：基于Android与iOS平台的实践

作者：展晓凯 魏晓红 ISBN：978-7-111-58582 定价：79.00元

凝聚资深专家多年经验和最佳实践的结晶，深入解析音视频开发技术

FFmpeg从入门到精通

作者：刘歧 赵文杰 编著 武爱敏 审校 ISBN：978-7-111-59220 定价：69.00元

FFmpeg官方代码维护者与SRS主要贡献者联袂出品，音视频领域资深专家校审

深入讲解流媒体开发与应用技术，通过实例详解FFmpeg音视频技术的具体使用方法，大幅降低新手入手难度，同时解决了FFmpeg使用者无处可查的的疑难问题